Lecture Notes in Mathematics

Edited by A. Dold and B. Eckmann

694

Séminaire Pierre Lelong – Henri Skoda (Analyse) Année 1976/77

Edité par
Pierre Lelong et Henri Skoda

Springer-Verlag
Berlin Heidelberg New York 1978

Editeurs
Pierre Lelong
Henri Skoda
Université Paris VI
Mathématiques
4, Place Jussieu
F-75005 Paris

AMS Subject Classifications (1970): 32-XX

ISBN 3-540-09101-7 Springer-Verlag Berlin Heidelberg New York
ISBN 0-387-09101-7 Springer-Verlag New York Heidelberg Berlin

Printing and binding: Beltz Offsetdruck, Hemsbach/Bergstr.
2141/3140-543210

AVANT-PROPOS

Le présent volume du Séminaire 1976-1977 continue la série des volumes précédents publiés aux Lecture-Notes : 71 (1968), 116 (1969), 205 (1970), 275 (1971), 332 (1972), 410 (1973), 474 (1974), 524 (1975), 578 (1976). Certains exposés ont été rédigés, nous devons le dire, avec un certain retard et en fait plusieurs n'ont eu leur rédaction définitive qu'au début 1978.

L'objet du séminaire que nous dirigeons conjointement est toujours l'Analyse complexe en dimension finie ou infinie. Certains exposés prolongent des résultats présentés l'année précédente : tel celui de P.RABOIN sur la résolution du $\bar{\partial}$ dans un espace de Hilbert ; de même l'exposé qu'on trouvera ici de P.LELONG relève d'une méthode donnée dans le Séminaire l'an dernier.

On trouvera aussi dans l'exposé de Fr.GRAMAIN donné dans ce volume le souci d'utiliser les propriétés des fonctions de plusieurs variables en vue de la théorie des nombres.

Nous sommes heureux d'adresser nos remerciements à la Librairie Springer qui édite ce Séminaire dans sa collection des Lecture-Notes. Nous espérons que ce volume du Séminaire contribuera comme les précédents à diffuser des méthodes et des résultats nouveaux.

Pierre L E L O N G - Henri S K O D A

TABLE DES MATIÈRES

1. BOCHNAK (J.) - Sur le 17ème problème de Hilbert pour les fonctions de Nash 1

2. DEMAILLY (J.-P.) - Différents exemples de fibrés holomorphes non de Stein 15

3. DLOUSSKY (G.) - Prolongements d'applications analytiques 42

4. FISCHER (G.) - Quelques remarques sur les fonctions méromorphes .... *)

5. GRAMAIN (Fr.) - Fonctions entières arithmétiques 96

6. JENNANE (B.) - Extension d'une fonction définie sur une sous-variété avec contrôle de la croissance............................ 126

7. KRÉE (P.) - Méthodes fonctorielles en Analyse de dimension infinie et holomorphie anticommutative 134

8. LELONG (P.) - Un théorème de fonctions inverses dans les espaces vectoriels topologiques complexes et ses applications à des problèmes de croissance en analyse complexe 172

9. NACHBIN (L.) - Sur la densité des sous-algèbres polynomiales d'applications continûment différentiables 196

10. NOVERRAZ (Ph.) - Sur la mesure gaussienne des ensembles polaires en dimension infinie 203

11. RABOIN (P.) - Le problème du $\bar{\partial}$ sur un espace de Hilbert 214

12. RAMIS (J.-P.) - Géométrie analytique et géométrie algébrique (variations sur le thème "gaga") 228

13. SKODA (H.) - Morphismes surjectifs et fibrés semi-positifs 290

14. YAMAGUCHI (H.) - Fonctions entières paraboliques dans $\mathbb{C}^2$................................. 325

---

*) Les résultats seront publiés dans les "Mathematische Annalen"

Exposés faits au Séminaire d'Analyse dont les résultats paraitront ailleurs.

LAVILLE (14 Décembre 1976) "Formules non linéaires et valeur au bord des fonctions holomorphes"
Bull. Sc.Math., 2e série, 100, 1976, p.201-208
- - - - 101, 1977, p. 71-79

DUFRESNOY (26 Octobre 1976) "Résultats de d"-cohomologie, applications aux systèmes différentiels à coefficients constants"
Ann.Institut Fourier, Tome XXVII, Fasc.2,1976.

SICIAK (26 Avril 1977) "Fonctions plurisousharmoniques extrémales dans C^n"
"Proceedings of the First Finnish-Polish Summer School on Complex Analysis at Podlesice"
Edited by J.LAWRYNOWICZ (Lodz) and O.LEHTO (Helsinski), Lodz, 1977, pp. 115-152.

DLOUSSKY (Ier Mars 1977) "Enveloppes d'holomorphie et prolongements d'hypersurfaces"
Journées de fonctions analytiques, Toulouse, 5-8 Mai, 1976, Sém.P.Lelong (Analyse) 1975-1976, Lecture Notes in Mathematics, n° 578, Springer.
Thèse de 3e Cycle, Nice

CHOLLET (Ier Févr.77) "Zéros à la frontière de fonctions analytiques dans un domaine strictement pseudo-convexe"
Ann.Institut Fourier, Tome XXVI, Fasc.1, 1976

VIGUÉ (18 Janvier 1977) -"Les domaines bornés symétriques d'un espace de Banach complexe et les systèmes triples de Jordan", Math. Ann., t. 229, p. 223-231, 1977.
-"Automorphismes analytiques des produits continus de domaines bornés", Ann.Sc.Ec.Norm.Sup., 1978.

Séminaire P.LELONG,H.SKODA
(Analyse)
17e année, 1976/77.

14 Juin 1977

SUR LE 17ème PROBLÈME DE HILBERT POUR LES FONCTIONS DE NASH

par Jacek B O C H N A K

ABSTRACT. The purpose of this note is to give a more refined version of a theorem of Efroymson : If $U \subset R^n$ is defined by polynomial inequalities of the form $f_i > 0$, $i=1, \ldots, p$, and if g is a positive definite Nash function on U, then g is a finite sum of squares of Nash meromorphe functions on U.

AMS 1970 subject classification. Primary 12D15, 14E99, 32C05.

Key words and phrases. 17th Hilbert problem, Nash functions, Tarski principle, semi-algebraic sets, real closed field.

§ 1. Résultats. Soit A un anneau de fonctions réelles sur un ensemble U. On peut formuler pour l'anneau A, une généralisation suivante du 17ème problème de Hilbert :

Problème 17_A. Soit $f \in A$, $f(x) \geq 0$, $\forall x \in U$. Existe-t-il $\varphi, \varphi_1, \ldots, \varphi_k \in A$, $\varphi \not\equiv 0$, tels que $\varphi^2 f = \varphi_1^2 + \ldots + \varphi_k^2$?

Le problème original de Hilbert a été posé pour $A = \mathbb{R}[X_1, \ldots, X_n]$ et résolu par E. Artin [1], [7], [8], [10]. De nouveaux résultats ont été obtenus récemment. On a pu démontrer que la réponse au problème est positive dans les cas des anneaux suivants : l'anneau des germes des fonctions analytiques de n variables réelles [11], l'anneau des fonctions analytiques réelles (globales) sur une variété analytique réelle de dimension 2 [3], et certains anneaux de fonctions de Nash (globales) [6]. Rappelons que les fonctions de Nash sont des solutions analytiques d'équations polynômiales ; plus précisément, une fonction analytique $f : U \to \mathbb{R}$ d'un ouvert $U \subset \mathbb{R}^n$ dans $\mathbb{R}$ est dite de Nash, s'il existe un polynôme $P(x, y)$ de n+1 variables réelles, $P \not\equiv 0$, tel que $P(x, f(x)) = 0$ dans U.

G. Efroymson [6] a montré que, pour l'anneau N(U) des fonctions de Nash sur un ouvert semi-algébrique $U \subset \mathbb{R}^n$ de la forme

$$(*) \qquad U = \{ x \in \mathbb{R}^n : p_i(x) > 0,\ p_i \in \mathbb{R}[X],\ i=1, \ldots, s \}$$

le problème $17_{N(U)}$ a une solution positive. (En particulier on peut prendre $U = \mathbb{R}^n$). Signalons ici que la solution de ce problème publiée par Mostowski [9] n'est pas correcte (voir la remarque 3 ci-dessous). Posons le problème plus précis.

Question : Soit $f \in N(U)$, $f(x) \geq 0$, $\forall x \in U$, U un ouvert connexe de $\mathbb{R}^n$. Quels sont les sous-anneaux A de N(U), tels que f soit une somme de carrés dans le corps de fractions $A_{(o)}$ de A ?

Dans cette note nous allons considérer cette question et nous allons donner quelques précisions concernant une réponse "économique" au problème $17_{N(U)}$.

Un contre-exemple. Soit $A = \mathbb{R}[X]\,[\sqrt{1 + X^2}\,] \subset N(\mathbb{R})$. L'élément $f = \sqrt{1 + X^2} \in A$ est une fonction positive sur $\mathbb{R}$, mais il n'est pas une somme de carrés dans $A_{(o)}$. En effet, $A_{(o)}$ est obtenu par adjonction à $\mathbb{R}[X]_{(o)}$ d'une racine quadratique f d'un élément de $\mathbb{R}[X]$. On sait alors [12] que l'on peut ordonner le corps $A_{(o)}$ de sorte que (-f) soit un élément positif suivant cet ordre ; par conséquent f ne peut pas être une somme de carrés dans $A_{(o)}$.

Définition [2]. On appelle un anneau semi-algébrique tout sous-anneau $A = A(U)$ de l'anneau des fonctions de Nash N(U), contenant $\mathbb{R}[X_1, \ldots, X_n]$.

Pour un anneau semi-algébrique $A = A(U)$ notons par $A^{(1)}$ le sous-anneau de N(U) engendré par A et les éléments de la forme $\sqrt{f}$, où $f \in A$ et $f(x) > 0$, $\forall x \in U$. Posons, par récurrence, $A^{(k)} = (A^{(k-1)})^{(1)}$ et $A^{(\infty)} = \bigcup_{k=0}^{\infty} A^{(k)}$; $A^{(0)} = A$.

Remarque 1. $A = A^{(\infty)}$ si et seulement si $f \in A$, $f^{-1}(0) = \emptyset$ implique $\sqrt{|f|} \in A$.

Théorème 1. Soient U un ouvert semi-algébrique connexe de $\mathbb{R}^n$ de la forme (*) et f une fonction de Nash sur U, $f(x) \geq 0$, $\forall x \in U$. Alors f est une somme de carrés dans le corps de fractions de l'anneau semi-algébrique $A^{(3)}$, où $A = \mathbb{R}[X_1, \ldots, X_n][f] \subset N(U)$.

Corollaire. Soit $A = A(U)$ un anneau semi-algébrique (U étant de la forme (*)), ayant la propriété

$$(**) \quad g \in A,\ g(x) > 0,\ \forall x \in U \Rightarrow \sqrt{g} \in A.$$

Alors toute fonction $f \in A$, $f(x) \geq 0$, $\forall x \in U$, est une somme de carrés dans le corps de fractions $A_{(0)}$ de A.

On retrouve en particulier la solution de Efroymson du problème $17_{N(U)}$, la condition (**) étant trivialement vérifiée pour l'anneau N(U) des fonctions de Nash.

Questions ouverts. (1) Considérer le problème $17_{N(U)}$ pour un ouvert semi-algébrique U quelconque (ou même pour un ouvert quelconque de $\mathbb{R}^n$).

(2) Existe-t-il une fonction de Nash positive qui n'est pas une somme de carrés dans N(U) ?

§ 2. Démonstrations. Supposons désormais que U est un ouvert semi-algébrique connexe de $\mathbb{R}^n$ de la forme (*).

On sait, depuis les travaux de E. Artin [1], [8], que le 17ème problème de Hilbert est étroitement lié à la théorie des anneaux ordonnés.

Nous aurons besoin du

Lemme 1. Soit A(U) un anneau semi-algébrique, $\delta \in \mathbb{R}[X_1, \ldots, X_n] = \mathbb{R}[X]$, $\delta \not\equiv 0$. Supposons que $f \in A$, $f(x) \geq 0$, $\forall x \in U$, f n'étant pas une somme de carrés dans le corps de fractions de l'anneau $A^{(3)}$. Alors il existe un ordre sur l'anneau $A^* = (A[Y, Z])^{(3)}$, compatible avec la structure d'anneau et tel que les éléments (-f) et $\delta^2 Y-1$ soient positifs dans A^*.

Remarque 2. Toute fonction φ de $(A[Y, Z])^{(2)} \subset A^*$ telle que $\varphi(x, y, z) > 0$, $\forall (x, y, z) \in U \times \mathbb{R}^2$, étant un carré dans A^*, est positive en tant qu'élément de A^*.

Dans ce qui suit, nous entendons par un ordre sur un anneau, un ordre compatible avec la structure d'anneau.

Preuve du Lemme 1. Supposons que D soit un sous-ensemble d'un anneau intègre B et $1 \in D$. Notons par $\tilde{D}$ l'ensemble des produits d'éléments de D. Il résulte facilement de la théorie de corps ordonnés [8], [12], que la condition

(1) $\sum_{i=1}^{k} \gamma_i \alpha_i^2 = 0,\ \alpha_i \in B,\ \gamma_i \in \tilde{D} \Rightarrow \alpha_1 = \dots \alpha_k = 0$,

implique l'existence d'une structure d'ordre sur B, pour laquelle tous les éléments de D sont positifs.

Nous allons appliquer ce critère pour $B = A^*$ et $D = \{1, -f, \delta^2 Y - 1\}$. Considérons la relation $\Sigma \gamma_i \alpha_i^2 = 0$, où les γ_i sont de la forme $\gamma_i = \beta_1^{q_1} \beta_2^{q_2}$, $\beta_i \in D$, $\alpha_i \in A^*$, $q_i \in \mathbb{N}$ et montrons que tous les α_i sont nuls.

Sans perte de généralité, on peut supposer que $q_i = 0$ ou $q_i = 1$. On a donc une relation du type

(2) $(\delta^2 Y - 1)(-f)(\Sigma \hat{a}_i^2) + (\delta^2 Y - 1)(\Sigma \hat{b}_i^2) + (-f)\Sigma \hat{c}_i^2 + \Sigma \hat{d}_i^2 = 0$,

où $\hat{a}_i$, $\hat{b}_i$, $\hat{c}_i$, $\hat{d}_i$ sont dans A^*.

Posons $y = \delta^2 Y - 1$ et $a_i(x,y,z) = \hat{a}_i(x, \frac{y+1}{\delta^2}, z)$, $b_i = \hat{b}_i(x, \frac{y+1}{\delta^2}, z)$, etc.

La relation (2) devient

(3) $y \Sigma b_i^2 + \Sigma d_i^2 = f(\Sigma c_i^2 + y \Sigma a_i^2)$.

Observons que pour N suffisamment grand $a_i \delta^{2N}$, $b_i \delta^{2N}$, appartiennent à A^* ; on peut donc, sans perte de généralité, supposer que dans (3) a_i, b_i, c_i et d_i sont dans A^* (quitte éventuellement à multiplier (3) par δ^{2N}).

Si $\Sigma c_i^2 + y \Sigma a_i^2 \not\equiv 0$, on aurait pour un choix convenable de $(\bar{y}, \bar{z}) \in \mathbb{R}^2$, $\bar{y} > 0$, une expression de f comme somme de carrés dans $A^{(3)}$:

$$f(x) = \left(\bar{y}\Sigma\, b_i^2(x,\bar{y},\bar{z}) + \Sigma\, d_i^2(x,\bar{y},\bar{z})\right)\left(\Sigma\, c_i^2(x,\bar{y},\bar{z}) + \bar{y}\Sigma a_i^2(x,\bar{y},\bar{z})\right)^{-1}.$$

Nécessairement donc $\Sigma a_i^2 = 0$ et $\Sigma c_i^2 = 0$, ce qui implique $y\Sigma b_i^2 + \Sigma d_i^2 = 0$, d'où $\Sigma b_i^2 = 0$ et $\Sigma d_i^2 = 0$. Etant donné la construction de a_i, b_i, etc, ..., on constate que tous les $\hat{a}_i$, $\hat{b}_i$, $\hat{c}_i$ et $\hat{d}_i$ sont nuls. ‖

La démonstration du Théorème 1 est basée sur le principe de Tarski.

<u>Principe de Tarski [4], [5].</u> Soit K un corps ordonné et $H(X_1, \ldots, X_n)$ une relation polynômiale dans $K[X_1, \ldots, X_n]$. Si Q_i désigne soit $\forall$ soit $\exists$, alors une formule du type

$$\{ Q_1 x_1 \in L,\ Q_2 x_2 \in L,\ \ldots,\ Q_n x_n \in L,\ H(x_1, \ldots, x_n)\}$$

est vraie pour un corps ordonné maximal $L \supset K$ si et seulement si elle est vraie pour tout corps ordonné maximal $L \supset K$.

Par <u>relation polynômiale dans</u> $K[X_1, \ldots, X_n]$, on entend une fonction booléenne des relations de la forme $p(X_1, \ldots, X_n) > 0$, où $p \in K[X_1, \ldots, X_n]$; ([4], [5]).

Considérons maintenant un ensemble semi-algébrique M de $\mathbb{R}^n$, i.e. un ensemble de la forme

$$M = \bigcup_{i=1}^{s} \{ x \in \mathbb{R}^n ;\ p_{ij}(x) > 0\ ,\ q_i(x) = 0,\ j=1, \ldots, k_i\},$$

$p_{ij} \in \mathbb{R}[X]$, $q_i \in \mathbb{R}[X]$.

Pour un corps $L \supset \mathbb{R}$, notons par M_L l'ensemble

$$M_L = \bigcup_{i=1}^{s} \{ x \in L^n : p_{ij}(x) > 0, q_i(x) = 0, j=1, \ldots, k_i \}.$$

Supposons que le graphe d'une fonction $f : U \longrightarrow \mathbb{R}$, $U \subset \mathbb{R}^n$, soit semi-algébrique dans $\mathbb{R}^{n+1}$. Le principe de Tarski montre que pour un corps ordonné maximal $L \supset \mathbb{R}$, l'ensemble $(\text{graphe } f)_L$ est un graphe d'une fonction $f_L : U_L \longrightarrow L$; (voir [5]). Cette notion d'extension f_L d'une fonction f, dont le graphe est semi-algébrique est particulièrement utile pour les fonctions de Nash puisqu'une fonction analytique f d'un ouvert semi-algébrique U de $\mathbb{R}^n$ dans $\mathbb{R}$ est de Nash si et seulement si son graphe est semi-algébrique [5]. Pour un $f \in N(U)$, le symbole f_L est donc bien défini.

Notation :

$\mathbb{R}[X, Y, Z] | U \times \mathbb{R}^2 = \{ \varphi | U \times \mathbb{R}^2 : \varphi \in \mathbb{R}[X, Y, Z] \}$,
$U \subset \mathbb{R}^n$, $X = (X_1, \ldots, X_n)$.

Lemme 2 [6]. Soient $A = A(U)$ un anneau semi-algébrique, $g \in (\mathbb{R}[X, Y, Z] | U \times \mathbb{R}^2)^{(k)} \subset N(U \times \mathbb{R}^2)$, $k \in \mathbb{R}$, $h \in A(U)$, L un corps ordonné maximal, $\mathbb{R} \subset L$ et $\varphi(A[Y, Z])^{(k+1)} \longrightarrow L$ un homomorphisme d'anneaux. Alors la fonction

$$\bar{g} : U \times \mathbb{R}^2 \ni (x, y, z) \longrightarrow g(x, y, h(x)) \in \mathbb{R}$$

est dans $(A[Y, Z])^{(k)}$ et

$$g_L(\varphi(X),\ \varphi(Y),\ \varphi(h)\ ) = \varphi(\bar{g})\ ,$$

où $\varphi(X) = (\varphi(X_1), \ldots, \varphi(X_n))$.

Preuve . Pour k = 0 le lemme est évident, g étant un polynôme. Il suffit de montrer le lemme pour k = 1; le passage pour k > 1 se fait par récurrence, suivant un raisonnement analogue. Supposons donc g de la forme

$$g = a + b\sqrt{c}\ ,$$

où a, b, c $\in \mathbb{R}[X, Y, Z]$, $c(x, y, z) > 0$, $\forall\ (x, y, z) \in U \times \mathbb{R}^2$.

Evidemment, $c_L(\varphi(X), \varphi(Y), \varphi(h)) = \varphi(c(X,Y,h)) = \varphi((\sqrt{c(X,Y,h)}^2)$

d'où $\varphi(\sqrt{c(X,Y,h)}) = \pm\sqrt{c_L(\varphi(X),\varphi(Y),\varphi(h))}$. En fait, $\varphi(\sqrt{c(X,Y,h)})$ est positive dans L puisque la fonction $\xi = \sqrt{c(X,Y,h)} \in (A\ [Y,Z])^{(1)}$ et $\xi(x,y,z) > 0, \forall(x,y,z) \in U \times \mathbb{R}^2$; ξ est donc un carré dans $(A[Y,Z])^{(2)}$ et $\varphi(\sqrt{c(X,Y,h)}) =$
$= \varphi(\sqrt{\xi^2}) = (\varphi(\sqrt{\xi}))^2 > 0$.

Cela termine la démonstration car on a

$$\varphi(\bar{g}) = \varphi(a(X,Y,h)) + \varphi(b(X,Y,h))\varphi(\sqrt{c(X,Y,h)}) =$$
$$= a_L(\varphi(X),\varphi(Y),\varphi(h)) + b_L(\varphi(X),\varphi(Y),\varphi(h))\sqrt{c_L(\varphi(X),\varphi(Y),\varphi(h))}$$
$$= g_L(\varphi(X),\varphi(Y),\varphi(h)).$$

<u>Démonstration du Théorème 1.</u> Suivons l'idée de Mostowski[9]. Raisonnons par l'absurde et supposons que $f \in A(U)$, $f(x) \geqslant 0$, $\forall\, x \in U$, (et f) ne soit pas une somme de carrés dans $(A^{(3)})_{(0)}$. Soit $P \in \mathbb{R}[X, Z]$ un polynôme irréductible, tel que $P(x, f(x)) = 0$ dans U. Le discriminant $\delta \in \mathbb{R}[X]$ de P n'est pas identiquement nul. Choisissons un ordre sur $A^* = A[Y, Z]^{(3)}$ pour lequel les éléments $(-f)$ et $\delta^2 Y - 1$ soient positifs (Lemme 1).

Définissons deux sous-ensembles semi-algébriques

$$C_1 = \{(x,y,z) \in U \times \mathbb{R}^2 : f(x) = z\},$$
$$C_2 = \{(x,y,z) \in U \times \mathbb{R}^2 : P(x,z) = 0, \delta^2(x)y - 1 \geqslant 0,\ f(x) \neq z\}.$$

(Cette opération a pour but de séparer les branches d'ensemble $P^{-1}(0)$, en particulier de séparer le graphe de $f \subset P^{-1}(0)$).

Les ensembles C_1 et C_2 sont disjoints et fermés dans $U \times \mathbb{R}^2$. D'après le Lemme de Séparation [6], [9] il existe une fonction $g \in (\mathbb{R}[X,Y,Z] | U \times \mathbb{R}^2)^{(2)}$, telle que $g(C_1) > 0$ et $g(C_2) < 0$.

Considérons la formule polynômiale F_L suivante:

$$\forall\, (x,y,z) \in L^{n+2} \left\{ x \in U_L,\ P_L(x,z) = 0, \delta_L^2(x)y - 1 \geqslant 0,\ g_L(x,y,z) > 0 \Rightarrow f_L(x) = z \right\},$$

L étant un corps ordonné maximal contenant $\mathbb{R}$.

Par construction, cette formule est valable pour $L = \mathbb{R}$. D'après le principe de Tarski elle restera valable dans la clôture ordonnée maximale L du corps de fractions de A^*.

Notons par $\varphi : A^* \longrightarrow L$ le plongement de A^* dans L et appliquons le Lemme 2 avec $k = 2$ et $h = f$. On aura donc

$$g_L(\varphi(X),\varphi(Y),\varphi(f)) = \varphi(\bar{g}) > 0 ,$$

puisque $\bar{g} \in (A[Y,Z])^2$ est strictement positive sur $U \times \mathbb{R}^2$ et donc un carré dans $A^* = A[Y,Z]^{(3)}$; rappelons que $\bar{g}(x,y,z) = g(x,y,f(x))$ est positive sur $U \times \mathbb{R}^2$ car $(x,y,f(x)) \in C_1$.

Remarquons alors que l'hypothèse de la formule F_L est valable pour $(x,y,z) = (\varphi(X), \varphi(Y), \varphi(f)) \in L^{n+2}$.

En effet, on a déjà vérifié que $g_L(\varphi(X), \varphi(Y), \varphi(f)) > 0$. Par construction on a $\delta^2(\varphi(X))\varphi(Y) - 1 = \varphi(\delta^2 Y - 1) \geqslant 0$ et bien sûr $P_L(\varphi(X), \varphi(f)) = \varphi(P(X, f)) = 0$.

Enfin $\varphi(X) = (\varphi(X_1), \ldots, \varphi(X_n)) \in U_L$. En effet, si $U = \{x \in \mathbb{R}^n : p_i(x) > 0,\ i = 1, \ldots, s\}$, $p_i \in \mathbb{R}[X]$, alors $\sqrt{p_i|U} \in A^*$. Les fonctions $p_i|U$ sont donc des carrés dans A^* et par conséquent $\varphi(p_i|U) = p_{i_L}(\varphi(X)) > 0$, d'où $\varphi(X) \in U_L$ (on utilise ici le fait que U est de la forme (*)).

Il en résulte, par le principe de Tarski, que $f_L(\varphi(X)) = \varphi(f)$. L'hypothèse que f n'est pas une somme de carrés dans $(A^{(3)})_{(0)}$ donne une contradiction : d'une part l'élément $\varphi(f)$ comme l'image par plongement de f dans L est négatif dans L, d'autre part cet élément (comme égal à

$f_L(\varphi(X))$ est positif dans L, puisque d'après l'hypothèse faite sur f et d'après le principe de Tarski $f_L(\varphi(X)) \geq 0$.

Donc f est nécessairement une somme de carrés dans $(A^{(3)})_{(o)}$.

Remarque 3. La solution de $17_{N(U)}$ publiée par Mostowski est incorrecte, puisque l'anneau auxiliaire $\mathcal{P}$ ([9] page 261), ne possède pas (contrairement à ce qui est utilisé dans [9]) la propriété essentielle pour la démonstration, à savoir que toute fonction de $\mathcal{P}$ qui prend des valeurs strictement positives, est un carré dans $\mathcal{P}$ ([9] page 262). Dans cet article le rôle de $\mathcal{P}$ est joué par l'anneau $A^{(\infty)}$. Remarquons également que la démonstration du Lemme de Séparation donnée dans [9] est valable uniquement pour U de la forme (*) (la démonstration du lemme 6 [9] étant erronée).

B I B L I O G R A P H I E

[1] ARTIN, E., - Collected Papers 273-288.

[2] BOCHNAK, J.- Sur la factorialité des anneaux de fonctions de Nash, Comment. Math. Helv. (à paraître).

[3] BOCHNAK, J. et RISLER, J.-J. - Sur le théorème de zéros pour les variétés analytiques réelles de dimension 2. Annales de l'Ecole Norm. Sup., 8(3), 353-364.

[4] COHEN, P.- Decision procedure for real and p-adic fields, Comm. on Pure and Appl. Math., 22 (1969), 131-151.

[5] EFROYMSON, G.- A nullstellensatz for Nash ring, Pacif. J. Math. 54(1), (1974), 101-112.

[6] EFROYMSON, G.- Substitution in Nash functions, Pacif. J. Math. 63 (19), (1976), 137-140.

[7] GONDARD, D.- Le 17ème problème de Hilbert, Thèse du 3ème cycle, Paris Orsay 1974.

[8] LANG, S.- Algèbre, Addison Wesley, 1965.

[9] MOSTOWSKI, T.- Some properties of the ring of Nash functions, Annali delle Scuole Normale Superiore di Pisa III, 2. (1976), 245-266.

[10] PFISTER, A.- Hilbert's seventeenth problem and related problems on definite forms, Proc. of Symposia in Pure Mathematics, Vol. 28, Providence 1976, 483-490.

[11] RISLER, J.-J. - Les théorèmes des zéros en géométries algébrique et analytique réelles . Bull. Soc. Math. de France 104 (1976), 113-127.

[12] BOURBAKI, N. - Algèbre, Chapitre 6, Groupes et corps ordonnés, § 2, Paris.

Séminaire P.LELONG,H.SKODA
(Analyse)
17e année, 1976/77.

DIFFÉRENTS EXEMPLES DE FIBRÉS HOLOMORPHES NON DE STEIN

par J.-P.DEMAILLY

Introduction.

Le présent travail se rattache au problème posé en 1953 par J.-P.SERRE (cf. [3]) de savoir si un espace fibré analytique dont la base et la fibre sont des variétés de Stein est lui-même une variété de Stein.

Depuis lors de nombreux résultats avaient été obtenus, apportant tous des réponses partielles positives. En 1977, H.SKODA montrait néanmoins par un contre-exemple que la réponse générale était négative ; nous renvoyons à [4] et [5] pour le contre-exemple ainsi que pour une liste complète de références.

Dans ce contre-exemple, la fibre est $\mathbb{C}^2$, la base est un ouvert de $\mathbb{C}$, les automorphismes de transition sont localement constants et à croissance exponentielle.

La démonstration repose essentiellement sur l'inégalité de P.LELONG relative à la croissance des fonctions plurisousharmoniques sur les fibres, que nous rappelons en préliminaires. Il en résulte que s'il existe une fonction holomorphe non triviale sur le fibré, les automorphismes de transition ne peuvent pas être trop déformants et doivent vérifier des conditions assez restrictives à l'infini. Nous reprenons les arguments de H.SKODA [5] dans la deuxième partie.

Une question naturelle posée dans [5] était de savoir si le type exponentiel des automorphismes jouait un rôle fondamental. Nous montrons au paragraphe 3 qu'il suffit en fait de prendre des automorphismes de transition polynomiaux, de degré 2 lorsque la base est bien choisie, le problème se ramenant à un calcul d'enveloppe pseudo-convexe.

Dans la quatrième partie nous examinons par les mêmes méthodes le cas où la base est un ouvert simplement connexe de $\mathbb{C}$, et donnons un exemple de fibré non de Stein à fibre $\mathbb{C}^2$ au dessus d'une telle base. Les automorphismes de transition sont dans ce cas de type exponentiel, et il nous semble que la croissance polynomiale soit insuffisante pour obtenir le même phénomène.

Je suis heureux de remercier ici le professeur H.SKODA pour la générosité avec laquelle il m'a accordé son temps. Je lui dois en particulier plusieurs améliorations dans la rédaction du manuscrit original, et je lui en suis très reconnaissant.

1. Préliminaires : l'inégalité de P.LELONG.

Soit Ω une variété analytique connexe de dimension p,

V une fonction plurisousharmonique (en abrégé p.s.h.) sur $\Omega \times \mathbb{C}^n$,

ω un ouvert relativement compact de Ω.

On mesure la croissance de V sur les fibres en posant :

$$M(V,\omega,r) = \sup_{x\in\bar{\omega},\,|z|\leq r} V(x,z) \tag{1}$$

où $r \in \mathbb{R}_+$ et où $|z| = \sup_{1\leq j\leq n} |z_j|$.

D'après P.LELONG [2] , $M(V,\omega,r)$ est une fonction convexe croissante de Log r , strictement croissante pour r assez grand si V est non constante sur au moins une fibre au-dessus de ω .

LEMME 1. - *Si Ω est un ouvert de $\mathbb{C}^p$, $\omega_1 \subset \omega_2 \subset \omega_3$ trois polydisques concentriques de rayons $\rho_1 < \rho_2 < \rho_3$ relativement compacts dans Ω, et V une fonction p.s.h. sur $\Omega\times\mathbb{C}^n$, alors :*

$$(2)\quad M(V,\omega_2,r) \leq M(V,\omega_1,r^\sigma) + \mu\left[M(V,\omega_3,1) - M(V,\omega_1,r^\sigma)\right]$$

$$(3)\quad \text{avec } \sigma = \frac{\log \rho_3/\rho_1}{\log \rho_3/\rho_2} \qquad \mu = 1 - \frac{1}{\sigma} = \frac{\log \rho_2/\rho_1}{\log \rho_3/\rho_1} .$$

Démonstration. Supposons ω_1, ω_2, ω_3 centrés en 0

$M(\rho, r)$ est une fonction convexe des variables $u = \mathrm{Log}\,\rho$, $v = \mathrm{Log}\, r$ (cf. par exemple [2] , prop. 2.3.3. et 6.2.1.).

On considère dans le plan des (u,v) les trois points A_1, A_2, A_3 définis par :

$$A_1 \; : \; u_1 = \log \rho_1 \qquad v_1 = \log r$$

$$A_2 \; : \; u_2 = \log \rho_2 \qquad v_2 = \lambda \log r$$

$$A_3 \; : \; u_3 = \mathrm{Log}\, \rho_3 \qquad v_3 = 0 .$$

On choisit le paramètre λ de sorte que $A_2 = \lambda A_1 + (1-\lambda) A_3$

soit $\lambda = \dfrac{\log \rho_2 - \log \rho_3}{\log \rho_1 - \log \rho_3} = \dfrac{\log \rho_3/\rho_2}{\log \rho_3/\rho_1}$.

On en déduit par convexité de $(u,v) \longmapsto M(e^u, e^v)$:

$$M(\rho_2, r^\lambda) \leqslant \lambda M(\rho_1, r) + (1-\lambda) M(\rho_3, 1)$$

soit avec $\sigma = \dfrac{1}{\lambda}$ $\mu = 1 - \lambda$ et après remplacement de r par r^σ :

$$M(\rho_2, r) \leqslant M(\rho_1, r^\sigma) + \mu \left[M(\rho_3, 1) - M(\rho_1, r^\sigma) \right]$$

ce qui est bien la relation (2).

COROLLAIRE 1. - <u>Si</u> V <u>est non constante sur au moins une fibre au-dessus de</u> ω_2, <u>il existe</u> $r_0 > 0$ <u>tel que :</u>

$$M(V, \omega_2, r) \leqslant M(V, \omega_1, r^\sigma) \quad \underline{\text{pour}} \quad r \geqslant r_0 .$$

En effet $M(V, \omega_2, r)$ est convexe croissante en $\log r$, et non constante pour r assez grand, donc $M(V, \omega_2, r)$ tend vers $+\infty$ quand r tend vers $+\infty$.

D'après (2) $M(V, \omega_1, r)$ tend également vers $+\infty$, d'où la conclusion.

COROLLAIRE 2 (inégalité de P.LELONG). - <u>Soit Ω une variété analytique connexe de dimension</u> p , V <u>une fonction p.s.h. sur</u> $\Omega \times \mathbb{C}^n$ <u>non constante sur au moins une fibre, et</u> ω_1 ω_2 <u>deux ouverts relativement compacts de</u> Ω.

<u>Il existe une constante</u> σ <u>ne dépendant que de</u> ω_1, ω_2, Ω <u>et une</u>

constante r_o dépendant en outre de V telles que

(4) $M(V, \omega_2, r) \leqslant M(V, \omega_1, r\sigma)$ pour $r \geqslant r_o$.

Démonstration: immédiate grâce au Corollaire 1 en utilisant la connexité de Ω et des arguments de compacité.

2. Construction du fibré X . Restrictions sur la croissance d'une fonction plurisousharmonique non triviale (H.SKODA [5]) .

On considère maintenant des ouverts $\Omega_o, \Omega_1, \dots, \Omega_N$ de $\mathbb{C}$, connexes, tels que $\Omega_o \cap \Omega_j$, $1 \leqslant j \leqslant N$ ait deux composantes connexes Ω_j' Ω_j'' , et tels que $\Omega_j \cap \Omega_k = \emptyset$ pour $1 \leqslant j < k \leqslant N$.

On prend pour base B du fibré l'ouvert $B = \bigcup_{j=o}^{N} \Omega_j$.

On définit le fibré X en recollant les cartes locales trivialisantes :

$$\tau_j : X\big|_{\Omega_j} \longrightarrow \Omega_j \times \mathbb{C}^n \quad \text{et} \quad \tau_o : X\big|_{\Omega_o} \longrightarrow \Omega_o \times \mathbb{C}^2$$

par les automorphismes de transition $\tau_{jo} = \tau_j \circ \tau_o^{-1}$ suivants :

$$\tau_{jo}(x,z) = (x, g_j(z)) \quad \text{si} \quad x \in \Omega_j' \quad z \in \mathbb{C}^n$$

(5)

$$= (x,z) \quad \text{si} \quad x \in \Omega_j'' \quad z \in \mathbb{C}^n$$

où les g_j sont des automorphismes analytiques de $\mathbb{C}^n$ $(1 \leqslant j \leqslant N)$.

Une fonction p.s.h. V sur X est définie par la donnée de fonctions p.s.h. $V_j = V \circ \tau_j^{-1}$ sur $\Omega_j \times \mathbb{C}^n$ pour $0 \leqslant j \leqslant N$ telles que

pour $1 \leqslant j \leqslant N$, on ait :

(6)
$$V_o(x,z) = V_j(x, g_j(z)) \quad \text{quand} \quad x \in \Omega_j'$$
$$V_o(x,z) = V_j(x,z) \quad \text{quand} \quad x \in \Omega_j'' .$$

Si h est un automorphisme de $\mathbb{C}^n$, nous écrirons abusivement

$V \circ h(x,z) = V(x,h(z))$.

Etant donné deux fonctions φ, ψ sur $\mathbb{R}_+$ nous noterons $\varphi \sim \psi$ la relation d'équivalence :

"il existe des constantes $\sigma > 0$ et $r_o > 0$ telles que

$$\varphi(r) \leqslant \psi(r\sigma)$$
$$\psi(r) \leqslant \varphi(r\sigma) \quad \text{pour } r \geqslant r_o".$$

On se donne alors des ouverts ω_o, ω'_j, ω''_j $(1 \leqslant j \leqslant N)$ relativement compacts respectivement dans Ω_o, Ω'_j, Ω''_j.

Appliquons trois fois la relation (4) du corollaire 2 dans les cartes, en supposant que V est non constante sur une fibre :

- à la fonction $V_j \circ g_j \circ h$ et au couple d'ouverts Ω'_j, $\Omega''_j \subset \Omega_j$

  $M(V_j \circ g_j \circ h\ ,\ \omega'_j,\ r) \sim M(V_j \circ g_j \circ h\ ,\ \omega''_j,\ r)$ soit d'après (6)

  $M(V_o \circ h,\ \omega'_j,\ r) \sim M(V_o \circ g_j \circ h,\ \omega''_j,\ r)$

- à la fonction $V_o \circ h$ et au couple ω_o, $\omega'_j \subset \Omega_o$:

  $M(V_o \circ h,\ \omega_o,\ r) \sim M(V_o \circ h\ ,\ \omega'_j,\ r)$

- à la fonction $V_o \circ g_j \circ h$ et au couple ω_o, $\omega''_j \subset \Omega_o$:

  $M(V_o \circ g_j \circ h,\ \omega_o,\ r) \sim M(V_o \circ g_j \circ h\ ,\ \omega''_j,\ r)$ (7)

Il vient par transitivité de $\sim$:

$M(V_o \circ g_j \circ h,\ \omega_o,\ r) \sim M(V_o \circ h,\ \omega_o,\ r)$.

Prenons pour h un élément du groupe d'automorphismes G engendré par les g_j ; en raisonnant par récurrence sur la longueur de l'écriture formelle de h, on obtient à partir de (7) :

PROPOSITION 1. - Soit $h_1, \ldots, h_q$ des automorphismes de $\mathbb{C}^n$ appartenant au groupe G engendré par les g_j. Il existe une constante σ ne dépendant que de ω_o et de l'écriture formelle des h_j dans G, et une constante r_o dépendant en outre de V et des h_j telles que :

(8) $M(V_o \circ h_j,\ \omega_o,\ r) \leqslant M(V_o,\ \omega_o,\ r^\sigma)$ pour $r \geqslant r_o$.

Désignons maintenant par D_r le polydisque $|z| = \sup_{1 \leqslant j \leqslant n} |z_j| \leqslant r$ de $\mathbb{C}^n$.

L'inégalité (8) s'écrit encore :

$$\sup_{x \in \bar{\omega}_o,\ z \in \bigcup_{1 \leqslant j \leqslant q} h_j(D_r)} V_o(x,z) \leqslant M(V_o, \omega_o, r^\sigma) \text{ pour } r \geqslant r_o .$$

Notons K_r l'enveloppe pseudo-convexe $\widehat{\bigcup_j h_j(D_r)}$ (c'est aussi l'enveloppe polynomialement convexe d'après HÖRMANDER [1] , p. 91, th. 4.3.4.)

et $\hat{r} = \hat{r}(h_1,\ldots,h_q)$ le rayon du plus grand polydisque D_ρ inclus dans K_r.

Comme V_o est plurisousharmonique en z, on a par définition de K_r :

$$\sup_{x\in\bar{\omega}_o,\, z\in\bigcup_j h_j(D_r)} V_o(x,z) = \sup_{x\in\bar{\omega}_o,\ z\in K_r} V_o(x,z)$$

et a fortiori $M(V_o, \omega_o, \hat{r}) \leqslant M(V_o, \omega_o, r^\sigma)$ pour $r \geqslant r_o$.

Si V est non triviale, $M(V_o,\omega_o,r)$ est strictement croissante pour r assez grand, et on en déduit aussitôt :

PROPOSITION 2. - <u>Si le fibré</u> X <u>possède une fonction p.s.h. non constante sur au moins une fibre , il existe des constantes</u> $\sigma>0$ <u>et</u> $r_o \geqslant 0$ <u>telles que :</u>

$$\hat{r}(h_1,\ldots, h_q) \leqslant r^\sigma \quad \underline{\text{pour}}\ r \geqslant r_o \tag{9}$$

Comme l'a souligné H.SKODA dans son article [5] , il est possible de donner une construction plus algébrique du fibré X.

<u>Une autre construction du fibré</u> X :

On choisit la base B de sorte que le groupe fondamental G de B soit un groupe libre à N générateurs $\alpha_1,\ldots,\alpha_N$, opérant sur le revêtement universel $\tilde{B}$ de B .

On fait alors opérer G à gauche sur $\tilde{B}\times\mathbb{C}^n$ proprement et librement en posant :

$$\alpha_j(x,z) = (\alpha_j(x), g_j(z)) \quad \text{où} \quad 1\leqslant j\leqslant N \quad x\in\tilde{B} \quad \text{et} \quad z\in\mathbb{C}^n .$$

L'espace quotient $(\tilde{B}\times\mathbb{C}^n)/G$ est alors un fibré au-dessus de B,à fibre $\mathbb{C}^n$, et on note

$$p : \tilde{B}\times\mathbb{C}^n \longrightarrow X \text{ la projection.}$$

La donnée d'une fonction p.s.h. V sur X équivaut à la donnée d'une fonction p.s.h. $\tilde{V} = V\circ p$ sur $\tilde{B}\times\mathbb{C}^n$ invariante par l'action de G :

$$\tilde{V}(x,z) = \tilde{V}(\alpha_j(x), g_j(z)) \text{ pour } x\in\tilde{B} \text{ et } z\in\mathbb{C}^n. \tag{10}$$

On retrouve les résultats de la proposition 1 en considérant pour tout élément (α, h) du groupe libre engendré par les (α_j, g_j) le couple $(\omega_o, \alpha(\omega_o))$ d'ouverts de $\tilde{B}$.

D'après (10) on a $M(\tilde{V}, \omega_o, r) = M(\tilde{V} \circ h, \alpha(\omega_o), r)$, et d'après (4), $\tilde{B}$ étant connexe :

$$M(\tilde{V}, \omega_o, r) \sim M(\tilde{V} \circ h, \omega_o, r)$$

pour tout h dans le groupe engendré par les g_j, c'est-à-dire l'équivalent de (8).

3. <u>Estimation de $\hat{r}$</u>, <u>et contre-exemple</u>.

On prend $n = 2$, $N = 1$, autrement dit la fibre est $\mathbb{C}^2$, et la base B réunion de deux ouverts Ω_o, Ω_1.

Définissons $g = g_1$ par $g(z_1,z_2) = (z_1^k - z_2, z_1) \quad k \in \mathbb{N}$ (11)

g est évidemment un automorphisme de $\mathbb{C}^2$, et $g^{-1}(z_1,z_2) = (z_2, z_2^k - z_1)$

Il est clair que $g(D_r) = \left\{(z_1,z_2) \in \mathbb{C}^2 \; ; \; |z_2| \leqslant r \text{ et } |z_2^k - z_1| \leqslant r\right\}$

$$g^{-1}(D_r) = \left\{(z_1,z_2) \in \mathbb{C}^2 \; ; \; |z_1| \leqslant r \text{ et } |z_1^k - z_2| \leqslant r\right\}.$$

Soit V_α la surface de $\mathbb{C}^2$ définie par l'équation :

$$P(z_1,z_2) = (z_1^k - z_2)(z_2^k - z_1) = \alpha \quad , \quad \alpha \in \mathbb{C} .$$

L'ensemble des valeurs α pour lesquelles V_α possède des singularités (« valeurs critiques de P ») est fini : cela résulte du fait général qu'un polynôme n'a qu'un nombre fini de valeurs critiques, mais nous le vérifierons de façon élémentaire par des calculs explicites.

Soit L_α la partie compacte de V_α définie par :

$$|z_1| \leqslant \frac{1}{2} r^k \qquad |z_2| \leqslant \frac{1}{k} r^k .$$

Supposons d'abord que V_α est lisse

Le bord ∂L_α de L_α dans V_α est l'ensemble des points tels que :

$$|z_1| = \frac{1}{2} r^k \qquad |z_2| \leqslant \frac{1}{2} r^k$$

ou

$$|z_1| \leqslant \frac{1}{2} r^k \qquad |z_2| = \frac{1}{2} r^k$$

(∂L_α fait évidemment partie de cet ensemble, et lui est précisément égal car les coordonnées z_1, z_2 définissent des applications ouvertes $V_\alpha \to \mathbb{C}$)

pour $|z_1| = \frac{1}{2}r^k$ $\quad |z_1^k - z_2| \geqslant \frac{1}{2^k}r^{k^2} - \frac{1}{2}r^k \geqslant \frac{1}{2^{k+1}} r^{k^2}$ pourvu que $r^{k-1} \geqslant 2$.

Cette condition sera assurée si $k \geqslant 2$, $r \geqslant 2$, ce qu'on suppose désormais

Sur la partie de ∂L_α définie par $|z_1| = \frac{1}{2}r^k$, on a donc :

$$|z_2^k - z_1| \leqslant \frac{|\alpha|}{r^{k^2}/2^{k+1}}$$

Prenons $|\alpha| \leqslant \frac{r^{k^2+1}}{2^{k+1}}$; alors $|z_2^k - z_1| \leqslant r$ et comme $|z_1| \leqslant \frac{1}{2}r^k$ on a $|z_2| \leqslant r$ (sinon $|z_2^k - z_1| > \frac{1}{2}r^k \geqslant r$) d'où $(z_1, z_2) \in g(D_r)$.

Par conséquent $\partial L_\alpha \subset g(D_r) \cup g^{-1}(D_r)$ et le principe du maximum appliqué sur V_α donne : $L_\alpha \subset K_r = \left(g(D_r) \cup g^{-1}(D_r)\right)^{\wedge}$.

• Cherchons maintenant les valeurs de α pour lesquelles V_α est singulière ; elles sont obtenues pour $dP = 0$:

$$\begin{cases} P = z_1^k z_2^k - z_1^{k+1} - z_2^{k+1} + z_1 z_2 = \alpha & (12) \\ \partial P/\partial z_1 = k z_1^{k-1} z_2^k - (k+1) z_1^k + z_2 = 0 & (13) \\ \partial P/\partial z_2 = k z_1^k z_2^{k-1} - (k+1) z_2^k + z_1 = 0 & (14). \end{cases}$$

En multipliant l'équation (13) par z_1 et (14) par z_2 on voit que :

$$z_1^{k+1} = z^{k+1} \quad , \text{ soit } \begin{cases} z_1 = t \\ z_2 = \zeta t \end{cases} \quad \text{avec } \zeta^{k+1} = 1 .$$

Remplaçons dans (12) et (13) :

$$\begin{cases} \zeta^k t^{2k} - 2t^{k+1} + \zeta t^2 = \alpha \\ k \zeta^k t^{2k-1} - (k+1) t^k + \zeta t = 0 . \end{cases}$$

Ces équations se résolvent explicitement ; on trouve :

$t = 0$, $\alpha = 0$, $z_1 = 0$ $z_2 = 0$

$t = \eta$, $\alpha = 0$, $z_1 = \eta$ $z_2 = \eta^k$

$t = \eta/k$, $\alpha = \eta^{k+1} k^{-\frac{2}{k-1}} (1 - \frac{1}{k})^2$, $z_1 = \eta k^{-\frac{1}{k-1}}$ $z_2 = \eta^k k^{-\frac{1}{k-1}}$

avec $\eta^{k^2-1} = 1$, $\xi = \eta^{k-1}$.

En particulier les valeurs critiques sont de module $\leqslant 1 \leqslant r^2$.

Or pour $|\alpha| \leqslant r^2$ et $(z_1, z_2) \in L_\alpha$, on a

$$|z_1^k - z_2| \leqslant r \quad \text{ou} \quad |z_2^k - z_1| \leqslant r ,$$

conditions qui impliquent l'une et l'autre $(z_1, z_2) \in K_r$, comme vu au point précédent.

Dans tous les cas , on a $L_\alpha \subset K_r$ pour $|\alpha| \leqslant \dfrac{r^{k^2+1}}{2^{k+1}}$ (15)

REMARQUE 1.- En fait le principe du maximum est vrai même sur une surface à singularités ; nous aurions donc pu nous dispenser des calculs précédents, mais il nous a paru intéressant d'étudier les singularités de V_α .

D'après (15) K_r contient l'ensemble :

$$\left\{(z_1, z_2) \in \mathbb{C} \ ; \ |z_1| \leqslant \tfrac{1}{2} r^k , \ |z_2| \leqslant \tfrac{1}{2} r^k , \ |z_1^k - z_2| \, |z_2^k - z_1| \leqslant \frac{r^{k^2+1}}{2^{k+1}} \right\} .$$

Si maintenant $|z_1|$ et $|z_2| \leqslant \frac{1}{2} r^{k/2+1/2k}$, on a, par des calculs faciles :

$$|z_1^k - z_2| \leqslant \frac{1}{2^k} r^{\frac{k^2+1}{2}} + \frac{1}{2} r^k \leqslant \left[\frac{r^{k^2+1}}{2^{k+1}}\right]^{1/2} \quad \text{dès que} \quad r \geqslant 4 .$$

LEMME 2. - Si $k \geqslant 2$, $r \geqslant 4$ $\hat{r}(g, g^{-1}) \geqslant \frac{1}{2} r^{\frac{k}{2} + \frac{1}{2k}}$.

Si k est assez grand (par exemple $k \geqslant 2\sigma$ avec la constante σ de la proposition 2), on obtient la contradiction désirée.

THÉORÈME 1. - Le fibré X construit au paragraphe 2 à l'aide de l'automorphisme de $\mathbb{C}^2$ défini par (11) et avec $k \geqslant 2\sigma$ ne possède aucune fonction plurisousharmonique et aucune fonction holomorphe non constante sur les fibres ; en particulier X n'est pas une variété de Stein.

Remarquons que si k = 0 (resp. k = 1) X est un fibré affine (resp. vectoriel) au-dessus d'un ouvert B de Stein (car $B \subset \mathbb{C}$) donc X est lui-même une variété de Stein.

Nous allons maintenant donner un contre-exemple précis pour lequel on pourra prendre $k \geqslant 2$.

Choisissons $B = \mathbb{C} \setminus \{0\}$

$$\Omega_o = \mathbb{C} \setminus]-\infty, 0]$$
$$\Omega_1 = \mathbb{C} \setminus [0, +\infty[$$
$$\Omega_1' = \{x \in \mathbb{C} \ ; \ \mathrm{Im}\ x < 0\}$$
$$\Omega_1'' = \{x \in \mathbb{C} \ ; \ \mathrm{Im}\ x > 0\}$$

(l'automorphisme g étant toujours défini par (11)).

Explicitons la construction de X comme espace quotient indiquée au paragraphe 1.

Soit $p : \mathbb{C} \times \mathbb{C}^2 \longrightarrow X$ l'application définie par :

$$p(x,z) = \tau_o^{-1}(e^x, g^{-m}(z)) \text{ pour } (2m-1)\pi < \mathrm{Im}\ x < (2m+1)\pi$$
$$= \tau_1^{-1}(e^x, g^{-m}(z)) \text{ pour } 2m\pi < \mathrm{Im}\ x < (2m+2)\pi$$

(on vérifie aisément que les conditions de compatibilité sont satisfaites).

X s'identifie donc à travers p au quotient de $\mathbb{C} \times \mathbb{C}^2$ par le groupe d'automorphismes $G = \{\alpha^m \ ; \ m \in \mathbb{Z}\}$ où $\alpha(x,z) = (x + 2i\pi, g(z))$.

Une fonction V sur X est caractérisée par la donnée de $\tilde{V} = V \circ p$ sur $\mathbb{C} \times \mathbb{C}^2$ vérifiant

(16) $$\tilde{V}(x+2i\pi, g(z)) = \tilde{V}(x,z) .$$

Notons $\omega_{(a,\rho)} = \{x \in \mathbb{C} \ ; |x - a| < \rho\}$, où $a \in \mathbb{C}$ et $\rho > 0$

D'après (16)
$$M(\tilde{V} \circ g, \omega_{(0,1)}, r) = M(\tilde{V}, \omega_{(-2i\pi,1)}, r)$$
$$M(\tilde{V}, \omega_{(2i\pi,1)}, r) = M(\tilde{V} \circ g^{-1}, \omega_{(0,1)}, r).$$

En vertu du corollaire 1, avec $\rho_1 = 1$, $\rho_2 = 1+2\pi$, ρ_3 grand, il existe pour tout $\sigma > 1$ une constante $r_o(\sigma)$ telle que

$$M(\tilde{V}, \omega_{(-2i\pi,1)}, r) \leq M(\tilde{V}, \omega_{(0,1+2\pi)}, r) \leq M(\tilde{V}, \omega_{(0,1)}, r^\sigma)$$

$$M(\tilde{V}, \omega_{(2i\pi,1)}, r) \leq M(\tilde{V}, \omega_{(0,1+2\pi)}, r) \leq M(\tilde{V}, \omega_{(0,1)}, r^\sigma) \text{ pour } r \geq r_o(\sigma)$$ pourvu que $\tilde{V}$ soit non constante sur au moins une fibre; en posant $\omega = \omega_{(0,1)}$ il vient

$$M(\tilde{V} \circ g, \omega, r) \leq M(\tilde{V}, \omega, r^\sigma)$$
$$M(\tilde{V} \circ g^{-1}, \omega, r) \leq M(\tilde{V}, \omega, r^\sigma) \text{ pour } r \geq r_o(\sigma).$$

En répétant le raisonnement précédant la proposition 2, on obtient :

LEMME 3. - Si le fibré X possède une fonction plurisousharmonique non constante sur au moins une fibre, il existe pour tout $\sigma > 1$ un nombre $r_0(\sigma) > 0$ tel que :

$$\hat{r}(g,g^{-1}) \leqslant r^{\sigma} \quad \text{pour} \quad r \geqslant r_0(\sigma).$$

Lorsque $k \geqslant 2$ les lemmes 2 et 3 montrent que X n'a pas de fonction plurisousharmonique non constante sur les fibres (prendre $1 < \sigma < \frac{5}{4}$).

4. Exemple de fibré holomorphe non de Stein à fibre $\mathbb{C}^2$ au-dessus d'un ouvert simplement connexe de $\mathbb{C}$.

Soit B un ouvert simplement connexe de $\mathbb{C}$ (cette hypothèse n'étant d'ailleurs pas nécessaire dans ce qui suit) contenant les six points :

$a_1 = 1$, $a_2 = 1+2i$, $a_3 = 1-2i$, $a_4 = -1$, $a_5 = -1+2i$, $a_6 = -1-2i$.

On note $\Omega_0 = B \setminus \{a_1,a_2,a_3,a_4,a_5,a_6\}$

$\Omega_k = \Omega_0 \cup \{a_k\}$ pour $1 \leqslant k \leqslant 6$.

On construit un fibré X à fibre $\mathbb{C}^2$ au-dessus de B par les cartes locales trivialisantes :

$\tau_k : X \longrightarrow \Omega_k \times \mathbb{C}^2$ au-dessus de Ω_k $(0 \leqslant k \leqslant 6)$ avec les automorphismes de transition $\tau_{k\ell} = \tau_k \circ \tau_\ell^{-1}$

$\tau_{k\ell} : \Omega_0 \times \mathbb{C}^2 \longrightarrow \Omega_0 \times \mathbb{C}^2$ (si $k \neq \ell$ $\Omega_k \cap \Omega_\ell = \Omega_0$) définis par :

$$\begin{array}{lll}
\tau_{01}(x,z) = (x,w) & w_1 = z_1 & w_2 = z_2 \exp(z_1\varphi(x)) \\
\tau_{02}(x,z) = (x,w) & w_1 = z_1 & w_2 = z_2\exp(z_1 j\, \varphi(x)) \\
\tau_{03}(x,z) = (x,w) & w_1 = z_1 & w_2 = z_2\exp(z_1 j^2\varphi(x)) \\
\tau_{04}(x,z) = (x,w) & w_1 = z_1 \exp(z_2\varphi(x)) \;, & w_2 = z_2 \\
\tau_{05}(x,z) = (x,w) & w_1 = z_1 \exp(z_2 j\varphi(x)) \;, & w_2 = z_2 \\
\tau_{06}(x,z) = (x,w) & w_1 = z_1 \exp(z_2 j^2\varphi(x)) \;, & w_2 = z_2
\end{array}$$

avec $x \in \Omega_0$ $\quad z,w \in \mathbb{C}^2$ $\quad j = -\frac{1}{2} + i\,\frac{\sqrt{3}}{2}$

$$\varphi(x) = \exp\left(\frac{1}{x^2-1} + \frac{1}{(x-2i)^2-1} + \frac{1}{(x+2i)^2-1}\right)$$

et $\tau_{k\ell} = \tau_{ok}^{-1} \circ \tau_{o\ell}$ pour tout $k, \ell = 1, \ldots 6$.

REMARQUE 2. - Pour définir X, il n'est pas indispensable d'utiliser la carte $\Omega_o \times \mathbb{C}^2$; nous la conserverons néanmoins par souci de symétrie, et pour simplifier les calculs.

LEMME 4. - Pour $-1 < \mathrm{Re}\, x < 1$, on a $|\varphi(x)| < 1$.

Démonstration. En effet $\frac{1}{x^2-1} = -\frac{1}{2}\left(\frac{1}{1+x} + \frac{1}{1-x}\right)$ et $\frac{1}{1+x}, \frac{1}{1-x}$ ont tous deux une partie réelle positive donc

$$\mathrm{Re}\,\frac{1}{x^2-1} < 0 \quad \text{et de même} \quad \mathrm{Re}\,\frac{1}{(x-2i)^2-1} < 0,$$

$$\mathrm{Re}\,\frac{1}{(x+2i)^2-1} < 0 \quad \text{pour} \quad -1 < \mathrm{Re}\, x < 1 .$$

Soit maintenant V une fonction plurisousharmonique continue sur X représentée dans la carte $\Omega_k \times \mathbb{C}^2$ par la fonction plurisousharmonique continue $V_k = V \circ \tau_k^{-1}$.

On a donc $V_k \circ \tau_{k\ell} = V_\ell$ sur $\Omega_o \times \mathbb{C}^2$ $\quad k, \ell = 1, \ldots 6$.

Désignons par $\omega_{(a,\rho)}$ le disque ouvert de centre a et de rayon ρ ($a \in \mathbb{C}, \rho > 0$) et par b_k $1 \leq k \leq 6$ la projection orthogonale i Im a_k de a_k sur l'axe imaginaire.

Nous supposerons de plus que B contient le disque ouvert de centre 0 et de rayon 4 afin que tous les disques considérés dans la démonstration du lemme 5 soient contenus et relativement compacts dans B.

LEMME 5. - Si V est non constante sur la fibre $\{a_k\} \times \mathbb{C}^2$, il existe des constantes $C, r_o > 0$ telles que pour $r \geq r_o$:

$$M(V_o \circ \tau_{ok}, \omega_{(b_k,\frac{1}{2})}, r) \leq M(V_o, \omega_{(b_k,\frac{1}{2})}, \exp(C(\log r)^4)).$$

Démonstration. Pour simplifier les notations, on suppose par exemple $k = 1$, $a_k = 1$, $b_k = 0$.

V_1 étant non constante par hypothèse sur la fibre $\{1\} \times \mathbb{C}^2$

$\sup_{|z| \leq r} V_1(1,z)$ tend vers $+\infty$ quand r tend vers $+\infty$.

Grâce à la continuité de V_1, il existe pour tout nombre $A > 0$ une constante r_A et un voisinage U_A de 1 tels que :

$$\sup_{|z| \leq r_A} V_1(x,z) \geq A \text{ pour tout } x \in U_A .$$

Prenons $A = M(V_1, \omega_{(1,7/4)}, 1)$.

D'après la relation (2), si $\omega_1 \subset \omega_2 \subset \omega_3$ sont trois disques concentriques contenus dans $\omega_{(1,7/4)}$, de rayon $\rho_1 < \rho_2 < \rho_3$, ω_1 rencontrant U_A, alors avec la constante σ précisée dans le lemme 1 (3) :

$$M(V_1, \omega_2, r) \leq M(V_1, \omega_1, r^{\sigma}) \text{ pour } r \geq r_A \qquad (17)$$

(utiliser le fait que $\sigma > 1$).

Sur Ω_o, $V_1 = V_o \circ \tau_{o1}$, donc

$$M(V_o \circ \tau_{o1}, \omega_{(o,\frac{1}{2})}, r) = M(V_1, \omega_{(o,\frac{1}{2})}, r)$$

$$\leq M(V_1, \omega_{(1-t,\frac{3}{2}-t)}, r) \qquad (18)$$

puisque $\omega_{(o,\frac{1}{2})} \subset \omega_{(1-t,\frac{3}{2}-t)}$.

(t est un nombre réel compris entre 0 et 1).

Choisissons t assez petit pour que $1 - t \in U_A$ et appliquons (17) à :

$$\omega_1 = \omega_{(1-t,\frac{t}{2})}, \quad \omega_2 = \omega_{(1-t,\frac{3}{2}-t)}, \quad \omega_3 = \omega_{(1-t,\frac{7}{4}-t)} \subset \omega_{(1,\frac{7}{4})} .$$

Il vient pour $r \geq r_A$:

$$M(V_1, \omega_{(1-t,\frac{3}{2}-t)}, r) \leq M(V_1, \omega_{(1-t,\frac{t}{2})}, r^{\sigma}) \qquad (19)$$

avec $\sigma = \dfrac{\log 3/t}{\log (7-4t)/(6-4t)} \leq C_1 \log \frac{1}{t}$

r étant fixé $\geq r_A$ choisissons t pour que

$$r^{\sigma} . \sup_{x \in \omega_{(1-t,\frac{t}{2})}} |\varphi(x)| \leq 1.$$

Le transformé de $\omega_{(1-t,\frac{t}{2})}$ par l'homographic $x \longmapsto \frac{1}{1-x}$ est le disque de diamètre :

$$(t + \tfrac{t}{2})^{-1} = \frac{2}{3t} , \quad (t - \tfrac{t}{2})^{-1} = \frac{2}{t}$$

de sorte que pour $x \in \omega_{(1-t,\frac{t}{2})}$ on a $\mathrm{Re}\,\frac{1}{1-x} \geqslant \frac{2}{3t}$ et $|\varphi(x)| \leqslant \exp(-\frac{1}{3t})$ (voir la démonstration du lemme 4).

Il suffit de prendre $\exp(\frac{1}{3t}) \geqslant r^{C_1 \log\frac{1}{t}}$

$$\text{soit} \quad \frac{1}{t \log \frac{1}{t}} \geqslant 3C_1 \log r$$

ou encore $\quad \frac{1}{t} \geqslant C_2 \log r .\log\log r$

avec C_2 constante $> 3\,C_1$ et r assez grand.

Avec ce choix de t l'image réciproque par τ_{01} du polydisque :

$|w_1|, |w_2| \leqslant e r^{C_1 \log\frac{1}{t}}$ contient le polydisque: $|z_1|, |z_2| \leqslant r^{C_1 \log\frac{1}{t}}$ lorsque $x \in \omega_{(1-t,\frac{t}{2})}$

On a donc :

$$\begin{aligned} M(V_1, \omega_{(1-t,\frac{t}{2})}, r^{C_1\log\frac{1}{t}}) &\leqslant M(V_1 \circ \tau_{01}^{-1}, \omega_{(1-t,\frac{t}{2})}, e r^{C_1 \log\frac{1}{t}}) \\ &= M(V_o, \omega_{(1-t,\frac{t}{2})}, e r^{C_1\log\frac{1}{t}}). \\ &\leqslant M(V_o, \omega_{(1-t,\frac{t}{2})}, r^{C_3 \log\log r}) \end{aligned} \qquad (20)$$

en prenant $C_2 \log r \,.\, \log\log r \leqslant \frac{1}{t} < C_4 \log r .\log \log r$ (21)

C_3, C_4 sont des constantes, avec $C_4 > C_2$ à préciser par la suite.

En combinant (18),(19) et (20), il vient :

$$(22) \quad M(V_o \circ \tau_{01}, \omega_{(o,\frac{1}{2})}, r) \leqslant M(V_o, \omega_{(1-t,\frac{t}{2})}, r^{C_3\log\log r})$$

pour $r \geqslant r_o$ et t vérifiant (21).

Définissons maintenant une suite de disques concentriques $\omega_1^n \subset \omega_2^n \subset \omega_3^n$ de centre $1-t_n$ $(n \in \mathbb{N})$ et de rayons $\rho_1^n = \frac{1}{4}t_n$, $\rho_2^n = \frac{1}{2}t_n$, $\rho_3^n = \frac{3}{4}t_n$.

On veut que $\omega_1^n \subset \omega_2^{n-1}$, ce qui équivaut à

$t_{n-1} - t_n \leqslant \frac{1}{2}t_{n-1} - \frac{1}{4}t_n$ ou encore $t_n \geqslant \frac{2}{3}t_{n-1}$.

On prendra $t_n = \frac{2}{3}t_{n-1} = (\frac{2}{3})^n$ et $C_4 = \frac{3}{2}C_2$.

Pour $n = n(r)$ bien déterminé on a alors :

$$C_2 \log r \log\log r \leqslant \frac{1}{t_n} < C_4 \log r .\log\log r$$

et d'après (22)

$M(V_o \circ \tau_{o1}, \omega_{(o,\frac{1}{2})}, r) \leqslant M(V_o, \omega_2^{n(r)}, r^{C_3 \log\log r})$ si $r \geqslant r_o$ (23)

Choisissons maintenant $A = M(V_1, \omega_{(1,\frac{7}{4})}, e)$ une constante r_A et un voisinage U_A correspondants (voir le début de la démonstration).

Pour tout $n \in \mathbb{N}$, $\omega_3^n \subset \omega_{(1,\frac{7}{4})}$, et si $n \geqslant n_o$, ω_1^n rencontre U_A.

D'après (2), lemme 1, on a :

(24) $M(V_o, \omega_2^n, r) \leqslant M(V_o, \omega_1^n, r^\sigma) + \mu\left[M(V_o, \omega_3^n, 1) - M(V_o, \omega_1^n, r^\sigma)\right]$

avec $\sigma = \dfrac{\log 3}{\log 3/2}$.

Or $M(V_o, \omega_3^n, 1) = M(V_1 \circ \tau_{o2}^{-1}, \omega_3^n, 1) \leqslant M(V_1, \omega_3^n, e) \leqslant A$ car dans ω_3^n on a $|\varphi(x)| < 1$ (lemme 4) et $\omega_3^n \subset \omega_{(1,\frac{7}{4})}$;

de plus $M(V_o, \omega_1^n, r) = M(V_1 \circ \tau_{o1}^{-1}, \omega_1^n, r^\sigma)$

$\geqslant M(V_1, \omega_1^n, \frac{\sigma}{2} \log r)$

car si $|z_1|$, $|z_2| \leqslant \frac{\sigma}{2} \log r$ l'image (w_1, w_2) par τ_{o1} vérifie

$|w_1| \leqslant \frac{\sigma}{2} \log r \leqslant r^{\sigma/2} = \exp(\frac{\sigma}{2} \log r) \leqslant r^\sigma$ $(r \geqslant 1)$

$|w_2| \leqslant \frac{\sigma}{2} \log r . r^{\sigma/2}$ grâce au lemme 4 $(\omega_1^n \subset \{x \in \mathbb{C} ; -1 < \mathrm{re}\, x < 1\})$

d'où $|x_2| \leqslant r^\sigma$.

En prenant $n \geqslant n_o$ et $\frac{\sigma}{2} \log r \geqslant r_A$ (24) donne

$M(V_o, \omega_2^n, r) \leqslant M(V_o, \omega_1^n, r^\sigma)$

$\leqslant M(V_o, \omega_2^{n-1}, r^\sigma)$ puisque $\omega_1^n \subset \omega_2^{n-1}$.

Pour r assez grand $n(r) > n_o$, donc de proche en proche

$M(V_o, \omega_o^{n(r)}, r) \leqslant M(V_o, \omega_2^{n_o}, r^{\sigma^{n(r)-n_o}})$ pour $\frac{\sigma}{2} \log r \geqslant r_A$ (25).

Il ne reste qu'un nomtre fini d'étapes à accomplir (n_o précisément) pour obtenir

(26) $M(V_o, \omega_2^{n_o}, r) \leqslant M(V_o, \omega_2^o, r^{\sigma^{n_o}})$ $r \geqslant r_1$

(23), (25) et (26) entraînent, puisque $\omega_2^o = \omega_{(o,\frac{1}{2})}$:

$$M(V_o \circ \tau_{o1}, \omega_{(o,\frac{1}{2})}, r) \leqslant M(V_o, \omega_{(o,\frac{1}{2})}, r^{C_3\sigma^{n(r)}.\log\log r})$$ pourvu que

$r \geqslant \sup(r_o, r_1, e^{2r_{A/\sigma}})$.

Mais $\sigma = (\frac{3}{2})^\alpha$ avec $\alpha = 2,458333\ldots < 3$ d'où

$$\sigma^{n(r)} = \frac{1}{t^\alpha_{n(r)}} \leqslant C_4^\alpha(\log r)^\alpha \quad (\log\log r)^\alpha \text{ et } C_3\sigma^{n(r)} \log\log r \leqslant C_5 \; (\log r)$$

pour r assez grand .

On a donc pour $r \geqslant r_2$ convenable :

$$M(V_o \circ \tau_{o1}, \omega_{(o,\frac{1}{2})}, r) \leqslant M(V_o, \omega_{(o,\frac{1}{2})}, r^{C_5(\log r)^3})$$

et la démonstration du lemme 5 est achevée.

Nous pouvons enfin énoncer le résultat essentiel de ce paragraphe :

THÉORÈME 2. - <u>Le fibré</u> X <u>construit ci-dessus au moyen des 7 cartes</u> $\Omega_k \times \mathbb{C}^2$ <u>et des automorphismes de transition</u> $\tau_{k\ell}$ <u>a la propriété suivante</u> <u>il existe une fibre</u> $\{a_k\} \times \mathbb{C}^2$, k = 1,... 6 <u>où toutes les fonctions plurisousharmoniques continues sur</u> X <u>sont constantes ; en particulier</u> X <u>n'est pas de Stein, et n'est pas isomorphe au fibré trivial</u> $B \times \mathbb{C}^2$.

<u>Démonstration</u>. Supposons que pour tout k = 1,... 6 il existe une fonction $V_{(k)}$ plurisousharmonique et continue sur X non constante sur la fibre $\{a_k\} \times \mathbb{C}^2$.

Posons $V = \sum_{k=1}^{6} \lambda_k V_{(k)}$ où les λ_k sont des scalaires réels >0.

Lorsque les λ_k sont bien choisis V est non constante sur les six fibres $\{a_k\} \times \mathbb{C}^2$ (il y a au plus un hyperplan de $(\lambda_1, \lambda_2, \ldots \lambda_6) \in \mathbb{R}^6$ pour lesquels V soit constante sur l'une des six fibres).

On peut alors appliquer le lemme 5 à chacune des fibres $\{a_k\} \times \mathbb{C}^2$:

$M(V_o \circ \tau_{ok}, \omega_{(b_k,\frac{1}{2})}, r) \leqslant M(V_o, \omega_{(b_k,\frac{1}{2})}, \exp(C(\log r)^4))$ pour $r \geqslant r_o$.

En appliquant aux deux membres le corollaire 2 dans Ω_o, on obtient pour $r \geqslant r_1$ assez grand et $C_1 > 0$ convenable

$M(V_o \circ \tau_{ok}, \omega_{(o,\frac{1}{2})}, r) \leqslant M(V_o, \omega_{(o,\frac{1}{2})}, \exp(C_1(\log r)^4))$ d'où avec les notations du § 3, et $K_{x,r} = \left(\bigcup_{1 \leqslant k \leqslant 6} \tau_{ok}(\{x\} \times D_r) \right)^{\wedge}$

$$\sup_{x \in \bar{\omega}_{(o,\frac{1}{2})},\ z \in K_{x,r}} V_o(x,z) \leqslant M(V_o, \omega_{(o,\frac{1}{2})}, \exp(C_1(\log r)^4))$$

Or il est clair que

$$\tau_{o1}(\{x\} \times D_r) \supset \left\{(w_1,w_2) \in \mathbb{C}^2 ;\ |w_1| \leqslant r,\ |w_2| \leqslant r \exp(\tfrac{r}{2}|\varphi(x)|) \text{ et } -\tfrac{\pi}{3} \leqslant \operatorname{Arg} w_1 \varphi(x) \leqslant \tfrac{\pi}{3} \right\}$$

et de même pour $\tau_{o2}(\{x\} \times D_r)$ $\tau_{o3}(\{x\} \times D_r)$ en remplaçant la dernière condition par $-\frac{\pi}{3} < \operatorname{Arg} w_1 j \varphi(x) < \frac{\pi}{3}$ ou $-\frac{\pi}{3} < \operatorname{Arg} w_1 j^2 \varphi(x) < \frac{\pi}{3}$; donc $\bigcup_{1 \leqslant k \leqslant 3} \tau_{ok}(\{x\} \times D_r)$ contient : $\left\{(w_1,w_2) \in \mathbb{C}^2 ;\ |w_1| \leqslant r,\ |w_2| \leqslant r \exp(\frac{r}{2}|\varphi(x)|)\right\}$ et de même $\bigcup_{4 \leqslant k \leqslant 6} \tau_{ok}(\{x\} \times D_r)$ contient : $\left\{(w_1,w_2) \in \mathbb{C}^2 ;\ |w_1| \leqslant r \exp(\frac{r}{2}|\varphi(x)|)\ ,\ |w_2| \leqslant r\right\}$.

Le principe du disque (cf. par exemple HÖRMANDER [1], p. 34, th. 2.4.3.) montre que $K_{x,r}$ contient le polydisque de rayon "moyenne géométrique" :

$$r \exp(\tfrac{r}{4}|\varphi(x)|).$$

Mais pour $x \in \bar{\omega}_{(o,\frac{1}{2})}$ $|\varphi(x)| \geqslant C_2 > 0$ d'où

$$M(V_o, \omega_{(o,\frac{1}{2})}, r \exp(\tfrac{C_2 r}{4})) \leqslant M(V_o, \omega_{(o,\frac{1}{2})}, \exp(C_1(\log r)^4)) .$$

Comme V est non constante sur au moins une fibre de X $M(V_o, \omega_{(o,\frac{1}{2})}, r)$ est une fonction strictement croissante de r pour r assez grand ; on en conclut $r \exp(\frac{C_2 r}{4}) \leqslant \exp(C_1(\log r)^4)$ pour tout r assez grand, ce qui est contradictoire.

5. Nature du fibré X selon la valeur de la constante de Lelong.

Nous nous proposons de montrer par un exemple que la nature du fibré X est intimement liée à la valeur de la constante de Lelong (et donc à la géométrie de la base).

Prenons pour base une couronne

$B = \{x \in \mathbb{C} ;\ \rho_1 < |x| < \rho_2\}$ $\qquad 0 \leqslant \rho_1 < \rho_2 \leqslant +\infty$.

Le revêtement universel de B s'identifie à la bande

$$\tilde{B} = \{x \in \mathbb{C} \ ; \ \log \rho_1 < \operatorname{Re} x < \log \rho_2\}$$

au moyen de l'exponentielle exp : $\tilde{B} \longrightarrow B$.

Soit g un automorphisme polynomial de $\mathbb{C}^n$ de degré k au plus ainsi que g^{-1} et G le groupe d'automorphismes $\{\alpha^j \ ; \ j \in \mathbb{Z}\}$ de $\tilde{B} \times \mathbb{C}^n$ où

$\alpha(x,z) = (x + 2i\pi \, , \, g(z))$.

Considérons le fibré $X = \tilde{B} \times \mathbb{C}^n / G$ (voir § 2) .

Cherchons à construire une fonction ϕ plurisousharmonique sur $\tilde{B} \times \mathbb{C}^n$ et invariante par G qui induise une fonction d'exhaustion strictement pluri sousharmonique sur X.

Si $\frac{\rho_2}{\rho_1} < +\infty$ on peut toujours supposer $\rho_1 \rho_2 = 1$ quitte à appliquer une homothétie à B.

La bande $\tilde{B}$, qui a pour largeur $a = \operatorname{Log} \frac{\rho_2}{\rho_1}$, est alors centrée en 0.

$$\begin{aligned} \text{Posons} \quad \varphi_i(x,z) &= \exp(x^2 \cos \tfrac{\pi x}{a}) z_i \qquad \text{si } \frac{\rho_2}{\rho_1} < +\infty \\ &= \exp(x^2) z_i \qquad \text{sinon} \quad , \quad 1 \leqslant i \leqslant n \end{aligned}$$

$$\text{puis } \phi(x,z) = \sum_{j \in \mathbb{Z}} \ \sum_{1 \leqslant i \leqslant n} |\varphi_i \circ \alpha^j(x,z)|^2$$

$$\psi(x,z,x',z') = \sum_{j \in \mathbb{Z}} \ \sum_{1 \leqslant i \leqslant n} \varphi_i \circ \alpha^j(x,z) \ \overline{\varphi_i \circ \alpha^j(x',z')} \ .$$

Cherchons à quelle condition cette dernière série converge uniformément sur tout compact de $(\tilde{B} \times \mathbb{C}^n)^2$.

Il existe une constante $C \geqslant 1$ telle que

$$1 + |g(z)| \leqslant C(1 + |z|)^k$$

$$1 + |g^{-1}(z)| \leqslant C(1 + |z|)^k$$

d'où par récurrence

$$1 + |g^j(z)| \leqslant C^{1+k+\ldots+k^{|j|-1}} (1 + |z|)^{k^{|j|}}$$

et $|g^j(z)| \leqslant (C^{|j|} (1+|z|))^{k^{|j|}} = \exp (k^{|j|} (|j| \log C + \log(1 + |z|)))$

$$\cos\frac{\pi(x+2ij\pi)}{a} = \cos\frac{\pi \mathrm{Re}\, x}{a}\ \mathrm{ch}\ \frac{\pi(\mathrm{Im}\, x + 2j\pi)}{a} - i\sin\frac{\pi\, \mathrm{Re}\, x}{a}\ \mathrm{sh}\ \frac{\pi(\mathrm{Im}\, x + 2j\pi)}{a}.$$

On a $-\frac{a}{2} < \mathrm{Re}\, x < \frac{a}{2}$ donc $\cos\frac{\pi \mathrm{Re}\, x}{a} > 0$ sur $\tilde{B}$ de sorte que $\cos\frac{\pi(x+2ij\pi)}{a}$ a un argument en valeur absolue $\leqslant$ constante $< \frac{\pi}{2}$ lorsque x décrit un compact de $\tilde{B}$.

Pour tout compact $K \subset \tilde{B}$, il existe donc une constante C_K telle que :

$$\mathrm{Re}(x + 2ij\pi)^2 \cos\frac{\pi(x + 2ij\pi)}{a} \leqslant - C_K\ j^2 \exp\frac{2|j|\pi^2}{a}$$

d'où $\left|\varphi_i \circ \alpha^j(x,z)\right| \leqslant \exp(k^{|j|}\ (|j| \log C + \mathrm{Log}\ (1 + |z|\ )) - C_K\ j^2 \exp\frac{2|j|\pi^2}{a})$.

Les séries précédentes convergent donc uniformément sur tout compact de $\tilde{B} \times \mathbb{C}^n$ pourvu que :

$$k \leqslant \exp(\frac{2\pi^2}{a})$$

ψ définit alors une fonction continue holomorphe en (x,z) et antiholomorphe en (x',z') de sorte que ϕ est analytique réelle.

ϕ n'est pas nécessairement propre à cause de la dépendance en x, mais tend uniformément vers $+\infty$ quand z tend vers $+\infty$, x décrivant un compact de $\tilde{B}$.

Soit φ la fonction induite sur X par ϕ, $\psi: B \longrightarrow \mathbb{R}$ une fonction d'exhaustion strictement plurisousharmonique sur B, et $q : X \longrightarrow B$ la projection sur la base.

$\chi = \varphi + \psi \circ q$ est alors une fonction d'exhaustion strictement plurisousharmonique sur X.

Montrons en effet que la forme de Levi $\mathcal{H}(\chi)$ de χ (i.e. la forme hermitienne associée à la (1,1)-forme réelle $i\partial\bar{\partial}\chi$) est définie positive.

Pour tout vecteur tangent ξ à X on a :

$$\mathcal{H}(\chi)\ (\xi) = \mathcal{H}(\varphi)(\xi) + \mathcal{H}(\psi)(dq(\xi)) .$$

Comme les deux termes du membre de droite sont $\geqslant 0$, $\mathcal{H}(\chi)(\xi)$ est $\geqslant 0$ et ne peut s'annuler que si $\mathcal{H}(\varphi)(\xi) = \mathcal{H}(\psi)(dq(\xi)) = 0$ d'où $dq(\xi) = 0$ (ψ est strictement plurisousharmonique sur la base) puis $\xi = 0$ (φ est strictement plurisousharmonique sur les fibres).

PROPOSITION 3. - Le fibré X est de Stein pour $k < \exp\left(\frac{2\pi^2}{\log \rho_2/\rho_1}\right)$.
Si g est l'automorphisme de $\mathbb{C}^2$ défini par $g(z_1,z_2) = (z_1^k - z_2, z_1)$ et si $k > \exp\left(\frac{2\pi^2}{\log \rho_2/\rho_1}\right)$ toutes les fonctions plurisousharmoniques sur X sont constantes sur les fibres.

Démonstration. La première assertion vient d'être prouvée; pour obtenir la deuxième il suffit de réexaminer les arguments du paragraphe 3.

. Estimation de la constante de Lelong.

$\theta : x \longmapsto \operatorname{tg} \pi \frac{x}{2a}$ est une application conforme de la bande $\tilde{B} = \left\{x \in \mathbb{C} \; ; \; -\frac{a}{2} < \operatorname{Re} x < \frac{a}{2}\right\}$ sur le disque unité.

Soit $\omega_\rho = \left\{x \in \tilde{B} \; ; \; |\theta(x)| < \operatorname{th} \rho\right\} \quad \rho > 0$.

Montrons que $\omega_\rho + ib \subset \omega_{\rho'}$, $\quad b \in \mathbb{R}$, $\rho' = \rho + \frac{\pi |b|}{2a}$

Si $x \in \omega_\rho$ $\quad \theta(x + ib) = \dfrac{\theta(x) + \theta(ib)}{1 - \theta(x)\theta(ib)}$ par suite $\theta(\omega_\rho + ib)$ est le transformé du disque $|x| < \operatorname{th} \rho$ par l'homographie :

$$x \longmapsto \frac{x + i \operatorname{th} \pi b/2a}{1 - ix \operatorname{th} \pi b/2a} .$$

Ce transformé est le disque de diamètre :

$$\frac{i \operatorname{th} \rho + i \operatorname{th} \pi b/2a}{1 + \operatorname{th} \rho \operatorname{th} \pi b/2a} = i \operatorname{th}\left(\rho + \frac{\pi b}{2a}\right)$$

$$\frac{- i \operatorname{th} \rho + i \operatorname{th} \pi b/2a}{1 - \operatorname{th} \rho \operatorname{th} \pi b/2a} = -i \operatorname{th}\left(\rho - \frac{\pi b}{2a}\right)$$

et il est bien contenu dans le disque de centre 0 et de rayon $\operatorname{th}\left(\rho + \frac{\pi |b|}{2a}\right) = \operatorname{th} \rho'$.

Si V est une fonction plurisousharmonique non triviale sur X et $\tilde{V}$ son relèvement à $\tilde{B} \times \mathbb{C}^2$, on a, pour tout entier $j \geq 1$ et r assez grand :

$$\begin{aligned} M(\tilde{V} \circ g^{\pm j}, \omega_\rho, r) &= M(\tilde{V}, \omega_\rho \mp 2ij\pi, r) \\ &\leq M(\tilde{V}, \omega_{\rho_j}, r) \\ &< M(\tilde{V}, \omega_\rho, r^{\sigma^j}) \end{aligned}$$

avec $\rho_j = \rho + j \frac{\pi^2}{a}$

$$\sigma_j \text{ arbitraire} > \frac{\log {}^1/\operatorname{th}\rho}{\log {}^1/\operatorname{th}\rho_j} = \frac{\log\coth\rho}{\log\coth(\rho + j\frac{\pi^2}{a})}$$

(d'après le corollaire 1 appliqué sur le disque unité ; σ_j est donné par la relation (3) avec $\rho_1 = \operatorname{th}\rho$ $\rho_2 = \operatorname{th}\rho_j$ $\rho_3 < 1$ arbitraire).

Un calcul élémentaire fournit :

$$\lim_{\rho\to+\infty} \frac{\log\coth\rho}{\log\coth(\rho + j\frac{\pi^2}{a})} = \exp(\frac{2j\pi^2}{a}).$$

On peut donc énoncer , en prenant $a = \log\frac{\rho_2}{\rho_1}$ si $\frac{\rho_2}{\rho_1} < +\infty$, et a arbitrairement grand sinon :

LEMME 6. - <u>Pour tout</u> $\sigma > \exp(\frac{2j\pi^2}{\log \rho_2/\rho_1})$, <u>il existe un ouvert</u> $\omega \subset\subset \tilde{B}$ <u>et une constante</u> r_0 <u>dépendant de</u> j, σ <u>tels que</u> $M(V \circ g^{\pm j}, \omega, r) \leqslant M(\tilde{V}, \omega, r^{\sigma})$ <u>pour tout</u> $r \geqslant r_0$.

En prenant $j = 1$, les résultats du § 3 (lemme 2) montrent déja que X n'est pas de Stein si :

$$\frac{k}{2} + \frac{1}{2k} > \exp(\frac{2\pi^2}{\log \rho_2/\rho_1}).$$

. <u>Calcul d'enveloppe pseudo-convexe</u>.

Il s'agit donc d'évaluer l'enveloppe $(g^j(D_r) \cup g^{-j}(D_r))^{\wedge}$.

Soit $p_i : \mathbb{C}^2 \longrightarrow \mathbb{C}$, $(z_1,z_2) \longmapsto z_i$, $i = 1,2$ les fonctions coordonnées, V_α la surface de $\mathbb{C}^2$ définie par l'équation

$$p_1 \circ g^j(z) \,.\, p_2 \circ g^{-j}(z) = \alpha \qquad \alpha \in \mathbb{C} ,$$

et L_α la partie compacte de V_α définie par $|z| = \sup(|z_1|, |z_2|) \leqslant r^{k^j}$.

Pour $|z_1| = r^{k^j}$ et r assez grand $|p_1 \circ g^j(z)| \geqslant \frac{1}{2} r^{k^{2j}}$

($p_1 \circ g^j$ est un polynôme de degré k^j admettant $z_1^{k^j}$ comme seul monôme de degré k^j).

On prend $|\alpha| \leqslant \frac{1}{2} r^{k^{2j}+1}$ et on a donc $|p_2 \circ g^{-j}(z)| \leqslant r$.

Vérifions par récurrence sur j que les inégalités $|z| \leqslant r^{k^j}$ et $|p_2 \circ g^{-j}(z)| \leqslant r$

entraînent $|p_1 \circ g^{-j}(z)| \leqslant C_j\, r$ où C_j est une constante $\geqslant 1$ assez grande.

Pour $j = 1$ $|z_2^k - z_1| \leqslant r$ et $|z_1| \leqslant r^k$ par hypothèse donc

$$|z_2|^k \leqslant r^k + r \leqslant 2r^k \quad \text{et} \quad |z_2| \leqslant 2^{1/k}\, r \ .$$

Si $j > 1$ $|p_2 \circ g^{-j}(z)| = |p_2 \circ g^{-(j-1)}(w)| \leqslant r \leqslant 2r^{k^2}$ avec $w = g^{-1}(z)$

et $|w| \leqslant 2r^{k^{j+1}} \leqslant (2r^{k^2})^{k^{j-1}}$.

Par hypothèse de récurrence (appliquée en remplaçant z, g^{-j}, r par w, $g^{-(j-1)}$, $2r^{k^2}$)

$$|p_1 \circ g^{-j}(z)| = |p_1 \circ g^{-(j-1)}(w)| \leqslant 2C_{j-1}\, r^{k^2} .$$

Mais $p_1 \circ g^{-j}(z) = p_2 \circ g^{-(j-1)}(z)$ et $|z| \leqslant r^{k^j} \leqslant (2C_{j-1} r^{k^2})^{k^{j-1}}$

donc $|p_1 \circ g^{-(j-1)}(z)| \leqslant 2C_{j-1}^2\, r^{k^2}$ (hypothèse de récurrence).

Or $p_2 \circ g^{-j}(z) = [p_2 \circ g^{-(j-1)}(z)]^k - p_1 \circ g^{-(j-1)}(z)$ est de module $\leqslant r$

d'où $|p_2 \circ g^{-(j-1)}(z)| \leqslant C' r^k$ où C' est une constante $\geqslant 1$.

$$|p_1 \circ g^{-(j-1)}(z)| \leqslant C' C_{j-1}\, r^k \quad \text{(hypothèse de récurrence)}$$

$$|p_1 \circ g^{-j}(z)| = |p_2 \circ g^{-(j-1)}(z)| \leqslant C_j r \qquad \text{C.Q.F.D.}$$

Par suite $|g^{-j}(z)| \leqslant C_j r$ i.e. $z \in g^j(D_{C_j r})$ et le bord de L_α est contenu dans $g^j(D_{C_j r}) \cup g^{-j}(D_{C_j r})$.

Des calculs analogues à ceux du § 3 donnent alors :

LEMME 7. - <u>Pour</u> $r \geqslant r_o$ <u>et</u> ε_j <u>assez petit</u> $(g^j(D_r) \cup g^{-j}(D_r))^{\wedge}$ <u>contient le polydisque de rayon</u> $\varepsilon_j r^{k^j/2 + 1/2k^j}$.

Si $k > \exp(\frac{2\pi^2}{\log \rho_2/\rho_1})$, on a $k^j \geqslant 2 \exp(\frac{2j\pi^2}{\log \rho_2/\rho_1})$ pour j assez grand ,

par conséquent $\frac{k^j}{2} + \frac{1}{2k^j} > \exp(\frac{2j\pi^2}{\log \rho_2/\rho_1})$ et les propositions 1 et 2 permettent d'achever la démonstration de la proposition 3.

6. Topologie de $H^1(X,\mathcal{O})$.

Soit X l'un des fibrés construits aux paragraphes 2,3,4 et 5, $\mathcal{O}$ le faisceau des germes de fonctions analytiques sur X.

Par l'isomorphisme de Dolbeault $H^1(X,\mathcal{O})$ s'identifie au quotient Z^1/B^1 où

$Z^1 = \{$formes différentielles de bidegré $(0,1)$ $\bar\partial$-fermées sur $X\}$

$B^1 = \{$formes différentielles de bidegré $(0,1)$ $\bar\partial$-exactes sur $X\}$.

Z^1 est muni de la topologie de la convergence C^∞ sur tout compact, $H^1(X,\mathcal{O})$ de la topologie quotient.

Soit $q : X \to B$ la projection sur la base, et x_o un point de B tel que toute fonction holomorphe sur X soit constante sur la fibre $q^{-1}(x_o)$ (x_o peut être choisi arbitrairement dans les exemples des § 3,5).

Soit U un ouvert de B contenant x_o, f une fonction holomorphe sur $q^{-1}(U)$, φ une fonction de classe C^∞ sur B à support dans U, égale à 1 au voisinage de x_o.

Cherchons une fonction u de classe C^∞ sur X telle que
$h = f.\varphi \circ q - (q - x_o)u$ soit holomorphe sur X.
$h(x_o,z) = f(x_o,z)$ donc le problème précédent n'a pas de solution si f est non constante sur la fibre $q^{-1}(x_o)$.

La condition $\bar\partial h = 0$ équivaut à :

$$\bar\partial u = \frac{f.q^*\bar\partial\varphi}{q - x_o} .$$

Lorsqu'on prend pour U un domaine de carte trivialisant et f du type $f(x,z) = F(z)$ où F est entière, on obtient ainsi des formes $\bar\partial$-fermées $f \frac{q^*\bar\partial\varphi}{q - x_o}$ qui ne sont $\bar\partial$-cohomologues que si les F correspondantes diffèrent d'une constante.

Ceci montre déjà que $H^1(X,\mathcal{O})$ est de dimension infinie ; plus précisément il possède un sous-espace isomorphe à $\mathcal{O}(\mathbb{C}^n)/\mathbb{C}$ ($\mathcal{O}(\mathbb{C}^n)$ = fonctions entières de n variables).

. <u>Non séparation de</u> $H^1(X,\mathcal{O})$.

Nous allons voir de plus que B^1 n'est pas fermé dans Z^1, ce qui prouvera que $H^1(X,\mathcal{O})$ n'est pas séparé.

Soit en effet x_1 un point frontière de B tel que $d(x_o,x_1) = d(x_o, \complement B)$ (on prendra $x_1 = \infty$ si $B = \mathbb{C}$).

Le segment $[x_o, x_1[$ est donc inclus dans B.

Dans le cas des exemples des § 2 et 3, il existe un voisinage ouvert U de $[x_o, x_1[$ dans B sur lequel le fibré X est trivial.
(car les automorphismes de transition sont localement constants).

Dans l'exemple du § 4, x_o appartient à une certaine carte

$\Omega_j = B \setminus \{\text{nombre fini de points } a_i\}$.

Si par malchance $[x_o, x_1[$ passe par certains des a_i, on peut trouver un chemin γ joignant x_o à x_1 dans Ω_j en contournant les a_i par de petits demi-cercles .

Dans tous les cas, il existe un chemin $\gamma : [0,1] \longrightarrow \mathbb{C} \cup \{\infty\}$ $\gamma([0,1[) \subset B$ $\gamma(0) = x_o$ $\gamma(1) = x_1$ et un ouvert U contenant $\gamma([0,1[)$ sur lequel X est trivial.

On prend $f : q^{-1}(U) \longrightarrow \mathbb{C}$ non constante sur $q^{-1}(x_o)$ (par exemple l'une des fonctions coordonnées $z_1, \dots, z_n$ de la fibre).

Soit $\varphi \in C^{\infty}(B)$ à support dans U et égale à 1 au voisinage de $\gamma([0,1[)$.

D'après le théorème de Runge , $x \longmapsto \dfrac{1}{x - x_o}$ est limite uniforme sur tout compact de $B \setminus \gamma([0,1[)$ d'une suite v_ν de fonctions holomorphes sur B (cf. HÖRMANDER [1], p. 9, th. 1.3.4. b/ ; $\gamma([0,1[)$ est connexe et non compact).

Comme $\bar{\partial} \varphi = 0$ au voisinage de $\gamma([0,1[)$, la suite $v_\nu \circ q.f.q^* \bar{\partial}\varphi$ converge uniformément sur tout compact de X ainsi que ses dérivées vers $\dfrac{f\, q^* \bar{\partial}\varphi}{q - x_o}$ qui est $\bar{\partial}$-fermée mais non $\bar{\partial}$-exacte.
Cependant $v_\nu \circ q.f.q^* \bar{\partial}\varphi = \bar{\partial}(v_\nu \circ q.f.\varphi \circ q)$.

. <u>Si</u> X <u>est le fibré du § 5</u>, $H^1(X, \mathcal{O})$ <u>est grossier.</u>

Soit $p : \tilde{B} \times \mathbb{C}^2 \longrightarrow X$ la projection de $\tilde{B} \times \mathbb{C}^2$ sur son quotient par le groupe $G = \{\alpha^m ; m \in \mathbb{Z}\}$ avec $\tilde{B} = \{x \in C ; \log \rho_1 < \operatorname{Re} x < \log \rho_2\}$

$$\alpha(x,z) = (x + 2i\pi, g(z))$$

Soit f une forme fermée de bidegré (0,1) et de classe C^∞ sur X.

$$\bar\partial(p^*f) = p^*\bar\partial f = 0 .$$

Puisque $\tilde{B}\times\mathbb{C}^2$ est de Stein, il existe une fonction h de classe C^∞ sur $\tilde{B}\times\mathbb{C}^2$ telle que

$$\bar\partial h = p^*f$$

et il est immédiat que $u = h - h \circ \alpha$ est holomorphe sur $\tilde{B}\times\mathbb{C}^2$.

Montrons que u peut être approchée uniformément sur tout compact par des fonctions du type $v - v \circ \alpha$ où v est holomorphe sur $\tilde{B}\times\mathbb{C}^2$.

Soit ε un nombre >0 et K un compact de $\tilde{B}\times\mathbb{C}^2$ de la forme $L\times D$ où L est un rectangle de $\tilde{B}$ et D un bidisque.

Il existe un entier $j\in\mathbb{N}$ tel que $L\cap(L+2ij\pi) = \emptyset$ et un bidisque D' contenant $D\cup g^j(D)$.

Avec les choix précédents $K\subset L\times D'$

$$\alpha^j(K)\subset(L+2ij\pi)\times D'$$

$L\cup(L+2ij\pi)$ ne sépare pas le plan, donc est polynomialement convexe, et il en est de même du produit $[L\cup(L+2ij\pi)]\times D'$.

D'après HÖRMANDER [1], th. 2.7.7., p. 55, il existe un polynôme Q tel que :

$$|Q-u|<\varepsilon \text{ sur } K\subset L\times D'$$
$$|Q|<\varepsilon \quad \text{ sur } \alpha^j(K)\subset(L+2ij\pi)\times D'$$

d'où $|Q - Q\circ\alpha^j - u|<2\varepsilon$ sur K, et en posant $v = Q + Q\circ\alpha+\ldots+Q\circ\alpha^{j-1}$
$v - v\circ\alpha = Q - Q\circ\alpha^j$ approche u à 2ε près sur K.

Remplaçons h par h − v ; on voit qu'il existe une suite h_n de fonctions C^∞ sur $\tilde{B}\times\mathbb{C}^2$ telles que :

$$\bar\partial h_n = p^*f \text{ , et si } u_n = h_n - h_n\circ\alpha \quad \lim u_n = 0 .$$

Soit maintenant φ_+,φ_- une partition de l'unité subordonnée au recouvrement $]-1,+\infty[,\ ]-\infty,1[$ de $\mathbb{R}$.

On définit une fonction k_n C^∞ sur $\tilde{B}\times\mathbb{C}^2$ par

$$k_n(x,z) = \sum_{j\geq 0} u_n\circ\alpha^j(x,z)\,.\,\varphi_-(\mathrm{Im}(x+2ij\pi))$$

$$- \sum_{j<0} u_n \circ \alpha^j(x,z)\, \varphi_+(\mathrm{Im}(x+2ij\pi))$$

$$(k_n - k_n \circ \alpha)(x,z) = u_n(x,z)\, \varphi_-(\mathrm{Im}\, x) + u_n(x,z)\, \varphi_+(\mathrm{Im}\, x)$$

d'où $k_n - k_n \circ \alpha = u_n$, et de plus k_n tend uniformément vers 0 sur tout compact ainsi que ses dérivées.

$h_n - k_n$ est invariante par α, et induit sur X une fonction C^∞ notée w_n

$$p^* \bar\partial w_n = \bar\partial h_n - \bar\partial k_n = p^* f - \bar\partial k_n$$

d'où $\lim \bar\partial w_n = f$ pour la topologie C^∞.

Par conséquent B^1 est dense dans Z^1, ce qui signifie que $H^1(X, \mathcal{O})$ a la topologie grossière.

B I B L I O G R A P H I E

[1] HÖRMANDER (L.). - An introduction to complex analysis in several variables. Second Edition. North Holland Publishing Company, 1973.

[2] LELONG (P.). - Fonctionnelles analytiques et fonctions entières (n variables). Montréal, les Presses de l'Université de Montréal, 1968, Séminaire de Mathématiques Supérieures, Eté 1967, n° 28.

[3] SERRE (J.-P.). - Quelques problèmes globaux relatifs aux variétés de Stein. Colloque sur les fonctions de plusieurs variables, Bruxelles, 1953.

[4] SKODA (H.). - Fibrés holomorphes à base et à fibre de Stein. C.R.Acad. Sc.de Paris, 16 Mai 1977, A. 1159-1202.

[5] SKODA (H.). - Fibrés holomorphes à base et à fibre de Stein . Preprint, Université de Paris VI, Juin 1977, à paraître aux Inventiones Math.

J.-P. DEMAILLY
École Normale Supérieure
45, rue d'Ulm

et

L.A. au C.N.R.S. N° 213
"Analyse complexe et Géométrie"
Université de Paris VI

Séminaire P.LELONG,H.SKODA
(Analyse)
17e année, 1976/77.

PROLONGEMENTS D'APPLICATIONS ANALYTIQUES

par G.DLOUSSKY

-Notations et terminologie

- § 0 Préliminaires et résultats

- § 1 Espaces ronds

- § 2 $\mathcal{F}$-morphismes

- § 3 Construction d'espaces ronds : morphismes ronds et revêtements ramifiés

- § 4 Surfaces compactes

- Annexe I

- Annexe II

- Annexe III

- Références.

NOTATIONS ET TERMINOLOGIE

On note $z = (z_1,\dots, z_n)$ un point de $\mathbb{C}^n$

$T = T^{n+1} = T^{n+1}_{\rho,\tau}$ l'ouvert de $\mathbb{C}^{n+1}$ défini pour $0 < \rho < 1$ et $0 < \tau < 1$ par

$$T = \{ (z, w) \mid |z_i| < \rho \ , \ i = 1,\dots,n \ , \ |w| < 1 \} \cup \{ (z, w) \mid |z_i| < 1 \ , \ i = 1,\dots,n, \ \tau < |w| < 1 \}$$

on appellera un tel ouvert une marmite (vide) .

L'enveloppe d'holomorphie de T , notée $\tilde{T}$ est égale au polydisque $\Delta^{n+1} = \Delta^n_z \times \Delta_w$.

On désigne par : $(\emptyset, G)$ un domaine étalé au-dessus d'une variété analytique complexe $\mathcal{M}$, c'est-àdire un espace topologique séparé G , muni d'un homéomorphisme local (ou étalement) $\emptyset : G \longrightarrow \mathcal{M}$.

$(\lambda, \tilde{\emptyset}, \tilde{G})$ l'enveloppe d'holomorphie de G au-dessus de $\mathcal{M}$.

On appelle hypersurface un ensemble analytique (pouvant admettre des singularités) de codimension pure égale à 1 . On écrira p.s.h. (resp. s.h., resp. s.c.s.) pour plurisousharmonique (resp. sousharmonique, resp. semi-continu supérieurement).

Enfin, pour les renvois, on a adopté une numèrotation à deux nombres (le premier désignant le numéro du §), sans faire de distinction entre les Définitions, Lemmes, Propositions ou Théorèmes, et éventuellement précédée par " **A** " dans le cas d'un renvoi à l'annexe I.

§ 0 . PRELIMINAIRES ET RESULTATS .

On s'intéresse à la façon dont se prolongent les applications analytiques d'un ouvert U de $\mathbb{C}^2$ dans un espace analytique. Le meilleur cas est celui où X est un espace de Stein, auquel cas on sait [14] que toute application analytique de U dans X se prolonge à l'enveloppe d'holomorphie de U . Si X est une variété analytique compacte sous-algébrique (c'est-à-dire une variété compacte pour laquelle le nombre maximu de fonctions méromorphes algébriquement indépendantes est égal à sa dimension), HIRSCHOWITZ [19] a montré que toute application méromorphe de U dans X se prolonge méromorphiquement à l'enveloppe d'holomorphie de U ; comme le lieu singulier d'une telle application méromorphe est de codimension ≥ 2 , (c'est-à-dire dans ce cas un ensemble de points isolés), cela signifie que toute application analytique de U dans une variété sous-algébrique compacte se prolonge au complémentaire dans l'enveloppe d'holomorphie de U d'un ensemble de points isolés.

Cependant, ce dernier cas ne représente pas la généralité et on peut construire (voir Annexe II) par éclatement d'une surface de Hopf, une surface S munie d'une application

$$f : \mathbb{C}^2 \setminus F \longrightarrow S$$

où F est un fermé de $\mathbb{C}^2$ constitué d'une suite convergeant vers 0 avec sa limite, qui ne peut se prolonger analytiquement au voisinage d'aucun point de F.

En s'inspirant de cet exemple et compte tenu de la nécessité d'avoir des singularités possédant de suffisamment bonnes propriétés, on est amené à donner la

<u>DEFINITION 1.1.</u> . - Soit X un espace analytique. On dit que X est un espace rond si toute application analytique

$$f : T \longrightarrow X$$

de la marmite $T = T^2_{\rho,\tau} \subset \mathbb{C}^2$, dans X, se prolonge analytiquement au complémentaire dans $\tilde{T} = \Delta^2$ d'un fermé dénombrable $\tilde{A}$.

On commence, dans le § 1, par donner des exemples d'espaces ronds : espaces de Stein, espaces sous-algébriques, toutes les courbes, les variétés de Hopf, les tores. Puis on montre le

<u>THEOREME 1.9.</u> . - Un groupe de Lie complexe connexe et simplement connexe est une variété de Stein.

... ce qui permet de prouver que toute variété compacte parallélisable est ronde.

Le § 2 , technique, ne se justifie que par le § 3 dans lequel on démontre d'abord le

<u>THEOREME 3.5.</u> . – Soient X , Y des espaces analytiques et

$$\emptyset : X \longrightarrow Y$$

une application analytique telle que pour tout $y \in Y$ existe un voisinage ouvert U de y pour lequel $\emptyset^{-1}(U)$ soit rond. <u>Alors</u> : si Y est rond, X est rond.

En utilisant un théorème de BOREL et REMMERT [15] , on en déduit que les espaces homogènes compacts sont ronds, de même que les domaines étalés, localement pseudo-convexes au-dessus des variétés homogènes compactes, ou des variétés algébriques régulières compactes.

La fin du § 3 est consacrée aux revêtements ramifiés finis : on obtient le

<u>THEOREME 3.15.</u> . – Soit (X, Π, Y) un revêtement ramifié fini d'un espace analytique réduit Y . <u>Alors</u> : X est rond si et seulement si Y est rond.

Enfin, dans le § 4 , dans lequel on utilise la plupart des résultats qui le précèdent, on s'intéresse aux surfaces compactes. Le principal résultat est le

<u>THEOREME 4.4.</u> . – Toute surface elliptique est ronde.

En utilisant la classification des surfaces de KODAIRA [25] , on voit que deux types de surfaces – les surfaces K 3 et les surfaces de type VII_0 – n'entrent dans aucun des cas d'espaces ronds qu'on donne ; cependant, l'exemple de surface K 3 donné dans le § 4 , et tous les exemples connus (cf [21]) de surfaces de type VII_0 , laissent espérer que toute surface compacte soit ronde.

Cet article représente la deuxième partie de ma thèse de 3e cycle [5], le contenu de la première se trouvant déjà dans [4] .

Je remercie André HIRSCHOWITZ à qui je dois ce sujet et qui tout au long de ce travail a su me guider avec beaucoup de perspicacité.

§ 1 . ESPACES RONDS .

1.1. PREMIERS EXEMPLES D'ESPACES RONDS

DEFINITION 1.1. . – Soit X un espace analytique. On dit que X est rond si toute application analytique $f : T \longrightarrow X$ de la marmite $T = T^2_{\rho,\tau} \subset \mathbb{C}^2$, dans X , se prolonge analytiquement au complémentaire dans $\tilde{T} = \Delta^2$ d'un fermé dénombrable $\tilde{R}$.

EXEMPLES 1.2. . – 1/ Tout espace de Stein est rond (voir [14] p 142) ; dans ce cas, on peut prendre $\tilde{R} = \emptyset$.

2/ Si X est un espace sous-algébrique (voir [17]) toute application méromorphe de T dans X , se prolonge à $\tilde{T}$ d'après [19] p 314, ce qui prouve que X est rond et qu'on peut prendre pour $\tilde{R}$ un sous-ensemble analytique de $\tilde{T}$ de codimension 2 .

3/ Toute courbe (c'est-à-dire un espace analytique de dimension pure 1) est ronde : en effet, une courbe est soit compacte et projective, soit non compacte et de Stein ; on est donc ramené à l'un des deux cas précédents.

4/ On donnera dans l'annexe un exemple de surface compacte ronde pour laquelle $\tilde{R}$ peut être éventuellement une suite convergente, avec sa limite.

1.2. QUELQUES PROPRIETES DES FERMES DENOMBRABLES DANS UN OUVERT DE DIMENSION 2 .

Soit V une variété analytique dénombrable à l'infini. Pour ce qui suit, nous supposerons que V est de dimension 2 . On note $\mathcal{F}_V$ le faisceau des fermés dénombrables de V .

LEMME 1.3. . - i) $\mathcal{F}_V$ est l'intersection de tous les faisceaux de fermés $\mathcal{G}$ de V , qui pour tout ouvert U de V vérifient les deux axiomes suivants :

(F 1) : Si R est un fermé dont tout point est isolé dans U , alors $R \in \mathcal{G}(U)$

(F 2) : Si $R \in \mathcal{G}(U)$ et $S \in \mathcal{G}(U \setminus R)$, alors $R \cup S \in \mathcal{G}(U)$.

ii) Si U est un ouvert connexe (resp. simplement connexe) de V et $R \in \mathcal{F}_V(U)$, alors $U \setminus R$ est un ouvert connexe (resp. simplement connexe).

iii) Si U est un ouvert de V et $R \in \mathcal{F}_V(U)$, alors d'une part R est une singularité inexistante pour les fonctions analytiques de $U \setminus R$, et d'autre part l'adhérence dans U de toute hypersurface H de $U \setminus R$ est une hypersurface de U .

DEMONSTRATIONS . -

i) Désignons par $\mathcal{F}'_V$ l'intersection de tous les faisceaux qui vérifient les axiomes (F 1) et (F 2) . Il est clair que $\mathcal{F}_V$ vérifie ces deux axiomes, donc $\mathcal{F}'_V$ est un sous-faisceau de $\mathcal{F}_V$. Réciproquement, on va voir que si R est un fermé dénombrable de U , alors $R \in \mathcal{G}(U)$ pour tout faisceau de fermés, vérifiant les axiomes

(F 1) et (F 2) . En effet, notons :

. $R^{0} = R$

. pour un ordinal ω' ayant un prédécesseur ω (c'est-à-dire $\omega' = \omega + 1$) , $R^{\omega'}$ l'ensemble des points d'accumulation de R^{ω}

. pour un ordinal ω' sans prédécesseur (par exemple l'ordinal de $\mathbb{N}$)

$$R^{\omega'} = \bigcap_{\omega < \omega'} R^{\omega}$$

comme R est un fermé dénombrable, ce n'est pas un fermé parfait et il existe un ordinal dénombrable Ω tel que

$$R^{n} = \emptyset$$

Faisons alors une récurrence transfinie sur l'ensemble des ordinaux dénombrables pour voir que $R \in \mathcal{G}(U)$.

Si $\Omega = 0$ ou 1 , c'est l'axiome (F 1)

Si Ω est un ordinal dénombrable strictement supérieur à 1 et R un fermé de U tel que $R^{\Omega} = \emptyset$ deux cas sont à considérer :

. Il existe un ordinal ω tel que $\Omega = \omega + 1$. Posons :

$$S = R \setminus R^{\omega}$$

S est un fermé dénombrable de $U \setminus R^{\omega}$ tel que $S^{\omega} = \emptyset$ donc, d'après l'hypothèse de récurrence, $S \in \mathcal{G}(U \setminus R^{\omega})$; comme $R^{\omega} \in \mathcal{G}(U)$ puisque

$$(R^{\omega})^{1} = \emptyset$$

on en déduit d'après (F 2) que $R = S \cup R^{\omega} \in \mathcal{G}(U)$.

. Ω n'a pas de prédécesseur. Considérons alors pour $\omega < \Omega$ les ouverts :

$$U_\omega = U \setminus R^\omega$$

$S_\omega = R \setminus R^\omega$ est un fermé dénombrable de l'ouvert U_ω , tel que $S_\omega^\omega = \emptyset$; par hypothèse de récurrence, $S_\omega \in \mathcal{G}(U_\omega)$. Comme

$$S_\omega \cap U_\omega \cap U_{\omega'} = S_{\omega'} \cap U_\omega \cap U_\omega = S_{\omega'} \quad \text{si} \quad \omega < \omega'$$

et

$$U = \bigcup_{\omega < \Omega} U_\omega$$

on en déduit, puisque $\mathcal{G}$ est un faisceau que

$$R = \bigcup_{\omega < \Omega} S_\omega \in \mathcal{G}(U) \quad .$$

ii) Notons $\mathcal{G}$ le préfaisceau des fermés tels que si $R \in \mathcal{G}(U)$ et U' un ouvert connexe contenu dans U , alors $U' \setminus R$ est connexe.

Soit $\mathcal{U} = (U_i)_{i \in I}$ un recouvrement ouvert de U , R un fermé de U obtenu par recollement des fermés $R \cap U_i = R_i \in \mathcal{G}(U_i)$, $i \in I$, et U' un ouvert connexe contenu dans U . Pour voir que $\mathcal{G}$ est un faisceau, il s'agit de montrer que $U' \setminus R$ est connexe. En prenant un raffinement de $\mathcal{U}$, on peut supposer qu'il existe $J \subset I$ tel que U_j soit une boule contenue dans U' pour tout $j \in J$. Soient alors x et $y \in U' \setminus R$. Puisque U' est connexe, x et y peuvent être joints par un chemin $\gamma : [0, 1] \longrightarrow U'$; $\gamma[0, 1]$ étant recouvert par un nombre fini d'ouverts $U_{j_1}, \dots, U_{j_p}$, on montre en faisant une récurrence sur p , qu'on peut construire un chemin $\gamma' : [0, 1] \longrightarrow \bigcup_{1 \leq i \leq p} (U_{j_i} \setminus R)$ joignant x à y . Le cas

$p = 1$ est clair. Supposons que $\gamma[0, 1]$ est recouvert par $p+1$ ouverts $U_{j_1}, \dots, U_{j_{p+1}}$ et que pour tout $1 \leq i \leq p+1$,

$U_{j_1}, \dots, U_{j_{i-1}}, U_{j_{i+1}}, - , U_{j_{p+1}}$ ne recouvrent pas tout $\gamma[0, 1]$

$\gamma(1)$ appartient à l'un des ouverts, disons $U_{j_{p+1}}$.

Soit $t_o = \inf \{ t \in [0, 1] \mid \gamma(t) \in U_{j_{p+1}} \}$.

En changeant au besoin la numérotation, on peut supposer que $\gamma(t_o) \in U_{j_p}$. Choisissons $z \in (U_{j_p} \cap U_{j_{p+1}}) \setminus R$, on peut facilement vérifier à l'aide de l'hypothèse de récurrence qu'il existe un chemin $\gamma_1' : [0, 1] \longrightarrow \bigcup_{1 \leq i \leq p} (U_{j_i} \setminus R)$ tel que $\gamma_1'(0) = x$ et $\gamma_1'(1) = z$. Il reste alors à composer γ_1' avec un chemin de $U_{j_{p+1}} \setminus R$ qui joint z à y , ce qui prouve que $U' \setminus R$ est connexe par arcs et donc connexe. On vérifie facilement que $\mathcal{G}$ satisfait aux conditions (F 1) et (F 2) de i) . On en déduit que $\mathcal{F}_V$ est un sous-faisceau de $\mathcal{G}$.

. Notons $\mathcal{H}$ le préfaisceau des fermés tels que si $R \in \mathcal{H}(U)$, U' est un ouvert de U et $(\tilde{U}', \Pi, U' \setminus R)$ est un revêtement de $U' \setminus R$, alors $(\tilde{U}', \Pi, U' \setminus R)$ se prolonge en un revêtement de U' .

Il est évident que $\mathcal{H}$ est un faisceau qui vérifie la condition (F 2) de i) ; de plus $\mathcal{H}$ vérifie la condition (F 1) puisque si B^* désigne la boule épointée de $\mathbb{C}^2$, on a $H_1(B^*) = 0$. On en déduit que $\mathcal{F}_V$ est un sous-faisceau de $\mathcal{H}$. Considérons maintenant un ouvert U simplement connexe et R un fermé dénombrable de U ; soit $(\tilde{U}, \Pi, U \setminus R)$ un revêtement de $U \setminus R$. D'après ce qui précède ce revêtement se prolonge à U ; U étant simplement connexe, il est trivial ainsi que $(\tilde{U}, \Pi, U \setminus R)$ ce qui prouve que $U \setminus R$ est simplement connexe.

iii) on définit $\mathcal{G}$ (resp. $\mathcal{H}$) le préfaisceau des fermés tels que si $R \in \mathcal{G}(U)$ (resp. $\mathcal{H}(U)$), U' est un ouvert contenu dans U et $f \in \mathcal{O}(U' \setminus R)$ (resp. H est une hypersurface de $U' \setminus R$) alors f se prolonge à U' (resp. l'adhérence $\overline{H}$ de H dans U' est une hypersurface de U').

$\mathcal{G}$ et $\mathcal{H}$ sont évidemment des faisceaux qui vérifient l'axiome (F 2) ; de plus $\mathcal{G}$ vérifie (F 1) d'après le théorème de singularité inexistantes de Riemann et $\mathcal{H}$ vérifie (F 1) d'après un théorème de REMMERT-STEIN [27] p 123 .

1.3. VARIETES DE HOPF ET TORES .

PROPOSITION 1.4. . – Soient X, X_1 et X_2 des espaces analytiques

i) X_1 et X_2 sont ronds si et seulement si $X_1 \times X_2$ est rond.

ii) si Y est un sous-espace analytique de X, et X est rond, alors Y et $X \setminus Y$ sont ronds.

iii) X est rond si et seulement si toute composante irréductible de X est ronde.

DEMONSTRATION . – i) la condition nécessaire est évidente ; la condition suffisante est un cas particulier de ii) en considérant X_i $(i = 1, 2)$, comme un sous-espace de $X_1 \times X_2$.

ii) Soit f une application de T dans Y. Par hypothèse, il existe un fermé dénombrable $\tilde{R}$ de $\tilde{T}$ tel que f se prolonge en $\tilde{f}$ de $\tilde{T} \setminus \tilde{R}$ dans X. Cependant $\tilde{f}^{-1}(Y)$ est un sous-ensemble analytique de $\tilde{T} \setminus R$ qui contient T ; $\tilde{T} \setminus \tilde{R}$ étant connexe d'après le Lemme 1, $\tilde{f}^{-1}(Y) = \tilde{T} \setminus \tilde{R}$, ce qui prouve que Y est rond.

Si, maintenant f est à valeurs dans $X \setminus Y$, $\tilde{f}^{-1}(Y)$ est un sous-ensemble analytique de $\tilde{T} \setminus \tilde{R}$ qui ne rencontre pas T. D'après le Lemme 1 iii) et puisque le complémentaire d'une hypersurface dans un ouvert de Stein est de Stein, $\tilde{f}^{-1}(Y)$ ne peut contenir que des composantes irréductibles de codimension ≥ 2 (ce sont donc des points isolés). En posant alors $\tilde{R}' = \tilde{R} \cup \tilde{f}^{-1}(Y)$,

$$\tilde{f} : \tilde{T} \setminus \tilde{R}' \longrightarrow X \setminus Y$$

est le prolongement cherché.

iii) résulte de ii) et du fait que si $\varphi : A \longrightarrow B$ est une application analytique entre deux espaces analytiques A et B, $\varphi(A)$ est contenu dans une composante irréductible de B si A est irréductible.

PROPOSITION 1.5. - Soit (X, Π, Y) un revêtement analytique (non ramifié), dont la base Y, et l'espace total X sont des espaces analytiques. Alors : X est rond si et seulement si Y est rond.

DEMONSTRATION. - La condition est nécessaire : soit $f : T \longrightarrow Y$ une application analytique. T étant simplement connexe, il existe un relèvement $g : T \longrightarrow X$ de f, qui se prolonge au complémentaire d'un fermé dénombrable $\tilde{R}$ de $\tilde{T}$ en

$$\tilde{g} : \tilde{T} \quad \tilde{R} \longrightarrow X$$

Mais $\Pi \circ \tilde{g}$ coïncide avec f sur T : $\Pi \circ \tilde{g}$ est donc le prolongement cherché de f .

La condition est suffisante : si $f : T \longrightarrow X$ est une application analytique, il existe par hypothèse un fermé dénombrable $\tilde{R}$ de $\tilde{T}$ tel que $g = \Pi \circ f$ se prolonge à $\tilde{T} \setminus \tilde{R}$; on note $\tilde{g}$ ce prolongement. D'après le Lemme 1.3. ii) $\tilde{T} \setminus \tilde{R}$ est simplement connexe, ce qui permet de relever $\tilde{g}$ en

$$\tilde{f} : \tilde{T} \setminus \tilde{R} \longrightarrow X$$

de façon que $\tilde{f}$ coïncide avec f sur T .

DEFINITION 1.6. - Notons $W = C^n - \{0\}$ $(n \geq 2)$, et pour des nombres complexes α_i , $i = 1,\ldots, n$ tels que $0 < |\alpha_i| < 1$, $i = 1,\ldots, n$, g^m $(m \in Z)$, l'automorphisme de W défini par :

$$g^m : W \longrightarrow W$$
$$(w_1,\ldots,w_n) \longrightarrow (\alpha_1^m w_1,\ldots, \alpha_n^m w_n)$$

le groupe $G = \{ g^m | m \in Z \}$ agit proprement discontinûment sur W et n'a pas de point fixe, ce qui permet de considérer la variété quotient $W/_G$ qui se compacte et de dimension n . On appelle une telle variété une variété de Hopf .

COROLLAIRE . - Toute variété de Hopf est ronde.

DEMONSTRATION . - Il suffit de remarquer que l'application canonique

$$\Pi : W \longrightarrow W/_G$$

définit un revêtement non ramifié de W/G , puis d'appliquer les Propositions 1.4. ii) et 1.5.

<u>COROLLAIRE 1.8.</u> . – Tous les tores complexes sont ronds.

<u>DEMONSTRATION</u> . – Le revêtement d'un tore de dimension n est $\mathbb{C}^n$ le résultat découle donc de la Proposition 1.5. .

<u>REMARQUE</u> . – En fait, dans le cas des tores, on vérifie facilement que $\tilde{R} = \emptyset$.

1.4. GROUPES DE LIE ET VARIETES PARALLELISABLES COMPACTES .

<u>THEOREME 1.9.</u> . – Un groupe de Lie complexe connexe et simplement connexe est une variété de Stein.

<u>DEMONSTRATION</u> . – $\mathfrak{G}$, l'algèbre de Lie de G se décompose en un produit semi-direct (décomposition de Levi) :

$$\mathfrak{G} = \mathcal{R} \times_\sigma \mathfrak{S}$$

où $\mathcal{R}$ est le radical de $\mathfrak{G}$ (c'est-à-dire le plus grand idéal résoluble de $\mathfrak{G}$), et $\mathfrak{S}$ est une sous-algèbre de Lie semi-simple de $\mathfrak{G}$.

Notons R le sous-groupe fermé de G qui correspond à $\mathcal{R}$, et S le sous-groupe de G qui correspond à $\mathfrak{S}$ et qui est lui aussi fermé parce que G est simplement connexe ([32] Thm. 3.18.13) .

$\mathcal{R}$ étant un idéal, R est un sous-groupe distingué de G et d'après [32] Thm. 3.18.2., R et S sont simplement connexes. Comme, en tant que variété analytique complexe, G est isomorphe au produit $R \times S$, pour voir que G est une variété de Stein, il suffit de montrer que

R et S sont des variétés de Stein, ce qui est le cas. En effet :

a) R étant résoluble et simplement connexe, est isomorphe à $\mathbb{C}^m$, où $m = \dim_{\mathbb{C}} R$, d'après [32] Thm. 3.18.11. .

b) Notons Aut($\mathcal{S}$) le groupe des automorphismes de l'algèbre de Lie $\mathcal{S}$ et

$$\text{ad} : S \longrightarrow G\ell(\mathcal{S})$$

la représentation adjointe de S dans le groupe des automorphismes linéaires de $\mathcal{S}$; on a $\text{ad}(S) \subset \text{Aut}(\mathcal{S})$.

D'après [32] Thm. 3.10.8. , ad(S) est égal à la composante connexe de 1 dans Aut($\mathcal{S}$) , notée $\text{Aut}^0(\mathcal{S})$.

L'application dérivée de ad est la représentation adjointe de $\mathcal{S}$, et on la note Ad ; $\mathcal{S}$ étant semi-simple, Ad est fidèle et définit un isomorphisme de $\mathcal{S}$ sur $\mathcal{L}(\text{Aut}^0(\mathcal{S}))$ l'algèbre de Lie associée à $\text{Aut}^0(\mathcal{S})$. On en déduit que

$$\text{ad} : S \longrightarrow \text{Aut}^0(\mathcal{S})$$

fait de S le revêtement universel de $\text{Aut}^0(\mathcal{S})$.

Pour conclure, il suffit de remarquer que $\text{Aut}^0(\mathcal{S})$ est un sous-groupe fermé de $G\ell(\mathcal{S})$ qui est une variété de Stein, et d'appliquer un théorème de Stein [30] SATZ 2.1. .

<u>COROLLAIRE 1.10.</u> . - Toute variété analytique compacte parallélisable est ronde.

<u>DEMONSTRATION</u> . - Dans [33] , on montre que le revêtement universel d'une variété parallélisable compacte est un groupe de Lie simplement connexe; l'assertion résulte alors de la Proposition 1.5. et du Théorème 1.9.

REMARQUE . - On peut facilement vérifier, de la même façon que pour les tores, que dans le cas des variétés parallélisables, on peut prendre $\widetilde{R} = \emptyset$.

§ 2 . $\mathcal{F}$ - MORPHISMES .

2.1. Soit V une variété analytique dénombrable à l'infini de dimension 2 . Comme dans § 1.2. . $\mathcal{F}_V$ désigne le faisceau des fermés dénombrables de V . Soit X un espace analytique ; pour un ouvert U de V , on considère l'ensemble des couples (R, f) où $R \in \mathcal{F}_V(U)$ et $f : U \setminus R \longrightarrow X$ est une application analytique. On munit cet ensemble de la relation d'équivalence suivante :

on dit que (R, f) est équivalent à (R', f') (et on note $(R, f) \sim (R', f')$, si et seulement si :

$$f|_{U \setminus R \cup R'} \equiv f'|_{U \setminus R \cup R'} .$$

DEFINITION 2.1. - On appelle $\mathcal{F}$ - morphisme défini sur V et à valeurs dans X une classe d'équivalence pour la relation d'équivalence définie précédemment. On note :

$[R, f]$ un $\mathcal{F}$ - morphisme de représentant (R, f)

$F_V^X(U)$ l'ensemble des $\mathcal{F}$ - morphismes sur U à valeurs dans X .

LEMME 2.2. - i) F_V^X est un faisceau

ii) tout fermé dénombrable d'un ouvert U est une singularité inexistante pour tout élément de $F_V^X(U)$.

iii) Soient $\varphi : V' \longrightarrow V$ un étalement entre deux variétés analytiques de dimension 2 , $\Psi : X \longrightarrow X'$ une application analytique entre deux espaces analytiques et

$[R, f] : V \longrightarrow X$ un $\mathcal{F}$ – morphisme. Alors : $[R, f] \circ \varphi$

défini par $[\varphi^{-1}(R), f \circ \varphi]$ est un $\mathcal{F}^X_{V'}$ – morphisme et

$\Psi \circ [R, f]$ défini par $[R, \Psi \circ f]$ est un $\mathcal{F}^{X'}_V$ – morphisme.

DEMONSTRATION . – i) résulte immédiatement du fait que $\mathcal{F}_V$ est un faisceau,

ii) de la définition de F^X_V et iii) est évident.

2.2. DOMAINE D'EXISTENCE D'UN $\mathcal{F}$ – MORPHISME .

Soient (Π, V) et (Π', V') deux domaines étalés au-dessus d'une variété $\mathcal{M}$ de dimension 2 , $\varphi : V \longrightarrow V'$ un morphisme de domaines étalés et $[R, f] : V \longrightarrow X$, $[R', f'] : V' \longrightarrow X$ des $\mathcal{F}$ – morphismes.

DEFINITION 2.3. . – On dit que $(\Pi', V', \varphi', [R', f'])$ est un prolongement de $[R, f]$ si

$$[R', f'] \circ \varphi' = [R, f] \quad .$$

On appelle prolongement maximal de $[R, f]$, qu'on note $(\tilde{\Pi}, \tilde{V}, \tilde{\varphi}, [\tilde{R}, \tilde{f}])$.

La donnée d'un domaine étalé au-dessus de $\mathcal{M}$, $(\tilde{\Pi}, \tilde{V})$, d'un morphisme d'espaces étalés $\tilde{\varphi} : V \longrightarrow \tilde{V}$ et d'un $\mathcal{F}$ – morphisme $[\tilde{R}, \tilde{f}] : \tilde{V} \longrightarrow X$ tel que

$$[\tilde{R}, \tilde{f}] \circ \tilde{\varphi} = [R, f]$$

et qui vérifient la propriété universelle suivante :

si $(\Pi', V', \varphi', [R', f'])$ est un prolongement de $(\Pi, V, [R, f])$, alors il existe un unique morphisme d'espaces étalés $\widetilde{\varphi}'$: $V' \longrightarrow \widetilde{V}$ tel que $[\widetilde{R}, \widetilde{f}] \circ \widetilde{\varphi}' = [R', f']$

On appellera $(\widetilde{\Pi}, \widetilde{V})$ le <u>domaine d'existence</u> de $[R, f]$.

<u>PROPOSITION 2.4.</u> . - Soit (Π, V) un domaine étalé sur une variété $\mathcal{M}$ dénombrable à l'infini de dimension 2 , et $[R, f] : V \longrightarrow X$ un $\mathcal{F}$ - morphisme. Alors :

i) il existe un prolongement maximal $(\widetilde{\Pi}, \widetilde{V}, \widetilde{\varphi}, [\widetilde{R}, \widetilde{f}])$ de $(\Pi, V, [R, f])$, et le domaine d'existence $(\widetilde{\Pi}, \widetilde{V})$ est unique à isomorphisme unique près.

ii) Si U est un ouvert de $\widetilde{V}$ et $(\Pi', U', \varphi', [R', f'])$ est un prolongement de $[R \cap U, f_{|U}]$, alors il existe un morphisme d'espaces étalés

$$\widetilde{\varphi}' : U' \longrightarrow \widetilde{V}$$

tel que si i_U est l'inclusion de U dans $\widetilde{V}$ on ait :

$$\widetilde{\varphi} \circ \varphi' = i_U .$$

<u>DEMONSTRATION</u> . - On reprend avec de légères modifications la démonstration de [26] p. 29-32. On note $[R, f]_x$ le germe du $\mathcal{F}$ - morphisme $[R, f]$ au point x . En notant de la même façon un faisceau et son espace étalé associé, on a des homéomorphismes locaux :

$$p_V : F_V^X \longrightarrow V \quad \text{et} \quad p_{\mathcal{M}} : F_{\mathcal{M}}^X \longrightarrow \mathcal{M}$$

qui font de F_V^X et $F_{\mathcal{M}}^X$ des variétés analytiques. p_V et $p_{\mathcal{M}}$ sont définis par :

$$p(x, [S, g]_x) = x$$

Soit $[R, f] : V \longrightarrow X$ un $\mathcal{F}_V$ - morphisme, $x \in V$ et U un voisinage ouvert de x sur lequel Π est un isomorphisme.

Le $\mathcal{F}_{\mathfrak{M}}$ - morphisme

$$[\, R, f \,] \circ (\Pi_{|U})^{-1} = [\, \Pi(R \cap U), f \circ (\Pi_{|U})^{-1} \,]$$

définit un germe

$$[\, \Pi(R \cap U), f \circ (\Pi_{|U})^{-1} \,]_{\Pi(x)}$$

et on définit :

$$\begin{array}{rcl} \tilde{\varphi} : V & \longrightarrow & F^X_{\mathfrak{M}} \\ x & \longrightarrow & \tilde{\varphi}(x) \end{array}$$

par :

$$\tilde{\varphi}(x) = (\Pi(x), [\, \Pi(R \cap U), f \circ (\Pi_{|U})^{-1} \,]_{\Pi(x)})$$

$\tilde{\varphi}$ est un morphisme d'espaces étalés car

$$p_m \circ \tilde{\varphi} = \Pi \qquad .$$

Notons $\tilde{V}$ la composante connexe de $\tilde{\varphi}(V)$ dans $F^X_{\mathfrak{M}}$, et $\tilde{\Pi}$ la restriction de $p_{\mathfrak{M}}$ à $\tilde{V}$.

Notons, en outre, par $\tilde{R}$ la partie de $\tilde{V}$ définie de la façon suivante : $(z, [\, S, g \,]_z) \in \tilde{R}$ si et seulement si, pour tout ouvert U contenant z tout fermé dénombrable T dans U et toute application analytique $h : U \setminus T \longrightarrow X$ qui vérifient $[\, S, g \,]_z = [\, T, h \,]_z$, on a $z \in T$.

$\tilde{R}$ est localement un fermé dénombrable ; de plus $\mathfrak{M}$ est dénombrable à l'infini, donc $\tilde{V}$ aussi ; on en déduit que $\tilde{R}$ est un fermé dénombrable de $\tilde{V}$.

Dans $\tilde{V}$, on peut maintenant définir le prolongement de $[\, R, f \,]$: posons si $z \in \tilde{V} \setminus \tilde{R}$:

$$\tilde{f}(z, [\, S, g \,]_z) = g(z)$$

où (S, g) est le représentant de $[S, g]$ qui est défini au point z.

. $(\widetilde{\Pi}, \widetilde{V}, \widetilde{\varphi}[\widetilde{R}, \widetilde{f}])$ est un prolongement de $(\Pi, V, [R, f])$:

En effet : $\widetilde{\Pi} \circ \widetilde{\varphi} = \Pi$, et pour tout $x \in V \setminus (\widetilde{\varphi}^{-1}(\widetilde{R}) \cup R)$, on a :

$$\begin{aligned} \widetilde{f} \circ \widetilde{\varphi}(x) &= \widetilde{f}(\Pi(x), [\Pi(R \cap U), f \circ (\Pi_{|U})^{-1}]_{\Pi(x)}) \\ &= f \circ (\Pi_{|U})^{-1} (\Pi(x)) \\ &= f(x) \end{aligned}$$

c'est à dire :

$$[\widetilde{R}, \widetilde{f}] \circ \widetilde{\varphi} = [R, f] .$$

. $(\widetilde{\Pi}, \widetilde{V}, \widetilde{\varphi}, [\widetilde{R}, \widetilde{f}])$ est le prolongement maximal :

En effet, soit $(\Pi', V', \varphi', [R', f'])$ un prolongement quelconque de $(\Pi, V, [R, f])$. On peut appliquer le raisonnement précédent à $(\Pi', V', [R', f'])$ pour prolonger $(\Pi', V', [R', f'])$ en $(\widetilde{\Pi}', \widetilde{V}', \widetilde{\varphi}', [\widetilde{R}', \widetilde{f}'])$.

Si $x \in V \setminus R$, $\varphi'(x) \in V'$ est envoyé par $\widetilde{\varphi}'$ sur

$$q = (\Pi'(\varphi'(x)), [\Pi'(R' \cap U'), f' \circ (\Pi'_{|U'})^{-1}]_{\Pi'(\varphi'(x))})$$

où U' est un ouvert contenant $\varphi'(x)$ suffisamment petit pour que $\Pi'_{|U'}$ soit un isomorphisme.

Comme, en choisissant convenablement les représentants des $\mathcal{F}$-morphismes

$$q = (\Pi(x), [\Pi(R \cap U), f \circ (\Pi_{|U})^{-1}]_{\Pi(x)})$$

on en déduit que

$$\widetilde{\varphi}'(\varphi'(x)) = \widetilde{\varphi}(x) .$$

Cela signifie que $\widetilde{V}$ et $\widetilde{V}'$ ont un point commun dans $F^X_{\mathfrak{M}}$, c'est-à-dire $\widetilde{V} = \widetilde{V}'$, et que

$$\widetilde{\varphi} = \widetilde{\varphi}' \circ \varphi'$$

l'unicité du morphisme $\widetilde{\varphi}'$ résulte du fait qu'on a des homéomorphismes locaux.

ii) Par le même argument que dans le point précédent le domaine d'existence de $[R \cap U, f_{|U}]$ est également $(\widetilde{\Pi}, \widetilde{V})$; l'assertion résulte donc de la propriété universelle de $(\widetilde{\Pi}, \widetilde{V}, \widetilde{\varphi}_{|U}, [R \cap U, f_{|U}])$.

2.3. UN LEMME SUR LES ESPACES RONDS .

LEMME 2.5. . – Soit X un espace analytique complexe. On a équivalence des propriétés suivantes :

i) X est rond

ii) Tout $\mathcal{F}$ – morphisme $[R, f] : T \longrightarrow X$ se prolonge à $\widetilde{T}$.

iii) Si (Π, V) est un domaine étalé sur un variété de Stein $\mathfrak{M}$, le domaine de tout $\mathcal{F}$ – morphisme $[R, f] : V \longrightarrow X$ est une variété de Stein.

DEMONSTRATION . –

i) $\Rightarrow$ ii) Dans $T = T^2_{\rho,\tau} = \{(z, w) \mid |z| < \rho, |w| < 1\}$
$\cup \{(z, w) \mid |z| < 1, \tau < |w| < 1\}$

on considère pour $z_0 \in \mathbb{C}$ vérifiant $|z_0| < \rho$, $\tau < \theta < 1$ et $\rho < \mathcal{E} < 1$ les compacts $M(z_0, \theta, \mathcal{E})$ définis par :

$$M(z_0, \theta, \mathcal{E}) = \{(z, w) \mid z = z_0, |w| \leq \theta\} \cup \{(z, w) \mid |z| \leq \mathcal{E}, |w| = \theta\}.$$

Comme R est dénombrable, pour tout $\varepsilon < 1$, il existe z_0 vérifiant $|z_0| < 1 - \varepsilon$ et θ tels que $M(z_0, \theta, \varepsilon) \cap R = \emptyset$; $M(z_0, \theta, \varepsilon)$ étant compact, il existe $\eta > 0$ tel que le voisinage d'ordre η de $M(z_0, \theta, \varepsilon)$ ne rencontre pas R ; ce voisinage contenant une marmite, notée T_ε, f se prolonge d'après i) au complémentaire dans $\tilde{T}_\varepsilon$ d'un fermé dénombrable ; de plus, ε étant arbitrairement proche de 1, on a le résultat.

ii) $\Rightarrow$ iii) le domaine de $[R, f] : V \longrightarrow X$ existe d'après la Proposition 2.4., notons le $(\tilde{\Pi}, \tilde{V})$.

Soit $\varphi : T \longrightarrow \tilde{V}$ une T - application (voir Définition **A**.4.) ; d'après ii) et la Proposition 2.4. ii), il existe un morphisme de domaine $\tilde{\varphi} : \tilde{T} \longrightarrow \tilde{V}$ qui prolonge φ. Vu la définition des T - applications $\Pi \circ \tilde{\varphi}$ est une application biholomorphe ; il en est donc de même pour $\tilde{\varphi}$ ce qui permet de déduire que $(\tilde{\Pi}, \tilde{V})$ est T - convexe. On conclut par le Lemme A.5. et le théorème de DOCQUIER-GRAUERT [2] p. 113.

iii) $\Rightarrow$ i) est claire.

§ 3 . CONSTRUCTION D'ESPACES RONDS : MORPHISMES RONDS ET REVETEMENTS RAMIFIES

3.1. QUELQUES LEMMES PREPARATOIRES

Soit (Π, V) un domaine étalé sur un ouvert U d'une variété analytique $\mathfrak{M}$ de dimension 2, et soit R un fermé dénombrable de U. En ce qui concerne les points frontière, on utilise les notations du § A.1..

DEFINITION 3.1. . - On dira que (Π, V) est complet relativement à R si pour tout domaine étalé (Π', V') au-dessus de U vérifiant :

i) V est une sous-variété ouverte de V' et $\Pi'_{|V} = \Pi$;

ii) $\Pi'(V' \setminus V)$ est contenu dans R

on a $V = V'$.

LEMME 3.2. . - Désignons par V' la réunion de V avec tous les points-frontière r de V au-dessus de U tels que $\check{\Pi}(r) \in R$ pour lesquels il existe un voisinage $U(r)$ de r dans $\check{V}$ tel que $\check{\Pi}(U(r))$ soit ouvert dans U , $U(r)$ soit homéomorphe à $\check{\Pi}(U(r))$ et $U(r) \setminus V$ soit un fermé dénombrable. En notant Π' la restriction de $\check{\Pi}$ à V' , on a :

i) (Π', V') est un domaine étalé sur U

ii) (Π', V') est complet relativement à R

iii) Pour tout ouvert $U' \subset U$, $(\Pi_{|\Pi^{-1}(U')}, \Pi^{-1}(U'))$ est complet relativement à $R \cap U'$.

DEMONSTRATION . -

i) est évident

ii) Puisque un fermé dénombrable ne disconnecte pas un ouvert connexe d'après le Lemme 1.3., si (Π'', V'') est un domaine au-dessus de U , dans lequel V' est un ouvert, $\Pi''_{|V'} = \Pi'$ et $\Pi''(V'' \setminus V') \subset R$, tout point r de $V'' \setminus V$ est un point frontière de V pour lequel il existe un voisinage U sur lequel Π'' est homéomorphe et tel que $U \setminus V$ soit un fermé dénombrable. On en déduit que $r \in V'$ et donc $V'' = V'$.

iii) résulte du fait qu'un point frontière de la restriction du domaine, qui vérifie les conditions du lemme, est un point-frontière du domaine.

LEMME 3.3. . - Si (Π, V) est complet relativement au fermé dénombrable R de U et si $V \setminus \Pi^{-1}(R)$ est localement pseudoconvexe au-dessus de $U \setminus R$, alors V est localement pseudoconvexe au-dessus de U .

DEMONSTRATION . - On note $R^0 = R$, pour un ordinal ω' ayant un prédécesseur ω , $R^{\omega'}$ l'ensemble des points d'accumulation de R^{ω} et pour un ordinal ω' sans prédécesseur $R^{\omega'} = \bigcap_{\omega < \omega'} R^{\omega}$. Comme R est un fermé dénombrable, il existe un ordinal dénombrable Ω tel que $R^{\Omega} = \emptyset$. Comme dans la démonstration du Lemme 1.3. i) on va faire une récurrence transfinie sur Ω .

Si $\Omega = 1$, R est formé de points isolés, on est donc ramené d'après le Lemme 3.2. iii) à montrer le résultat lorsque V est un polydisque Δ^2 centré en 0 et $R = \{ 0 \}$, ou encore de montrer que V est de Stein.

Notons H_{α} , $\alpha = 1, 2$, l'hyperplan défini par l'équation $z_{\alpha} = 0$. $V \setminus \Pi^{-1}(H_i)$ est localement pseudoconvexe au-dessus de $\Delta^2 \setminus H_{\alpha}$ qui est un ouvert de Stein. D'après [2] p 113, on en déduit que $V \setminus \Pi^{-1}(H_{\alpha})$ est un ouvert de Stein de V . Notons (Π', V') le domaine obtenu en rajoutant à (Π, V) les points frontière de (Π, V) au-dessus de H_{α} , où ∂V est localement une hypersurface (voir Définition A.6.) .
$H'_{\alpha} = \Pi'^{-1}(H_{\alpha})$ est une hypersurface de V' qui contient $\Pi^{-1}(H_{\alpha})$.
Comme (V', H'_{α}) est maximal et $V' \setminus H'_{\alpha} = V \setminus \Pi^{-1}(H_{\alpha})$ est une variété de Stein, V' est une variété de Stein d'après [4], théorème 2, p.233.

D'autre part, si $y \in \overline{\Pi^{-1}(H_\alpha)}$ (adhérence dans V'), alors $y \in H'_\alpha$ et deux cas peuvent se produire :

a) <u>$\Pi'(y) \in H_\alpha \setminus \{0\}$</u> : alors, par hypothèse, il existe un voisinage W de $\Pi'(y)$ tel que $\Pi^{-1}(W)$ soit un ouvert de Stein de V. Comme $y \in \Pi^{-1}(W)$, $\Pi^{-1}(H_\alpha)$ rencontre $\Pi^{-1}(W)$ et notons Z une composante irréductible de $\Pi^{-1}(H_\alpha) \cap \Pi^{-1}(W)$ telle que $y \in \bar{Z}$ et soit Z' la composante irréductible de $H'_\alpha \cap \Pi^{-1}(W)$ qui contient Z .

Comme une fonction analytique qui se prolonge au voisinage d'un point d'une hypersurface irréductible se prolonge à toute cette hypersurface, et $\Pi^{-1}(W)$ est un ouvert de Stein, Z' est contenu dans $\Pi^{-1}(W)$ et par conséquent $y \in \Pi^{-1}(H_\alpha)$.

b) <u>$\Pi'(y) = 0$</u> : Prenons un voisinage ouvert $U(y)$ de y sur lequel Π' est un homéomorphisme et $U(y)$ homéomorphe à une boule. $H'_\alpha \cap U(y)$ est connexe et $\Pi^{-1}(H_\alpha) \cap U(y)$ contient une partie ouverte non vide de $H'_\alpha \cap U(y)$; d'après a) cette partie est fermée dans $U(y) \cap (H'_\alpha \setminus \Pi'^{-1}(0)) = U(y) \cap (H'_\alpha \setminus \{y\})$. On en déduit que $(V' \setminus V) \cap U(y) \subset \{y\}$. Enfin, par hypothèse V est complet relativement à $\{0\}$, on en déduit que $V' \cap U(y) = V \cap U(y)$ et en particulier $y \in V$.

D'après a) et b) $\Pi^{-1}(H_\alpha)$ est fermé dans V' ce qui signifie que $\Pi^{-1}(H_\alpha)$ ne peut différer de H'_α que par des composantes irréductibles $H'_{\alpha,1}, \dots, H'_{\alpha,p}$. Par conséquent $V = V' \setminus \bigcup_{j=1}^{p} H'_{\alpha,j}$ est une variété de Stein d'après [2] p. 113 .

Soit maintenant Ω un ordinal dénombrable quelconque et supposons que pour tout ordinal $\omega < \Omega$ le lemme soit vrai.

Posons $U_\omega = U \setminus R^\omega$ et $R_\omega = R \setminus R^\omega$ et considérons les domaines $(V \setminus \Pi^{-1}(R^\omega), \Pi_{|V \setminus \Pi^{-1}(R^\omega)})$. D'après le Lemme 4 iii) , ce domaine est complet relativement au fermé R_ω de l'ouvert U_ω . Comme $R_\omega^\omega = \emptyset$, d'après l'hypothèse de récurrence, $V \setminus \Pi^{-1}(R^\omega)$ est localement pseudoconvexe au-dessus de U_ω . Deux cas sont alors à considérer:

. Ω a un prédécesseur ω : on a $(R^\omega)^1 = \emptyset$. Il suffit d'appliquer alors le cas $\Omega = 1$ pour obtenir le résultat.

. Ω n'a pas de prédécesseur : on a $R^\Omega = \bigcap_{\omega < \Omega} R^\omega = \emptyset$ soit $z \in R$ il s'agit de trouver un voisinage ouvert W tel que $\Pi^{-1}(W)$ soit un ouvert de Stein de V . Comme $R = \bigcup_{\omega < \Omega} R_\omega$ il existe un ordinal ω_0 tel que $z \in R_{\omega_0}$: le résultat découle donc du fait que $V \setminus \Pi^{-1}(R^{\omega_0})$ est localement pseudoconvexe au-dessus de U_{ω_0} .

3.2. MORPHISMES RONDS .

DEFINITION 3.4. . – Soient X et Y deux espaces analytiques et $\emptyset : X \longrightarrow Y$ une application analytique. On dit que $\emptyset$ est une application ronde si pour tout $y \in Y$, il existe un voisinage ouvert U de y tel que $\emptyset^{-1}(U)$ soit un sous-espace ouvert rond de X .

THEOREME 3.5. . – Soit $\emptyset : X \longrightarrow Y$ une application analytique ronde entre deux espaces analytiques X et Y . Si Y est rond, alors X est rond.

DEMONSTRATION . – Soit (Π, V) un domaine étalé sur une variété de Stein $\mathcal{M}$, de dimension 2 , et $[R, f]$ un $\mathcal{F}$ – morphisme de V dans X .

1/ Posons $g = \emptyset \circ f$; $[R, g]$ est un $\mathcal{F}$ - morphisme de V dans Y qui est rond, donc d'après le Lemme 2.5., $[R, g]$ se prolonge à l'enveloppe d'holomorphie $(\lambda, \widetilde{\Pi}, \widetilde{V})$ de (Π, V) . On note $[\widetilde{R}, \widetilde{g}]$ ce prolongement.

2/ Le morphisme de domaines étalés $\lambda : V \longrightarrow \widetilde{V}$ permet de considérer V comme un domaine étalé sur la variété de Stein $\widetilde{V}$. D'après la Proposition 2.4. , $[R, f]$ a un domaine d'existence au-dessus de $\widetilde{V}$, et il s'agit de montrer d'après le Lemme 2.5. , que ce domaine, qu'on peut supposer être (λ, V) est une variété de Stein (et donc que V est isomorphe à $\widetilde{V}$).

3/ D'après le Lemme 3.2. ii) et le Lemme 2.2. ii) , (λ, V) est complet relativement à $\widetilde{R}$, donc d'après le Lemme 3.3. et [2] p. 113 pour voir que V est une variété de Stein, il suffit de montrer que $V \setminus \lambda^{-1}(\widetilde{R})$ est localement pseudoconvexe au-dessus de $\widetilde{V} \setminus \widetilde{R}$.

4/ <u>$V \setminus \lambda^{-1}(\widetilde{R})$ est localement pseudoconvexe au-dessus de $\widetilde{V} \setminus \widetilde{R}$</u> .

Soit $\widetilde{z} \in \widetilde{V} \setminus \widetilde{R}$; il s'agit de trouver un voisinage ouvert de $\widetilde{z}$ dont l'image réciproque par λ soit un ouvert de Stein de V .

Remarquons, pour cela, que $\widetilde{g}$ est définie en $\widetilde{z}$ et que par hypothèse il existe un voisinage ouvert U de $\widetilde{g}(\widetilde{z})$ tel que $\emptyset^{-1}(U)$ soit rond. Choisissons alors une boule centrée en $\widetilde{z}$, notée $B(\widetilde{z})$, de rayon assez petit pour que $\widetilde{g}(B(\widetilde{z})) \subset U$. On obtient, puisque $\emptyset \circ [R, f] = [\widetilde{R}, \widetilde{g}] \circ \lambda$

$$\emptyset \circ f(\lambda^{-1}(B(\widetilde{z})) \setminus R) = \widetilde{g} \circ \lambda(\lambda^{-1}(B(\widetilde{z})) \setminus R) \subset \widetilde{g}(B(\widetilde{z})) \subset U$$

et donc

$$f(\lambda^{-1}(B(\tilde{z})) \setminus R) \subset \not{C}^{-1}(U)$$

on va vérifier que $\lambda^{-1}(B(\tilde{z}))$ est T - convexe (Définition A.4.).

Considérons donc une T - application

$$\varphi : T \longrightarrow \lambda^{-1}(B(\tilde{z})) .$$

Comme $\not{C}^{-1}(U)$ est rond, $[R, f]_{|\lambda^{-1}(B(\tilde{z}))} \circ \varphi$ se prolonge à $\tilde{T}$, on en déduit d'après la Proposition 2.4. ii) qu'il existe un morphisme de domaines au-dessus de $\tilde{V}$

$$\tilde{\varphi} : \tilde{T} \longrightarrow V$$

dont la restriction à T soit égale à φ. On a $\lambda \circ \tilde{\varphi}(T) \subset B(\tilde{z})$; comme $B(\tilde{z})$ est un ouvert de Stein, $\lambda \circ \tilde{\varphi}(\tilde{T}) \subset B(\tilde{z})$, ce qui signifie que $\tilde{\varphi}$ est à valeurs dans $\lambda^{-1}(B(\tilde{z}))$. Vu la définition des T - applications, on en déduit que $\tilde{\varphi}$ est un isomorphisme.

$\lambda^{-1}(B(\tilde{z}))$ étant T - convexe, on conclut par le Lemme A.5. .

<u>COROLLAIRE 3.6.</u> . - Soit (X, Π, Y, F) une fibration localement triviale dans laquelle la base Y, la fibre F et l'espace total X sont des espaces ronds, alors X est un espace rond.

<u>DEMONSTRATION</u> . - C'est une conséquence immédiate du Théorème 3.5.

<u>COROLLAIRE 3.7.</u> . - Soient X, Y, Z des espaces analytiques ; si

$$\emptyset : X \longrightarrow Y \quad \text{et} \quad \Psi : Y \longrightarrow Z$$

sont des applications rondes, alors $\Psi \circ \emptyset$ est une application ronde.

DEMONSTRATION . – Si $z \in Z$, il existe un voisinage ouvert U de z tel que $\Psi^{-1}(U)$ soit rond. Comme $\emptyset_{|\emptyset^{-1}(\Psi^{-1}(U))} : \emptyset^{-1}(\Psi^{-1}(U)) \to \Psi^{-1}(U)$ est ronde, d'après le Théorème 3.5. , $(\Psi \circ \emptyset)^{-1}(U)$ est rond.

THEOREME 3.8. . – Toute variété analytique homogène compacte est ronde.

DEMONSTRATION . – D'après [15] p. 435, V est un fibré localement trivial au-dessus d'une variété projective (et rationnelle) B , de fibre connexe parallélisable P . B est ronde d'après [19] p. 314 et P est ronde d'après le Corollaire 1.10 . On conclut alors par le Corollaire 3.6.

COROLLAIRE 3.9. . – Tous les espaces étalés $(\emptyset, G)$ localement pseudo convexes au-dessus des variétés algébriques compactes, ou des variétés homogènes compactes sont ronds.

DEMONSTRATION . – On utilise [19] p. 314 et le Théorème 3.5. dans le premier cas ; les Théorèmes 3.5. et 3.8. dans le second.

3.3. REVETEMENTS RAMIFIES .

DEFINITION 3.10. . – Soient X et Y deux espaces analytiques réduits de même dimension pure, et $\Pi : X \longrightarrow Y$ une application analytique. On dira que (X, Π, Y) est un revêtement ramifié fini de Y si Π est une application analytique propre à fibres finies.

DEFINITION 3.11. . – Soit (X, Π, Y) un revêtement ramifié fini. On appelle ensemble critique du revêtement, le sous-ensemble analytique A minimal de Y (qui existe d'après [20] C) dont toute composante irréductible est de codimension ≥ 1 , et tel que $(X \setminus \Pi^{-1}(A), Y \setminus A)$ soit un revêtement non ramifié.

LEMME 3.12. - Soit $(\emptyset, G)$ un domaine étalé sur une variété de Stein $\mathfrak{M}$ et (G_o, φ, G) un revêtement non ramifié fini de G . Si $(G_o, \lambda_o, \tilde{G}_o)$ et $(G, \lambda, \tilde{G})$ sont les enveloppes d'holomorphie de $(\emptyset \circ \varphi, G_o)$ et $(\emptyset, G)$ au-dessus de $\mathfrak{M}$, alors :

i) si $\tilde{\varphi} : \tilde{G}_o \longrightarrow \tilde{G}$

est l'application analytique canonique déduite de φ qui rend le diagramme suivant :

$$\begin{array}{ccc} G_o & \xrightarrow{\lambda_o} & \tilde{G}_o \\ \varphi \downarrow & & \downarrow \tilde{\varphi} \\ G & \xrightarrow{\lambda} & \tilde{G} \end{array}$$

commutatif, $(\tilde{G}_o, \tilde{\varphi}, \tilde{G})$ est un revêtement non ramifié fini.

ii) Si de plus λ est injective, alors pour tout $y \in G$, $\tilde{\varphi}^{-1}(y) = \lambda_o(\varphi^{-1}(y))$. En particulier si (G_o, φ, G) est un revêtement à p feuillets, $(\tilde{G}_o, \tilde{\varphi}, \tilde{G})$ est un revêtement à q feuillets, où $q \leq p$.

DEMONSTRATION . - i) est un résultat de H. KERNER [22] **Satz** 1.

ii) on montre tout d'abord que $\lambda_o(G_o) = \tilde{\varphi}^{-1}(\lambda(G))$

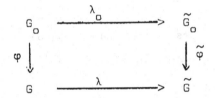

on a évidemment $\lambda_o(G_o) \subset \tilde{\varphi}^{-1}(\lambda(G))$ et prenons $\tilde{x}$ dans l'adhérence de $\lambda_o(G_o)$ dans $\tilde{\varphi}^{-1}(\lambda(G))$. Comme $\tilde{y} = \tilde{\varphi}(x) \in \lambda(G)$, on peut choisir une boule $B(\tilde{y})$ centrée en $\tilde{y}$, contenue dans $\lambda(G)$, assez petite pour que le revêtement $(\tilde{\varphi}^{-1} B(\tilde{y}), \tilde{\varphi}, B(\tilde{y}))$ soit trivial. $\tilde{x}$ se trouve dans l'un des feuillets de ce revêtement et notons $(\tilde{x}_n)$ une suite contenue dans ce feuillet qui converge vers $\tilde{x}$ et telle que $\tilde{x}_n \in \lambda_o(G_o)$. Si $\tilde{y}_n = \tilde{\varphi}(\tilde{x}_n)$, $(\tilde{y}_n)$ est une suite de $\lambda(G)$ qui converge vers $\tilde{y}$. Soit $y \in G$ tel que $\tilde{y} = \lambda(y)$ et notons $B(y)$ une boule centrée en y pour laquelle $(\varphi^{-1}(B(y)), \varphi, B(y))$ est un revêtement trivial de $B(y)$, $\lambda(B(y)) \subset B(\tilde{y})$ et λ est un homéomorphisme sur $B(y)$. En supprimant au besoin les premiers termes des suites précédentes, on peut supposer qu'il existe $y_n \in B(y)$ tel que $\tilde{y}_n = \lambda(y_n)$ et y_n vonverge vers y. Comme $\tilde{x}_n \in \lambda_o(G_o)$ est dans la fibre de $\tilde{y}_n$ et que λ est injective, il existe x_n dans la fibre $\varphi^{-1}(y_n)$ tel que $\tilde{x}_n = \lambda_o(x_n)$.

En prenant au besoin des suites extraites, on peut supposer que tous les x_n se trouvent dans le même feuillet du revêtement trivial $(\varphi^{-1}(B(y)), \varphi, B(y))$. Par conséquent, cette suite (x_n) est convergente ; si x est la limite, on a :

$$\lambda_o(x) = \lim \lambda_o(x_n) = \lim \tilde{x}_n = \tilde{x}$$

ce qui prouve que $\lambda_o(G_o)$ est fermé dans $\tilde{\varphi}^{-1}(\lambda(G))$; étant aussi ouvert, $\lambda_o(G_o)$ est égal à une composante connexe de $\tilde{\varphi}^{-1}(\lambda(G))$. On conclut en remarquant que puisque l'enveloppe d'holomorphie de $\tilde{\varphi}^{-1}(\lambda(G))$ est $\tilde{G}$, $\tilde{\varphi}^{-1}(\lambda(G))$ est nécessairement connexe.

Montrons maintenant l'assertion ii). Comme λ est injective, on identifie pour simplifier G à $\lambda(G)$. <u>On a</u> :

$$\underline{\tilde{\varphi}^{-1}(y) = \lambda_o(\varphi^{-1}(y))}\ .$$

En effet : il est clair que $\lambda_o(\varphi^{-1}(y)) \subset \tilde{\varphi}^{-1}(y)$. Réciproquement, si $\tilde{x} \in \tilde{\varphi}^{-1}(y)$, il existe d'après l'égalité précédemment démontrée $x \in G_o$ tel que $\tilde{x} = \lambda_o(x)$. On vérifie alors que $x \in \varphi^{-1}(y)$. L'inégalité $q \leq p$ en découle.

REMARQUE . - On peut avoir dans le lemme précédent $q < p$: Notons H l'hypersurface de T qui ne se prolonge pas à $\tilde{T}$, construite dans l'Annexe III. On vérifie facilement que le groupe de Poincaré de $T \setminus H$ n'a q'un générateur, qu'on note α. Soit $(G_0, \varphi, T \setminus H)$ le revêtement de $T \setminus H$ dont le groupe de Poincaré est le sous groupe de $\Pi_1(T \setminus H)$ engendrée par 2α ; $(G_0, \varphi, T \setminus H)$ est alors un revêtement à deux feuillets de $T \setminus H$, alors que $(\tilde{G}_0, \tilde{\varphi}, \tilde{T})$ est le revêtement trivial.

LEMME 3.13. (Stein) . - Soit Y une variété analytique, M un sous-ensemble analytique de codimension ≥ 1, et $(X_0, \Pi_0, Y \setminus M)$ un revêtement non ramifié fini de $Y \setminus M$. Alors si X désigne la réunion de X_0 avec tous les points-frontière de X_0 au-dessus de M et Π désigne le prolongement continu de Π_0 à X, on peut mettre sur X une structure d'espace analytique pour laquelle (X, Π, Y) est un revêtement fini, éventuellement ramifié, de Y.

DEMONSTRATION . - voir [29] SATZ 1 et [18] .

LEMME 3.14. . - Soit Y un espace de Stein irréductible de dimension 2 et de lieu singulier Z, et X un espace analytique rond. On se donne une hypersurface H de Y contenant Z, un fermé dénombrable R de $Y \setminus H$ et

$$g : Y \setminus (H \cup R) \longrightarrow X$$

une application analytique.

On suppose qu'il existe un ouvert U de Y qui rencontre chaque composante irréductible de H et un fermé dénombrable S de U tel que g se prolonge à $U \setminus S$. <u>Alors</u> :

il existe un fermé dénombrable T de Y tel que g se prolonge à $Y \setminus T$.

DEMONSTRATION . -

1/ On suppose que Y est un espace de Stein normal

Comme dans ce cas Z est de codimension ≥ 2 , Z est un fermé dénombrable de Y et il suffit de montrer qu'il existe un fermé dénombrable Z' de $Y \setminus Z$ tel que g se prolonge à $Y \setminus (Z \cup Z')$. D'autre part, puisque Y est un espace de Stein, Z est égal à l'intersection de toutes les hypersurfaces L de Y , ensemble des zéros d'une fonction $f \in \mathcal{O}(Y)$ qui s'annule sur Z . Il suffit alors de montrer que pour tout L , la restriction du $\mathcal{F}$ - morphisme $[R, g]$ à $Y \setminus H \cup L$ se prolonge en un $\mathcal{F}$ - morphisme sur $Y \setminus L$.

On remarque alors que si L est l'ensemble des zéros de la fonction f , $1/f$ est une fonction analytique sur $Y \setminus L$: on en déduit que $Y \setminus L$ est un ouvert holomorphiquement convexe, donc est un espace de Stein ; comme de plus $Y \setminus L$ est lisse, $Y \setminus L$ est une variété de Stein de dimension 2 . Par hypothèse X est rond et puisque $[R, g]_{|Y \setminus H \cup L}$ se prolonge à l'ouvert U , $[R, g]_{|Y \setminus H \cup L}$ se prolonge à tout $Y \setminus L$ d'après le Lemme 2.5. .

2/ <u>Y est un espace de Stein quelconque</u> :

Notons $(\hat{Y}, n, Y)$ la normalisation de Y et $\hat{H} = n^{-1}(H)$. Comme $\hat{Y} \setminus \hat{H}$ et $H \setminus H$ sont isomorphes, cela permet de définir le $\mathcal{F}$ - morphisme

$$[\hat{R}, \hat{g}] : \hat{Y} \setminus \hat{H} \longrightarrow X$$

$[\hat{R}, \hat{g}]$ <u>se prolonge à un ouvert $\hat{U}$ de $\hat{Y}$ qui rencontre chaque composante irréductible de $\hat{H}$</u> : en effet, si U rencontre chaque composante irréductible de H, il en est de même pour $U \setminus S$. Comme par hypothèse g se prolonge à l'ouvert $U \setminus S$, $g \circ n$ donne le prolongement voulu de $\hat{g}$ à $\hat{U} = n^{-1}(U)$ qui rencontre chaque composante de $\hat{H}$.

D'après la première partie de la démonstration, il existe un fermé dénombrable $\hat{T}$ de $\hat{Y}$ tel que $\hat{g}$ se prolonge à $\hat{Y} \setminus \hat{T}$. Considérons alors $\hat{g} \circ n^{-1}$: c'est une application méromorphe, puisque n^{-1} est une application méromorphe, et qui est définie sur $Y \setminus n(\hat{T})$, où $n(\hat{T})$, qui est dénombrable, est fermé puisque n est propre.

Enfin, le lieu singulier de $\hat{g} \circ n^{-1}$ ne peut contenir aucune composante de codimension 1 : en effet, le lieu singulier de $\hat{g} \circ n^{-1}$ est contenu dans l'hypersurface H ; comme g se prolonge analytiquement à $U \setminus S$ et $\hat{g} \circ n^{-1}$ coïncide avec g, le lieu singulier ne peut être que de codimension ≥ 2, c'est-à-dire un ensemble de points isolés T_o. Il reste alors à poser $T = T_o \cup n(\hat{T})$.

<u>THEOREME 3.15.</u> . – Soit (X, Π, Y) un revêtement ramifié fini d'un espace analytique réduit Y. Alors X est rond si et seulement si Y est rond.

<u>DEMONSTRATION</u> . – On note A l'ensemble critique du revêtement (X, Π, Y).

A/ <u>La condition est nécessaire</u> :

1/ Soit $f : T \longrightarrow Y$ une application analytique qu'il s'agit de prolonger dans le complémentaire d'un fermé dénombrable dans $\tilde{T}$. On peut supposer que $f(T)$ n'est pas contenu dans A car sinon $f(T)$ est contenu dans l'une des composantes, disons A_o, de A, et il suffit de considérer le revêtement ramifié fini, $(\Pi^{-1}(A_o), \Pi, A_o)$.

Notons G le produit fibré défini par le diagramme cartésien

$$\begin{array}{ccc} G & \xrightarrow{g} & X \\ \varphi \downarrow & & \downarrow \Pi \\ T & \xrightarrow[f]{} & Y \end{array}$$

(G, φ, T) est un revêtement ramifié fini de T, et si $H = f^{-1}(A)$ et $G_o = G \setminus \varphi^{-1}(H)$, alors $(G_o, \varphi, T \setminus H)$ est un revêtement non ramifié de $T \setminus H$ (comme A peut a priori contenir des composantes de codimension ≥ 2, H n'est pas nécessairement de codimension pure 1/ .

D'après le Lemme 3.12. i), il existe une application analytique $: \tilde{G}_o \longrightarrow \widetilde{T \setminus H}$ telle que le diagramme suivant :

$$\begin{array}{ccc} G_o & \xrightarrow{\lambda_o} & \tilde{G}_o \\ \varphi \downarrow & & \downarrow \tilde{\varphi} \\ T \setminus H & \longrightarrow & \widetilde{T \setminus H} \simeq \tilde{T} \setminus \tilde{H} \end{array}$$

soit commutatif, et $(\tilde{G}_o, \tilde{\varphi}, \widetilde{T \setminus H})$ soit un revêtement non ramifié fini de $T \setminus H$.

D'autre part, puisque les ensembles analytiques de codimension ≥ 2 sont des singularités inexistantes pour les fonctions analytiques et d'après le théorème 3',p.234 de [4] $\widetilde{T \setminus H}$ est isomorphe à $\tilde{T} \setminus \tilde{H}$, où $\tilde{H}$ est soit une hypersurface de $\tilde{T}$, soit $\emptyset$

2/ D'après le Lemme 3.13, on peut prolonger le revêtement

$(\widetilde{G}_o, \widetilde{\varphi}, \widetilde{T} \setminus \widetilde{H})$ en un revêtement ramifié, $(\widetilde{G}'_o, \widetilde{\varphi}', \widetilde{T})$ de $\widetilde{T}$ dans lequel $\widetilde{G}_o = \widetilde{G}'_o \setminus \widetilde{\varphi}'^{-1}(\widetilde{H})$; de plus, d'après les Lemmes 3.13 et A.2. l'application analytique

$$\lambda_o \; : \; G_o \longrightarrow \widetilde{G}_o$$

se prolonge continûment (mais pas nécessairement analytiquement puisque G peut ne pas être un espace normal) en :

$$\lambda' \; : \; G \longrightarrow \widetilde{G}'_o$$

ce qui donne le diagramme commutatif :

$$\begin{array}{ccc} G & \xrightarrow{\lambda'} & \widetilde{G}'_o \\ \varphi \downarrow & & \downarrow \widetilde{\varphi}' \\ T & \hookrightarrow & \widetilde{T} \end{array}$$

et on vérifie que λ' est une application ouverte:

Soit V un ouvert de G . Il s'agit de voir que $\lambda'(G)$ est un voisinage de chacun de ses points. C'est clair pour un point $z' = \lambda(z)$ si $z \in V \setminus \varphi^{-1}(H)$, puisqu'en dehors de $\varphi^{-1}(H)$, λ' est un morphisme de domaines étalés. Soit alors $r' = \lambda(r) \in \lambda'(V)$ avec $r \in \varphi^{-1}(H) \cap V$ et où r et r' sont des points frontières de G_o et $\widetilde{G}_o$ respectivement, au-dessus de $\widetilde{T}$. Puisque φ est propre, on peut choisir un voisinage W de $h = \varphi(r) = \widetilde{\varphi}'(r')$ tel que la composante U de $\varphi^{-1}(W \setminus H)$ qui appartient à la base de filtre r soit contenue dans V . On note U' la composante de $\widetilde{\varphi}^{-1}(W \setminus H)$ qui appartient à la base de filtre r' , ce qui donne le diagramme

$$\begin{array}{ccc} U & \xrightarrow{\lambda_o} & U' \\ & \searrow^{\varphi} \quad {}^{\tilde{\varphi}'}\swarrow & \\ & W \setminus H & \end{array}$$

Vu la topologie de $\tilde{G}'_o$ il suffit de montrer que $\lambda_{o|U}$ est surjective sur U' , soit encore, puisque U' est connexe, que $\lambda_o(U)$ est fermé. Prenons alors une suite (z'_n) qui converge dans U' vers z' , où $z'_n = \lambda_o(z_n)$, $z_n \in U$. Comme $z_n \in \varphi^{-1}(\tilde{\varphi}(z'_n))$ et $\varphi_{|U}$ est propre, en prenant au besoin une suite extraite de (z_n) , on peut supposer que (z_n) converge dans U vers z et on a alors :

$$\lambda_o(z) = z' \quad .$$

3/ Posons maintenant :

$$\tilde{H}'_o = \tilde{\varphi}'^{-1}(\tilde{H})$$

alors : <u>Il existe un fermé dénombrable</u> $\tilde{R}_o$ <u>de</u> $\tilde{G}_o$ <u>et une application continue</u> :

$$\tilde{g} : (\tilde{G}'_o \setminus \tilde{H}'_o \cup \tilde{R}_o) \cup \lambda'(G) \longrightarrow X$$

<u>analytique sur</u> $\tilde{G}'_o \setminus \tilde{H}'_o \cup \tilde{R}_o$ <u>et vérifiant</u> :

$$\tilde{g} \circ \lambda'_{|G_o} = g$$

En effet : comme X est rond, $g_{|G_o} : G_o \longrightarrow X$ se prolonge, grâce au Lemme 2.5. , au complémentaire d'un fermé dénombrable $\tilde{R}_o$ dans $\tilde{G}_o = \tilde{G}'_o \setminus \tilde{H}'_o$ en une application analytique

$$\tilde{g} : \tilde{G}'_o \setminus \tilde{R}_o \cup \tilde{H}'_o \longrightarrow X$$

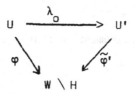

et on peut supposer que $\tilde{\varphi}'(\tilde{R}_o) \subset \tilde{T} \setminus T$.

De plus : $\tilde{g}$ se prolonge continûment en tout point $z_o = \lambda'(z)$ de $\lambda'(G) \cap (\tilde{R}_o \cup \tilde{H}'_o)$: posons pour cela

$$\tilde{g}(z_o) = g(z)$$

$\tilde{g}(z_o)$ est indépendant du choix de z puisque sur $\tilde{G}'_o \setminus \tilde{R}_o \cup \tilde{H}'_o$ on a $\tilde{g} \circ \lambda' = \tilde{g} \circ \lambda_o = g$. Fixons alors un voisinage W de $g(z)$. Il suffit de choisir un voisinage V de z dans G tel que $g(V) \subset W$ et un voisinage V_o de z_o tel que $\lambda'(V) \supset V_o$ pour voir que

$$\tilde{g}(V_o) \subset \tilde{g}(\lambda'(V)) = g(V) \subset W$$

ce qui signifie que $\tilde{g}$ est continue au point z_o .

4/ $\tilde{g}$ est continue sur $U = \lambda'(G)$, analytique sur $U \setminus (\tilde{H}'_o \cup \tilde{R}_o)$. Cependant U n'étant pas nécessairement normal, $\tilde{g}$ peut ne pas être analytique sur U . Notons alors $(\underline{\tilde{G}}'_o, n, \tilde{G}'_o)$ la normalisation de $\tilde{G}'_o$. On remarque que $\tilde{G}'_o$ est un espace de Stein, en tant que revêtement ramifié de l'ouvert de Stein $\tilde{T}$, et $\underline{\tilde{G}}'_o$ est un espace de Stein normal en tant que normalisé d'un espace de Stein. En vue d'utiliser le Lemme 3.14. , remarquons en outre que puisque n est un isomorphisme en dehors de $\tilde{H}'_o$, $\underline{\tilde{R}}_o = n^{-1}(\tilde{R}_o)$ est un fermé dénombrable de $\underline{\tilde{G}}'_o \setminus n^{-1}(\tilde{H}'_o)$.

De plus, comme G rencontre chaque composante irréductible de $\lambda'^{-1}(\tilde{H}'_o)$, $U = \lambda'(G)$ rencontre chaque composante irréductible de $\tilde{H}'_o$ et donc $n^{-1}(U)$ rencontre chaque composante irréductible de $n^{-1}(\tilde{H}'_o)$. On en déduit, d'après le Lemme 3.14. qu'il existe un fermé dénombrable $\underline{\tilde{R}}_o$ de $\underline{\tilde{G}}'_o$ tel que $\tilde{g} \circ n$ se prolonge à tout

$\underline{\tilde{G}}'_o \setminus \underline{\tilde{R}}_o$, en $\underline{\tilde{g}} : \underline{\tilde{G}}'_o \setminus \underline{\tilde{R}}_o \longrightarrow X$ ce qui donne le diagramme

commutatif suivant :

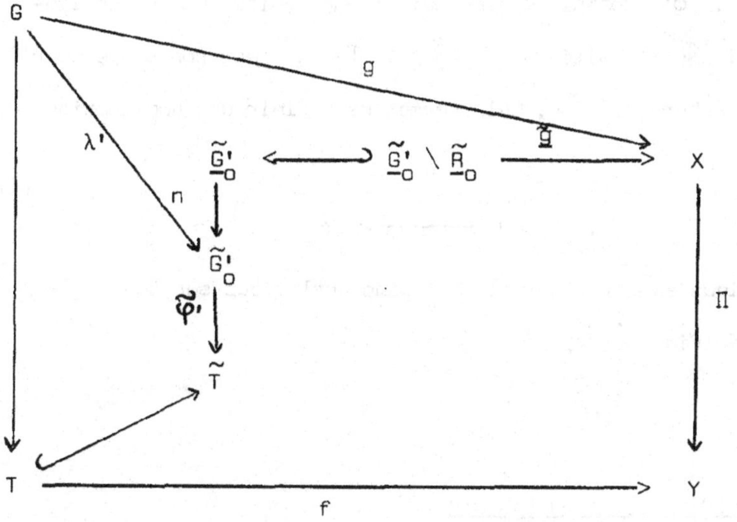

n peut noter que si

$$\tilde{R} = \tilde{\varphi}'(n(\underline{\tilde{R}}_o))$$

qui est dénombrable est également fermé puisque $\tilde{\varphi}' \circ n$ est une ap-
lication propre, et qu'on peut supposer que $\tilde{R} \subset \tilde{T} \setminus T$ puisqu'au-dessus
e $T \setminus H$, $\underline{\tilde{g}}$ admet le prolongement $\tilde{g} \circ n$.

5/ <u>f se prolonge à $\tilde{T} \setminus \tilde{R}$</u>

En effet : commençons par considérer $y \in T \setminus H$: d'après le
emme 3.12. ii) ,

$$\tilde{\varphi}'^{-1}(y) = \lambda'(\varphi^{-1}(y))$$

on en déduit $\Pi \circ \tilde{g}$ est constante sur la fibre $\tilde{\varphi}'^{-1}(y)$; a fortiori $\Pi \circ \tilde{g}$ est constante sur la fibre $n^{-1}(\tilde{\varphi}'^{-1}(y))$. Cela signifie que l'ensemble des points $y \in \tilde{T} \setminus \tilde{R}$ pour lesquels $\Pi \circ \tilde{g}$ est constante sur la fibre $n^{-1}(\tilde{\varphi}'^{-1}(y))$ contient $T \setminus H$ et donc $\tilde{T} \setminus \tilde{H}$ puisqu'au dessus de $\tilde{T} \setminus \tilde{H}$, $\tilde{\varphi}'$ définit un revêtement non ramifié et n un isomorphisme. Vu la continuité de $\Pi \circ \tilde{g}$, $\Pi \circ \tilde{g}$ est constante pour toute fibre en dehors de $\widehat{R}$. Cela permet de définir une application continue

$$\tilde{f} : \tilde{T} \setminus \widehat{R} \longrightarrow Y$$

qui est analytique sur $\tilde{T}$ $(\tilde{H} \cup \widehat{R})$ est donc analytique sur tout $\tilde{T}$ $\widehat{R}$, qui vérifie

$$\tilde{f}_{|T} = f .$$

B/ <u>La condition est suffisante</u> :

Il suffit de remarquer que $\Pi : X \longrightarrow Y$ est une application ronde, puisqu'au-dessus de tout voisinage de Stein V dans Y on a un espace de Stein. Y étant rond, on applique alors le Théorème 3.5. .

§ 4 . SURFACES COMPACTES

Dans ce § on appellera surface, une variété analytique connexe complexe de dimension 2 .

4.1. REDUCTION DU CAS DES ESPACES ANALYTIQUES DE DIMENSION 2 AU CAS DES SURFACES.

PROPOSITION 4.1. . – Soit X un espace analytique réduit de dimension pure égale à 2 ; notons $(\hat{X}, \hat{\Pi}, X)$ la normalisation de X et (X^*, Π^*, X) une désingularisation de X. On a équivalence des propriétés suivantes :

i) X est rond

ii) $\hat{X}$ est rond

iii) X^* est rond

DEMONSTRATION . – Comme les arguments utilisés sont les mêmes dans le cas du normalisé que dans le cas d'une désingularisation, (X', Π', X) désigne dans ce qui suit aussi bien $(\hat{X}, \Pi, X)$ que (X^*, Π^*, X). On note $S(X)$ le lieu singulier de X.

a/ si X est rond, X' est rond :

Soit $f' : T \longrightarrow X'$ une application analytique. Comme $\Pi'^{-1}(S(X))$ est de codimension ≥ 1, $\Pi'^{-1}(S(X))$ est rond et on peut supposer que $f'(T)$ n'est pas contenu dans $\Pi'^{-1}(S(X))$. Puisque X est rond, il existe un fermé dénombrable $\tilde{R}$ de $\tilde{T}$ tel que $g = \Pi' \circ f'$ se prolonge à $\tilde{T} \setminus \tilde{R}$, en

$$\tilde{g} : \tilde{T} \setminus \tilde{R} \longrightarrow X$$

Π'^{-1} étant une application méromorphe et $\tilde{g}(\tilde{T} \setminus \tilde{R})$ n'étant pas contenu dans $S(X)$, $\Pi'^{-1} \circ \tilde{g}$ est une application méromorphe à valeurs dans X' qui prolonge g à $\tilde{T} \setminus \tilde{R}$; cette application étant analytique en dehors d'un ensemble de points isolés de $\tilde{T} \setminus \tilde{R}$, on a le résultat.

b/ <u>si X' est rond, X est rond</u> :

Il suffit d'utiliser les mêmes arguments que précédemment.

4.2. SURFACES ELLIPTIQUES .

<u>DEFINITION 4.2.</u> . - On appelle surface elliptique une surface compacte S munie d'une application holomorphe surjective

$$\Psi : S \longrightarrow \Delta$$

de S sur une courbe algébrique compacte non singulière Δ telle que pour tout point $u \in \Delta$, sauf un nombre fini , $\Psi^{-1}(u)$ soit une courbe **elliptique,** c'est-à-dire un tore de dimension 1 .

<u>LEMME 4.3.</u> . - Soit $\Pi : V \longrightarrow \Gamma$ une submersion d'une surface sur une courbe lisse, telle que pour tout $z \in \Gamma$, $\Pi^{-1}(z)$ soit une courbe elliptique. <u>Alors</u> : V est une variété ronde.

<u>DEMONSTRATION</u> . - Notons Θ le faisceau localement libre de rang 1 sur V des champs de vecteurs tangents aux fibres de Π , et Θ_z la restriction de Θ à $\Pi^{-1}(z)$. Comme une courbe elliptique est **parallélisable**ble, on a pour tout $z \in \Gamma$:

$$\dim_{\mathbb{C}} H^{0}(\Pi^{-1}(z), \Theta_z) = 1$$

on en déduit d'après [28] p. 40, que le faisceau image directe $\Pi_* \Theta$ est un faisceau localement libre de rang 1 sur Γ .

Soit alors $z_0 \in \Gamma$ quelconque : il existe un disque ouvert D_0 centré en z_0 sur lequel $\Pi_* \Theta_{|D_0}$ est isomorphe à $\mathcal{O}_{|D_0}$, ce qui prouve l'existence d'un champ de vecteurs $\theta \in \Pi_* \Theta(D_o) = \Theta(\Pi^{-1}(D_o))$ qui ne s'annule en aucun point de $\Pi^{-1}(D_o)$.

D'autre part, en restreignant au besoin D_o , on peut supposer que Π admet une section analytique σ au-dessus de D_o ; considérons alors l'application analytique :

$$\begin{aligned} \varphi \ : \ D_o \times \mathbb{C} &\longrightarrow \Pi^{-1}(D_o) \\ (z, w) &\longrightarrow \exp(w\theta)(\sigma(z)) \ . \end{aligned}$$

Pour z fixé, φ définit le revêtement universel de $\Pi^{-1}(z)$, on en déduit que $(D_o \times \mathbb{C}, \varphi, \Pi^{-1}(D_o))$ est un revêtement de $\Pi^{-1}(D_o)$. Comme $D_o \times \mathbb{C}$ est rond, $\Pi^{-1}(D_o)$ aussi d'après la Proposition 1.5. ; cela signifie que Π est une application ronde. On en déduit que V est ronde d'après le Théorème 3.5.

<u>THEOREME 4.4.</u> . – Toute surface elliptique est ronde.

<u>DEMONSTRATION</u> . –

1/ Soit (V, Ψ, Δ) une surface elliptique. Il existe un nombre fini de points $a_1, \ldots, a_n \in \Delta$ tels que sur $V \setminus (\bigcup_{i=1}^{m} \Psi^{-1}(a_i))$, Ψ soit une submersion. Les fibres $C_u = \Psi^{-1}(u)$, sont alors des courbes elliptiques pour $u \in \Delta - \{ a_i \}$, puisque toutes difféomorphes.

Prenons une carte locale τ_{a_ρ} au voisinage d'un point $a_\rho \in \{ a_i | i = 1, \ldots, m \}$ telle que $\tau_{a_\rho}(a_\rho) = 0$; $\tau_{a_\rho} \circ \Psi$ est une fonction analytique dans un voisinage de la fibre $\Psi^{-1}(a_\rho)$ qui s'annule sur $\Psi^{-1}(a_\rho)$, et on considère le diviseur C_{a_ρ} associé à la fonction $\tau_{a_\rho} \circ \Psi$: on appelle ce diviseur la fibre singulière au-dessus de a_ρ ;

on a :

$$C_{a_\rho} = \sum n_{\rho_s} \theta_{\rho_s}$$

où n_{ρ_s} est un entier positif et θ_{ρ_s} une courbe irréductible. Soit m_ρ le p.g.c.d. des entiers n_{ρ_s}. On dit que C_{a_ρ} est une fibre simple si $m_\rho = 1$, multiple si $m_\rho > 1$.

Dans [24] Thm. 6.3. KODAIRA (dont on reprend les notations) montre qu'on peut construire à partir de V un revêtement ramifié fini $(\tilde{V}, \Pi, V)$ de V tel que $\tilde{V}$ soit une surface elliptique sans fibre singulière multiple. D'après le Théorème 3.15. on est donc ramené au cas où les fibres singulières sont simples.

2/ Si (V, Ψ, Δ) est une surface elliptique sans fibre singulière multiple, alors V est ronde :

Une courbe étant ronde, on va montrer, en vue d'utiliser le Théorème 3.5. que Ψ est une application analytique ronde : il s'agit de trouver pour tout $z \in \Delta$ un voisinage ouvert U de z tel que $\Psi^{-1}(U)$ soit rond. Si $z \in \Delta \setminus \{ a_i \}$ c'est le Lemme 4.3. qui nous fournit ce voisinage.

D'autre part, d'après [24] Thm. 10.1. , il existe une surface alliptique algébrique projective (B, φ, Δ) telle que pour un disque E_i centré en a_i, assez petit, il existe une application biholomorphe entre $B|_{E_i} = \varphi^{-1}(E_i)$ et $V|_{E_i} = \Psi^{-1}(E_i)$ au-dessus de E_i :

$$\begin{array}{ccc} B|_{E_i} & \xrightarrow{\Lambda_i} & V|_{E_i} \\ & {\scriptstyle\varphi}\searrow \quad \swarrow{\scriptstyle\Psi} & \\ & - & \end{array}$$

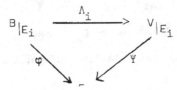

or $B_{|E_i}$ est un ouvert dans la surface projective B défini par la fonction plurisousharmonique $|\varphi|$. On en déduit que $B_{|E_i}$ est un ouvert localement pseudoconvexe de la variété projective B , c'est donc un ouvert rond d'après le Corollaire 3.9. , ce qui achève la démonstration.

REMARQUE . - On peut éviter d'utiliser le Théorème 3.15. en remarquant que dans [24] Thm. 6.3. $\widetilde{V}$ est une surface elliptique au-dessus d'une courbe $\widetilde{\Delta}$ qui est un revêtement ramifié de Δ , et qu'on a un diagramme commutatif

$$\begin{array}{ccc} \widetilde{V} & \xrightarrow{\ \Pi\ } & V \\ \widetilde{\emptyset}\downarrow & & \downarrow\emptyset \\ \widetilde{\Delta} & \xrightarrow[\ \widetilde{\omega}\ ]{} & \Delta \end{array}$$

on montre directement que $\emptyset^{-1}(E_i)$ est rond, en utilisant le fait que $(\Pi^{-1}(\emptyset^{-1}(E_i)),\ \Pi,\ \emptyset^{-1}(E_i))$ est un revêtement non ramifié, la commutativité du diagramme et le résultat dans le cas des fibres simples.

.3. AUTRE TYPE DE SURFACES.

EFINITION 4.5. . - On appelle surface K 3 une surface compacte pour laquelle l'irrégularité $q = \dim H^1(X, \mathcal{O})$ est nulle et le fibré canonique $K = T^* X \wedge T^* X$ est trivial.

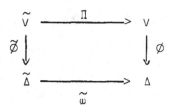

Soit X un tore de dimension 2 dans lequel on identifie t et t . D'après [16] on obtient un espace normal X_o , qui de plus 16 singularités qui proviennent des points de $\mathbb{R}^4$, qui dans la base ormée par les périodes, ont des coordonnées égales à 0 ou 1/2 . On peut montrer qu'en faisant éclater ces singularités, on obtient une surface K 3 .

Une telle surface S est ronde : en effet, l'application canonique

$$X \longrightarrow X_o$$

définit un revêtement ramifié ; X étant rond, X_o aussi d'après le Théorème 3.15., et S est rond d'après la Proposition 4.1. .

Comme les éclatements " conservent " les fonctions méromorphes si X est un tore sans fonction méromorphe, S fournit l'exemple d'une surface K 3 qui d'après [23] Thm 3.1. et Thm. 4.1. , n'est ni algébrique, ni elliptique.

ANNEXE I

$(\emptyset, G)$ désigne dorénavant un domaine étalé sur une variété analytique complexe $\mathcal{M}$

A.1. FRONTIERE D'UN DOMAINE ETALE

On commence par rappeler la notion de point frontière. On peut la définir dans un cadre plus général que celui utilisé ici, celui des domaines de Riemann (voir [3]) .

DEFINITION A.1. – On appelle point-frontière de $(\emptyset, G)$ une base de filtre r composée d'ouverts connexes de G , qui vérifie :

i) r ne s'accumule pas dans G

ii) $\emptyset(r)$ converge vers un point $x \in \mathcal{M}$

iii) Pour tout voisinage ouvert connexe $U(x)$ de x , r contient une et une seule composante connexe de $\emptyset^{-1}(U)$ et tout élément de r est de cette forme.

On note ∂G l'ensemble des points frontière et on pose :

$G = G \cup \partial G$

$\check{\emptyset}(y) = \emptyset(y)$ si $\mu \in G$, $\emptyset(r) = x \in \mathcal{M}$ si $x \in \partial G$ et x est la limite de $\check{\emptyset}(r)$.

On met sur G une topologie séparée qui fait de $\emptyset$ une application continue : si $x_o \in G$, on prend pour voisinages ceux de G , et si $r_o \in \partial G$, on prend comme base de voisinages les ensembles

$$U(r_o) = V \cup \{ r \in \partial G \mid \exists V' \in r, V' \subset U \}$$

où $V \in r_o$.

LEMME A.2. – Soit $\lambda : G_1 \longrightarrow G_2$ un morphisme de domaines entre deux domaines (ϕ_1, G_1) et (ϕ_2, G_2) au-dessus d'une variété $\mathcal{M}$. Alors λ se prolonge de $\breve{G}_1$ dans $\breve{G}_2$ en une application continue

$$\breve{\lambda} : \breve{G}_1 \longrightarrow \breve{G}_2$$

qui vérifie : $\breve{\phi}_2 \circ \breve{\lambda} = \breve{\phi}_1$.

DEMONSTRATION. – Soit $r_1 \in \partial G_1$. Si V est un voisinage ouvert connexe de $x = \breve{\phi}_1(r_1)$, r_1 contient une et une seule composante connexe de $\phi_1^{-1}(V)$, qu'on note U_1, notons U_2 la composante connexe de $\phi_2^{-1}(V)$ qui contient $\lambda(U_1)$, les ouverts U_2 ainsi obtenus forment une base de filtre d'ouverts connexes r_2, qui vérifie les conditions ii) et iii) de la définition des points – frontière. Si r_2 converge vers $y \in G_2$, on pose $\breve{\lambda}(r_1) = y$.

Si r_1 ne converge pas dans G_2, alors $r_2 \in \partial G_2$ et $\breve{\lambda}(r_1) = r_2$. Par construction $\breve{\phi}_2 \circ \breve{\lambda} = \breve{\phi}_1$ et il est clair que $\breve{\lambda}$ est continue.

A.2. T-CONVEXITE

On note $\mathcal{D} = \mathcal{D}^{n+1} = \{ (z, w) \mid |z_i| < 1, i = 1, \ldots, n, |w| \leq 1 \}$

$$\delta\mathcal{D} = \{ (z, w) \in \mathcal{D} \mid |w| = 1 \}$$

$$\bar{\mathcal{D}} = \{ (z, w) \mid |z_i| \leq 1, i = 1, \ldots, n, |w| \leq 1 \}$$

où $n + 1 = \dim_{\mathbb{C}} G$.

Une application continue

$$\varphi : \bar{\mathcal{D}} \longrightarrow \breve{G} = G \cup \partial G$$

est appelée R-application à valeurs dans G si :

i) $\varphi(\delta\mathcal{D})$ est relativement compact dans G et $\varphi(\hat{\mathcal{D}}) \subset G$

ii) $\varphi(\overline{\mathcal{D}}) \cap \partial G \neq \emptyset$

iii) $\emptyset \circ \varphi$ se prolonge en une application biholomorphe d'un voisinage de $\overline{\mathcal{D}}$ dans $\mathcal{M}$.

DEFINITION A.3. – (voir [2]) Un domaine étalé $(\emptyset, G)$ au-dessus d'une variété de Stein $\mathcal{M}$ est dit p_7-convexe, s'il n'existe aucune A-application à valeurs dans G .

Dans [2] DOCQUIER et GRAUERT montrent l'équivalence de plusieurs notions de pseudoconvexité (dont la p_7 – convexité) pour des domaines étalés au-dessus d'une variété de Stein ; nous aurons cependant besoin d'une notion de pseudoconvexité légèrement différente, faisant appel à des marmites.

On appelle T-application une application biholomorphe (c'est-à-dire holomorphe et qui admet une application réciproque holomorphe sur son image)

$$\varphi \ : \ T = T^{n+1}_{\rho,\tau} \longrightarrow G$$

où $0 < \rho < 1$, $0 < \tau < 1$,

telle que $\emptyset \circ \varphi$ se prolonge en une application biholomorphe de $\tilde{T}$ dans $\mathcal{M}$.

DEFINITION A.4. – Un domaine étalé $(\emptyset, G)$ au-dessus d'une variété de Stein $\mathcal{M}$ est dit T-convexe, si toute T-application

$$\varphi \ : \ T \longrightarrow G$$

se prolonge en une application biholomorphe $\tilde{\varphi}$

$$\tilde{\varphi} \ : \ \tilde{T} \longrightarrow G$$

LEMME A.5. - Soit $(\emptyset, G)$ un domaine étalé au-dessus d'une variété de Stein. On a équivalence des deux conditions suivantes :

i) $(\emptyset, G)$ est pseudoconvexe (en l'un des sens équivalents de [2]).

ii) $(\emptyset, G)$ est T-convexe.

DEMONSTRATION . - On va vérifier que $(\emptyset, G)$ est T-convexe si et seulement si $(\emptyset, G)$ est p_7-convexe.

Si $(\emptyset, G)$ n'est pas T-convexe, il existe une T-application φ qui ne se prolonge pas biholomorphiquement à $\tilde{T}$. Soit $\mathcal{E}$ vérifiant $\mathcal{E} < 1 - \tau$ et notons $t_o < 1$ la borne supérieure des réels $t \leq 1$ tels que φ se prolonge holomorphiquement (et donc biholomorphiquement) à un voisinage de

$$\mathcal{D}_{t_o,1-\mathcal{E}} = \{ (z, w) \mid |z_i| < t_o, i = 1,\ldots,n, |w| \leq 1-\mathcal{E} \} .$$

Comme $\overset{\circ}{\mathcal{D}}_{t_o,1-\mathcal{E}}$ peut être considéré comme un domaine au dessus de $\mathcal{M}$, l'application Ψ définie par

$$\Psi : \mathcal{D} \longrightarrow G$$

$$(z, w) \longrightarrow \varphi(\frac{z}{t_o}, \frac{w}{1 - \mathcal{E}})$$

se prolonge continûment, d'après le Lemme A.2. , en

$$\check{\Psi} : \check{\mathcal{D}} = \bar{\mathcal{D}} \longrightarrow G \cup \partial G$$

$\check{\Psi}$ vérifie évidemment les conditions i) et iii) des R-applications. De plus, puisque $\emptyset$ est un homéomorphisme local et vu la définition de t_o , $\check{\Psi}$ ne peut être à valeurs dans G c'est-à-dire $\check{\Psi}(\bar{\mathcal{D}}) \cap \partial G \neq \emptyset$, ce qui signifie que $\check{\Psi}$ est une R-application et que $(\emptyset, G)$ n'est pas

p_7-convexe.

Réciproquement, supposons que $(\emptyset, G)$ ne soit pas p_7-convexe, c'est-à-dire qu'il existe une R-application

$$\varphi : \mathcal{D} \longrightarrow G \cup \partial G \quad .$$

La propriété iii) des R-applications montre que φ est biholomorphe sur $\mathcal{D}$, les propriétés i) et iii) qu'il existe $\mathcal{E} > 0$ tel que φ se prolonge biholomorphiquement à l'ouvert

$$T_{\mathcal{E}} = \{ (z, w) \,|\, |z_i| < 1,\ i = 1,\dots,n,\ |w| < 1+\mathcal{E} \}$$

$$\cup \{ (z, w) \,|\, |z_i| < 1+\mathcal{E},\ i = 1,\dots,n,\ 1-\mathcal{E} < |w| < 1+\mathcal{E} \} .$$

Enfin, la condition ii) prouve que φ ne se prolonge pas à $\tilde{T}_{\mathcal{E}}$ et que $(\emptyset, G)$ n'est pas T-convexe.

<u>DEFINITION A.6.</u> – Soit $r \in \partial G$ (voir § A.1.) . On dit que ∂G est localement une hypersurface en r , s'il existe un voisinage $U(r)$ de r dans $\breve{G}$ tel que $U(r)$ soit homéomorphe à $\breve{\emptyset}(U(r))$, $\breve{\emptyset}(U(r))$ soit ouvert dans $\mathcal{M}$ et $\breve{\emptyset}(\partial G \cap U(r))$ soit une hypersurface de $\breve{\emptyset}(U(r))$.

ANNEXE II

Notons $W = \mathbb{C}^2 - \{ 0 \}$, g l'automorphisme défini par :

$$g : W \longrightarrow W$$

$$(z_1, z_2) \longrightarrow (\frac{1}{2} z_1, \frac{1}{2} z_2)$$

G le groupe engendré par g ,

$$\Pi : W \longrightarrow W/G$$

l'application canonique de passage au quotient, et $(S, \varphi, W/G)$ l'éclatement de la surface de Hopf W/G (voir Définition II.1.6.) au point $z = \Pi(0, 1)$. Alors :

$$\varphi^{-1} \circ \Pi : W \longrightarrow S$$

est une application méromorphe qui ne peut pas se prolonger méromorphiquement en $\{ 0 \}$, puisque le lieu singulier de $\varphi^{-1} \circ \Pi$ qui contient $\Pi^{-1}(z) = \{ (0, 2^n) \mid n \in \mathbb{Z} \}$ doit être un sous-ensemble analytique de codimension ≥ 2 . On en déduit que si f désigne la restriction de $\varphi^{-1} \circ \Pi$ à $W \setminus \Pi^{-1}(z) = \mathbb{C}^2 \setminus (\{ 0 \} \cup \{ (0, 2^n) \mid n \in \mathbb{Z} \})$, le domaine de l'application analytique f , au-dessus de $\mathbb{C}^2$ est égal à

$$\mathbb{C}^2 \setminus (\{ 0 \} \cup \{ (0, 2^n) \mid n \in \mathbb{Z} \}) .$$

ANNEXE III

Voici la construction d'une hypersurface de $T = T^2_{\frac{1}{2},\frac{1}{2}}$ qui ne peut pas se prolonger à $\tilde{T}$.

Notons :

$$U = \{ z| \ |z| < \frac{1}{2} \} \times \{ w| \ |w| < \frac{1}{2} \} \subset T$$

(ζ_n) une suite du disque unité telle que $\sum_{n=1}^{\infty} (1 - |\zeta_n|) < +\infty$ le produit de BLASCHKE [12] :

$$B(z) = \prod_{n=1}^{\infty} \frac{\zeta_n - z}{1 - \bar{\zeta}_n z} \frac{|\zeta_n|}{\zeta_n}$$

est une fonction holomorphe bornée de norme 1 .

Considérons alors H , le graphe dans U , de la fonction :

$$f : \{ z| \ |z| < \frac{1}{2} \} \longrightarrow \{ w| \ |w| < \frac{1}{2} \}$$

$$z \longmapsto \frac{1}{2} B(2z)$$

c'est une hypersurface de T , localement donnée par une seule équation, mais qui ne peut pas se prolonger à $\tilde{T}$, puisque $H \cap \{ w = 0 \}$ contient une suite qui converge vers le bord du disque $\{ z| \ |z| < \frac{1}{2} \} \times \{ w = 0 \}$.

REFERENCES

[2] DOCQUIER (F.), GRAUERT (H.) . - Levisches Problem und Rungescher Satz für Teilgebiete Steinscher Mannigfaltigkeiten. Math. Annalen 140, 94-123 (1960).

[3] GRAUERT (H.), REMMERT (R.) . - Singularitäten Komplexer Mannigfaltigkeiten und Riemannsche Gebiete. Math. Zeitschrist 67, 103-128 (1957).

[4] DLOUSSKY (G.) . - Enveloppes d'holomorphie et prolongements d'hypersurfaces. Sém. P.Lelong, 1975/76, P. 217-235, Lecture Notes in Mathematics, Springer n° 578.

[5] DLOUSSKY (G.) . - Thèse de 3e cycle, Nice (1977).

[14] BEHNKE (H), THULLEN (P) . - Theorie der Funktionen mehrerer komplexen veränderlichen. Springer-Verlag (1970)

[15] BOREL (A), REMMERT (R) . - Uber kompakte homogene kählersche Mannigfaltigkeiten. Math. Annalen 145, 429-439 (1962)

[16] CARTAN (H) . - Quotient d'un espace analytique par un groupe d'automorphismes. Symposium in honor of Lefschetz Princeton Univ. Press (1957)

[17] DOUADY (A) . - Espaces analytiques sous-algébriques. Sem. Bourbaki 1967/68 n° 344

[18] GRAUERT (H), REMMERT (R) . - Komplexe Räume. Math. Annalon 136, 245-318 (1958)

[19] HIRSCHOWITZ (A) . - Pseudoconvexités au-dessus d'espaces plus ou moins homogènes. Invent. Math. 26, 303-322 (1974)

[20] HOUZEL (C) . - Géométrie Analytique locale III. Sem. Cartan, 1960/61, n° 20

[21] INOUE (M) . - On surfaces of class VII_0 . Invent. Math. 24 269-310 (1974)

[22] KERNER (H) . - Uberlagerungen und Holomorphiehüllen. Math. Ann. 144, 126-134 (1961)

[23] KODAIRA (K) . – On compact analytic surfaces I. Annals of Maths. 71 (1960)

[24] KODAIRA (K) . – On compact analytic surfaces II. Annals of Maths 77 (1963)

[25] KODAIRA (K) . – On the structure of compact complex analytic surfaces I. Am. J. of Math. 86, 751-798 (1964).

[26] MALGRANGE (B) . – Lectures on the theory of functions of seveveral complex variables. Tata Institute of fundamental Research Bombay (1958)

[27] NARASIMHAN (R) . – Introduction to the theory of analytic spaces. Lecture Note in Math. 25, Springer-Verlag (1966)

[28] RIEMENSCHNEIDER (O) . – Uber die Anwendung algebraischer Methoden in der Deformationstheorie komplexen Räume. Math. Ann. 187, 40-55 (1970)

[29] STEIN (K) . – Analytische Zerlegungen komplexer Räume. Math. Annalen 132, 63-93 (1956)

[30] STEIN (K) . – Uberlagerungen holomorph vollständiger komplexer Räume. Arch. Math. VII. 354-361 (1956)

[31] STEIN (K) . – Meromorphic mappings. L'enseignement mathématique XIV . 29-46 (1968)

[32] VARADARAJAN (V.S.) . – Lie groups, Lie algebras and their representations. Prentice-Hall series in modern Analysis (1974)

[33] WANG (H.C.) . – Complex parallelisable manifolds. Proceedings of the A.M.S. 5, 771-776 (1954)

Georges DLOUSSKY
Université de Provence
U.E.R. de Mathématiques
Place Victor Hugo

13331 - MARSEILLE Cedex 3

Séminaire P.LELONG, H.SKODA
(Analyse)
17e année, 1976/77.

FONCTIONS ENTIÈRES ARITHMÉTIQUES

par François G R A M A I N

0. Notations.

Pour $z = (z_1,\dots,z_m) \in \mathbb{C}^m$, $w \in \mathbb{C}^m$, $n = (n_1,\dots,n_m) \in \mathbb{N}^m$ on notera $|z| = |z_1| + \dots + |z_m|$, $z^n = z_1^{n_1} \dots z_m^{n_m}$, $\langle w,z\rangle = w_1 z_1 + \dots + w_m z_m$, $n! = n_1!\dots n_m!$, $1 = (1,\dots,1)$.

Si f est une fonction entière sur $\mathbb{C}^m$, on note $|f|_r = \sup_{|z|\leq r} |f(z)|$ et on dit que f est de type exponentiel α si $\limsup_{r\to+\infty} \frac{\log |f|_r}{r} = \alpha$.

Soit K un corps de nombres, $d = [K : \mathbb{Q}]$ son degré, $\mathcal{O}_K$ l'anneau de ses entiers, on note $\delta = d$ si $K \subset \mathbb{R}$ et $\delta = d/2$ si $K \not\subset \mathbb{R}$.

Si α est un entier algébrique, sa maison $|\overline{\alpha}|$ est le maximum des modules de ses conjugués (sur $\mathbb{Z}$). Si $K \supset \mathbb{Q}(\alpha)$, l'inégalité de la taille ([25]) s'écrit $\log|\alpha| \geq -(\delta - 1)\log|\overline{\alpha}|$, si $\alpha \neq 0$.

I. Introduction.

G.PÓLYA ([19], 1915) et G.H.HARDY ([13], 1917) ont montré que si f est une fonction entière sur $\mathbb{C}$ de type exponentiel $< \log 2$ vérifiant $f(\mathbb{N}) \subset \mathbb{Z}$ (fonction arithmétique), alors f est un polynôme. En 1967 A.BAKER ([3]) prouve le même résultat pour les fonctions entières de m variables. La démonstration consiste à remarquer, au bout de calculs compliqués dans le cas de plusieurs variables, que la série d'interpolation de LAGRANGE de f est un polynôme.

L'étude des fonctions entières arithmétiques de croissance plus rapide utilise la théorie de la transformation de LAPLACE. Ainsi, Ch.PISOT ([17], 1946) montre que si f est une fonction entière sur $\mathbb{C}$, arithmétique, de type exponentiel $\alpha < \alpha_0 = 0{,}843\dots$ (en fait si le diamètre transfini de $S = \exp\{|z| \leq \alpha\}$ est < 1), alors f est de la forme $f(z) = \sum_{\gamma \in C} P_\gamma(z) \gamma^z$, où γ parcourt l'ensemble fini C des entiers algébriques situés dans S ainsi que tous leurs conjugués, et où les P_γ sont des polynômes. Le résultat analogue en m variables a été obtenu par V.AVANISSIAN et R.GAY ([2], 1975) qui étudient la transformation de LAPLACE dans $\mathbb{C}^m$. Pour cela ils utilisent la puissante théorie des fonctionnelles analytiques. En fait, on peut s'en affranchir et généraliser directement au cas de m variables les résultats de G.PÓLYA ([21]) en une variable. C'est l'objet du paragraphe II. D'autre part il est intéressant de généraliser l'étude des fonctions arithmétiques à celle des fonctions vérifiant $f(\mathbb{N}^m) \subset \mathcal{O}_K$, anneau des entiers d'un corps de nombres. On prouve au paragraphe III les lemmes algébriques nécessaires. Mais, si les résultats sont satisfaisants dans le cas d'une seule variable (paragraphe IV), dans le cas général des fonctions de plusieurs variables étudié au paragraphe V, on ne sait encore obtenir que l'analogue du théorème de PÓLYA et non de celui de Ch.PISOT. On utilise cependant la transformation de LAPLACE car les calculs d'interpolation sont extrêmement compliqués. Le paragraphe VI est consacré à une "réciproque" des théorèmes précédents et on en déduit un résultat purement algébrique sur les fractions rationnelles. Enfin, le paragraphe VII contient une généralisation du travail de Ch.PISOT ([18]) aux fonctions entières vérifiant $f(\mathbb{Z}^m) \subset \mathcal{O}_K$.

II. Transformation de LAPLACE dans $\mathbb{C}^m$.

1. Transformée de LAPLACE.

Soit $f(z) = \sum_{n \in \mathbb{N}^m} \frac{a_n}{n!} z^n$ une fonction entière sur $\mathbb{C}^m$, de type exponentiel α. Les inégalités de CAUCHY permettent de majorer $|a_n|$. Soit en effet $\varepsilon > 0$ et $\alpha' = \alpha + \varepsilon$. Il existe $C_1 = C_1(\varepsilon) > 0$ tel que $|f(z)| \leq C_1 \exp(\alpha' |z|)$ pour tout $z \in \mathbb{C}^m$. On a alors $|a_n| \leq n!\, C_1\, r^{-n} \exp(\alpha' |r|)$ pour tout $r \in [0, +\infty[^m \setminus \{0\}$ (avec la convention

$0^k = 1$). Pour $n \neq 0$, on pose $r = \frac{1}{\alpha} n$ et on utilise la formule de Stirling

$$k! \leqslant C_2 \exp\left[-k + (k+1/2)\log k\right] \text{ pour } k \geqslant 1.$$

On en déduit $|a_n| \leqslant C_3 \exp\left(|n| \left(\frac{\alpha'}{\alpha} - 1 + \log \alpha\right) + 1/2 \sum_{j=1}^{m} \log^+ n_j\right)$ donc $\limsup_{|n| \to +\infty} |a_n|^{1/|n|} \leqslant \alpha$, d'où l'énoncé suivant :

PROPOSITION - DÉFINITION 2.1. - <u>Soit</u> $f(z) = \sum_{n \in \mathbb{N}^m} \frac{a_n}{n!} z^n$ <u>une fonction entière sur</u> $\mathbb{C}^m$, <u>de type exponentiel</u> α. <u>La série</u> $\sum_{n \in \mathbb{N}^m} a_n z^{-n-1}$ <u>converge sur</u> $\prod_{j=1}^{m} \{|z_j| > \alpha\}$ <u>et y définit une fonction holomorphe</u> $F(z)$ <u>dite transformée de LAPLACE (ou transformée de Laplace-Borel) de</u> f.

Soit Γ_j le cercle de centre 0 et de rayon $r_j > \alpha$, et $\Gamma = \Gamma_1 \times \ldots \times \Gamma_m$. La formule intégrale de Cauchy s'écrit

$$a_n = \frac{1}{(2i\pi)^m} \int_\Gamma w^n F(w)\,dw \text{ , donc}$$

$$f(z) = \sum_{n \in \mathbb{N}^m} \frac{a_n}{n!} z^n = \frac{1}{(2i\pi)^m} \sum_{n \in \mathbb{N}^m} \left(\int_\Gamma w^n F(w)\,dw \right) \frac{z^n}{n!} = \frac{1}{(2i\pi)^m} \int_\Gamma \sum_{n \in \mathbb{N}^m} \frac{w^n z^n}{n!} F(w)\,dw$$

car la série à intégrer converge uniformément sur Γ.

On a donc <u>la formule d'inversion de la transformation de LAPLACE</u>

(1) $$\boxed{f(z) = \frac{1}{(2i\pi)^m} \int_\Gamma e^{\langle z, w \rangle} F(w)\,dw}$$

Soit alors K_j $(1 \leqslant j \leqslant m)$ des compacts tels que F se prolonge en une fonction holomorphe sur $\prod_{j=1}^{m} \complement K_j$. On peut remplacer dans la formule (1) le chemin Γ_j par un chemin fermé simple "entourant" K_j et on en déduit des renseignements supplémentaires sur la croissance de f :

PROPOSITION 2.2. - <u>Soit</u> K_j $(1 \leqslant j \leqslant m)$ <u>des compacts convexes de</u> $\mathbb{C}$, $k_j(\varphi) = \operatorname{Max}_{z \in K_j} \operatorname{Ré}(z e^{-i\varphi})$ <u>leurs fonctions d'appui. Soit</u> f <u>une fonction entière sur</u> $\mathbb{C}^m$ <u>de type exponentiel et</u> F <u>sa transformée de LAPLACE. Alors,</u> F <u>se prolonge en une fonction holomorphe sur</u> $\prod_{j=1}^{m} \complement K_j$ <u>si et seulement si, pour tout</u> $\varepsilon > 0$, <u>il existe</u> $C = C(\varepsilon) > 0$ <u>tel que</u>

$$|f(r_1 e^{-i\varphi_1}, \ldots, r_m e^{-i\varphi_m})| \leqslant C \exp\left(\sum_{j=1}^{m} (\varepsilon + k_j(\varphi_j)) r_j\right)$$

<u>pour tout</u> $r \in \mathbb{R}_+^m$ <u>et pour tout</u> $\varphi \in \mathbb{R}^m$.

DÉFINITION 2.3. - <u>On dit alors que</u> f <u>est de type exponentiel</u> $(K_1,\dots,K_m)$.

<u>Démonstration</u>. En effet $K_j = \{x + iy \in \mathbb{C} \ ; \ x\cos\varphi + y\sin\varphi \leq k_j(\varphi)\ ,\ \varphi \in [0,2\pi[\ \}$, et si $\Gamma_{j\varepsilon}$ est le bord du compact $K_j + \{|z_j| \leq \varepsilon\}$, la formule (1) avec comme chemin d'intégration $\Gamma_\varepsilon = \prod_{j=1}^{m} \Gamma_{j\varepsilon}$ fournit

$$|f(r_1 e^{-i\varphi_1},\dots,r_m e^{-i\varphi_m})| = \frac{1}{(2\pi)^m}\left| \int_{\Gamma_\varepsilon} F(w)\exp(\sum_{j=1}^{m} r_j e^{-i\varphi_j} w_j)\,dw \right|$$
$$\leq C\exp(\sum_{j=1}^{m} r_j(\varepsilon + k_j(\varphi_j))) \ .$$

Pour obtenir la réciproque, il suffit de généraliser la formule intégrale donnant F en fonction de f dans le cas d'une variable ([21]).

Pour simplifier l'écriture, on supposera m = 2 , c'est-à-dire

$$f(z_1,z_2) = \sum_{(p,q)\in\mathbb{N}^2} \frac{a_{pq}}{p!q!} z_1^p z_2^q \ .$$

Pour z_2 fixé, posons $\ell_{\varphi_1}(s_1,z_2) = \int_0^{+\infty e^{-i\varphi_1}} f(z_1,z_2)e^{-s_1 z_1}dz_1$

(le chemin d'intégration est la demi-droite d'origine 0 et d'argument $-\varphi_1$). Cette intégrale est définie et représente une fonction holomorphe en $s_1 = \sigma_1 + i\tau_1$ dès que $\sigma_1\cos\varphi_1 + \tau_1\sin\varphi_1 > k_1(\varphi_1)$, d'après les propriétés de croissance de f.

Pour un autre choix de φ_1, le théorème de Cauchy montre qu'on obtient une fonction de s, qui coïncide avec ℓ_{φ_1} sur tout un secteur, d'où l'existence d'une fonction $\ell_1(s, z_2)$ holomorphe sur $\complement K_1 \times \mathbb{C}$ et de développement (obtenu pour $\varphi_1 = 0$) au voisinage de $(\infty, 0)$

$$\ell_1(s_1,z_2) = \sum_{(p,q)\in\mathbb{N}^2} \frac{a_{pq}}{q!} s_1^{-p-1} z_2^q$$

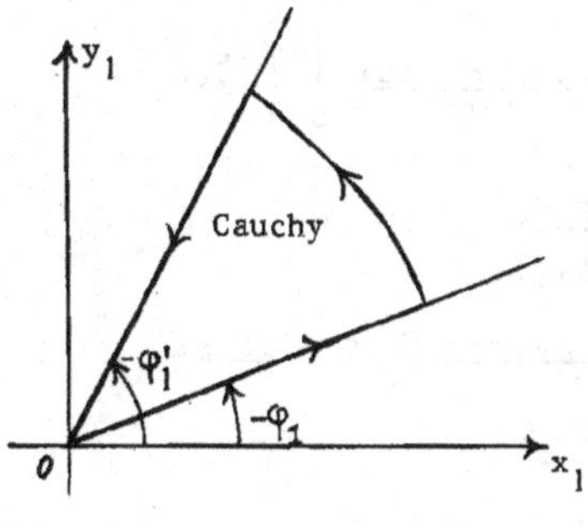

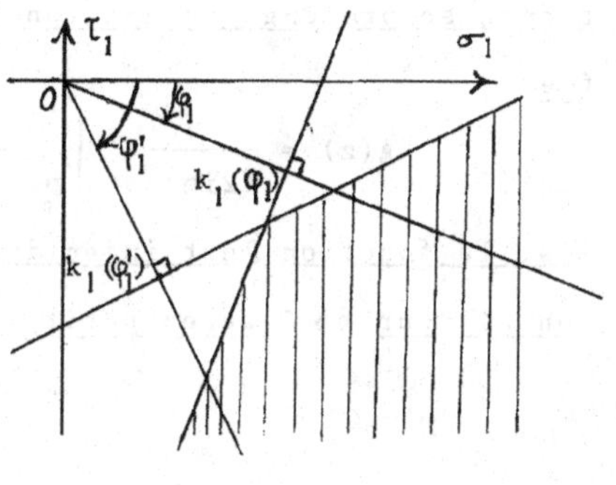

Fixons alors $s_1 \notin K_1$. La fonction $z_2 \to \ell_1(s_1,z_2)$ est entière et son expression intégrale montre qu'elle est de type exponentiel (K_2). On peut donc définir $\ell_{1,\varphi_2}(s_1,s_2) = \int_0^{+\infty e^{-i\varphi_2}} \ell_1(s_1,z_2)e^{-s_2 z_2}dz_2$ si $s_2 = \sigma_2 + i\tau_2$ vérifie $\sigma_2 \cos\varphi_2 + \tau_2 \sin\varphi_2 > k_2(\varphi_2)$. Comme plus haut on en déduit une fonction $\ell(s_1,s_2)$ holomorphe sur $\complement K_1 \times \complement K_2$. De plus son développement au voisinage de (∞,∞) est $\sum_{(p,q)\in\mathbb{N}^2} a_{pq} s_1^{-p-1} s_2^{-q-1}$, c'est donc $F(s_1,s_2)$, et on a

$$(2) \qquad F(z) = \int_L f(w)e^{-\langle z,w\rangle}dw$$

où $L = \prod_{j=1}^m L_j$ avec $L_j = [0, +\infty e^{i\varphi_j}[$.

<u>Remarque.</u> - Les compacts convexes K_j ne sont définis de manière unique ni par f, ni par F, et il y a en général une infinité de m-uplets minimaux de K_j. Le résultat est donc moins précis qu'en une seule variable où l'indicateur de croissance de f fournit l'enveloppe convexe des singularités de F. Une étude plus détaillée de cette question se trouve dans le livre de L.I.RONKIN ([22]) mais est inutile pour le problème considéré ici.

2. <u>La fonction</u> g <u>associée à</u> f.

PROPOSITION 2.4. - <u>Soit</u> ζ <u>une fonction entière sur</u> $\mathbb{C}$, f <u>une fonction entière sur</u> $\mathbb{C}^m$, <u>de type exponentiel</u> $(K_1,\ldots,K_m)$, $\Gamma_{j\varepsilon}$ <u>le bord du compact</u> $K_j + \{|z_j| \leq \varepsilon\}$ <u>et</u> $\Gamma_\varepsilon = \prod_{j=1}^m \Gamma_{j\varepsilon}$.

<u>On pose</u> $g(z) = \sum_{n\in\mathbb{N}^m} T_n(f)z^{-n-1}$

<u>avec</u> $T_n(f) = \frac{1}{(2i\pi)^m}\int_{\Gamma_\varepsilon} F(w)\prod_{j=1}^m \zeta(w_j)^{n_j}\,dw.$

<u>La fonction</u> g <u>se prolonge en une fonction holomorphe sur</u> $\prod_{j=1}^m \complement\zeta(K_j)$ <u>et vérifie</u>

$$(3) \qquad g(z) = \frac{1}{(2i\pi)^m}\int_{\Gamma_\varepsilon} \frac{F(w)}{\prod_{j=1}^m (z_j - \zeta(w_j))}\,dw.$$

<u>Si, de plus, la fonction</u> ζ <u>est injective dans l'ouvert</u> $\Omega_j \subset \mathbb{C}$ <u>et si</u> $K_j \subset \Omega_j$, <u>on a, pour</u> $\varepsilon > 0$ <u>assez petit</u>

(4) $$f(z) = \frac{1}{(2i\pi)^m}\int_{\zeta(\Gamma_\varepsilon)} g(w)\exp\Big(\sum_{j=1}^{m} z_j\,\zeta^{-1}(w_j)\Big)dw$$

où $\zeta(\Gamma_\varepsilon) = \prod_{j=1}^{m} \zeta(\Gamma_{j\varepsilon})$ et ζ^{-1} est la fonction réciproque de ζ à valeurs dans Ω_j.

Il s'agit de la généralisation au cas de m variables des calculs de R.WALLISSER ([26]) .

Exemples. 1/ $\zeta(z) = e^z$ fournit $T_n(f) = f(n)$ et on peut prendre $\Omega_j = \{|\mathrm{Im}\ z_j|<\pi\}$. Si $K_j \subset \Omega_j$ la formule (4) devient

$$f(z) = \frac{1}{(2i\pi)^m}\int_{\exp\Gamma_\varepsilon} w^z g(w)dw.$$

2/ Pour $\zeta(z) = e^z + e^{-z}$ on a $T_n(f) = \sum_{0\leq k_j\leq n_j} \binom{n}{k} f(n-2k)$.

On utilisera cette fonction au paragraphe VII pour étudier les fonctions vérifiant $f(\mathbb{Z}^m)\subset\mathcal{O}_K$.

3/ La fonction $\zeta(z) = ze^z$ fournit, par dérivation de la formule (1) d'inversion de la transformée de LAPLACE, $T_n(f) = f^{(n)}(n)$ pour $n\in\mathbb{N}^m$. Cela permet d'étudier les fonctions f vérifiant $f^{(n)}(n)\in\mathbb{Z}$ pour tout $n\in\mathbb{N}^m$ (fonctions arithmétiques au sens d'Abel). On peut prendre $\Omega_j = \left\{z_j = re^{i\varphi}\ ;\ r\leq\frac{\pi-|\varphi|}{\sin|\varphi|}\ ,\ -\pi\leq\varphi\leq\pi\right\}$(cf. [5] et [26]).

La proposition 2.4. montre que f est complètement déterminée par les $T_n(f)$ dès qu'elle ne croit pas trop vite. On en déduit les théorèmes d'unicité suivants :

COROLLAIRE 2.5. - Soit f une fonction entière sur $\mathbb{C}^m$, de type exponentiel $(K_1,\ldots,K_m)$

(i) Si $K_j\subset\{|\mathrm{Im}\ z_j|<\pi\}$ (en particulier , si f est de type exponentiel $<\pi$) et si $f(\mathbb{N}^m) = \{0\}$, alors f est identiquement nulle.

(ii) Si $K_j\subset\left\{z_j = r_je^{i\varphi_j}\ ;\ r_j<\frac{\pi-|\varphi_j|}{\sin|\varphi_j|}\ ,\ -\pi\leq\varphi_j\leq\pi\right\}$ (en particulier, si f est de type exponentiel <1) et si $f^{(n)}(n) = 0$ pour tout $n\in\mathbb{N}^m$, alors f est identiquement nulle.

Démonstration de la proposition 2.4. La série $\sum_{n\in\mathbb{N}^m} z^{-n}\prod_{j=1}^{m}\zeta(w_j)^{n_j}$ converge uniformément pour $|z_j|\geq\rho_j>\mathrm{Max}_{w_j\in\Gamma_{j\varepsilon}}|\zeta(w_j)|$, $(1\leq j\leq m)$. On obtient donc, en intervertissant l'ordre des sommations

$g(z) = \frac{1}{(2i\pi)^m} \int_{\Gamma_\varepsilon} F(w) (\sum_{n \in \mathbb{N}^m} z^{-n-1} \prod_{j=1}^{m} \zeta(w_j)^{n_j}) dw$, c'està-dire la formule (3).

Si $K_j \subset \Omega_j$, pour $\varepsilon > 0$ assez petit on a $\Gamma_{j,\varepsilon} \subset \Omega_j$ et la formule des résidus permet d'écrire

$$\exp\langle z,w\rangle = \frac{1}{(2i\pi)^m} \int_{\zeta(\Gamma_\varepsilon)} \frac{\exp(\sum_{j=1}^{m} z_j \zeta^{-1}(s_j))}{\prod_{j=1}^{m} (s_j - \zeta(w_j))} ds.$$

En remplaçant $\exp\langle z,w\rangle$ par cette expression dans la formule (1) d'inversion de LAPLACE et en changeant l'ordre des sommations, on obtient

$$f(z) = \frac{1}{(2i\pi)^{2m}} \int_{\zeta(\Gamma_\varepsilon)} \exp(\sum_{j=1}^{m} z_j \zeta^{-1}(s_j)) (\int_{\Gamma_{\varepsilon/2}} \frac{F(w)}{\prod_{j=1}^{m} (s_j - \zeta(w_j))} dw) ds$$

et la formule (3) permet de conclure.

3. La correspondance $f \longmapsto g$ (cas où $\zeta(z) = e^z$).

On vient de voir que g est définie par les f(n) , et que si f est de type exponentiel $(K_1, \dots, K_m)$ avec $K_j \subset \Omega_j$ domaine où l'exponentielle est injective, on a correspondance biunivoque entre f et g. La transformation $f \longmapsto g$ est évidemment linéaire.

Soit $\gamma \in \mathbb{C}^{*m}$, si $f(n) = \gamma^n$, alors $g(z) = \sum_{n \in \mathbb{N}^m} \gamma^n z^{-n-1} = (z - \gamma)^{-1}$.

Si $f(n) = n^k \gamma^n$, alors g est obtenue à partir de la fonction précédente par des dérivations et des multiplications par des polynômes. Il s'agit donc d'une fraction rationnelle de la forme $\frac{P(z_1, \dots, z_m)}{Q_1(z_1) \dots Q_m(z_m)}$ où $\deg Q_j > \deg_{z_j} P_j$ et Q_j a γ_j pour unique zéro.

Inversement, si g(z) est une fraction reconnaissable (id est de la forme $\frac{P(z_1, \dots, z_m)}{\prod_{j=1}^{m} Q_j(z_j)}$) vérifiant $\deg Q_j > \deg_{z_j} P_j$, on montre par récurrence sur m en utilisant la décomposition en éléments simples d'une fraction rationnelle à une indéterminée que le coefficient de z^{-n-1} dans le développement de g au voisinage de $(\infty, \dots, \infty)$ est de la forme $\sum_{\gamma} P_\gamma(n) \gamma^n$ où les P_γ sont des polynômes et où les γ vérifient $Q_j(\gamma_j) = 0$.

Ainsi g est associée à la fonction $f(z) = \sum_{\gamma} P_{\gamma}(z)\gamma^{z}$.

Par suite si f est une fonction entière vérifiant les conditions de croissance de la proposition 2.4., il suffit de vérifier que g est une fraction reconnaissable pour conclure que $f(z) = \sum_{\gamma} P_{\gamma}(z)\gamma^{z}$, les logarithmes des γ_j permettant de définir γ^z étant choisis dans l'ouvert Ω_j.

III. Lemmes algébriques.

1. Critère de Kronecker.

Il permet dans le cas des fonctions d'une seule variable de vérifier que g est une fraction rationnelle.

LEMME 3.1. ([14]). - *Pour que la série* $\sum_{n \in \mathbb{N}} a_n z^{-n-1}$ ($a_n \in K$ *corps*) *soit le développement à l'infini d'une fraction rationnelle, il faut et il suffit que les déterminants de Hankel*

$$A_o^{(k)} = \begin{vmatrix} a_o & a_1 & \dots & a_k \\ a_1 & a_2 & \dots & a_{k+1} \\ \dots & & & \dots \\ a_k & a_{k+1} & \dots & a_{2k} \end{vmatrix}$$

soient nuls pour k *assez grand.*

2. Lemme de Fatou.

Soit A un anneau intègre de corps des fractions K. On note $A[[X_1,\dots,X_m]]$ l'anneau des séries entières formelles à m indéterminées et à coefficients dans A. Si P et $Q \in A[X]$ et sont premiers entre eux dans $K[X]$, dire que $P/Q \in A[[X]]$ c'est, en particulier dire que $Q(0) \neq 0$.

DÉFINITION 3.2. - *L'anneau* A *est dit de Fatou s'il vérifie les trois conditions équivalentes suivantes*

(i) *Si* P et $Q \in K[X]$ *vérifient* $(P,Q) = 1$, deg P$<$deg Q, $Q(0) = 1$ *et si* $P/Q \in A[[X]]$ *alors* $Q \in A[X]$ (*et, par suite*, $P \in A[X]$).

(ii) *Soit* $\{a_n\}_{n \in \mathbb{N}}$ *une suite d'éléments de* A *vérifiant une relation de récurrence* $a_{n+s} + q_1 a_{n+s-1} + \dots + q_s a_n = 0$ *pour tout* $n \in \mathbb{N}$, *à coefficients* $q_j \in K$, *avec* s *minimal, alors* $q_j \in A$ $(1 \leq j \leq s)$.

(iii) Si P et $Q \in A[X]$ vérifient $(P,Q) = 1$ (dans $K[X]$) et $P/Q \in A[[X]]$ alors il existe P^* et $Q^* \in A[X]$ tels que $(P^*,Q^*) = 1$, $Q^*(0) = 1$ et $P/Q = P^*/Q^*$.

Le terme d'anneau de FATOU est justifié par le fait que P.FATOU ([9], 1906) a montré la propriété (i) dans le cas où $A = \mathbb{Z}$. L'équivalence des propriétés (i) et (ii) se trouve dans la thèse de B.BENZAGHOU ([4]).

Démonstration de (i) $\Longleftrightarrow$ (iii).

a/ (i) $\Longrightarrow$ (iii). Il suffit de prouver que $Q(0)$ divise $Q(X)$ dans $A[X]$, c'est-à-dire qu'il existe $Q^*(X) \in A[X]$ tel que $Q(x) = Q(0)Q^*(X)$. En effet, on a alors $\frac{P(X)}{Q(X)} = \frac{P(X)}{Q(0)Q^*(X)} = F(X) \in A[[X]]$, donc $P(X) = Q(0)Q^*(X)F(X)$ et $Q(0)$ divise tous les coefficients de P. Il suffit de poser $P(X) = Q(0)P^*(X)$.

On peut supposer que P est une constante non nulle, car l'identité de BEZOUT fournit $U, V \in A[X]$ et $a \in A\setminus\{0\}$ tels que $UP + VQ = a$. On a alors $UP/Q + V = a/Q \in A[[X]]$. Si $Q(0)$ divise $Q(X)$ dans $A[X]$, on pose comme plus haut $P(X) = Q(0)P^*(X)$.

Soit donc $a \in A\setminus\{0\}$. On a $a/Q(X) = (a/Q(0))/R(X)$ avec $R(0) = 1$.
La propriété (i) montre que $R \in A[X]$ et il suffit de prendre $Q^* = R$.

b/ (iii) $\Longrightarrow$ (i). Soit P et Q comme dans (i). Par multiplication de P et Q par un dénominateur commun à leurs coefficients on obtient $P/Q = R/S$ avec R et S vérifiant les hypothèses de (iii). Par suite $P/Q = R^*/S^*$ avec $S^*(0) = 1$, R^* et $S^* \in A[X]$ et $(R^*,S^*) = 1$. Mais de $(P,Q) = 1$ il résulte que Q est proportionnel à S^*, or $Q(0) = S^*(0) = 1$ donc $Q = S^* \in A[X]$.

J.-L.CHABERT ([7]) a caractérisé les anneaux de FATOU :

THÉORÈME 3.3. - Un anneau intègre A est de FATOU si et seulement s'il est complètement intégralement clos.

DÉFINITION 3.4. - Un anneau A intègre de corps des fractions K est dit complètement intégralement clos s'il vérifie la condition suivante :

Si $x \in K$ et $d \in A \setminus \{0\}$ sont tels que $dx^n \in A$ pour tout $n \in \mathbb{N}$, alors $x \in A$.

Exemples d'anneaux de FATOU : Les anneaux factoriels vérifient la condition (i) ([8]), l'anneau des entiers d'un corps de nombres possède la propriété (ii) ([16]).

LEMME 3.5. - L'anneau $E_{\overline{\mathbb{Q}}}$ des éléments de $\mathbb{C}$ entiers sur $\mathbb{Z}$ est de FATOU.

Démonstration. Soit $x \in \overline{\mathbb{Q}}$, le corps des nombres complexes algébriques sur $\mathbb{Q}$, et $d \in E_{\overline{\mathbb{Q}}} \setminus \{0\}$, tels que $dx^n \in E_{\overline{\mathbb{Q}}}$ pour tout $n \in \mathbb{N}$. Il suffit de prouver que $x \in E_{\overline{\mathbb{Q}}}$. Le corps $K = \mathbb{Q}(x,d)$ est un corps de nombres dont l'anneau des entiers $\mathcal{O}_K$ est de FATOU, donc complètement intégralement clos et $x \in \mathcal{O}_K \subset E_{\overline{\mathbb{Q}}}$. Complétons cette preuve en montrant que $\mathcal{O}_K$ est complètement intégralement clos. C'est un anneau de DEDEKIND et si $x \in K^*$ et $d \in \mathcal{O}_K \setminus \{0\}$ on peut décomposer les idéaux fractionnaires (x) et (d) en produit d'idéaux premiers :

$(x) = \mathfrak{p}_1^{\alpha_1} \dots \mathfrak{p}_k^{\alpha_k}$, $(d) = \mathfrak{p}_1^{\beta_1} \dots \mathfrak{p}_k^{\beta_k}$ avec les α_j et $\beta_j \in \mathbb{Z}$. Le fait que $dx^n \in \mathcal{O}_K$ se traduit par $n\alpha_j + \beta_j \geqslant 0$ pour $1 \leqslant j \leqslant k$ et pour tout $n \in \mathbb{N}$. On a donc $\alpha_j \geqslant 0$, c'est-à-dire $x \in \mathcal{O}_K$.

Il est utile de généraliser la propriété (iii) des anneaux de FATOU aux fractions reconnaissables :

PROPOSITION 3.6. - Un anneau intègre A est de FATOU si et seulement si, pour tout entier $m \geqslant 1$ il vérifie la propriété suivante :

Si $P \in A[X_1,\dots,X_m]$ et $Q_j \in A[X_j]$ $(1 \leqslant j \leqslant m)$ sont tels que P et Q_j n'ont pas de facteur commun de degré $\geqslant 1$ dans $K[X_j]$ $(1 \leqslant j \leqslant m)$, et si $P / \prod_{j=1}^{m} Q_j \in A[[X_1,\dots,X_m]]$, alors il existe des polynômes $P^* \in A[X_1,\dots,X_m]$ et $Q_j^* \in A[X_j]$ $(1 \leqslant j \leqslant m)$ tels que P^* et Q_j^* n'ont pas de facteur commun de degré $\geqslant 1$ dans $K[X_j]$, $Q_j^*(0) = 1$ et $PQ_1^* \dots Q_m^* = P^* Q_1 \dots Q_m$.

Dans la suite cette proposition sera appelée lemme de FATOU.

Démonstration. La condition est évidemment suffisante puisque pour $m = 1$ il s'agit de la propriété (iii).

Pour prouver sa nécessité on peut supposer les Q_j irréductibles dans $K[X_j]$. En effet si $Q_1 = Q_1' \cdot Q_1''$, et si le résultat est démontré pour les fractions de dénominateur $Q_1'Q_2\ldots Q_m$ et $Q_1''Q_2\ldots Q_m$ on a (au besoin en multipliant P et Q_1 par un dénominateur commun aux coefficients de Q et un dénominateur commun à ceux de Q_1'', on peut supposer que Q_1' et $Q_1'' \in A[X_1]$) $\dfrac{P}{Q_1'Q_2\ldots Q_m} = FQ_1'' \in A[[X_1,\ldots,X_m]]$ donc

$$\frac{P}{Q_1'Q_2\ldots Q_m} = \frac{P^*}{Q_1'^*Q_2^*\ldots Q_m^*}.$$

Alors $\dfrac{P^*}{Q_1''Q_2^*\ldots Q_m^*} = FQ_1'^* \in A[[X_1,\ldots,X_m]]$ donc $FQ_1'^* = \dfrac{(P^*)^*}{Q_1''^*Q_2^*\ldots Q_m^*}$ et il suffit de poser $Q_1^* = Q_1'^*Q_1''^*$.

Il est alors suffisant de montrer l'existence d'un $(a_1,\ldots,a_{m-1}) \in A^{m-1}$ tel que $P(a_1,\ldots,a_{m-1},X_m)$ et $Q_m(X_m)$ soient premiers entre eux dans $K[X_m]$. En effet, d'après la propriété (iii), $Q_m(0)$ divise $Q_m(X_m)$ dans $A[X_m]$, c'est-à-dire $Q_m(X_m) = Q_m(0)Q_m^*(X_m)$. De la même façon $Q_j(0)$ divise $Q_j(X_j)$ et comme le développement en série de $P/\prod_{j=1}^{m} Q_j$ est à coefficients dans A, tous les coefficients de P sont divisibles dans A par $\prod_{j=1}^{m} Q_j(0)$.

Montrons l'existence d'un tel $(a_1,\ldots,a_{m-1})$ par l'absurde. La division euclidienne de $P(X_1,\ldots,X_{m-1},Z)$ par $Q_m(Z)$ dans $K[X_1,\ldots,X_{m-1}][Z]$ s'écrit $P(X_1,\ldots,X_{m-1},Z) = Q_m(Z)S(X_1,\ldots,X_{m-1},Z) + R(X_1,\ldots,X_{m-1},Z)$ avec $R = 0$ ou $\deg_Z R < \deg Q_m$. Si, pour tout $(a_1,\ldots,a_{m-1}) \in A^{m-1}$ les polynômes $P(a_1,\ldots,a_{m-1},Z)$ et $Q_m(z)$ ne sont pas premiers entre eux, comme Q_m est irréductible, il divise $P(a_1,\ldots,a_{m-1},Z)$. Donc $R(a_1,\ldots,a_{m-1},Z) = 0$ pour tout $(a_1,\ldots,a_{m-1}) \in A^{m-1}$. Si A est infini on en déduit que $R(X_1,\ldots,X_{m-1},Z) = 0$ ce qui est exclu par les hypothèses (sauf si Q_m est constant, auquel cas il n'y a rien à démontrer). Si A est fini, c'est un corps et le résultat est évident.

IV. Les résultats dans le cas d'une seule variable ([12]) .

THÉORÈME 4.1. - Avec les notations du paragraphe 0, soit K un orps de nombres et c un réel positif. Soit $K_1 \subset \mathbb{C}$ un convexe compact, t τ le diamètre transfini de l'image exp K_1 de K_1 par l'exponentielle. ous la condition

$$\log \tau < -c(\delta - 1)$$

'ensemble $C = \{\gamma \in \mathbb{C} ; \gamma$ entier algébrique , $|\overline{\gamma}| \leqslant e^c$, γ et tous ses conjugués sur K appartiennent à exp $K_1\}$ est fini.

i de plus $K_1 \subset \Omega_1$ ouvert où l'exponentielle est injective et si f est ne fonction entière sur $\mathbb{C}$ de type exponentiel (K_1) vérifiant $f(\mathbb{N}) \subset \mathcal{O}_K$ t $\limsup_{n \to +\infty} \frac{\log |\overline{f(n)}|}{n} \leqslant c$, alors f est de la forme $f(z) = \sum_{\gamma \in C} P_\gamma(z) \gamma^z$ où $\gamma \in K[C][X]$.

n particulier, si $K_1 = \{|z| \leqslant \alpha\}$ on a des résultats sur les fonctions de ype exponentiel $\leqslant \alpha$. Si , de plus, $\log(e^\alpha - 1) < -(\delta - 1)\log(1 + e^c)$ l'ensemble C est réduit au point 1 et f est un polynôme. La preuve de ce résultat est donnée par le lemme 4.4., et ce résultat est le meilleur possible dans certains cas (par exemple pour $K = \mathbb{Q}$, $\mathbb{Q}(\sqrt{2})$, $\mathbb{Q}(\sqrt{3})$, K quaratique imaginaire).

'autre part , si $K = \mathbb{Q}$, la condition sur $|\overline{f(n)}|$ est vérifiée pour une ertaine constante $c > 0$ car elle traduit seulement le fait que la fonction g associée à f est holomorphe au voisinage de l'infini. Si $_1 = \{|z| \leqslant \alpha\}$, la seule condition sur f est que $\tau < 1$ et on retrouve le héorème de Ch.PISOT ([17]). On obtient aussi comme corollaires les noncés de R.C.BUCK ([6]).

n revanche , si K n'est ni $\mathbb{Q}$, ni un corps quadratique imaginaire, c'est -dire si $\mathcal{O}_K$ n'est pas discret, une hypothèse sur les $|\overline{f(n)}|$ est nécesaire. En effet, soit $g(z) = \sum_{n \geqslant 0} a_n (z - 1)^{-n-1}$. Si la suite des a_n est acunaire, g n'est pas une fraction rationnelle car les a_n ne peuvent tre liés par une relation de récurrence. Si $\delta \neq 1$, l'anneau $\mathcal{O}_K$ admet 0 comme point d'accumulation et on peut choisir les $a_n \in \mathcal{O}_K$ assez petits pour que g soit holomorphe sur le complémentaire d'un disque de centre 1 et de rayon arbitrairement petit. Alors g est associée à une fonction f entière telle que $f(\mathbb{N}) \subset \mathcal{O}_K$ et de type exponentiel arbitrairement petit, mais cette fonction f n'est pas de la forme $\sum P_\gamma(z)\gamma^z$. Mais, d'autre part, si f est de cette forme la fonction $g(z) = \sum_{n \geqslant 0} f(n) z^{-n-1}$ est une fraction rationnelle. Alors, si σ est un plongement de K dans $\mathbb{C}$, la fonction $\sum_{n \geqslant 0} f(n)^\sigma z^{-n-1}$ est aussi une fraction rationnelle. Donc, chacune de ces séries converge au voisinage de l'infini, ce qui se traduit par l'existence d'une constante $c > 0$ telle que $\limsup_{n \to +\infty} \frac{\log |\overline{f(n)}|}{n} \leqslant c$.

Démonstration du théorème 4.1. La finitude de l'ensemble C résulte du

LEMME 4.2. - Soit K un corps de nombres et $S \subset \mathbb{C}$ un compact de diamètre transfini τ vérifiant $\log \tau < -c(\delta - 1)$. L'ensemble des entiers algébriques γ de maison $|\overline{\gamma}| \leqslant e^c$ et situés, ainsi que tous leurs conjugués sur K, dans S, est fini.

Démonstration du lemme. Comme $|\overline{\gamma}|$ est bornée, il suffit de montrer que le degré de γ sur K est borné. Soit $P(X) = \prod_{i=1}^{n} (X - x_i)$ le polynôme minimal de γ sur K. Le discriminant $D = \prod_{1 \leqslant i < j \leqslant n} (x_i - x_j)^2$ appartient à $\mathcal{O}_K$ car c'est un polynôme symétrique en les x_j, à coefficients entiers rationnels. Par hypothèse, $x_i \in S (1 \leqslant i \leqslant n)$, donc on a

$$|D| \leqslant M_n(S) = \sup_{y_i \in S} \prod_{1 \leqslant i < j \leqslant n} |y_i - y_j|^2 .$$

Soit U le disque fermé de centre 0 et de rayon e^c ; on a $|\overline{x_i}| \leqslant e^c$ donc $|\overline{D}| \leqslant M_n(U)$. L'inégalité de la taille appliquée à $D \neq 0$ fournit

$$\frac{1}{n(n-1)} \log M_n(S) \geqslant - \frac{\delta - 1}{n(n-1)} \log M_n(U).$$

Si le degré n de P n'était pas borné, on aurait, par définition du diamètre transfini ([10]) $\log \tau \geqslant -c(\delta - 1)$ et la démonstration du lemme est terminée.

D'après le paragraphe II, 3, pour achever la démonstration du théorème, il suffit de prouver le résultat suivant :

PROPOSITION 4.3. - Avec les notations du paragraphe 0, soit $S \subset \mathbb{C}$ un compact de diamètre transfini τ et soit K un corps de nombres. Soit g une fonction holomorphe sur $\complement S$, de développement $g(z) = \sum_{n \geqslant 0} a_n z^{-n-1}$ au voisinage de l'infini vérifiant $a_n \in \mathcal{O}_K$ pour tout $n \in \mathbb{N}$. On suppose qu'il existe une constante $c > 0$ telle que

$$\limsup_{n \to +\infty} \frac{\log \left|\overline{a_n}\right|}{n} \leqslant c \quad \text{et que} \quad \log \tau < -c(\delta - 1) .$$

Alors on a $g(z) = A(z)/B(z)$ où A et $B \in \mathcal{O}_K[z]$, $\deg A < \deg B$ et B est un polynôme unitaire dont tous les zéros $\gamma \in S$. De plus $|\overline{\gamma}| \leqslant e^c$.

Démonstration. Soit $A_0^{(k)}$ le déterminant de HANKEL de rang k associé à g. D'après le critère de KRONECKER (III, 1), pour que g soit une fraction rationnelle il faut et il suffit que $A_0^{(k)} = 0$ pour k assez grand. Pour montrer la nullité de $A_0^{(k)}$ on va appliquer l'inégalité de la taille, et pour cela estimer $A_0^{(k)}$ et sa maison.

Estimation de $\left|\overline{A_0^{(k)}}\right|$. Le déterminant $A_0^{(k)}$ est la somme de $(k+1)$ termes qui sont des produits d'a_j. La somme des indices des a_j intervenant dans un quelconque de ces termes est $k(k+1)$. En effet on prend un facteur dans chaque ligne, donc après avoir pris $0 + 1 + \ldots + k = k(k+1)/2$ on est ramené au tableau d'indices formé des lignes identiques $(0, 1, \ldots, k)$. Comme on prend un facteur dans chaque colonne on a encore $k(k+1)/2$ d'où le résultat annoncé.

Soit $\varepsilon > 0$, il existe $N = N(\varepsilon)$ tel que, pour $j \geqslant N$ on a $\log \left|\overline{a_j}\right| \leqslant (c+\varepsilon)j$, et soit $A = A(\varepsilon)$ un majorant de $\log \left|\overline{a_j}\right|$ pour $j < N$. Alors la taille d'un terme t de $A_0^{(k)}$ est majorée par $\log \left|\overline{t}\right| \leqslant NA + (c+\varepsilon)k(k+1)$, car on a $\log \left|\overline{a_{j_1} \cdots a_{j_k}}\right| \leqslant (c+\varepsilon)(j_1 + \ldots + j_k)$ si $j_i \geqslant N$. On en déduit que

$$\log \left|\overline{A_0^{(k)}}\right| \leqslant \log((k+1)!) + NA + (c+\varepsilon)k(k+1).$$

Majoration de $\left|A_0^{(k)}\right|$. D'après un calcul de G. PÓLYA ([20]), on a

$\limsup_{k\to+\infty} |A_o^{(k)}|^{1/k(k+1)} \leqslant \tau$, donc, pour tout $\varepsilon>0$, il existe $L = L(\varepsilon)$ tel que si $k \geqslant L$, on a $\log |A_o^{(k)}| \leqslant k(k+1)\log(\tau+\varepsilon)$.

Inégalité de la taille . Si $A_o^{(k)} \neq 0$, comme $A_o^{(k)} \in \mathcal{O}_K$, l'inégalité de la taille s'écrit $\log |A_o^{(k)}| \geqslant -(\delta - 1) \log \overline{|A_o^{(k)}|}$, d'où, pour $k \geqslant L$

$-(\delta - 1) \left[\log((k+1)!) + NA + (c+\varepsilon)k(k+1)\right] \leqslant k(k+1)\log(\tau+\varepsilon)$.

Si les $A_o^{(k)}$ ne sont pas tous nuls à partir d'un certain rang, pour $k \to +\infty$ on obtient $\log(\tau+\varepsilon) \geqslant -(\delta - 1)(c+\varepsilon)$ donc $\log \tau \geqslant -c(\delta - 1)$ qui est contraire à l'hypothèse.

On a donc $g(z) = A(z)/B(z)$ avec A et $B \in K[z]$. On peut évidemment choisir A et B à coefficients dans $\mathcal{O}_K$ et premiers entre eux dans $K[z]$. Le lemme de Fatou montre qu'on peut choisir B unitaire, et comme g est nulle à l'infini on a deg A < deg B.

De plus la fraction A/B est irréductible et g holomorphe en dehors de S donc tous les zéros de B sont dans S. Si σ est un plongement de K dans $\mathbb{C}$, l'hypothèse sur les $|\overline{a_n}|$ montre que $\sigma A(z)/\sigma B(z)$ est holomorphe pour $|z| > e^c$ donc que les conjugués (sur $\mathbb{Z}$) des zéros de B ont un module majoré par e^c.

Cela termine la preuve du théorème 4.1. Pour justifier les remarques qui suivent son énoncé il reste à démontrer le résultat suivant :

LEMME 4.4. - Avec les notations du paragraphe 0, si K est un corps de nombres, alors, sous la condition $\log(e^\alpha - 1) < -(\delta - 1)\log(1+e^c)$, le seul entier algébrique de maison $\leqslant e^c$ situé ainsi que tous ses conjugués sur K dans le compact $\exp\{|z| \leqslant \alpha\}$ est 1.

Démonstration. On a $\exp\{|z| \leqslant \alpha\} \subset \{z \in \mathbb{C} \ ; \ |z - 1| \leqslant e^\alpha - 1\}$. Soit γ un entier algébrique vérifiant les hypothèses du lemme, et $\gamma_1 = \gamma, \gamma_2, \dots, \gamma_m$ ses conjugués sur K. Alors $\beta = \prod_{i=1}^{m} (\gamma_i - 1) \in \mathcal{O}_K$ et vérifie $|\beta| \leqslant (e^\alpha - 1)^m$ et $\overline{|\beta|} \leqslant (1+e^c)^m$. Si $\beta \neq 0$, l'inégalité de la taille fournit $\log(e^\alpha - 1) \geqslant -(\delta - 1)\log(1+e^c)$. On a donc $\beta = 0$ et $\gamma = 1$.

Ce résultat est le meilleur possible si $\delta = 1$ comme le montre $\gamma = 2$. De même si $K = \mathbb{Q}(\sqrt{2})$, $c = 1/2 \log 2$ et $\gamma = \sqrt{2}$; et si $K = \mathbb{Q}(\sqrt{3})$, $c = 1/2 \log 3$ et $\gamma = (1+\sqrt{3})/2$ montrent que la condition trouvée sur α est la meilleure possible.

V. Cas des fonctions de plusieurs variables.

Pour obtenir un théorème analogue au théorème 4.1., il suffit de prouver un critère de "reconnaissabilité" pour les séries de plusieurs variables du type de la proposition 4.3. Mais la matrice de HANKEL d'une telle série n'a pas toutes les symétries qui existent en une seule variable, ce qui empêche jusqu'à présent de se ramener à des conditions de nullité de déterminants que l'on puisse majorer en termes de diamètre transfini. Pourtant V.P.ŠEINOV ([23]) a obtenu des critères de rationalité (mais pas de reconnaissabilité) qui généralisent en m variables le critère de KRONECKER. La majoration du type de celle de G.PÓLYA (utilisée pour prouver la proposition 4.3.) qu'il donne ([24]) est insuffisante pour conclure à la rationalité de g dans le cas qui nous intéresse et il semble que cette méthode ne permette pas de prouver le théorème 4 de [24] . Le seul résultat utilisable est donc un théorème dû à A.MARTINEAU ([15]) et qui ne s'applique que dans le cas où $K = \mathbb{Q}$ ou un corps quadratique imaginaire. Pour simplifier les notations nous ne l'énoncerons que pour $\mathbb{Q}$.

THÉORÈME 5.1. - Soit $S_j \subset \mathbb{C}$ $(1 \leq j \leq m)$ des compacts convexes de diamètres transfinis $\tau(S_j) < 1$. Soit g une fonction holomorphe sur $\prod_{j=1}^{m} \complement S_j$ de développement $\sum_{n \in \mathbb{N}^m} a_n z^{-n-1}$ au voisinage de $(\infty, \dots, \infty)$, avec $a_n \in \mathbb{Z}$ pour tout $n \in \mathbb{N}^m$. Alors g est une fraction rationnelle de la forme $P(z_1, \dots, z_m) / \prod_{j=1}^{m} Q_j(z_j)$ où $P \in \mathbb{Z}[X_1, \dots, X_m]$, et les $Q_j \in \mathbb{Z}[X_j]$ sont des polynômes unitaires.

On en déduit comme au paragraphe IV le résultat suivant ([2]).

THÉORÈME 5.2. - Soit $K_j \subset \mathbb{C}$ $(1 \leqslant j \leqslant m)$ des convexes compacts tels que le diamètre transfini de $S_j = \exp K_j$ soit < 1 $(1 \leqslant j \leqslant m)$. L'ensemble $C = \left\{\gamma \in \mathbb{C}^m \; ; \; \gamma_j \text{ entier algébrique, } \gamma_j \text{ et tous ses conjugués appartiennent à } S_j\right\}$ est fini. Si, de plus $K_j \subset \Omega_j$ ouvert où l'exponentielle est injective et si f est une fonction entière sur $\mathbb{C}^m$ de type exponentiel $(K_1,\dots,K_m)$ vérifiant $f(\mathbb{N}^m) \subset \mathbb{Z}$, alors f est de la forme

$$f(z) = \sum_{\gamma \in C} P_\gamma(z)\, \gamma^z \quad \text{où} \quad P_\gamma \in \mathbb{Q}\,[C]\,[X_1,\dots,X_m] \, .$$

Cela permet d'obtenir immédiatement les généralisations en m variables des résultats publiés par R.C.BUCK ([6]) et Ch.PISOT ([17]).

Dans le cas d'un corps de nombres quelconque, avec l'hypothèse naturelle sur les $|\overline{f(n)}|$ et si f est de type exponentiel $\leqslant \alpha$, on peut trouver une condition sur α pour que g soit une fraction reconnaissable de dénominateur $\prod_{j=1}^{m} (z_j - 1)^{k_j}$ donc que f soit un polynôme. On obtient ainsi une généralisation du résultat de A.BAKER ([3]).

THÉORÈME 5.3. ([11]). - Avec les notations du paragraphe 0, soit K un corps de nombres . Soit f une fonction entière sur $\mathbb{C}^m$ de type exponentiel $\leqslant \alpha$. On suppose que $f(\mathbb{N}^m) \subset \mathcal{O}_K$ et qu'il existe $c > 0$ tel que

$$\limsup_{\substack{|n| \to +\infty \\ n \in \mathbb{N}^m}} \frac{\log |\overline{f(n)}|}{|n|} \leqslant c \, .$$

Alors si $\log(e^\alpha - 1) < -(\delta - 1)\log(1 + e^c)$, la fonction f est un polynôme à coefficients dans K.

D'après le paragraphe II, il suffit pour obtenir ce résultat de prouver la :

PROPOSITION 5.4. ([11]). - Soit g une fonction holomorphe sur $\prod_{j=1}^{m} \left\{|z_j - 1| > e^\alpha - 1\right\}$ de développement $g(z) = \sum_{n \in \mathbb{N}^m} a_n z^{-n-1}$ au voisinage de $(\infty, \dots, \infty)$, avec $a_n \in \mathcal{O}_K$ et $\limsup_{\substack{|n| \to +\infty \\ n \in \mathbb{N}^m}} \frac{\log |\overline{a_n}|}{|n|} \leqslant c$.

Alors si $\log(e^\alpha - 1) < -(\delta - 1)\log(1 + e^c)$, il existe un polynôme $P \in \mathcal{O}_K[X_1,\dots,X_m]$ et des entiers naturels $k_1,\dots,k_m$ tels que

$$g(z) = P(z_1,\ldots,z_m)/\prod_{j=1}^{m}(z_j - 1)^{k_j}.$$

Démonstration. Pour simplifier l'écriture, on supposera $m = 2$.

On pose $Z_j = (z_j - 1)^{-1}$ pour $j = 1$ et 2. Alors

$$g(z_1,z_2) = \varphi(Z_1,Z_2) = \sum_{(i,j)\in\mathbb{N}^2} a_{ij}\, Z_1^{i+1} Z_2^{j+1} (1 + Z_1)^{-i-1}(1 + Z_2)^{-j-1}$$

$$= \sum_{n\geqslant 1}\sum_{p\geqslant 1} b_{n,p}\, Z_1^n Z_2^p$$

est une série entière en Z, qui converge dans le bidisque de centre 0 et de rayon $(e^{\alpha} - 1)^{-1}$. On a

$$b_{n,p} = \sum_{k=1}^{n}\sum_{\ell=1}^{p} (-1)^{k+\ell}\binom{n-1}{k-1}\binom{p-1}{\ell-1} a_{n-k,p-\ell}\in\mathcal{O}_K.$$

Soit $\varepsilon > 0$, il existe $N = N(\varepsilon)$ tel que, pour $i + j \geqslant N$ on a $\log|\overline{a_{ij}}| \leqslant (c + \varepsilon)(i + j)$. Soit $A = A(\varepsilon)$ un majorant des $|\overline{a_{ij}}|$ pour $i + j < N$.

On peut majorer la maison de $b_{n,p}$. La formule du binôme permet de majorer la maison des termes tels que $n-k+p-\ell \geqslant N$ par $(1 + e^{c+\varepsilon})^{n+p}$. Il reste alors au plus N^2 termes de maison inférieure à $(np)^N A$, donc $|\overline{b_{n,p}}| \leqslant (1 + e^{c+\varepsilon})^{n+p} + AN^2(np)^N$.

D'autre part, les inégalités de Cauchy appliquées à φ sur le bidisque de centre 0 et de rayon $(e^{\alpha} - 1 + \eta)^{-1}$ montrent que, pour tout $\eta > 0$, il existe $M = M(\eta) > 0$ tel que, si $b_{n,p} \neq 0$, on a

$$\log|b_{n,p}| \leqslant \log M + (n+p)\log(e^{\alpha} - 1 + \eta),\ \text{pour } (n,p)\in\mathbb{N}^2.$$

Compte tenu de l'inégalité de la taille, si $b_{n,p} \neq 0$, on a

$$\log M + (n + p)\log(e^{\alpha} - 1 + \eta) \geqslant -(\delta - 1)\log((1 + e^{c+\varepsilon})^{n+p} + AN^2(np)^N).$$

Par suite, si φ n'est pas un polynôme, on a

$$\log(e^{\alpha} - 1 + \eta) \geqslant -(\delta - 1)\log(1 + e^{c+\varepsilon}).$$

L'hypothèse montre donc que φ est un polynôme à coefficients dans $\mathcal{O}_K$ et $g(z_1,z_2) = \sum_{n=1}^{k_1}\sum_{p=1}^{k_2} b_{n,p}\, Z_1^n Z_2^p = P(z_1,z_2)(z_1-1)^{-k_1}(z_2-1)^{-k_2}$, ce qui achève la démonstration.

VI. Une réciproque.

THÉORÈME 6.1. - Soit F une partie finie de $\mathbb{C}^{*m}$. Si $f(z) = \sum_{\gamma \in F} P_\gamma(z)\gamma^z$, où les $P_\gamma \in \mathbb{C}[X_1,\dots,X_m]$ sont non identiquement nuls, est telle que $f(n)$ est entier algébrique pour tout $n \in \mathbb{N}^m$, alors les coordonnées des $\gamma \in F$ sont des entiers algébriques.

Démonstration. Montrons d'abord que pour tout j $(1 \leq j \leq m)$ on peut choisir un ouvert $\Omega_j \subset \mathbb{C}$ où l'exponentielle est injective, et des logarithmes des γ_j tels que $\log \gamma_j \in \Omega_j$ pour tout $\gamma = (\gamma_1,\dots,\gamma_m) \in F$. En effet, on peut choisir des logarithmes des γ_j dans la bande $\{-\pi \leq \mathrm{Im}\, z_j < \pi\}$. Leur nombre est fini donc il existe $\varepsilon_j > 0$ tel qu'ils sont tous dans la bande $\{-\pi \leq \mathrm{Im}\, z_j < \pi - \varepsilon_j\}$ et on peut prendre par exemple
$\Omega_j = \{z_j \in \mathbb{C}\ ;\ -\pi - \varepsilon_j/2 < \mathrm{Im}\, z_j < \pi - \varepsilon_j\}$.

On prouve le théorème par récurrence sur le nombre m des variables.

Pour $m = 1$, le paragraphe II, 3 montre que $g(z) = \sum_{n \geq 0} f(n) z^{-n-1}$ est une fraction rationnelle $P(z)/Q(z)$. Les $f(n)$ vérifient donc une relation de récurrence linéaire à coefficients les coefficients de Q. En considérant les coefficients de Q comme inconnues on en déduit qu'on peut les choisir entiers algébriques (cf. la démonstration du critère de KRONECKER, par exemple [1], paragraphe 5.2.). Alors P est aussi à coefficients entiers algébriques, et le lemme de FATOU montre que les γ qui sont les zéros de Q sont entiers sur $E_{\overline{\mathbb{Q}}}$ donc sur $\mathbb{Z}$.

Supposons le résultat prouvé pour les fonctions de m variables, et démontrons le pour $m + 1$: soit $f(z',z)$, $z' \in \mathbb{C}^m$, $z \in \mathbb{C}$ vérifiant les hypothèses. Pour $n \in \mathbb{N}$ on a

$$f(z',n) = \sum_{\gamma' \in F'} \Big(\sum_{\gamma} P_{\gamma',\gamma}(z',n)\gamma^n\Big)\gamma'^{z'}$$

où F' est la projection de F sur $\mathbb{C}^m$ et où la deuxième somme est étendue aux γ tels que $(\gamma',\gamma) \in F$.

L'hypothèse de récurrence montre que les $\gamma' \in F'$ tels que $\sum_{\gamma} P_{\gamma',\gamma}(z',n)\gamma^n \neq 0$ (comme polynôme en z') sont à coordonnées entières algébriques. On peut donc conclure pour tous les $\gamma' \in F'$, sauf ceux pour lesquels on a pour tout $n \in \mathbb{N}$, $\sum_{\gamma} P_{\gamma',\gamma}(z',n)\gamma^n \equiv 0$ en z'.
Ordonnons les $P_{\gamma',\gamma}$ par rapport à z' : $P_{\gamma',\gamma}(z',z) = \sum_{i=0}^{k} P_{\gamma',\gamma,i}(z)z'^{\ell_i}$.
Alors pour tout $n \in \mathbb{N}$ on a

$\sum_{\gamma} P_{\gamma',\gamma,i}(n)\gamma^n = 0$ $(0 \leq i \leq k)$. Alors l'hypothèse sur les $\log\gamma$ et le corollaire 2.5. montrent que la fonction $\sum_{\gamma} P_{\gamma',\gamma,i}(z)\gamma^z$ est identiquement nulle. Comme les γ sont tous distincts on en déduit que $P_{\gamma',\gamma,i} \equiv 0$ (cf. [25], (1.4.2.)) donc $P_{\gamma',\gamma} \equiv 0$ ce qui est exclu par les hypothèses. On peut donc conclure pour tous les $\gamma' \in F'$. En projetant F sur un autre $\mathbb{C}^m$ on en déduit que toutes les coordonnées de γ sont entières algébriques.

C.Q.F.D.

On en déduit le

COROLLAIRE 6.2.- <u>Soit</u> K <u>un corps de nombres (resp.</u> $K = \overline{\mathbb{Q}}$) <u>et</u> A <u>l'anneau de ses entiers (resp.</u> $A = E_{\overline{\mathbb{Q}}}$). <u>Soit</u> $P \in \mathbb{C}[X_1,\ldots,X_m]$ <u>et</u> $Q_j \in \mathbb{C}[X_j]$ $(1 \leq j \leq m)$ <u>vérifiant</u> $Q_j(0) \neq 0$, $\deg_{X_j} P < \deg Q_j$ <u>et</u> $P(X_1,\ldots,X_m)/\prod_{j=1}^{m} Q_j(X_j) \in A[[X_1,\ldots,X_m]]$. <u>Alors il existe</u> $P^* \in A[X_1,\ldots,X_m]$, $Q_j^* \in A[X_j]$ $(1 \leq j \leq m)$ <u>tels que</u> $Q_j^*(0) = 1$, Q_j^* <u>et</u> P^* <u>n'ont pas de facteur commun de degré</u> ≥ 1 <u>dans</u> $K[X_j]$ <u>et</u> $P/\prod_{j=1}^{m} Q_j = P^*/\prod_{j=1}^{m} Q_j^*$. (*)

<u>Démonstration</u>. Ce théorème d'énoncé purement algébrique a une preuve qui utilise la théorie de la transformation de LAPLACE et, plus précisément la démonstration du théorème précédent.

On a $P(1/z_1,\ldots,1/z_m)/\prod_{j=1}^{m} Q_j(1/z_j) \in A[[1/z_1,\ldots,1/z_m]]$.
Soit $d_j = \deg Q_j$, alors $P(1/z_1,\ldots,1/z_m)\cdot\prod_{j=1}^{m} z_j^{d_j-1} = R(z_1,\ldots,z_m) \in \mathbb{C}[z_1,\ldots,z_m]$ et $S_j = z_j^{d_j} Q_j(1/z_j) \in \mathbb{C}[z_j]$, donc

$g(z) = R(z_1,\ldots,z_m)/\prod_{j=1}^{m} S_j(z_j) = P(1/z_1,\ldots,1/z_m)/\prod_{j=1}^{m} z_j Q_j(1/z_j)$ est

un élément de $(\prod_{j=1}^{m} z_j^{-1})\, A[[1/z_1,\ldots,1/z_m]]$ et $\deg S_j = d_j > \deg_{z_j} R$.

(*) On peut remplacer, dans cet énoncé, $\mathbb{C}$ par un corps quelconque contenant K.

La fonction g est donc associée, comme au II, à une fonction f entière vérifiant $f(\mathbb{N}^m) \subset A$ et de la forme $f(z) = \sum P_\gamma(z)\gamma^z$ où les γ sont les m-uples des zéros des S_j, les logarithmes des γ_j ayant été choisis comme dans la démonstration du théorème précédent. Ce théorème montre que les γ_j sont des entiers algébriques. Soit alors U_j le polynôme unitaire de degré minimal à coefficients dans A ayant pour racines les γ_j. On a $g(z) = T(z_1,\ldots,z_m) / \prod_{j=1}^{m} U_j(z_j) \in A[[1/z_1,\ldots,1/z_m]]$, donc $T \in A[z_1,\ldots,z_m]$. On en déduit une écriture de $P/\prod Q_j$ sous la forme $V/\prod W_j$ avec V et les W_j à coefficients dans A et le lemme de FATOU permet de conclure.

VII. Fonctions vérifiant $f(\mathbb{Z}^m) \subset \mathcal{O}_K$.

Le procédé indiqué par Ch.PISOT dans une note aux Comptes-Rendus ([18]) se généralise aux fonctions de plusieurs variables et permet de déduire de chaque résultat sur les fonctions vérifiant $f(\mathbb{N}^m) \subset \mathcal{O}_K$ un résultat sur les fonctions qui vérifient $f(\mathbb{Z}^m) \subset \mathcal{O}_K$. Pour simplifier les énoncés on ne considérera que des fonctions de type exponentiel $\leqslant \alpha$ sans faire intervenir des compacts K_j quelconques.

Soit donc K un corps de nombres et f une fonction entière sur $\mathbb{C}^m$ de type exponentiel $\leqslant \alpha$, vérifiant $f(\mathbb{Z}^m) \subset \mathcal{O}_K$ et $\limsup_{\substack{|n| \to +\infty \\ n \in \mathbb{Z}^m}} \frac{\log \overline{|f(n)|}}{|n|} \leqslant c$.

Si $\varepsilon \in \mathbb{N}^m$, la double inégalité $0 \leqslant \varepsilon \leqslant 1$ signifie que les coordonnées de ε sont 0 ou 1. Posons donc, pour $0 \leqslant \varepsilon \leqslant 1$,

$$f_\varepsilon(z) = 2^{-m} z^\varepsilon \sum_{0 \leqslant \theta \leqslant 1} (-1)^{\langle \varepsilon, \theta \rangle} f((-1)^{\theta_1} z_1, \ldots, (-1)^{\theta_m} z_m).$$

On a

$f(z) = \sum_{0 \leqslant \varepsilon \leqslant 1} z^{-\varepsilon} f_\varepsilon(z)$, ce qui généralise la décomposition d'une fonction d'une variable en ses parties paire ou impaire. Les fonctions f_ε sont entières sur $\mathbb{C}^m$, de type exponentiel $\leqslant \alpha$ et vérifient $2^m f_\varepsilon(\mathbb{N}^m) \subset \mathcal{O}_K$. De plus elles sont paires en chacune des variables z_j et on a $\limsup_{|n| \to +\infty} \frac{\log \overline{|f_\varepsilon(n)|}}{|n|} \leqslant c$. Il suffit donc d'étudier le cas où f est paire en chacune des variables. (Dans le cas général des fonctions de type exponentiel de type $(K_1,\ldots,K_m)$ pour que f et les f_ε aient même croissance il faut que les K_j soient symétriques par rapport à l'origine, ce qui explique qu'on ait pris une hypothèse plus restrictive).

On utilise alors la transformation indiquée au II, 2 à l'aide de la fonction $\zeta(z) = e^z + e^{-z}$. Posons donc, pour $n \in \mathbb{N}^m$

$$U_n(f) = \sum_{0 \leqslant k_j \leqslant n_j} \binom{n}{k} f(n-2k) \text{ . On a } U_n(f) \in \mathcal{O}_K .$$

La fonction $h(z) = \sum_{n \in \mathbb{N}^m} U_n(f) z^{-n-1}$ est holomorphe sur $(\complement T)^m$ où T est l'image par l'application $w \longmapsto e^w + e^{-w}$ du disque $\{|w| \leqslant \alpha\}$. Alors si on peut prouver que h est une fraction reconnaissable on en déduira la forme de f(n) puis de f si α est assez petit.

Pour appliquer des résultats connus il faut d'abord majorer $|\overline{U_n(f)}|$.

Soit $\varepsilon > 0$, posons $c' = c + \varepsilon$. Il existe $N = N(\varepsilon)$ tel que, si $|n| \geqslant N$, on a $|\overline{f(n)}| \leqslant e^{c'|n|}$. Soit $A = A(\varepsilon)$ tel que $|\overline{f(n)}| \leqslant A$ si $|n| < N$. On a

$$|\overline{U_n(f)}| \leqslant \sum_{0 \leqslant k_j \leqslant n_j} \binom{n}{k} e^{c'|n-2k|} + N^m A \prod_{j=1}^{m} \max\binom{n_j}{k_j}$$

$$\leqslant 2^m (e^{c'} + e^{-c'})^{|n|} + N^m A \prod_{j=1}^{m} \max\binom{n_j}{k_j} .$$

Le dernier terme se majore à l'aide de la formule de STIRLING et on obtient

$$\frac{1}{|n|} \log |\overline{U_n(f)}| \leqslant \frac{1}{|n|} \left(\log(2^m (e^{c'} + e^{-c'})^{|n|}) + \log(1 + o(1))\right) \text{ d'où}$$

$$\limsup_{|n| \to +\infty} \frac{\log |\overline{U_n(f)}|}{|n|} \leqslant \log(e^c + e^{-c}) .$$

On peut donc appliquer à h l'un des critères de reconnaissabilité déjà cités (proposition 4.3., théorème 5.1.) moyennant une condition sur T. Supposons donc que h est une fraction reconnaissable. Si les zéros des facteurs des dénominateurs de h sont les γ_j, ils sont situés dans T ainsi que tous leurs conjugués sur K, d'après le lemme de FATOU. D'autre part la majoration de $|\overline{U_n(f)}|$ montre qu'on a $|\overline{\gamma_j}| \leqslant e^c + e^{-c}$. Et on déduit du II, 3 que $U_n(f) = \sum P_\gamma(n) \gamma^n$ où les P_γ sont des polynômes.

Mais les formules qui définissent $U_n(f)$ en fonction des f(n) peuvent être considérées comme un système "triangulaire" en les f(n) qu'on peut donc calculer à partir des $U_n(f)$. Alors si $\alpha < \pi$ le corollaire 2.5. permet de calculer $f(z)$.

En fait, plutôt que de calculer $f(n)$ en fonction des $U_n(f)$, on va calculer les $U_n(f)$ fournis par des fonctions f particulières et vérifier qu'on obtient, par combinaison linéaire de ces f tous les $U_n(f)$ possibles.

LEMME 7.1. - Avec les notations précédentes, dans le cas des fonctions d'une variable, si $f(n) = n^k \beta^n + (-n)^k \beta^{-n}$ on a

• si $\beta = 1$, $U_n(f) = \begin{cases} 0 \text{ si } k \text{ est impair} \\ 2^n P(n) \text{ où } P \text{ est un polynôme de degré } k/2 \text{ si } k \text{ est} \\ \text{est pair} \end{cases}$

• si $\beta \neq 1$, $U_n(f) = P(n)(\beta + 1/\beta)^n$ où P est un polynôme (dépendant de β) de degré k.

Démonstration. Si $f(n) = n^k \beta^k + (-n)^k \beta^{-n}$ on a

$U_n(f) = 2 \sum_{p=0}^{n} \binom{n}{p} (n-2p)^k \beta^{n-2p} = 2\varphi_k(\beta)$ par définition de φ_k . Le calcul de φ_k se fait par récurrence. On a $\varphi_0(x) = (x + 1/x)^n$ et on a clairement $\varphi_{k+1}(x) = x\varphi_k'(x)$, donc $\varphi_1(x) = n(x + 1/x)^{n-1}(1 - 1/x)$.

On va montrer par récurrence que

$$\begin{cases} \varphi_{2k}(x) = \sum_{p=0}^{k} P_{p,2k}(n)(x + 1/x)^{n-2p}(x - 1/x)^{2p} \\ \varphi_{2k+1}(x) = \sum_{p=0}^{k} P_{p,2k+1}(n)(x + 1/x)^{n-2p-1}(x - 1/x)^{2p+1} \end{cases}$$

où les P sont des polynômes en n à coefficients entiers rationnels.

Par dérivation de l'hypothèse de récurrence, et en utilisant

$\varphi_{k+1} = x\varphi_k'$, on obtient

$$\varphi_{2k+1}(x) = \sum_{p=0}^{k} (n-2p)P_{p,2k}(n)(x+1/x)^{n-2p-1}(x-1/x)^{2p+1} + 2pP_{p,2k}(n)(x+1/x)^{n-2p+1}(x-1/x)^{2p-1}$$

d'où

$P_{p,2k+1}(n) = (n-2p)P_{p,2k}(n) + 2(p+1)P_{p+1,2k}(n)$.

Par dérivation de φ_{2k+1}, on obtient de même

$P_{p,2k+2}(n) = (2p+1)P_{p,2k+1}(n) + (n-2p+1)P_{p-1,2k+1}(n)$ et la récurrence est prouvée.

En particulier

$P_{k,2k}(n) = n(n-1)\dots(n-2k+1)$ est de degré 2k en n et

$P_{k,2k+1}(n) = n(n-1)\dots(n-2k)$ est de degré $2k + 1$. On a aussi

$\deg P_{p,\nu} < \nu$ si $p < [\nu/2]$.

D'autre part $\varphi_{2k+1}(1) = 0$ et $\varphi_{2k}(1) = P_{0,2k}(n).2^n$ avec $\deg P_{0,2k} = k$.

En effet on a $P_{0,2k+2}(n) = n\, P_{0,2k}(n) + 2P_{1,2k}(n)$ avec

$\deg P_1 = 1 + \deg P_0$. Alors, par récurrence le coefficient de n^k

dans $P_{0,2k}$ est impair comme somme d'un impair et d'un pair, donc

non nul, et le lemme est démontré.

On voit ainsi que dans les deux cas ($\beta = 1$ ou $\beta \neq 1$) les polynômes

P(n) obtenus forment, quand k varie, une base de l'espace vectoriel

des polynômes; donc toute suite $U_n(f) = \sum P_\gamma(n)\gamma^n$ peut être obtenue à

partir d'une combinaison linéaire des f(n) considérés en choisissant

pour β une racine de $\beta^2 - \gamma\beta + 1 = 0$.

Pour les fonctions de m variables, on considère les fonctions particulières $f(n) = \prod_{j=1}^{m} f_j(n_j)$ avec $f_j(n_j) = n_j^{k_j}\beta_j^{n_j} + (-n_j)^{k_j}\beta_j^{-n_j}$.

Alors $U_n(f) = 2^m \prod_{j=1}^{m} \varphi_{k_j}(\beta_j)$ avec les notations du lemme. Il en résulte que par combinaison linéaire de telles fonctions on obtient

n'importe quel U_n de la forme $\sum P_\gamma(n)\gamma^n$. On en déduit donc que si

f est de type exponentiel $< \pi$ elle est de la forme $\sum P_\beta(z)\beta^z$ où les

β_j sont des unités algébriques solutions de $\beta_j + 1/\beta_j = \gamma_j$, leur

logarithme étant choisi dans la bande $\{|\mathrm{Im}\, z_j| < \pi\}$.

Revenant au problème initial (c'est-à-dire sans condition de parité

sur f), on voit que chaque f_ε est de la forme précédente donc f aussi

De plus $\beta_j + 1/\beta_j = \gamma_j \in T$ ainsi que tous ses conjugués, donc

$\beta_j \in S = \exp\{|z_j| < \alpha\}$. Si les γ_j sont en nombre fini, il en est de même

des β_j.

Si K = $\mathbb{Q}$ ou un corps imaginaire, d'après le théorème 5.1., h est une

fraction reconnaissable si le diamètre transfini de T est < 1 et on a le résultat suivant :

THÉORÈME 7.2. - *Soit* $\alpha > 0$ *et* T *l'image par* $w \longmapsto e^{w} + e^{w}$ *du disque* $\{|w| \leqslant \alpha\}$. *Si le diamètre transfini de* T *est* < 1 (id *est si* $\alpha < 0{,}9934\ldots$) *alors l'ensemble* $B = \{\beta \in \mathbb{C}^m \; ; \; \beta_j$ *unité algébrique*, β_j *et ses conjugués appartiennent à* $S = \exp\{|w| \leqslant \alpha\}\}$ *est fini*.

Si f *est une fonction entière sur* $\mathbb{C}^m$ *de type exponentiel* $\leqslant \alpha$ *vérifiant* $f(\mathbb{Z}^m) \subset \mathbb{Z}$, *alors* f *est de la forme*

$$f(z) = \sum_{\beta \in B} P_\beta(z) \beta^z \quad \text{où} \quad P_\beta \in \mathbb{Q}[B][X_1, \ldots, X_m].$$

On peut vérifier que si $\alpha < \log \frac{3 + \sqrt{5}}{2}$ alors B est réduit à $\{1\}$ donc f est un polynôme. Et on retrouve comme cas particulier le résultat de Ch.PISOT ([18]).

Si K est un corps de nombres quelconque, on peut appliquer les résultats du paragraphe IV pour obtenir le

THÉORÈME 7.3. - *Avec les notations du paragraphe 0, soit* K *un corps de nombres. Soit* $\alpha > 0$ *et* $c > 0$, *et* T *l'image par* $w \longmapsto e^{w} + e^{-w}$ *du disque* $\{|w| \leqslant \alpha\}$.

Si le diamètre transfini τ' *de* T *vérifie*

$$\log \tau' < -(\delta - 1)\log(e^{c} + e^{-c})$$

l'ensemble $B' = \{\beta \in \mathbb{C}^* \; ; \; \beta + 1/\beta = \gamma, \gamma$ *entier algébrique*, γ *et tous ses conjugués sur* K *appartiennent à* T, $|\overline{\gamma}| \leqslant e^{c} + e^{-c}\}$ *est fini*.

Si f *est une fonction entière sur* $\mathbb{C}$ *de type exponentiel* $\leqslant \alpha$ *vérifiant* $f(\mathbb{Z}) \subset \mathcal{O}_K$ et $\limsup_{|n| \to +\infty} \frac{\log |f(n)|}{|n|} \leqslant c$, *alors* f *est de la forme*

$$f(z) = \sum_{\beta \in B'} P_\beta(z) \beta^z \quad \text{où} \quad P_\beta \in K[B'][X].$$

On peut remplacer dans cet énoncé B' par $B = \{\beta \in \mathbb{C} \; ; \; \beta$ unité algébrique, $|\overline{\beta}| \leqslant e^{c}$, β et ses conjugués sur K appartiennent à $S = \exp\{|w| \leqslant \alpha\}\}$. Ce résultat est plus satisfaisant pour le parallélisme des énoncés mais n'est pas évident.

D'après le lemme 4.2., il suffit de prouver le résultat suivant :

LEMME 7.4. - Soit $f(z) = \sum_{\beta\in B} P_\beta(z)\beta^z$ où B est un ensemble fini d'entiers algébriques non nuls et où les P_β sont des polynômes non identiquement nuls à coefficients dans $K[B]$. Si $f(\mathbb{N})\subset\mathcal{O}_K$ et si $\limsup_{n\to+\infty} \frac{\log|\overline{f(n)}|}{n} \leqslant c$, alors pour tout $\beta\in B$ on a $|\overline{\beta}|\leqslant e^c$.

Démonstration. Elle se fait par l'absurde. On suppose que $M = \sup_{\beta\in B}|\overline{\beta}| > e^c$.

Soit $L = K[B]$ et $d_\beta = \deg P_\beta$. Pour $\beta\in B$ il existe deux constantes positives C_β et C'_β ne dépendant que de P_β telles que

$C'_\beta n^{d_\beta} |\overline{\beta}|^n \leqslant |\overline{P_\beta(n)\,\beta^n}| \leqslant C_\beta n^{d_\beta} |\overline{\beta}|^n$ pour n assez grand.

Soit σ un plongement de L dans $\mathbb{C}$ tel que $B_\sigma = \{\beta\in B\ ;|\sigma\beta| = M\} \neq \emptyset$, et soit $\varepsilon > 0$ tel que $\max_{\beta\in B\setminus B_\sigma} |\sigma\beta| < e^{c+\varepsilon} < M$.

On note $\sum_\sigma = \sum_{\beta\in B_\sigma} \sigma(P_\beta(n)\beta^n)$. La condition sur $|\overline{f(n)}|$ montre que, pour n assez grand, on a $|\sum_\sigma| < \exp(n(c+\varepsilon))$.

Notons $\beta_1,\dots,\beta_k$ les éléments de B_σ et supposons que P_{β_1} est de degré maximal parmi les P_{β_j}. Si $\sigma\beta_j = Me^{i\theta_j}$, on a

$$\Big|\sum\nolimits_\sigma\Big| = M^n|\sigma P_{\beta_1}(n)|\Big|\sum_{j=1}^k \sigma(P_{\beta_j}/P_{\beta_1}(n))e^{in\theta_j}\Big| \geqslant C'_{\beta_1} n^{d_{\beta_1}} M^n \Big|\sum_{j=1}^k \sigma(P_{\beta_j}/P_{\beta_1}(n))e^{in\theta_j}\Big| .$$

Mais $\deg P_{\beta_j} \leqslant \deg P_{\beta_1}$ donc $\sigma(P_{\beta_j}/P_{\beta_1}(n))$ a une limite a_j quand $n\to+\infty$. On a donc $\lim_{n\to+\infty} \Big|\sum_{j=1}^k a_j e^{in\theta_j}\Big| = 0$ avec $a_1 = 1$ et $e^{i\theta_j} \neq e^{i\theta_\ell}$ pour $j\neq\ell$, ce qui est absurde d'après le lemme suivant qui achève donc la démonstration.

LEMME 7.5. - Soit $x_1,\dots,x_p \in\mathbb{C}$, p points distincts vérifiant $|x_j|\geqslant 1$ $(1\leqslant j\leqslant p)$. Soit $a_j\in\mathbb{C}$ $(1\leqslant j\leqslant p)$. Si $\lim_{n\to+\infty} (a_1x_1^n + \dots + a_px_p^n) = 0$, alors $a_j = 0$ $(1\leqslant j\leqslant p)$.

Démonstration. Soit $\varepsilon_{n+h} = a_1x_1^{n+h} + \dots + a_px_p^{n+h}$ pour $0\leqslant h\leqslant p-1$.

On peut considérer ces équations comme un système linéaire en les a_j, de déterminant $(-1)^{p-1}\prod_{j=1}^p x_j^n \prod_{1\leqslant i<j\leqslant p}(x_i-x_j) \neq 0$. Les formules de

CRAMER fournissent par exemple

$$a_1 = \frac{(-1)^{p-1}}{x_1^n} \sum_{j=1}^{p} (-1)^{j-1} \frac{\varepsilon_{n+j-1} P_j(x_2,\dots,x_p)}{\prod_{i=2}^{p}(x_1 - x_i)}$$ où P_j est un polynôme symétrique et homogène de degré p-j en $(x_2,\dots,x_p)$ qui ne dépend pas de n. Alors quand $n \mapsto +\infty$, $|x_1|^n \geqslant 1$, P_j reste fixe et $\varepsilon_{n+j-1} \to 0$ donc $a_1 = 0$. On montre de même que $a_j = 0$ pour j quelconque. C.Q.F.D.

Dans le cas des fonctions de m variables on peut prouver un critère voisin de la proposition 5.4. par des calculs un peu plus compliqués.

PROPOSITION 7.6. - Soit g une fonction holomorphe sur $\prod_{j=1}^{m}\{|z - 2| > r\}$ de développement $g(z) = \sum_{n\in\mathbb{N}^m} a_n z^{-n-1}$ au voisinage de $(\infty,\dots,\infty)$, avec $a_n \in \mathcal{O}_K$ et $\limsup_{|n|\to+\infty} \frac{\log |\overline{a_n}|}{|n|} \leqslant c$.

Alors si $\log r < -(\delta - 1)\log(2 + e^c)$, il existe un polynôme $P \in \mathcal{O}_K[X_1,\dots,X_m]$ et des entiers naturels $k_1,\dots,k_m$ tels que

$$g(z) = P(z_1,\dots,z_m) / \prod_{j=1}^{m}(z_j - 2)^{k_j}.$$

Il suffit alors de vérifier que $r = \sup_{|z|\leqslant\alpha} |e^z + e^{-z} - 2| = 4\,\mathrm{sh}^2(\alpha/2)$ pour obtenir l'analogue du théorème 5.3. :

THÉORÈME 7.7. - Avec les notations du paragraphe 0, soit K un corps de nombres. Soit f une fonction entière sur $\mathbb{C}^m$ de type exponentiel $\leqslant\alpha$ telle que $f(\mathbb{Z}^m) \subset \mathcal{O}_K$.

On suppose qu'il existe $c > 0$ tel que $\limsup_{\substack{|n|\to+\infty \\ n\in\mathbb{Z}^m}} \frac{\log \overline{|f(n)|}}{|n|} \leqslant c$.

Alors si $\log(2\,\mathrm{sh}(\alpha/2)) < -\frac{\delta - 1}{2}\log(2 + e^c + e^{-c})$, la fonction f est un polynôme à coefficients dans K.

BIBLIOGRAPHIE

[1] AMICE (Y.). - Les Nombres p-adiques, P.U.F., Paris, 1975.

[2] AVANISSIAN (V.) et GAY (R.). - Sur une transformation des fonctionnelles analytiques et ses applications aux fonctions entières de plusieurs variables, Bull.Soc.Math.France, t. 103, 1975, p.341-384.

[3] BAKER (A.). - A note on integral integer-valued functions of several variables, Proc. Camb. Phil. Soc., t. 63, 1967, p. 715-720.

[4] BENZAGHOU (B.). - Algèbres de Hadamard, Bull.Soc.Math.France,t.98, 1970, p.209-252.

[5] BOAS (R . P.). - Entire Functions, Academic Press, New-York, 1954.

[6] BUCK (C . R.). - Integral valued entire functions, Duke Math.J., t. 15, 1948, p. 879-891.

[7] CHABERT (J.-L.). - Anneaux de Fatou, l'Enseignement Mathématique, t. 18, fasc. 2, 1972, p. 141-144.

[8] DRESS (F.). - Familles de séries formelles et ensembles de nombres algébriques, Ann.Scient.Ec.Norm.Sup., 4e série, t. 1, 1968, p.1-44

[9] FATOU (P.). - Séries trigonométriques et séries de Taylor, Acta Math., t. 30, 1906, p. 335-400.

[10] FEKETE (M.). - Über die Verteilung der Wurzeln bei gewissen algebraischen gleichungen mit ganzzahligen Koeffizienten, Math.Zeits., t. 17, 1923, p. 228-249.

[11] GRAMAIN (Fr.). - Sur les fonctions entières de plusieurs variables complexes prenant des valeurs algébriques aux points entiers, C.R.Acad.Sc.Paris, t. 284, 1977, Série A, p. 17-19.

[12] GRAMAIN (Fr.). - Fonctions entières arithmétiques , Séminaire Delange-Pisot-Poitou, 19e année, 1977/78 (à paraître).

[13] HARDY (G.H.). - On a theorem of Mr. G.Pólya, Proc. Camb.Phil.Soc., t. 19, 1916-1919, p. 60-63.

[14] KRONECKER (L.). - Zur Theorie der Elimination einer Variablen aus zwei algebraischen Gleichungen, Monatsber. Akad.Berlin, 1881, p. 535-600.

[15] MARTINEAU (A.). - Extension en n variables d'un théorème de Pólya-Carlson concernant les séries de puissances à coefficients entiers C.R.Acad.Sc.Paris, t. 273, 1971, Série A, p. 1127-1128.

[16] PISOT (Ch.). - La répartition modulo 1 et les nombres algébriques, Ann.Sc.Norm.Sup.,Pisa, série 2, t. 7, 1938, p. 205-248.

[17] PISOT (Ch.). - Sur les fonctions arithmétiques analytiques à crois sance exponentielle, C.R.Acad.Sc.Paris, t. 222, 1946, p. 988-990.

[18] PISOT (Ch.).- Sur les fonctions analytiques arithmétiques et presque arithmétiques, C.R.Acad.Sc.Paris, t. 222, 1946, p.1027-1028.

[19] PÓLYA (G.). - Über ganzwertige ganze Funktionen, Rend.Circ.Math. Palermo, t. 40, 1915, p. 1-16.

[20] PÓLYA (G.). - Über gewisse notwendige Determinantenkriterien für die Forsetzbarkeit einer Potenzreihe, Math.Annalen, t. 99, 1928, p. 687-706.

[21] PÓLYA (G.). - Lücken und Singularitäten von Potenzreihen, Math. Zeits., t. 29, 1929, p. 549-640.

[22] RONKIN (L.I.). - Introduction to the Theory of Entire Functions of several Variables, Translations of Mathematical Monographs, vol. 44, Amer. Math. Soc., 1974.

[23] ŠEINOV (V.P.). - Un critère de rationalité pour les fonctions holomorphes de deux variables complexes, Uč. Zap.Mosk.Obl.Ped. Inst., t. 166, 1966, p.223-227 , en russe . Analyse dans Math. Reviews, vol. 36, n° 2, 1968, n° 1695.

[24] ŠEINOV (V.P.). - Transfinite diameter and some theorems of Pólya in the case of several variables, Siberian Math.J., t. 12, 1971, p. 999-1004.

[25] WALDSCHMIDT (M.). - Nombres Transcendants, Berlin, Heidelberg, New-York, Springer-Verlag, 1974 (Lecture Notes in Mathematics, 402).

[26] WALLISSER (R.). - Verallgemeinerte ganze ganzwertige Funktionen vom Exponentialtypus, J.reine angew.Math., t. 235, 1969, p. 189-206.

François GRAMAIN
Laboratoire d'Analyse
complexe et Géométrie
Univ.de Paris VI

Séminaire P.LELONG,H.SKODA
(Analyse)
17e année, 1976/77.

EXTENSION D'UNE FONCTION DÉFINIE SUR UNE SOUS-VARIÉTÉ AVEC CONTRÔLE DE LA CROISSANCE

par B. J E N N A N E

Université de Rabat
et Laboratoire d'Analyse
complexe et Géométrie
Université de Paris VI

Introduction.

Soit Ω un ouvert pseudoconvexe de $\mathbb{C}^n$ et soit X un sous-ensemble analytique de Ω, défini par des équations $h_i(z) = 0$, $i = 1,\dots,p$, où h_i est une fonction holomorphe dans Ω. Une fonction f holomorphe sur X peut être étendue en une fonction holomorphe F dans Ω. Le principal résultat de cet article est que si l'extension de f est possible dans un voisinage $\tilde{\Omega}$ de X avec contrôle de la croissance dans $\tilde{\Omega}$, alors l'extension est possible dans Ω avec contrôle de la croissance. Plus exactement, considérons φ et α deux fonctions plurisousharmoniques dans Ω telles que $e^{-\varphi}$ soit borné. Pour tout $\varepsilon > 0$ et tout entier $N \geq 0$, on définit l'ensemble

$$\tilde{\Omega} = \{ z \in \Omega \mid |h(z)| < \varepsilon \exp(-N\varphi(z)) \}$$

où $|h(z)| = \sup\limits_{1 \leq i \leq p} |h_i|$

Lorsque ε, N et φ varient, de tels ensembles constituent un système fondamental de voisinages de X dans Ω.

THÉORÈME. - <u>Si</u> f <u>est une fonction holomorphe dans</u> $\tilde{\Omega}$ <u>vérifiant pour un certain entier</u> $k \in \mathbb{N}$

$$\int_{\tilde{\Omega}} |f|^2 \, e^{-k\varphi-\alpha} \, d\lambda < \infty$$

<u>alors il existe une fonction</u> F <u>holomorphe dans</u> Ω, <u>égale à</u> f <u>sur</u> X <u>et telle que</u>

$$\int_{\Omega} |F|^2 \prod_{i=1}^{p} (1+|h_i|^2)^{-3} \, e^{-(k+5pN)\varphi-\alpha} d\lambda \leq c \int_{\tilde{\Omega}} |f|^2 \, e^{-k\varphi-\alpha} \, d\lambda$$

où c est une constante qui ne dépend ni de f ni de α.

Comme on le constate, aucune hypothèse n'est faite sur $\frac{\partial\varphi}{\partial z_i}$ du type $e^{-\varphi}$ lipschitzienne. On s'est attaché à obtenir un résultat s'énonçant simplement dans les "L^2 estimates" en éliminant les hypothèses restrictives non naturelles et en jouant sur le calcul des hessiens de fonctions poids remarquables. La démonstration repose sur les estimations L^2 de HÖRMANDER [2].

Lorsque X est un graphe et $e^{-\varphi}$ est une fonction lipschitzienne qui tend vers zéro au bord $\partial\Omega$, le théorème précédent donne une généralisation des résultats de CNOP [1] au cas d'un ouvert pseudoconvexe quelconque et d'un graphe défini par des fonctions holomorphes non bornées.
Je dois l'idée de retrouver les résultats de [1] avec la méthode "L^2 estimates" à M. H.SKODA auquel j'adresse mes vives remerciements pour l'aide qu'il m'a apportée pour la mise au point de cet article.

On commence par supposer $p = 1$, φ, α et h de classe C^∞ dans $\bar{\Omega}$ et Ω borné de bord $\partial\Omega$ C^∞ défini par $\Omega = \{z \; ; \; \rho(z) < 0\}$ où ρ est C^∞ au voisinage de $\bar{\Omega}$ et grad $\rho \neq 0$ sur $\partial\Omega$.

Soit w une fonction de classe C^1 dans $\mathbb{R}$, $0 \leq w \leq 1$, $w = 1$ au voisinage de zéro et $w(t) = 0$ pour $|t| \geq 1$ et soit $a = \sup |w'|$. On désigne par η la fonction $\eta(z) = \varepsilon \exp(-N\varphi(z))$. Nous allons chercher F sous la forme

(1) $$F = w\left(\left|\frac{h}{\eta}\right|^2\right) f - hu$$

où u est une fonction dans $L^2_{loc}(\Omega)$ à déterminer en sorte que $\bar{\partial}F = 0$, soit

$$w'\left(\left|\frac{h}{\eta}\right|^2\right) fh \frac{\overline{\partial h}}{\eta^2} - 2w'\left(\left|\frac{h}{\eta}\right|^2\right) f|h|^2 \frac{\overline{\partial\eta}}{\eta^3} - h\bar{\partial}u = 0 .$$

On est donc amené à chercher u vérifiant

(2) $$\bar{\partial}u = w'\left(\left|\frac{h}{\eta}\right|^2\right) f \frac{\overline{\partial h}}{\eta^2} - 2w'\left(\left|\frac{h}{\eta}\right|^2\right) f\bar{h} \frac{\overline{\partial\eta}}{\eta^3} \quad \text{dans } \tilde{\Omega}$$

et $\bar{\partial}u = 0$ dans $\complement\tilde{\Omega}$.

Rappelons qu'avec les notations de HÖRMANDER [2], T est l'opérateur non borné $\bar{\partial}: L^2(\Omega,\psi) \longrightarrow L^2_{(0,1)}(\Omega,\psi)$, S est l'opérateur $\bar{\partial} : L^2_{(0,1)}(\Omega,\psi) \longrightarrow L^2_{(0,2)}(\Omega,\psi)$, ψ étant une fonction plurisousharmonique dans Ω, de classe C^∞ sur $\bar{\Omega}$, on a

$$\|T^* v\|_\psi^2 + \|Sv\|_\psi^2 \geqslant \sum_{j,k=1}^n \int_\Omega \frac{\partial^2 \Omega}{\partial z_j \partial \bar{z}_k} v_j \bar{v}_k e^{-\psi} d\lambda$$

pour toute forme v dans un ensemble dense dans l'intersection

Dom $T^* \cap$ Dom S des domaines de S et T^*.

Prenons $\psi = m\varphi + 2 \operatorname{Log}(1 + |h|^2) + 2 \operatorname{Log}(1 + \eta) + \alpha$ avec $m \geqslant 2N$, m entier.

Un calcul direct nous donne :

$$\frac{\partial^2}{\partial z_j \partial \bar{z}_k} \operatorname{Log}(1 + |h|^2) = (1 + |h|^2)^{-2} \frac{\partial h}{\partial z_j} \overline{\frac{\partial h}{\partial z_k}}$$

et

$$\frac{\partial^2}{\partial z_j \partial \bar{z}_k} \operatorname{Log}(1 + \eta) = \frac{-1}{(1+\eta)^2} \frac{\partial \eta}{\partial \bar{z}_k} \frac{\partial \eta}{\partial z_j} + \frac{1}{1+\eta} \frac{\partial^2 \eta}{\partial z_j \partial \bar{z}_k}$$

$$= -N \frac{\eta}{1+\eta} \frac{\partial^2 \varphi}{\partial z_j \partial \bar{z}_k} + N^2 \frac{\eta}{(1+\eta)^2} \frac{\partial \varphi}{\partial z_j} \frac{\partial \varphi}{\partial \bar{z}_k}$$

Par conséquent, puisque $m \geqslant 2N$, on a

$$(4) \quad \sum_{j,k=1}^n \frac{\partial^2 \psi}{\partial z_j \partial \bar{z}_k} v_j \bar{v}_k \geqslant 2N^2 \frac{\eta}{(1+\eta)^2} \left|\sum_{j=1}^n \frac{\partial \varphi}{\partial z_j} v_j\right|^2 = \frac{2}{\eta(1+\eta)^2} \left|\sum_{j=1}^n \frac{\partial \eta}{\partial z_j} v_j\right|^2$$

et aussi

$$(5) \quad \sum_{j,k=1}^n \frac{\partial^2 \psi}{\partial z_j \partial \bar{z}_k} v_j \bar{v}_k \geqslant 2(1 + |h|^2)^{-2} \left|\sum_{j=1}^n \frac{\partial h}{\partial z_j} v_j\right|^2 .$$

On a d'autre part en utilisant l'inégalité Cauchy-Schwarz

$$(6) \quad \left|\int_\Omega w'\left(\left|\frac{h}{\eta}\right|^2\right) \frac{f}{\eta^2} \sum_{j=1}^n \bar{v}_j \overline{\frac{\partial h}{\partial z_j}} e^{-\psi} d\lambda\right|^2 \leqslant$$
$$\left[\int_\Omega w'\left(\left|\frac{h}{\eta}\right|^2\right) \frac{|f|^2}{\eta^4} (1 + |h|^2)^2 e^{-\psi} d\lambda\right] \left[\int_\Omega \left|\sum_{j=1}^n v_j \frac{\partial h}{\partial z_j}\right|^2 (1+|h|^2)^{-2} e^{-\psi} d\lambda\right]$$

et

$$(7) \quad \left|\int_\Omega w'\left(\left|\frac{h}{\eta}\right|^2\right) f \frac{\bar{h}}{\eta^3} \sum \overline{\frac{\partial \eta}{\partial z_j}} \bar{v}_j e^{-\psi} d\lambda\right|^2 \leqslant$$
$$\left[\int_\Omega w'\left(\left|\frac{h}{\eta}\right|^2\right) |f|^2 |h|^2 \frac{(1+\eta)^2}{\eta^5} e^{-\psi} d\lambda\right] \left[\int_\Omega \frac{1}{\eta(1+\eta)^2} \left|\sum_{j=1}^n \frac{\partial \eta}{\partial z_j} v_j\right|^2 e^{-\psi} d\lambda\right]$$

En combinant (5) et (6), (4) et (7), on obtient

$$\left|\int_\Omega w'\left(\left|\frac{h}{\eta}\right|^2\right) f \sum_{j=1}^n \bar{v}_j \overline{\frac{\partial h}{\partial z_j}} e^{-\psi} d\lambda\right|^2 \leqslant a^2 \left(\int_{\tilde{\Omega}} \frac{|f|^2}{\eta^4} e^{-m\varphi-\alpha} d\lambda\right) \left(\|T^* v\|_\psi^2 + \|Sv\|_\psi^2\right)$$

et

$$\left|\int_\Omega w'\left(\left|\frac{h}{\eta}\right|^2\right) \frac{f\bar{h}}{\eta^3} \sum_{j=1}^n \bar{v}_j \overline{\frac{\partial \eta}{\partial z_j}} e^{-\psi} d\lambda\right|^2 \leqslant a^2 \left(\int_{\tilde{\Omega}} \frac{|f|^2}{\eta^5} e^{-m\varphi-\alpha} d\lambda\right) \left(\|T^* v\|_\psi^2 + \|Sv\|_\psi^2\right) .$$

Si on note $(.|.)_\psi$ le produit scalaire dans $L^2_{(o,1)}(\Omega, \psi)$, le second membre g de l'équation (2) vérifie alors pour tout v appartenant à un ensemble dense dans Dom $T^*\cap$ Dom S,

$$|(g|v)_\psi|^2 \leqslant a^2\left(\int_{\tilde\Omega}|f|^2 \frac{\eta+1}{\eta^5} e^{-m\varphi-\alpha}d\lambda\right)\left(\|T^* v\|_\psi^2 + \|Sv\|_\psi^2\right)$$

et du fait que $\bar\partial g = 0$

$$|(g|v)_\psi|^2 \leqslant a^2\left(\int_{\tilde\Omega}|f|^2 \frac{\eta+1}{\eta^5} e^{-m\varphi-\alpha} d\lambda\right) \|T^*v\|_\psi^2 .$$

Le théorème de Hahn-Banach montre alors qu'il existe $u\in L^2(\Omega,\psi)$ solution de l'équation (1) et vérifiant

$$\int_\Omega |u|^2 (1+|h|^2)^{-2}(1+\eta)^{-2}e^{-m\varphi-\alpha}d\lambda \leqslant a^2\int_{\tilde\Omega}|f|^2 \frac{\eta+1}{\eta^5} e^{-m\varphi-\alpha}d\lambda .$$

Soit pour $c' = \frac{a^2}{\varepsilon^5}(1+\sup_\Omega \eta)^3$

(8) $$\int_\Omega |u|^2(1+|h|^2)^{-2}e^{-m\varphi-\alpha}d\lambda \leqslant c'\int_{\tilde\Omega}|f|^2 e^{-(m-5N)\varphi-\alpha} .$$

De (1) et (8) on déduit

(9) $$\int_\Omega |F|^2 (1+|h|^2)^{-3} e^{-m\varphi-\alpha}d\lambda \leqslant c\int_{\tilde\Omega}|f|^2 e^{-(m-5N)\varphi-\alpha}$$

où c est une constante qu'on peut prendre égale à $\frac{1+a^2}{\varepsilon^5}(1+\sup_\Omega \eta)^5$.

Etendons maintenant ce résultat au cas où Ω est un ouvert pseudoconvexe quelconque et h, φ et α non nécessairement de classe C^∞ dans $\bar\Omega$. Nous allons commencer par démontrer que pour tout ouvert relativement compact ω dans Ω, il existe une fonction F holomorphe dans ω et vérifiant (1) et (9) avec toutefois Ω remplacé par ω dans l'intégrale du premier membre de (9).

Soit σ une fonction plurisousharmonique dans Ω telle que $\Omega_c = \{z\in\Omega \mid \sigma(z) < c\}$ soit relativement compact dans Ω pour tout $c\in\mathbb{R}$, et soit M un nombre tel que $\sup_\omega \sigma < M$.

On désigne par ρ une fonction de classe C^∞ dans $\mathbb{C}^n$, $\rho\geqslant 0$, $\int\rho\, d\lambda = 1$, $\rho(z)$ ne dépendant que de $|z|$ et s'annulant pour $|z|\geqslant 1$. Pour $r > 0$ inférieur à la distance δ de Ω_M à $\partial\Omega$, nous posons

$$\rho_r(z) = \rho\left(\frac{z}{r}\right)r^{-2n} ,\quad \varphi_r = \varphi * \rho_r,\quad \alpha_r = \alpha * \rho_r ,$$

φ_r et α_r sont de classe C^∞ dans Ω_r, plurisousharmoniques et tendent en décroissant vers φ et α respectivement lorsque $r \to 0$ (LELONG [3]).

De même $\sigma_r = \sigma * \rho_r$ est C^∞, plurisousharmonique dans Ω_M lorsque $o < r < \delta$. D'après le théorème de Hartogs (LELONG [3]), si m est un nombre tel que $\sup_{\bar{\omega}} \sigma < m < M$, on a $\sigma_r(z) < m < M$ dans $\bar{\omega}$ pour r assez petit. Maintenant l'ensemble des $t \in [m,M]$ tels que σ_r admette un point critique sur $\sigma_r(z) = t$ est un ensemble de mesure nulle d'après le théorème de MORSE [4]. Il existe donc $o < r_o < \delta$ tel que pour tout $o < r < r_o$, on peut trouver $m < t < M$ en sorte que

$$\Omega'_{r,t} = \{z \mid z \in \Omega_M, \ \sigma_r(z) < t\}$$

ait un bord pseudoconvexe et contienne $\bar{\omega}$. En plus, nous avons $\bar{\Omega}'_{r,t} \subset \Omega_M$ puisque $\sigma \leqslant \sigma_r$, donc φ_r, α_r et h sont C^∞ dans $\bar{\Omega}'_{r,t}$.

Le résultat de la première partie nous assure alors l'existence d'une fonction F_r holomorphe dans $\Omega'_{r,t}$, égale à f sur $X \cap \Omega'_{r,t}$ et vérifiant

$$(10) \quad \int_\omega |F_r|^2 \quad (1 + |h|^2)^{-3} e^{-m\varphi_r - \alpha_r} \, d\lambda \leqslant c \int_{\tilde{\Omega}} |f|^2 e^{-(m-5N)\varphi - \alpha}$$

Nous avons utilisé ici le fait que $\varphi \leqslant \varphi_r$, $\alpha \leqslant \alpha_r$ dans $\Omega'_{r,t}$ et que $\Omega'_{r,t} \subset \tilde{\Omega}$ et $\omega \subset \Omega'_{r,t}$.

Maintenant pour tout $o < r \leqslant s$, nous avons $m\varphi_r + \alpha_r \leqslant m\varphi_s + \alpha_s$. La famille (F_r) est ainsi bornée en norme L^2 sur ω, donc bornée uniformément sur tout compact de ω. On peut en extraire une suite qui converge uniformément sur tout compact de ω vers une fonction F holomorphe dans ω, évidemment de restriction à $X \cap \omega$ égale à f et

$$\int_K |F|^2 \ (1 + |h|^2)^{-3} e^{-m\varphi_s - \alpha_s} \, d\lambda \leqslant c \int_{\tilde{\Omega}} |f|^2 \, e^{-(m-5N)\varphi - \alpha} d\lambda$$

pour tout compact K inclus dans ω. Cette dernière inégalité est encore vraie lorsqu'on remplace K par ω. En plus, le théorème de Lebesgue et la convergence monotone de $m\varphi_s + \alpha_s$ vers $m\varphi + \alpha$ nous autorisent à faire tendre s vers zéro sous le signe somme dans la première intégrale.

Maintenant, soit ω_n une suite croissante d'ouverts relativement compacts dans Ω, dont l'union est égale à Ω. Il existe une suite F_n de fonctions holomorphes dans ω_n, vérifiant $F_n \big|_{X \cap \omega_n} = f$ et

$$\int_{\omega_n} |F_n|^2 (1 + |h|^2)^{-3} e^{-m\varphi-\alpha} d\lambda \leqslant c \int_{\tilde{\Omega}} |f|^2 e^{-(m-5N)\varphi-\alpha} d\lambda .$$

La suite (F_n) est bornée en norme L^2 sur tout compact de Ω. On peut en extraire une sous-suite qui converge uniformément sur tout compact $K \subset \Omega$ vers une fonction holomorphe F vérifiant $F|_X = f$ et

$$\int_K |F|^2 (1 + |h|^2)^{-3} e^{-m\varphi-\alpha} d\lambda \leqslant c \int_{\tilde{\Omega}} |f|^2 \; e^{-(m-5N)\varphi-\alpha} \, d\lambda$$

pour tout compact K, d'où l'inégalité (9).

Le cas $p > 1$ se ramène au précédent en considérant successivement les ouverts pseudoconvexes

$$\Omega_q = \left\{ z \in \Omega \;\middle|\; \sup_{q \leqslant i \leqslant p} |h_i| < \varepsilon e^{-N\varphi} \right\}$$

et en utilisant le fait que $\Omega_q = \tilde{\Omega}_{q+1}$.

Enonçons maintenant le théorème :

THÉORÈME 1. - Soient $h_1, \ldots, h_p$, p fonctions holomorphes définies dans un ouvert pseudoconvexe $\Omega \subset \mathbb{C}^n$ et soit X le sous-ensemble analytique défini par $h_1(z) = \ldots = h_p(z) = 0$.

On considère deux fonctions plurisousharmoniques φ et α telles que $e^{-\varphi}$ soit borné et on se donne un nombre $\varepsilon > 0$ et deux entiers m et N tous deux positifs.

Alors il existe une constante c indépendante de α telle que pour toute fonction f holomorphe dans l'ouvert

$$\tilde{\Omega} = \left\{ z \in \Omega \;\middle|\; \sup_{1 \leqslant i \leqslant p} |h_i(z)| < \varepsilon e^{-N\varphi(z)} \right\}$$

et vérifiant

$$\int_{\tilde{\Omega}} |f|^2 \; e^{-m\varphi-\alpha} d\lambda < \infty$$

il existe une fonction F holomorphe dans Ω , égale à f sur X et

$$\int_\Omega |F|^2 \prod_{i=1}^{p} (1 + |h_i|^2)^{-3} \; e^{-(m+5pN)\varphi-\alpha} \, d\lambda \leqslant c \int_{\tilde{\Omega}} |f|^2 e^{-m\varphi-\alpha} d\lambda .$$

Cas d'un graphe.

Dans cette partie φ désigne une fonction plurisousharmonique qui tend vers l'infini au bord de l'ouvert $\Omega\subset\mathbb{C}^n$ et telle que $e^{-\varphi}$ soit bornée et lipschitzienne dans le rapport k.

Considérons p fonctions $g_1,\dots,g_p$ holomorphes dans un ouvert $\Omega'\subset\mathbb{C}^{n-p}$ qui est tel que $\Omega\subset\Omega'\times\mathbb{C}^p$. Nous posons $g=(g_1,\dots,g_p)$ et nous notons X le graphe de g dans $\Omega'\times\mathbb{C}^p$ et Ω'' la projection de $X\cap\Omega$ sur Ω'.

Avec les notations du théorème 1, en prenant $\varepsilon=\frac{1}{2k}$ et $N=1$ et en écrivant pour $z\in\Omega$, $z=(z',z_{n-p+1},\dots,z_n)\in\Omega'\times\mathbb{C}^p$, on a

$$\tilde{\Omega}=\left\{z\in\Omega \,\middle|\, \sup_{1\leqslant i\leqslant p}\left|z_{n-p+i}-g_i(z')\right|<\frac{e^{-\varphi(z)}}{2k}\right\}$$

La fonction $\delta(z)$ définie dans $\mathbb{C}^n$ par $\delta(z)=e^{-\varphi(z)}$ dans Ω et $\delta(z)=0$ dans $\complement\Omega$ est lipschitzienne dans le rapport k

$$|\delta(z)-\delta(s)|<k|z-s|$$

pour z et s tels que $|z-s|<\frac{\delta(z)}{2k}$, nous avons $\frac{\delta(z)}{2}<\delta(s)$.

Si maintenant $z\in\tilde{\Omega}$, et $s=(z',g(z'))$:

$$|z-(z',g(z'))|<\frac{\delta(z)}{2k}<\frac{\delta(z',g(z'))}{k}$$

ce qui montre que $(z',g(z'))$ est dans Ω et par conséquent

$$\tilde{\Omega}\subset\left\{z\in\Omega \,\middle|\, (z',g(z'))\in\Omega \text{ et } \sup_{1\leqslant i\leqslant p}|z_{n-p+i}-g_i(z')|<\frac{e^{-\varphi(z',g(z'))}}{k}\right\}$$

Une fonction holomorphe f sur $X\cap\Omega$ peut être prolongée trivialement en une fonction analytique dans l'ouvert $\{z\in\Omega\,|\,(z',g(z'))\in\Omega\}$ par $\tilde{f}(z)=f(z',g(z'))$. En posant $\omega(z')=\left\{(z_{n-p+1},\dots,z_n)\in\mathbb{C}^p \,\middle|\, |z_{n-p+i}-g_i(z')|<\frac{1}{k}e^{-\varphi(z',g(z'))},\ i=1,\dots,p\right\}$ pour $z'\in\Omega''$, on a

$$\int_{\tilde{\Omega}}|\tilde{f}(z)|^2e^{-m\varphi(z)}d\lambda(z)\leqslant 2^m\int_{\Omega''}d\lambda(z')\int_{\omega(z')}|f(z',g(z'))|^2e^{-m\varphi(z',g(z'))}d\lambda(z'')$$

$$\leqslant\frac{2^m\pi^p}{k^{2p}}\int_{\Omega''}|f(z',g(z'))|^2e^{-(m+2p)\varphi(z',g(z'))}d\lambda(z').$$

Compte-tenu de tous ces éléments, et en appliquant le théorème 1, on a le résultat :

THÉORÈME 2. - <u>Soient</u> $g_1,\dots,g_p$ p <u>fonctions holomorphes dans un ouvert</u> Ω' <u>de</u> $\mathbb{C}^{n-p}$ <u>et soit</u> X <u>le graphe de</u> $g=(g_1,\dots,g_p)$ <u>dans</u> $\Omega'\times\mathbb{C}^p$.

On considère une fonction φ plurisousharmonique dans un ouvert $\Omega \subset \Omega' \times \mathbb{C}^p$ et tendant vers l'infini au bord de Ω. On suppose $e^{-\varphi}$ bornée et lipschitzienne. Par Ω'' on désigne la projection de $X \cap \Omega$ dans Ω'.

Alors pour tout entier $m > 0$, il existe une constante c telle que toute fonction f holomorphe sur $X \cap \Omega$ et vérifiant

$$\int_{\Omega''} |f(z',g(z'))|^2 e^{-m\varphi(z',g(z'))} d\lambda(z') < \infty$$

se prolonge en une fonction F holomorphe dans Ω et

$$\int_{\Omega} |F|^2 \prod_{i=1}^{p} (1 + |z_{n-p+i} - g_i(z')|^2)^{-3} e^{-(5p+m)\varphi(z)} d\lambda(z)$$
$$\leq c \int_{\Omega''} |f(z',g(z'))|^2 e^{-(m+2p)\varphi(z',g(z'))} d\lambda(z') .$$

Remarque.

Si le graphe X est entièrement contenu dans Ω, on peut se passer, dans le théorème 2, de l'hypothèse φ tend vers l'infini au bord.

Bibliographie

[1] CNOP (I). - Extending Holomorphic Functions with Bounded Growth from certain graphs. Value distribution theory, symposium edited by R.O.KUJALA and A.VITTER, Marcel Dekker, INC New-York, 1974.

[2] HÖRMANDER (L.). - L^2 estimates and existence theorems for the -operator. Acta Math. Uppsala, t. 113, 1965, p. 89-152.

[3] LELONG (P.). - Fonctionnelles analytiques et fonctions entières (n variables), Montréal, Les Presses de l'Université de Montréal, 1968 (Séminaire de Math.Supérieures, Eté 1967, n° 28).

[4] MORSE (A.-P.). - The behavior of a function on its critical set. Ann. Math. (2), 40, p. 62-70, 1939.

Séminaire P.LELONG,H.SKODA
(Analyse)
17e année, 1976/77.

23 Novembre 1976

MÉTHODES FONCTORIELLES EN ANALYSE DE DIMENSION INFINIE ET HOLOMORPHIE ANTICOMMUTATIVE

par Paul KRÉE

Soit σ un élément fixé de l'ensemble $\{X, S, A\}$. Pour tout $k > 0$ et tout e.v. E sur $\mathbb{K} = \mathbb{R}$ ou $\mathbb{C}$, un élément $f, g\ldots$ de $\underset{k}{\otimes} E$ est dit σ-symétrique s'il est quelconque pour $\sigma = X$, symétrique pour $\sigma = S$, et alterné si $\sigma = A$. L'espace de ces tenseurs est noté $\underset{k}{\bigcirc} E$. On pose $\underset{o}{\bigcirc} E = \mathbb{K}$. Le produit tensoriel σ-symétrique est noté $f \bigcirc g$, et parfois $f \wedge g$ si $\sigma = A$. L'algèbre tensorielle correspondante est notée $\bigcirc E = \overset{\infty}{\underset{k=o}{\oplus}} (\underset{k}{\bigcirc} E)$. Les travaux mathématiques relatifs à la théorie quantique des champs (T Q C) utilisent usuellement la catégorie (H C) des espaces de Hilbert complexes séparables Z, dont les morphismes sont les applications linéaires contractantes. On prend $\sigma = S$ pour les bosons, et $\sigma = A$ pour les fermions. Ces travaux utilisent exclusivement les produits tensoriels hilbertiens ; et $Z_\sigma^k = \underset{k}{\overset{\Delta}{\bigcirc}} Z$ désigne la complétion de $\underset{k}{\bigcirc} Z$ pour la norme tensorielle hilbertienne. L'espace de Fock σ-symétrique relatif à Z est la somme directe hilbertienne $\mathcal{F}_\sigma(Z) = \overset{\infty}{\underset{k=o}{\oplus}} Z_\sigma^k$.

- (0.1) Soit J_S l'espace des suites $\alpha = (\alpha_n)_{n\geq 1}$ d'entiers α_n tous nuls sauf au plus un nombre fini ; la longueur de α est $|\alpha| = \sum \alpha_n$. Soit J_A le sous espace de J_S formé par les suites $\alpha \in J_S$ telles que $\alpha_n = 0$ ou 1 pour tout n. On pose

$$J_\sigma^k = \{\alpha \in J \ ; \ |\alpha| = k\} \ ; \ \alpha! = \alpha_1! \, \alpha_2! \ldots .$$

Si $(b_n) = \{b_1, b_2 \ldots\}$ est une base orthonormée de Z, et si $\sigma \in \{S,A\}$; les tenseurs $\left(\frac{|\alpha|!}{\alpha!}\right)^{1/2} b^{\alpha}$ forment lorsque α décrit J_σ (resp J^k_σ) une base orthonormée de $\mathcal{F}_\sigma Z$ (resp Z^k_σ).

- Le foncteur Γ_σ de (H C) est défini dans ces travaux de la manière suivante. Si $\alpha : Z \to Z_1$ est un morphisme de (H C), $\underset{k}{\bigcirc}\alpha$ définit pour tout k une contraction α^k_σ de Z^k_σ dans $(Z_1)^k_\sigma$; et la collection des α^k_σ définit une contraction $\Gamma_\sigma \alpha$ de $\mathcal{F}_\sigma Z$ dans $\mathcal{F}_\sigma Z_1$. En pratique, pour $\sigma = S$ par exemple, on s'intéresse aux morphismes ayant pour source et but l'espace $Z_B = L^2(H\uparrow, \mu)$ μ des mesures $f\mu$ sur l'hyperboloïde $H\uparrow$ de masse $m > 0$ fixée d'un espace de Minkovski M à $(s+1)$ dimensions ; $s = 1,2$ ou 3 ; μ étant invariante par le groupe de Lorentz restreint G de M, la densité f de μ étant de carré intégrable par rapport à μ. Moyennant un choix de coordonnées dans M, cet espace Z_B est isométrique à $L^2(\mathbb{R}^s, \mu')$ μ' où

(0.2) $\mu' = \frac{dp'}{2\omega(p')}$; $p' = (p_1,\ldots,p_s) \in \mathbb{R}^s$; $dp' = dp_1 \ldots dp_s$; $\omega(p') = (m^2 + \sum_1^\infty p_j)^{1/2}$

Si t désigne la coordonnée temporelle relativement au repère choisi dans M, le sous groupe de G formé les translations temporelles agit dans Z_B, l'opérateur $\alpha_t \in L(Z_B)$ correspondant à la translation $t' \to t+t'$ est représenté par l'opérateur de multiplication par $\exp(it\,\omega(p'))$ dans Z_B. le foncteur Γ_σ qui vient d'être décrit permet de définir $\Gamma_S(\alpha_t)$ pour t <u>réel seulement</u>. Introduisons les méthodes des [6] [7] [10] dont l'élaboration est poursuivie ici, <u>et qui permettent</u> en particulier de définir directement $\Gamma_S(\alpha_t)$ pour tout t complexe.

(0.3) On note d'abord que les formules (1) montrent que le foncteur Γ se comporte mal vis à vis de l'opération produit dans (H C), à cause du terme $(|\alpha|!)^{1/2}$. Nous commençons donc par remplacer l'espace de Fock par l'espace isométrique

$$\Gamma_\sigma Z = \{f = \sum f_k \ , \ f_k \in Z^k_p, \ \|f\|^2 = \sum_{k=0}^{\infty} \|f_k\|^2 \, k! < \infty\}$$

(0.4) Puis introduisons l'espace $\mathcal{D} = \mathcal{D}(\mathbb{R}^s)$, son antidual et le triplet écrit de la manière suivante selon un conseil de L. Schwartz

$$\mathcal{C}_B = (\mathcal{D}\mu \subset Z_B \subset {}'\mathcal{D}) \sim (\mathcal{D} \subset Z_B \sim {}'Z_B \subset {}'\mathcal{D})$$

Alors que les opérateurs α_t sont "très mauvais" dans Z_B pour t complexe, ils induisent des opérateurs linéaires continus dans l'espace interne $\mathcal{D}\mu$ et dans l'espace externe $'\mathcal{D}$. Ceci donne l'idée de remplacer (H C) par une catégorie de triplets $\mathcal{C} = (S \subset Z \subset {}'S)$, un morphisme de $\mathcal{C}$ vers $\mathcal{C}_1 = (S_1 \subset Z_1 \subset {}'S_1)$ étant représenté par une application linéaire α continue $'S \to {}'S_1$, induisant une application continue de S dans S_1 : on dira que α est bicontinue de $\mathcal{C}$ vers $\mathcal{C}$.

(0.5) On remplace le foncteur décrit précédemment par un foncteur Γ_σ d'une certaine catégorie de triplets. On pose

$$\Gamma_\sigma \mathcal{C} = \left(\Gamma_\sigma S \subset \Gamma_\sigma Z \subset \Gamma_\sigma {}'S\right)$$

Passant ainsi au niveau quantique, il est peu intéressant d'étudier de façon spéciale les opérateurs continus de $\Gamma_\sigma Z$; mais il est naturel [7] d'étudier les opérateurs linéaires continus de l'espace interne $\Gamma_\sigma S$ dans l'espace externe $\Gamma_\sigma {}'S$; il est naturel de développer un calcul symbolique...

(0.6) Le désir d'avoir un espace $\Gamma_\sigma {}'S$ "très grand", de compléter les résultats de [7] [10] ; et aussi le désir d'étendre ces résultats aux fermions, nous ont conduit à la formulation algébrique et fonctionnelle qui suit, qui concerne en partie l'holomorphie en dimension infinie. Mais notre formulation est assez différente des présentations usuelles. Ainsi, on formule un résultat général (2.9) d'isomorphisme pour la transformation de Laplace Borel, un résultat (2.10) identifiant l'espace des fonctions holomorphes sur un espace produit,... tout ceci sans même écrire une fois la formule de Cauchy !! On travaille seulement avec trois types d'espaces : les espaces du type hilbertien séparable, les espaces E,'S,'S_1... du type nucléaire complet,et les espaces S,S_1,.

du type dual de nucléaire complet (type dual du précédent). On travaille seulement avec trois types d'holomorphie [14] : le type Hilbert Schmidt qui coïncide dans le cas commutatif avec le type de Dwyer [3] ; le type hypocontinu pour des applications $S \to E$ et le type hypercontinu pour des applications $E \to S$; ces deux derniers types étant en dualité.

Signalons aussi que le cas $t = A$ nous à conduit à introduire et à étudier ci-après une analyse anticommutative nouvelle.

§ 1. DUALITÉ POUR LES PRODUITS TENSORIELS D'ESPACES NUCLÉAIRES COMPLETS.

(1.1) Un triplet nucléaire complexe $\mathcal{C} = (S \subset Z \subset {}'S)$ est la donnée d'une injection continue j à image dense d'un espace nucléaire complet S dans un espace de Hilbert séparable Z identifié à son antidual, et de l'adjointe de j identifiant Z à un sous-espace dense de l'antidual $'S$ de S.

La catégorie (T NC) des triplets nucléaires complexes a pour objets de tels triplets. Un morphisme de $\mathcal{C}$ vers $\mathcal{C}_1 = (S_1 \subset Z_1 \subset {}'S_1)$ est la donnée d'une application linéaire continue $\alpha : {}'S \to {}'S_1$, induisant une application linéaire continue de S dans S_1 ; ce morphisme est noté α.

(1.2) Une conjugaison $z \to \bar{z}$ dans un e.l.c.s. E est une application antilinéaire involutive continue de E dans E : elle est donc bijective. Dans le cas où E est hilbertien, on suppose <u>en plus</u> que la conjugaison est antiunitaire soit $(\bar{x},y) = \overline{(x,\bar{y})}$ quels que soient x et y dans E. Une conjugaison dans l'objet $\mathcal{C} = (S \subset Z \subset {}'S)$ de (T NC) est la donnée d'une conjugaison dans Z, induisant une conjugaison dans S : d'où une conjugaison dans $'S$. Le triplet $\mathcal{C}$ est dit pleinement nucléaire si de plus $'S$ est nucléaire complet et si S et $'S$ sont réflexifs. D'où une sous catégorie pleine (T P NC) de (T NC). Par des raisons techniques, on définit les :

(1.3) Triplets conucléaires.

Un triplet conucléaire $\mathcal{C} = (S \subset Z \subset {}'S)$ est la donnée d'une injection j continue à image dense d'une espace de Hilbert séparable Z identifié à son antidual dans un espace nucléaire complet 'S, l'adjointe de j identifiant l'antidual S de 'S à un sous espace dense de Z.

Ces notations sont licites car un espace nucléaire complet étant semi-réflexif, l'antidual de S fort est 'S. Un morphisme α de $\mathcal{C}$ vers $\mathcal{C}_1$ est défini par une application linéaire α continue de 'S vers 'S, transformant toute partie équicontinue de S en une partie équicontinue de S_1 : on dit que α est "bornée de S vers S_1. D'où la catégorie (T 'NC) des triplets conucléaires

(1.4) SEMI-NORMES SUR UN ESPACE NUCLÉAIRE COMPLET ET STRUCTURE MULTI-DISQUÉE DE E'.

Soit $(\varepsilon_u)_{u \in U}$ une famille filtrante croissante de semi-normes sur l'espace nucléaire complet E : les semi-boules $\{\varepsilon_u \leq r\}$ forment lorsque (u,r) décrit $U \times \mathbb{R}^+$ un système fondamental de voisinages de l'origine. On note E_u le quotient de E par $\varepsilon_u^{-1}(0)$, muni de la norme $\dot{\varepsilon}_u$. On introduit le polaire (absolu) dans E' de la semi-boule où $\varepsilon_u \leq 1$.

$$\{\varepsilon_u \leq 1\}^o = \{\xi \in E' \ ; \ \varepsilon_u(x) \leq 1 \Longrightarrow |\langle x, \xi\rangle| \leq 1\}$$

Comme $\{\varepsilon_u \leq 1\}$ est le polaire de cet ensemble, il peut être noté u ; autrement dit U est identifié à une famille filtrante croissante de disques équicontinus faiblement fermés de E'. Le sous-espace E'_u de E' engendré par le disque $u \subset E'$, est muni de la norme qui jauge u ; il est complet : voir [8] exposé 3, lemme (4.4). Il a été démontré par L. Schwartz [15] que E' fort est ultrabornologique, c'est-à-dire que la topologie forte de E' est la limite inductive (localement convexe) des espaces de Banach E'_u. On suppose dès lors que la famille (ε_u) a été choisie de manière à ce que les E_u soient préhilbertiens. Alors comme $(E_u)' = E'_u$, E' fort est limite inductive de la famille des espaces hilbertiens E'_u. De plus pour $u \subset v$, u et $v \in U$ on a des surjections canoniques $E \twoheadrightarrow E_v \twoheadrightarrow E_u$ qui donnent par transposition des injections : $E'_u \rightarrow E'_v \rightarrow E'$. En conclusion, pour travailler commodement avec E, on le munit d'une famille filtrante croissante (ε_u) de semi-normes préhilbertiennes ; ce qui par polarité équivaut à munir E' d'une famille filtrante croissante de disques hilbertiens $(u)_{u \in U}$; et E est le dual de la limite inductive des E'_u. Autrement dit le théorème cité de L. Schwartz permet d'oublier la structure topologique sur le dual d'un espace nucléaire complet, et de considérer seulement sa structure d'espace vectoriel multidisqué définie par la donnée des disques équicontinus $u, u \in U$. Pour simplifier le langage, on écrira que les parties équicontinues du dual d'un espace nucléaire complet sont "bornées".

(1.5) Théorème.

a/ Soient E et G deux e.l.c.s. nucléaires complets dont les structures sont respectivement définies par des familles filtrantes croissantes $(\varepsilon_u)_{u \in U}$ et $(\varepsilon_v)_{v \in V}$ de semi-normes préhilbertiennes sur E et G resp. Alors le dual de l'espace nucléaire complet $E \hat{\hat{\otimes}} G$ est la réunion $E' \check{\otimes} G'$ de la famille filtrante croissante des espaces de Banach $E'_u \hat{\otimes} E'_v$; et pour tout couple $(u,v) \in U \times V$ le polaire de la semi-boule $\{\varepsilon(\varepsilon_u, \varepsilon_v) \leqslant 1\}$ est la boule unité de $E'_u \hat{\otimes} G'_v$.

b/ Soit k entier $\geqslant 1$. Soit E^k_σ le complété de $\bigcirc_k E$ pour la topologie définie par les restrictions $\varepsilon\sigma^k_u$ à $\bigcirc_k E$ des semi-normes :

(1.6) $t \to \varepsilon^k_u(t) = \varepsilon_u(\varepsilon_u, .., \varepsilon_u)(t) = \sup\{|<t, \xi_1 \otimes \ldots \otimes \xi_k>$; $\xi_1 \ldots$ et $\xi_k \in u\}$

Alors le dual de l'espace nucléaire complet E^k_σ est la réunion E'^k_σ de la famille filtrante croissante des espaces de Banach $(E')^k_{u\sigma} = \hat{\bigcirc}_k E'_u$. Et la boule unité u^k_σ de cet espace est le polaire de la semi-boule de E^k_σ où $\varepsilon\sigma^k_u \leqslant 1$.

Principe de la démonstration.

a/ Posant $T = E \otimes G$, $\varepsilon_{u.v} = \varepsilon(\varepsilon_u, \varepsilon_v)$, on note d'abord que l'e.v.n. $T_{u,v} = T/(\varepsilon_{u,v}^{-1}(0))$ s'identifie à $E_u \underset{\varepsilon}{\otimes} F_v$. Alors le dual T' de $E \hat{\hat{\otimes}} G$ s'identifie à la réunion des espaces normés $(E_u \underset{\varepsilon}{\otimes} F_v)' = (\widehat{E_u} \underset{\varepsilon}{\otimes} \widehat{F_v})'$. J'utilise alors un résultat de Schatten-Dixmier-Grothendieck montrant que ce dual est isométrique à $\widehat{E'_u} \hat{\otimes} \widehat{F'_v} = E'_u \hat{\otimes} F'_v$. Par conséquent le polaire de la semi-boule où $\varepsilon(\varepsilon_u, \varepsilon_v) \leqslant 1$ est la boule unité de cet espace de Banach.

b/ Le principe est le même : posant $T = \bigcirc_{k,\varepsilon} E$, puis $T_u = \bigcirc_k E / (\varepsilon\sigma_u^k)^{-1}(\mathcal{O})$, cet espace normé s'identifie à l'espace normé $\bigcirc_{k,\varepsilon} E_u$. Comme T est la limite projective de ces espaces normés, son dual est la réunion des $(\bigcirc_{k,\varepsilon} E_u)' = \hat{\bigcirc}_k E'_u$: ceci se démontre d'abord dans le cas $\sigma = X$ en étendant le théorème de Dixmier Schatten Grothendieck ; le résultat correspondant pour $\sigma = S$ ou A s'en déduit alors facilement en utilisant le projecteur Sym σ de σ-symétrisation des tenseurs.

(1.7) Corollaire.

Soient E et G deux espaces nucléaires complets dont les topologies sont définies par des familles filtrantes croissantes (ε_u) et (ε_v) de semi-normes préhilbertiennes. Alors pour tout $k \geqslant 0$, le dual de $E^k_\sigma \hat{\otimes} G$ est la réunion des espaces de Banach $(\hat{\bigcirc}_k E'_u) \hat{\otimes} G'_v$; le polaire de la semi-boule où la semi-norme $\varepsilon\sigma^k_{u,v}(\ell) = \sup_{\substack{\xi_i \in u \\ \eta \in v}} |\langle \ell, \xi_1 \otimes \ldots \otimes \xi_k \otimes \eta \rangle|$ est inférieure à un, étant la boule unité $\sigma^k_{u,v}$ de $(\hat{\bigcirc}_k E'_u) \hat{\otimes} G'_v$.

En effet, il suffit d'appliquer (1.5-a) en remplaçant E par l'espace nucléaire complet E^k_σ défini en (1.5-b)

(1.8) Définitions.

Soit $\omega = x \wedge \xi$ la forme symplectique sur $E \times E'$, E et E' étant deux e.v. en dualité. Pour $m_j = (x_j, \xi_j) \in E \times E'$, $j = 1$ et 2, on a donc

$$\omega(m_1, m_2) = \frac{1}{2}(\langle x_1, \xi_2 \rangle - \langle x_2, \xi_1 \rangle)$$

On note $f \to f^v$ l'involution sur $\otimes_k E$ consistant à retourner les tenseurs :

$$(1.9) \qquad (x_1 \otimes \ldots \otimes x_k \to (x_1 \otimes \ldots \otimes x_k)^v = x_k \otimes \ldots \otimes x_1 .$$

Cette involution laisse invariant le sous-espace $\textcircled{S}_k E$ de $\otimes_k E$ et induit une involution dans $\textcircled{A}_k E$. Dans le cas où E est muni d'une conjugaison $x \to \bar{x}$, la composée de la conjugaison naturelle de $\otimes_k E$ avec l'involution v est une conjugaison notée $f \to f^\star$:

$$(x_1 \otimes \ldots \otimes x_k)^\star = \overline{x_k} \otimes \ldots \otimes \overline{x_1} .$$

Je mets $\underset{k}{\otimes} E$ et $\underset{k'}{\otimes} E'$ en dualité en "retournant" la dualité usuelle $<.,.>_{k,us}$

(1.10) $$<x_1 \otimes \ldots \otimes x_k , \xi^1 \otimes \ldots \otimes \xi^k>_k = <x_1, \xi^k> \ldots <x_k, \xi^1> .$$

D'où une dualité induite entre $\underset{k}{\bigcirc} E$ et $\underset{k}{\bigcirc} E'$ pour $\sigma = S$ ou A.

(1.11) Ainsi $<x_1 \Lambda \ldots \Lambda x_k, \xi^1 \Lambda \ldots \Lambda \xi^k>_k = k!^{-1} \sum_{\alpha \in \mathfrak{S}_k} sg(\alpha) <x_k, \xi^{\alpha_1}> \ldots <x_1, \xi^{\alpha_1}>$

Soit β_k la forme 2k-linéaire suivante sur $E \times E'$

$$(m_1 = (x_1, \xi^1) \ldots ; m_{2k} = (x_{2k}, \xi^{2k})) \to <x_1 \Lambda \ldots \Lambda x_k, \xi^{k+1} \Lambda \ldots \Lambda \xi^{2k}>_k$$

(1.12) <u>Proposition.</u>

$$\omega^k = \mathrm{Alt}\, \beta_k \quad \text{pour} \quad k \geq 1$$

La démonstration s'effectue en deux étapes.

a/ On examine d'abord le cas où E est de dimension finie n. On rapporte E et E' à des bases duales. Les formes coordonnées dans E et E' sont notées x^j et ξ_j respectivement, $1 \leq j \leq n$. Alors ω est l'antisymétrisée de

$\sum_{i_1} x^{i_1} \otimes \xi_{i_1}$, soit $\sum_{i_1} x^{i_1} \Lambda \xi_{i_1}$.

D'où $\omega^k = \sum_{i_1, \ldots, i_k} x^{i_1} \Lambda \xi_{i_1} \Lambda \ldots \Lambda x^{i_k} \Lambda \xi_{i_k}$

(1.13) $$\boxed{\omega^k = \sum_{i_1 \ldots i_k} (x^{i_k} \Lambda x^{i_{k-1}} \ldots \Lambda x^{i_1}) \Lambda (\xi_{i_1} \Lambda \ldots \Lambda \xi_{i_k})}$$

Par ailleurs vu (1.11) il vient

$$<x_1 \Lambda \ldots \Lambda x_k, \xi^1 \Lambda \ldots \Lambda \xi^k>_k = \sum_{\alpha, i_1, \ldots i_k} sg(\alpha)\, x_k^{i_1} \left(\xi^{\alpha_1}_{i_1}\right) \ldots x_1^{i_k} (\xi^{\alpha_k})_{i_k}\, k!^{-1}$$

D'où $\beta_k = \sum (x^{i_k} \otimes \ldots \otimes x^{i_1}) \otimes \mathrm{Alt}(\xi_{i_1} \otimes \ldots \otimes \xi_{i_k})$

$$= \sum (x^{i_k} \otimes \ldots \otimes x^{i_1}) \otimes (\xi_{i_1} \Lambda \ldots \Lambda \xi_{i_k})$$

(1.14) $$\boxed{\beta_k = \sum_{i_1, \ldots, i_k} (x^{i_k} \Lambda \ldots \Lambda x^{i_1}) \otimes (\xi_{i_1} \Lambda \ldots \Lambda \xi_{i_k})}$$

b/ Dans le cas général, il s'agit de montrer que l'on a, quels que soient les 2k éléments $m_j = (x_j, \xi^j)$ de $E \times E'$:

* $$\omega^k (m_1, \ldots, m_{2k}) = (\mathrm{Alt}\, \beta_k)(m_1, \ldots, m_{2k})$$

J'introduis un sous espace E_α de dim. finie de E contenant les x_j, et l'injection canonique u de E_α dans E. La transposé u' de u est une surjection de E' sur $E'_\alpha = E'/E_\alpha^\perp$. Introduisant les points $p_j = (x_j, u'\xi^j) \in E_\alpha \times E'_\alpha$, la forme symplectique ω' sur $E_\alpha \times E'_\alpha$, la forme β'_k sur $E_\alpha \times E'_\alpha$, $\star$ est équivalent à

$$\omega'^k(p_1,\ldots, p_{2k}) = \mathrm{Alt}\ \beta'_k(p_1,\ldots, p_{2k})$$

On est ainsi ramené au cas de la dim. finie.

On pose $\qquad \omega'^o = 1 \in \mathbb{K}$.

N.B. ne pas confondre $\omega = x \wedge \xi$ avec le produit extérieur $x \Lambda \xi$.

- Pour tout k entier $\geqslant 0$, on a ainsi défini une dualité symplectique entre E_A^k et E'^k_A pour tout espace nucléaire complet. On se demande maintenant comment utiliser ces dualités pour $k = 0,1\ldots$, pour définir une bonne dualité entre $\prod_{k=o}^{\infty} E_A^k$ et $\bigoplus_{k=o} E'^k_A$.

(1.15) <u>Définition</u>.

Soit $\sigma = S$ ou A. Soit E nucléaire complet, $f = (f_k) \in \Pi E^k_\sigma$, $\varphi = \sum \varphi_k \in \oplus E'^k$. On pose

$$\langle f, \varphi\rangle = \langle f, \varphi\rangle_E = \sum_{k=o}^{\infty} k!\ \langle f_k, \varphi_k\rangle_k$$

où le dernier crochet est défini en (1.10) pour $\sigma = A$ et il désigne la dualité usuelle pour $\sigma = S$. D'ailleurs dans ce cas, le retournement ne modifierait pas la dualité. Cette définition va faire jouer à la forme $\exp \omega = \sum n!^{-1}(x \Lambda \xi)^n$ le role tenu par $\exp\langle x,\xi\rangle = \sum n!^{-1} \langle x,\xi\rangle^n$ dans le cas symétrique. Mais de plus, cette dualité se comporte bien vis à vis du produit :

(1.16) <u>Proposition</u> (voir [9]).

Soient E et G deux espaces nucléaires complets, $H = E \times G$.
Soit $\sigma = S$ ou A. Alors quels que soient $f \in E^k_\sigma$, $g \in G^p_\sigma$, $\varphi \in E'^k_\sigma$, $\psi \in G'^p_\sigma$, on a

(1.17) $$\langle f \bigcirc g, \psi \bigcirc \varphi\rangle_H = \langle f, \varphi\rangle_E \langle g, \psi\rangle_G$$

Pour toute suite fixée $\lambda_o, \lambda_1\ldots$ de scalaires, on aurait pu poser au lieu de (1.15)

$$\langle f, \varphi\rangle_E = \sum \lambda_k \langle f_k, \varphi_k\rangle_k$$

Alors on a (1.17) si et seulement si il existe $\lambda \neq 0$ tel que $\lambda_k = k!\,\lambda^k$ pour tout k. La dualité (1.15) est donc une dualité privilégiée.

(1.18) Proposition.

Soient $\mathcal{C}_1 = (S_1 \subset Z_1 \overset{j_1}{\subset} {}'S_1)$ et $\mathcal{C}_2 = (S_2 \subset Z_2 \overset{j_2}{\subset} {}'S_2)$ deux triplets conucléaires complexes. Alors le triplet suivant est aussi conucléaire complexe

(1.19) $$\mathcal{C}_1 \otimes \mathcal{C}_2 = (S_1 \underset{\vee}{\otimes} S_2 \subset Z_1 \overset{\triangle}{\otimes} Z_2 \overset{j_1 \otimes j_2}{\subset} {}'S_1 \hat{\hat{\otimes}} {}'S_2)$$

Démonstration.

Les topologies de $'S_1$ et $'S_2$ sont définies par des familles filtrantes croissantes (ε_u) et (ε_v) de semi-normes préhilbertiennes. Pour tout $(u,v) \in U \times V$ on a des applications continues à image dense

$$Z_1 \longrightarrow ({}'S_1)_u \quad \text{et} \quad Z_2 \longrightarrow ({}'S_2)_v$$

Par produit tensoriel, on en déduit une application linéaire continue à image dense

$$Z_1 \underset{\text{hilb}}{\otimes} Z_2 \longrightarrow ({}'S_1)_u \underset{\varepsilon}{\otimes} ({}'S_2)_v$$

D'où par adjonction une injection continue

$$(S_1)_u \,\hat{\otimes}\, (S_2)_v \subset Z_1 \overset{\triangle}{\otimes} Z_2$$

Comme ceci vaut pour tout (u,v), on en déduit une injection continue $S_1 \underset{\vee}{\otimes} S_2 \longrightarrow Z_1 \overset{\triangle}{\otimes} Z_2$. Comme cette application a une image dense, son adjointe est une injection à image dense de $Z_1 \overset{\triangle}{\otimes} Z_2$ dans $'Z_1 \hat{\hat{\otimes}} {}'S_2$.

(1.20) Variante.

Partant d'un triplet conucléaire complexe $\mathcal{C}$, on peut en déduire pour tout entier $k \geqslant 0$ et pour $\sigma = X$, S ou A, un nouveau triplet conucléaire complexe.

$$\mathcal{C}_\sigma^k = S_\sigma^k \subset Z_\sigma^k \subset {}'S_\sigma^k$$

§ 2. REALISATION TENSORIELLE DES ELEMENTS DE $\Gamma_\sigma \mathscr{C}$.

Partant d'un triplet conucléaire $\mathscr{C} = (S \subset Z \subset {}'S)$ avec conjugaison on peut en déduire pour tout $k \in \mathbb{N}$ et pour tout $\sigma = S$ ou A le triplet conucléaire $\mathscr{C}^k_\sigma$. Soit U une famille filtrante croissante de disques préhilbertiens u de S telle que les $r\,u^o$ forment un système fondamental de voisinages de l'origine de $'S$.

(2.0) Alors lorsque u décrit U, non seulement les jauges ε_u des voisinages u^o définissent la topologie de $'S$, mais pour tout k et tout σ, la famille filtrante croissante des semi-normes $\varepsilon\sigma^k_u$ définit la topologie de $'S^k_\sigma = \hat{\bigcirc}_k\, 'S$, le polaire de la semi-boule où $\varepsilon\sigma^k_u \leqslant 1$ étant la boule unité u^k_σ de $S^k_{\sigma,u} = \hat{\bigcirc}_k\, S_u$.

(2.1) <u>Les morphismes α^k_σ.</u>

Soit $\alpha : \mathscr{C} \longrightarrow \mathscr{C}_1$ un morphisme de (T 'NC) défini par une application linéaire continue $\alpha : {}'S \longrightarrow {}'S_1$. Soit V une famille de disques hilbertiens v de S_1, tel que les $r\,v^o$ forment lorsque (r,v) décrit $\mathbb{R}^+ \times V$ un système fondamental de voisinages de l'origine de $'S_1$. Comme $\alpha^\star$ est une application linéaire "bornée" de S_1 dans S, pour tout $v \in V$, il existe $(u,r) \in U \times \mathbb{R}^+$ tel que $\alpha^\star\, v \subset r\, u$. Donc pour tout entier k, et pour $\sigma = A$ ou S, $\underset{k}{\otimes} \alpha$ induit une application linéaire continue $\alpha^k_\sigma : {}'S^k_\sigma \longrightarrow {}'(S_1)^k_\sigma$. D'autre part α étant "bornée" $S \longrightarrow S_1$, α^k_σ se restreint en une application "bornée" de S^k_σ dans $(S_1)^k_\sigma$. Finalement au morphisme $\alpha : \mathscr{C} \longrightarrow \mathscr{C}_1$, il correspond un morphisme $\alpha^k_\sigma : \mathscr{C}^k_\sigma \longrightarrow (\mathscr{C}_1)^k_\sigma$ qui envoie u^k_σ dans $r^k . v^k_\sigma$. De plus la norme de l'application canonique $'S^k_{\sigma,u} \longrightarrow {}'(S_1)^k_{\sigma,v}$ est majorée par r^k.

(2.2) <u>Définition d'une famille P de poids sur $\mathbb{N}$.</u>

Une famille P de poids sur $\mathbb{N}$ est un ensemble d'application $j \longrightarrow \varpi(j)$ de $\mathbb{N}$ dans $[0, +\infty[$, P étant filtrant croissante et telle que pour tout $j \in \mathbb{N}$, $\exists\, \varpi \in P$, $\varpi(j) \neq 0$.

On suppose par la suite qu'une telle famille P est fixée, cette famille ayant les deux propriétés

(C1) $\forall(\varpi,r) \in P \times \mathbb{R}^+ \quad \exists \varpi' \in P \; ; \varpi' \geqslant \varpi, \quad \sum_{j=0}^{\infty} r^j \varpi'(j)^{-1} \varpi(j) < \infty$

(C2) $\forall(\varpi,r) \in P \times \mathbb{R}^+ \sum_{j=0}^{\infty} \varpi(j)^2 r^j j!^{-1} < \infty$

Pour construire le foncteur Γ_σ de (T' NC), on associe à tout objet $\mathcal{C}$ de (T 'NC) une "somme pondérée des triplets $\mathcal{C}_\sigma^k$", au sens suivant

(2.3) Définitions de Γ_σ'S et de Γ_σ S.

a/ Soit Γ_σ'S l'espace des suites $f = (f_k)$, $f_k \in {}'S_\sigma^k$ telles que

(2.4) $$\forall(\varpi,u) \in P \times U \; ; \; p_{\varpi,u}(f) = \sum_{j=0}^{\infty} \varpi(j) \; \varepsilon\sigma_u^j(f_j) < \infty$$

Cet espace est muni de la famille filtrante croissante des semi-normes $p_{\varpi,u}$, (ϖ,u) décrivant P × U.

b/ Soit Γ_σ S l'espace des suites $g = (g_k) \in S_\sigma^k$ telles que

(2.5) $$\exists(\varpi,u) \in P \times U \quad \pi_{\varpi,u}(g) = \sup_j \varpi(j)^{-1} \; j! \; \pi_{\sigma,u}^j(g_j) < \infty$$

On note $\sigma_{\varpi,u}$ l'ensemble des $g \in \Gamma_\sigma$ S tels que ce sup soit au plus 1. Pour simplifier l'écriture on écrit parfois $\varepsilon\sigma_u^j(f_j) = (f_j)_u$ et $\pi_{\sigma,u}^j(g_j) = \|g_j\|_u$.

c/ Ces deux espaces sont en antidualité en posant

(2.6) $$(g,f) = \sum_{j=0}^{\infty} j! \; (g_j, f_j)_{j,us}$$

où $(g_j,f_j)_{j,us}$ désigne l'antidualité entre $'S_\sigma^j$ et $'S_\sigma^j$ prolongeant l'antidualité ⊙ S - ⊙'S, cette antidualité étant induite par l'antidualité canonique ⊗ S - ⊗ 'S.

(2.7) Définition de $\Gamma_\sigma \alpha$.

Soit comme dans (2.1) un morphisme $\alpha : \mathcal{C} \to \mathcal{C}_1$ de (T 'NC). La propriété (C1) entraine que pour tout (ϖ,r), il existe $\varpi' \geqslant \varpi$ et $C > 0$ tels que

$C\ \varpi' \geq \varpi\, r^j$. Pour tout élément $f = (f_k)_k \in \Gamma_\sigma S$, $g' = (\alpha^k f_k)_k$ est tel que pour tout $(\varpi, v) \in P \times V$

$$p_{\varpi,v}(f') = \sum \varpi(j)\ |\alpha_t^j f_j|_v \leq \sum \varpi(j)\ r^j\ |f_j|_u \leq C \sum \varpi'(j)\ |f_j|_u < \infty$$

Donc les α_σ^k définissent une application linéaire continue $\Gamma_\sigma\alpha$ de $\Gamma_\sigma{}'S$ dans $\Gamma_\sigma' S_1$. De même si $g = (g_j) \in \Gamma_\sigma S$ vérifie (2.5), alors les tenseurs $g_j' = \alpha_\sigma^j\ g_j$ sont tels que

$$\sup \varpi'(j)^{-1}\ j!\ \|g_j'\|_v \leq C \sup r^{-j}\ \varpi(j)^{-1}\ j!\ r^j\ \|g_j\|_u = C \sup \varpi(j)^{-1}\ j!\ \|g_j\|_u < \infty$$

Donc $\Gamma_\sigma\ \alpha$ induit une application linéaire bornée de $\Gamma_\sigma\ S$ dans $\Gamma_\sigma\ S_1$.

(2.8) <u>Remarque</u> : Les espaces $\Gamma_\sigma{}'S$ et $\Gamma_\sigma S$ ne dépendent pas de la famille filtrante (ε_u) de semi-normes préhilbertiennes définissent la topologie de 'S. Car par exemple remplaçant (ε_u) par $(\varepsilon_{u'})$, comme u' est contenu dans λu il vient

$$\sum \varpi(j)\ |f_j|_{u'} \leq \sum \varpi(j)\ \lambda^j\ |f_j|_u \leq C \sum \varpi'(j)\ |f_j|_u$$

On prouve de même une inégalité en sens inverse.

(2.9) <u>Théorème</u>.

> Les correspondances $\mathcal{C} \to \Gamma_\sigma \mathcal{C} = (\Gamma_\sigma\ S \subset \Gamma_\sigma\ Z \subset \Gamma_\sigma{}'S$ et $\alpha \to \Gamma_\sigma\alpha$ décrites par (2.3) et (2.7) définissent un foncteur de la catégorie (T 'NC). De plus le polaire de la semi-boule $\{p_{u,\varpi} \leq 1\}$ de $\Gamma_\sigma{}'S$ est le disque $\sigma_{\varpi,u}$ de Γ S.

<u>Principe de la démonstration.</u>

Vu (C1), et la propriété (2.0) la proposition (3.7) de [10] montre que $\Gamma_\sigma{}'S$ est nucléaire. Cet espace est complet et les sommes finies $\sum_1^n f_j$ forment un sous-espace dense Λ de $\Gamma_\sigma{}'S$. Le dual de $\Gamma_\sigma{}'S$ étant contenu dans le produit $\Pi = \prod_{k=0}^{\infty} S_\sigma^k$, considérant la dualité $\Lambda - \Pi$, le dual cherché est engendré par les polaires dans Π des semi-boules $\{\tilde{p}_{\varpi,u} \leq 1$, où $\tilde{p}_{\varpi,u}$ est la restriction de $p_{\varpi,u}$ à Λ. Or ce polaire est $\sigma_{\varpi,u}$. La propriété (C2)permet de montrer que l'application canonique $\Gamma_\sigma Z \to \Gamma_\sigma{}'S$ est définie et continue. Cette application est injective car chaque application $Z_\sigma^k \to {}'S_\sigma^k$ est injective. Il est montré dans (2.7) que $\Gamma_\sigma\alpha$ est définie continue $\Gamma_\sigma{}'S \to \Gamma_\sigma{}'S_1$, et qu'elle induit une application linéaire"bornée"de $\Gamma_\sigma S$ dans $\Gamma_\sigma S_1$. Comme ces deux derniers espaces sont ultrabornologiques, $\Gamma_\sigma\alpha$ induit une application linéaire continue de $\Gamma_\sigma S$ dans $\Gamma_\sigma S_1$.

(2.10) Théorème.

Soit P une famille de poids vérifiant (C1), (C2) et

(C3) $\left[\begin{array}{l}\text{Pour tout } \varpi \in P, \text{ il existe } \varpi', \varpi'' \in P \text{ ; } C', C'' > 0 \text{ tels que} \\ \forall k\ \varpi(k) \leqslant C' \inf\limits_{i=0\ldots k} \varpi'(k-i)\varpi'(i) \text{ et } \sup\limits_{i=0\ldots k} \varpi(k-i) \leqslant C''\varpi''(k)\end{array}\right.$

Soit σ = S ou A. Alors le foncteur Γ_σ de (T 'NC) fait correspondre au produit $\mathcal{C}$ de deux triplets $\mathcal{C}_1$ et $\mathcal{C}_2$:

$$\mathcal{C} = \mathcal{C}_1 \times \mathcal{C}_2 = (S_1 \times S_2 \subset Z_1 \times Z_2 \subset {}'S_1 \times {}'S_2)$$

le produit tensoriel des triplets $\Gamma\mathcal{C}_1$ et $\Gamma\mathcal{C}_2$:

(2.11) $$\Gamma_\sigma(\mathcal{C}_1 \times \mathcal{C}_2) = \Gamma_\sigma\mathcal{C}_1 \otimes \Gamma_\sigma\mathcal{C}_2$$

La démonstration étant assez longue [9], nous en donnons seulement le principe, les notations étant celles de la preuve de (1.18). En prenant des bases orthonormées dans Z_1 et Z_2, et utilisant (0,1), on voit que $\Gamma_\sigma(Z_1 \times Z_2) = \Gamma_\sigma Z_1 \hat{\otimes} \Gamma_\sigma Z_2$. On se ramène alors à démontrer que

(2.12) $$\Gamma_\sigma('S) = \Gamma_\sigma('S_1) \hat{\hat{\otimes}} \Gamma_\sigma('S_2)$$

Vu (C1), on montre que le deuxième membre est l'espace des suites doubles $(f_{i,j})_{i,j}$ d'éléments $f_{i,j} \in T^{i,j} = ('S_1)_\sigma^i \hat{\hat{\otimes}} ('S_2)_\sigma^j$ tels que :

$$\forall(\varpi,u) \in P \times U \qquad \sum_{i,j} \varpi(i)\ \varpi(j)\ |f_{i,j}|_{u,v} < \infty .$$

La condition (C3) permet de remplacer dans cette somme, le produit $\varpi(i)\ \varpi(j)$ par $\varpi(i+j)$. On munit $\sum_\sigma^n = \bigoplus_{i+j=n} T_\sigma^{i,j}$ de la famille des semi-normes $\sum_{i+j=n} |f_{i,j}|_{u,v}$. Alors pour tout n on a un isomorphisme d'e.l.c.s.

$$(2.13)\qquad \begin{array}{ccc} \Sigma_\sigma^n & \longrightarrow & {}'S_\sigma^n \\ \sum_{i=o}^{n} f_{n-i}\otimes g_i & \mapsto & \sum_{i=o}^{n} f_{n-i}\circ g_i \end{array}$$

avec $f_{n-i}\in ('S_1)_\sigma^{n-i}$ et $g_i\in ('S_2)_\sigma^{i}$. Ainsi le second membre de (2.12) apparait comme une somme pondérée des $\Sigma_\sigma^n \sim {}'S_\sigma^n$, c'est-à-dire est isomorphe à $\Gamma_\sigma {}'S$.

(2.14) Variantes vectorielles.

a/ En vue des applications aux calculs différentiels, on définit encore pour tout ℓ entier $\geqslant 0$, le triplet conucléaire

$$\Gamma_\sigma^\ell \mathcal{C} = \Gamma_\sigma \mathcal{C} \otimes \mathcal{C}_\sigma^\ell$$

s'écrivant plus explicitement

$$\Gamma_\sigma^\ell \mathcal{C} = \left|(\Gamma_\sigma S) \underset{\vee}{\otimes} S_\sigma^\ell \subset \Gamma_\sigma Z \,\hat{\otimes}\, Z_\sigma^\ell \subset (\Gamma_\sigma {}'S)\, \hat{\hat{\otimes}}\, {}'S_\sigma^\ell\right|$$

En particulier, on retrouve $\Gamma_\sigma \mathcal{C}$ pour $\ell = 0$.

b/ Si $\mathcal{C}$ est le produit de deux triplets $\mathcal{C}_1$ et $\mathcal{C}_2$, on a

$$\mathcal{C}_\sigma^\ell(\mathcal{C}_1 \times \mathcal{C}_2) \simeq \Gamma_\sigma^\ell \mathcal{C}_1 \otimes \Gamma_\sigma^\ell \mathcal{C}_2$$

On va maintenant interpréter les éléments de $\Gamma_\sigma^\ell \mathcal{C}$ comme des formes scalaires si $\ell = 0$, et comme des formes vectorielles si $\ell \neq 0$.

§ 3. INTERPRETATION DES ELEMENTS DE $\Gamma^{\ell}\mathcal{C}$ COMME FORMES.

On suppose σ fixé égal à S ou A. On suppose $\mathcal{C}$ muni d'une conjugaison $z \to \bar{z}$, le triplet conjugué étant noté $\bar{\mathcal{C}} = (\bar{S} \subset \bar{Z} \subset S')$. Le précédent paragraphe est présenté sous une forme algébrique. On interprète à présent les résultats obtenus en termes d'analyse, en retrouvant des fonctions entières dans le cas $\sigma = S$, si P est convenable.

(3.1) Définition.

Soient E et G deux e.v., k un entier ≥ 0. Pour toute partie d de E on pose ${}^k d = d \times \ldots \times d$ (k fois).

a/ Une forme homogène f_k de degré k sur E à valeurs dans G est une application k-linéaire σ-symétrique de ${}^k E$ dans G. Il s'agit donc d'un polynôme homogène si $\sigma = S$ et d'une forme homogène alternée si $\sigma = A$.

b/ Une forme $f = \sum_{k=0}^{\infty} f_k$ sur E à valeurs dans G est une somme formelle de formes homogènes f_k.

c/ Une forme est dite symétrique si $\sigma = S$, alternée si $\sigma = A$.

Si E et G sont hilbertiens, on dit que f est du type Hilbert-Schmidt, si chaque f_k est du type Hilbert Schmidt, c'est-à-dire définie par un élément de $G \hat{\otimes} \bar{E}^k_\sigma$. Dans les applications qui nous intéressent $E = \bar{Z}$ et $G = Z^{\ell}_\sigma$, on suppose que f appartient à l'espace $\Gamma^{\ell}_\sigma Z = \Gamma_\sigma Z \hat{\otimes} Z^{\ell}_\sigma$. Pour $\ell = 0$ et $\sigma = S$, on retrouve l'espace $\Gamma_S Z$ étudié dans [1][3]. Notons que $\Gamma_A Z$ n'est pas un espace de "fonctions à valeurs anticommutatives sur $\bar{Z}$", mais un espace de formes alternées sur $\bar{Z}$. Il nous reste à interpréter en termes de formes les éléments de $\Gamma^{\ell}_\sigma S$ et $\Gamma^{\ell}_\sigma{}'S$. Curieusement, on ne va pas obtenir des formes continues, mais des formes hypocontinues ou hypercontinues au sens suivant.

(3.2) Proposition.

Soient E et G deux espaces nucléaires complets dont les topologies sont définies par des familles filtrantes croissantes (ε_u) et (ε_v) de semi-normes préhilbertiennes. Soit k entier ≥ 0.

a/ Le produit tensoriel $X = E^k_\sigma \hat{\hat{\otimes}} G$ s'identifie à l'espace ${}^k F_\sigma(E',G)$

des k-formes homogènes $f_k : {}^kE' \to G$, σ-symétriques qui sont hypocontinues c'est-à-dire bornées sur tout produit ${}^ku$, k décrivant U ; la semi-norme $\varepsilon(\varepsilon\sigma_u^k, \varepsilon_v)$ de X correspondant précisément à la semi-norme $q_{u,v}$ suivante

$$f_k \xrightarrow{q_{u,v}} \sup \{\varepsilon_v (f_k(\xi_1,\ldots, \xi_k)) \; ; \; \xi_j \in u\}$$

b/ De même le produit tensoriel $Y = E'^k_\sigma \check{\otimes} G$ s'identifie à l'espace ${}^kF_\sigma(E,G')$ des k-formes homogènes σ-symétriques $f_k : {}^kE \to G'$ qui sont hypercontinues, i.e. telles qu'il existe $(u,v) \in U \times V$ et $\lambda > 0$ avec $f_k({}^k(u^o)) \subset \lambda\, v$... De plus la famille des disques $\sigma_{u,v} = \{f_k \; ; \; f_k({}^k(u^o)) \subset v\}$ est "équivalente" à la famille des boules unité des espaces $(\hat{\bigcirc}_k E'_u) \hat{\otimes} G_v$.

<u>Démonstration.</u>

a/ Toute $f \in {}^kF_\sigma(E',G)$ définit canoniquement une application linéaire $f' : \bigcirc_k E' \to G$ dont les restrictions aux espaces normés $\bigcirc_{k,\pi} E'_u$ sont continues à valeurs G. Donc l'espace vectoriel ${}^kF_\sigma(E',G)$ est isomorphe à l'espace des applications linéaires de E'^k_σ dans G dont les restrictions aux e.v.n. $\hat{\bigcirc}_k E'_u$ sont continues. Comme E'^k_σ dual de l'espace nucléaire complet E^k_σ est ultrabornologique, on a

$${}^kF_\sigma(E',G) \cong L(E'^k_\sigma,G) \simeq X$$

$$q_{u,v}(f) = \sup \{\varepsilon_v(f(\xi_1,\ldots, \xi_k)) \; ; \; \xi_j \in u\}$$

$$= \sup \{|\langle f(\xi_1,\ldots, \xi_k), \eta \rangle| \; ; \; \eta \in v \; ; \; \xi_j \in u\}$$

$$= \sup \{|\langle \theta f, \xi_1 \otimes \ldots \otimes \xi_k \otimes \eta \rangle| \; ; \; \eta \in v, \; \xi_j \in u\}$$

$$= (\varepsilon(\varepsilon\sigma_u^k , \varepsilon_v)) \; (\theta f)$$

Où θf désigne l'élément de X associé à f.

b/ Vue la propriété des semi-normes tensorielles π ([8] exposé 3), l'espace vectoriel ${}^kF_\sigma(E,G')$ est isomorphe à l'espace des applications linéaires hypercontinues de $\bigcirc_{k,\pi} E$ dans G'. Cet espace est isomorphe à l'espace B des formes bilinéaires continues sur $\bigcirc_{k,\pi} E \times G$. Vue la propriété universelle de la topologie tensorielle π,

$$^{k}F_{\sigma}(E,G') \simeq B \simeq (E^{k} \underset{\pi}{\otimes} G)'$$

le disque σ^{k}_{uv} du premier espace correspondant au disque des $\varphi \in (E^{k}_{\sigma} \otimes G)'$, bornées en module par un sur la semi-boule où $\pi(\pi\sigma^{k}_{u}, \varepsilon_{v}) \leqslant 1$; où $\pi\sigma^{k}_{u}$ est la restriction à E^{k}_{σ} de la semi-norme $\pi(\varepsilon_{u},\ldots,\varepsilon_{u})$ sur E^{k}_{x}. Comme E et E^{k}_{σ} sont nucléaires, on a

$$(E^{k}_{\sigma} \underset{\pi}{\otimes} G)' \simeq (E^{k} \hat{\otimes} G)' \simeq E'^{k}_{\sigma} \otimes G'$$

et il existe $\lambda > 0$ et $u' \supset u$, $u' \in U$ tel que $\pi\sigma^{k}_{u} \leqslant \lambda^{k}\, \varepsilon\sigma^{k}_{u'}$.

Donc $\pi(\pi\sigma^{k}_{u}, \varepsilon_{v}) \leqslant \lambda^{k+1}\, \varepsilon(\varepsilon\sigma^{k}_{u}, \varepsilon_{v})$. On notera d'ailleurs que lorsque k varie, E et G étant fixés, la constante λ dépend de u et u', mais pas de k.

Ce théorème montre que l'espace de k formes homogènes hypocontinues $^{k}E' \to G$ et l'espace des k-formes homogènes hypercontinues $^{k}E \to G'$ sont en dualité. On dit qu'une forme $\sum f_{k}$ est hypocontinue (resp hypercontinues). Si chaque f_{k} est hypocontinu (resp. hypercontinu). Nous appliquons le résultat qui précède au cas où $E = S'$ et $G = {}'S^{\ell}_{\sigma}$:

(3.3) <u>Proposition.</u>

Soit σ = S ou A, P vérifiant (C1) et (C2). Alors le triplet conucléaire $\Gamma^{\ell}_{\sigma}\mathcal{C}$ est isomorphe au triplet suivant d'espaces de formes

$$F^{\ell}_{\sigma}(S') \subset F^{\ell}_{\sigma}(\bar{Z}) \subset F^{\ell}_{\sigma}(\bar{S})$$

Plus précisément

a/ $\Gamma^{\ell}_{\sigma} Z$ est isométrique à l'espace $F^{\ell}_{\sigma}(\bar{Z})$ des formes $f = \sum f_{k}$ de Hilbert Schmidt sur $\bar{Z}$ à valeurs dans Z^{k}_{σ}, telles que

$$\|f\|^{2} = \sum_{k=0}^{\infty} \|f_{k}\|^{2}\, k! < \infty$$

la norme de f_{k} étant prise dans $Z^{k}_{\sigma} \hat{\otimes} Z^{\ell}_{\sigma}$.

b/ L'e.l.c.s. $\Gamma^{\ell}_{\sigma}{}'S$ est isomorphe à l'espace $F^{\ell}_{\sigma}(\bar{S})$ des formes $f = \sum f_{k}$ hypocontinues sur $\bar{S}$ à valeurs dans ${}'S^{\ell}_{\sigma}$ telles que :

$$\forall(\varpi,u) \in P \times U ; \sum_{k=0}^{\infty} \varpi(k)\, q_{u,u}(f_{k}) < \infty$$

la semi-norme ainsi définie correspondant à la semi-norme $p_{\omega,u}$ de $\Gamma^{\ell}_{\sigma}{}'S$.

c/ L'espace vectoriel $\Gamma^{\ell}_{\sigma} S$ est isomorphe à l'espace $F^{\ell}_{\sigma}(S')$ des formes

$f = \sum f_k$ hypercontinues sur S' à valeurs dans S^{ℓ}_{σ} telles qu'il existe $(\varpi,u) \in P \times U$ avec

$$\sup_k \varpi(k)^{-1} \quad \varepsilon\sigma^{\ell}_u(f_k({}^{\ell}u^o)) < \infty$$

(3.4) <u>Exemples</u>.

a/ Si l'on prend pour P la famille P_H des poids $\varpi_n(j) = n^j$; $n = 1,2..$; on voit en utilisant la formule de Taylor que l'e.l.c.s. $F^{\ell}_S(S)$ est isomorphe à l'espace $T = H^{Ho}(\bar{S}, {}'S^{\ell}_S)$ des fonctions hypoholomophes sur $\bar{S}$ à valeurs dans ${}'S^{\ell}_S$, T étant muni de la topologie de la convergence uniforme sur les parties équicontinues du dual $\bar{S}$ de $'S$. De même $F^{\ell}_S(S')$ est un e.v. isomorphe à l'espace $'T = \mathrm{Exp}(S', S'^{\ell}_S)$ des fonctions f holomorphes à croissance exponentielles sur S' qui sont hypercontinues à valeurs dans S^{ℓ}_S :

$$\exists u \in U \qquad \exists C > 0 \qquad \forall z \in S' \qquad (\varepsilon S^k_u)(f(z)) \leqslant C \exp(\varepsilon_u(z))$$

Pour $\ell = 0$, les espaces T et $'T$ sont notés simplement $H^{Ho}(\bar{S})$ et $\mathrm{Exp}(S')$. D'où

$$\Gamma_S \mathcal{T} \simeq (\mathrm{Exp}(S') \subset F_S(\bar{Z}) \subset H^{Ho}(\bar{S}))$$

Dans ce cas, il apparaît que la considération de $\Gamma^{\ell}_S \mathcal{C}$ pour $\ell \neq 0$, est motivée par la dérivation D qui définit des opérateurs continus

$$\mathrm{Exp}(S') \longrightarrow \mathrm{Exp}(S',S) \text{ et } H^{Ho}(\bar{S}) \longrightarrow H^{Ho}(\bar{S}, {}'S)$$

b/ On peut prendre pour P la famille P_F des poids $\varpi_n(j) = 1$ si $j \leqslant n$ et 0 pour $j > n$. Alors $\Gamma_S{}'S = \Pi{}'S^{\ell}_S$, $F^o_S(\bar{S})$ est l'espace des séries formelles hypocontinues sur $\bar{S}$; tandis que $F^o_S(S')$ est l'espace des polynomes hypocontinus sur S'.

c/ Soit P_E la famille des poids $\varpi_n(j) = \exp(-j^2/n)$, $n = 1\ldots$. Alors P_E vérifie (C1) et (C2). Les espaces correspondants $F^o_{\sigma}(\bar{S})$ et $F^o_{\sigma}(S')$ sont des espaces de formes vérifiant certaines conditions de croissance.

d/ Dans le cas où $P = P_H$ et $\sigma = A$, on obtient pour $F^o_A(\bar{S})$ et $F^o_A(S')$ des espaces que l'on peut noter $H_A(\bar{S})$ et $\mathrm{Exp}_A(S')$. Ce sont des espaces de formes holomorphes.

(3.5) Interprétation fonctionnelle des formes.

Soit P une famille de poids sur $\mathbb{N}$ vérifiant (C1) et soit E un espace nucléaire complet sur $\mathbb{K}$. L'espace $F_\sigma(E)$ est nucléaire complet de dual $F_\sigma(E')$; comme $F_\sigma(E)$ est semi-réflexif, le dual de $F_\sigma(E')$ est $F_\sigma(E)$.

- Pour interpréter ce résultat on dit qu'une forme σ-symétrique sur E est simple si elle s'écrit $\vec{\xi} = \sum \xi_k$ avec $1=\xi_o \in \mathbb{K}$ et $\xi_k = \xi_{k1} \bigcirc \dots \bigcirc \xi_{kk} \in \bigcirc E'$ pour tout $k \geq 1$.

(3.6) On pose $$e^{\vec{\xi}} = \sum k!^{-1}\, \xi_k = \exp \vec{\xi}$$

On note que toute forme $\varphi \in F_\sigma(E')$ est connue si l'on connait pour tout $\vec{\xi}$ tels que $\exp \vec{\xi} \in F_\sigma(E)$ le nombre

(3.7) $$\varphi(\vec{\xi}) \equiv \sum_{k=o}^{\infty} \langle \varphi_k, \xi_k \rangle_k$$

(3.8) D'ailleurs $\varphi(\vec{\xi}) = \sum k! < \varphi_k \,,\, \frac{\xi k}{k!} >_k = \langle \varphi, \exp \vec{\xi} \rangle$

Dans le cas symétrique, φ est déterminé par la connaissance des nombres $\varphi(\vec{\xi})$ avec $\xi_{kl} = \dots = \xi_{kk}$ pour tout k. Dans le cas plus particulier où $\exp \xi \in F_S(E)$ pour tout $\xi \in E$, φ est connu si l'on connait la fonction $\xi \to \langle \varphi, \exp \xi \rangle$ sur E' et l'on retrouve la situation de l'holomorphie en dim. infinie. Ces considérations montrent (2.9) implique dans le cas commutatif deux théorèmes d'isomorphisme pour la transormation de Borel, en holomorphie en dimension infinie. Dans le cas anticommutatif, rien n'ayant été étudié jusqu'ici ; les considérations du paragraphe montrent que la même interprétation subsiste.

Même interprétation dans le cas hilbertien. Plus précisément soit Z hilbertien complexe séparable à conjugaison. On sait que $F_S(\bar{Z})$ est invariant par transformation de Borel

(3.9) $$\forall z \in Z \qquad \forall f \in F_S(\bar{Z}) \qquad f(\bar{z}) = (e^z, f)$$

où $\exp z$ désigne l'élément $\bar{z}' \longrightarrow \exp(z',z)$ de $F_S(\bar{Z})$. On a un résultat analogue dans le cas anticommutatif. En effet soit $1 = z_o \in \mathbb{C}$ et $z_{kj} \in Z$

avec $\sup_{k,j} \|z_{k,j}\| < \infty$. Alors pour tout $f \in F_A(\bar{Z})$:

(3.10) $$(e^{\vec{z}},f) = \sum k!(z_{k1} \wedge z_{k2} \wedge \ldots \wedge z_{kk}, f_k) = \sum f_k(z_{k1} \ldots, z_{k,k}) = f(\vec{z}).$$

On suppose $\sigma = A$ ou S, ou X.

Commençons par étendre en dim. infinie les opérations usuelles des algèbres tensorielles σ-symétriques. Les lettres $E,G\ldots$ désignent des espaces nucléaires complets sur $\mathbb{K} = \mathbb{R}$ ou $\mathbb{C}$.

(3.11) <u>Proposition.</u>

Soit P une famille de poids sur $\mathbb{N}$ vérifiant (C1) et :

(C4) Pour tout $\varpi \in P$, il existe $C > 0$ et $\varpi' \in P$ avec pour tout $n \geqslant 0$

$$\sum_{j=o}^{n} \frac{\varpi(n-j)\,\varpi(j)}{(n-j)!\,j!} < C\,\frac{\varpi'(n)}{n!}$$

$$\sum \varpi'(n-j)^{-1}\,\varpi'(j)^{-1} \leqslant C\,\varpi(n)^{-1}$$

Alors $F_\sigma(E)$ et $F_\sigma(E')$ sont des algèbres, le produit σ-symétrique : $(f\,;\,g) \mapsto f \bigcirc g$ définissant une application bilinéaire bornée $F_\sigma(E) \times F_\sigma(E) \to F_\sigma(E)$ et une application bilinéaire continue $F_\sigma(E') \times F_\sigma(E') \to F_\sigma(E')$.

En effet pour $f = \sum f_k$ et $g = \sum g_k \in F_\sigma(E)$, il existe $(\varpi,u) \in P \times U$ et les constantes C' et C'' telles que pour tout k

$$\forall k \quad |f_k|_{u^o} \leqslant C'\,k!^{-1}\,\varpi(k);\; |g_k|_{u^o} \leqslant C''\,k!^{-1}\,\varpi(k)$$

Pour tout $n \geqslant 0$, on pose $h_n = f_n \bigcirc g_o + \ldots + f_o \bigcirc g_n$.

D'où $|h_n|_{u^o} \leqslant \sum_{j=o}^{n} |f_{n-j}|_{u^o}\,|g_j|_{u^o} \leqslant CC'C''\,\varpi(n)\,n!^{-1}$ ce qui montre que $h = \sum h_n = f \bigcirc g \in F_\sigma(E)$, le produit σ-symétrique définissant une application bilinéaire"bornée". De même partant de f et $g \in F_\sigma(E')$ on veut montrer que $\sum \varpi''(k)\,|h_k|_u < \infty$ pour tout $\varpi'' \in P$. Vu (C1), il existe $\varpi \geqslant \omega''$ avec $D = \sum \varpi''(j)\,\varpi(j)^{-1}$ fini . On a : $|f_k|_u \leqslant C'\,\varpi'(k)^{-1}$ et $|g_k|_u \leqslant C''\,\varpi'(k)^{-1}$.

Donc vu (C4)

$$\bar{\omega}(n)\ |h_n|_u \leqslant \bar{\omega}(n) \sum |f_{n-j}|_u\ |g_j|_u \leqslant CC'C''$$

D'où

$$\sum \varpi''(n)\ |h_n|_u \leqslant CC'C''D.$$

(3.12) Corollaire : exponentielle d'une forme.

Soit α une forme donnée sur E'. Donc pour tout $(\varpi,u) \in P \times U$, on a $\sup_k \varpi(k)\ |\alpha_k|_u = C' < \infty$. Le calcul précédent montre que pour tout $n \geqslant 1$ et pour tout $k \geqslant 0$, on a $\varpi(k) |(\alpha^{\Lambda n})_k|_u \leqslant C^{n-1}\ C'^n$.

Alors $\exp \alpha = \sum n!^{-1}\ \alpha^{\Lambda n} \in F_\sigma(E')$ car pour tout k :

$$\varpi(k)\,|(e^\alpha - 1)_k|_u \leqslant \sum_1^\infty \frac{(CC')^n}{C\ n!} < \infty .$$

(3.13) Proposition.

Si α_1 et α_2 désignent deux formes homogènes $\in F_A(E')$:

$$\exp(\alpha_1 + \alpha_2) = e^{\alpha_1} \Lambda\ e^{\alpha_2} \Lambda\ \exp - \frac{1}{2}\left[\alpha_1, \alpha_2\right]$$

avec $[\alpha_1,\alpha_2] = \alpha_1 \Lambda\ \alpha_2 - \alpha_2 \Lambda\ \alpha$. Ceci résulte du fait que α_1 et α_2 commutent avec leur commutant :

(3.14) $$[\alpha_1,[\alpha_1, \alpha_2]] = [\alpha_2, [\alpha_1, \alpha_2]] = 0$$

(3.15) Exponentielle de la forme symplectique.

a/ Si $\alpha = x \wedge \xi$ est la forme symplectique sur E E', comme $\alpha^{\Lambda k}$ a été défini en (1.8), on peut définir $\exp \alpha$ comme somme de formes homogènes sur $E \times E'$; mais en général $\exp \alpha$ ne vérifie que des conditions mixtes de continuité.

b/ Dans le cas particulier où E = 'S, le triplet (S ⊂ Z ⊂ 'S) étant muni d'une conjugaison, la forme $\alpha = \bar{z} \wedge z'$ sur $\bar{S} \times S$ est hypocontinue. En effet soit β l'injection canonique de S dans 'S. Pour tout $u \in U$, il existe $C > 0$ tel que $\beta u \subset C\, u^o$. Pour $m_j = (\bar{z}_j, z_j') \in \bar{S} \times S$, $j = 1,2$, il vient

$$\alpha(m_1,m_2) = \frac{1}{2}\,(\bar{z}_1\ z_2' - \bar{z}_2\ z_1')$$

Donc $(m_1 \text{ et } m_2 \in \bar{u} \times u) \Longrightarrow |\alpha(m_1, m_2)| \leqslant C$. Vu (3.12), si P vérifie

(C4), on peut alors définir $\exp \bar{z} \wedge z'$ comme élément de $F_A(\bar{S} \times S)$

c/ Cet élément commute avec tout autre élément de $F_A(\bar{S} \times S)$. Ceci se démontre comme dans la preuve de (1.12), c'est-à-dire en se ramenant au cas de la dim. finie.

d/ De même dans le cas b/, si $\sigma = S$, $\exp \bar{z}\, z'$ est défini dans $F_S(\bar{S} \times S)$.

(3.16) Produit tensoriel σ-symétrique de formes vectorielles.

On suppose que P vérifie (C1) et (C4).

a/ Soient $f = \sum f_\ell \in F_\sigma(E, E'^{k}_\sigma)$, $g = \sum g_{\ell'} \in F_\sigma(E, E'^{k'}_\sigma)$ et définissons $h = f \odot g \in F_\sigma(E, E'^{k+k'}_\sigma)$. Il existe $u \in U$, C' et $C'' > 0$ avec

$$x_1,\ldots, x_\ell \in u^o \Longrightarrow f_\ell(x_1,\ldots, x_\ell)) \in C'\,\ell\,!^{-1}\, \varpi(\ell)\, \sigma^k_u$$

$$x_{\ell+1},\ldots, x_{\ell+\ell'} \in u^o \Longrightarrow g_{\ell'}(x_{\ell+1},\ldots, x_{\ell+\ell'}) \in C''\,\ell'!^{-1}\, \varpi(\ell')\sigma^{k'}_u$$

Or l'application bilinéaire naturelle

$$E'^{k}_\sigma \times E'^{k'}_\sigma \longrightarrow E'^{k+k'}_\sigma$$

$$\text{envoie} \quad \hat{\bigodot_\ell} E'_u \times \hat{\bigodot_{\ell'}} E'_u \quad \text{dans} \quad \hat{\bigodot_{\ell+\ell'}} E'_u$$

et plus précisément $\sigma^k_u \times \sigma^{k'}_u$ dans $\sigma^{k+k'}_u$.

$$\text{D'où } f_\ell(x_1,\ldots, x_\ell) \times g_{\ell'}(x_{\ell+1},\ldots,x_{\ell+\ell'}) \in C'C''\, \ell!^{-1}\, \varpi(\ell)\, \varpi(\ell')\, \sigma^{k+k'}_u$$

On pose alors $h_n = f_n \odot g_o + \ldots + f_o \odot g_n$ et (C4) entraîne

$$h_n(x_1,\ldots, x_n) \in CC'C'' \quad n! \quad \varpi(n)\, \sigma^n_u$$

si les $x_i \in u^o$ ce qui entraine $h = \sum h_n \in F_\sigma(E,E'^{k+k'}_\sigma)$. On a un produit tensoriel analogue σ-symétrique pour les formes vectorielles définies sur E', à valeurs dans E^k_σ.

b/ Avec d'autres hypothèses sur f et g, on peut faire un produit tensoriel avec contraction dans le but. Supposons par ex. $k \geqslant k'$, $f = \sum f_\ell \in F_\sigma(E,E'^{k}_\sigma)$ $g = \sum g_{\ell'} \in F_\sigma(E,E^{k'}_\sigma)$ et

$$x_{\ell+1},\ldots x_{\ell+\ell'} \in u^o \Longrightarrow g_{\ell'}(x_{\ell+1},\ldots, x_{\ell+\ell'}) \in C''\, \ell'!^{-1}\, \varpi(\ell')^{k'}\, u^o$$

La contraction entre $E^{k'}_\sigma$ et les k' derniers facteurs de E'^{k}_σ définit une application bilinéaire de $E'^{k}_\sigma \times E^{k'}_\sigma$ dans $E'^{k-k'}$ envoyant $u^k_\sigma \times {}^o(u^{k'}_\sigma)$

dans $u_\sigma^{k-k'}$. En raisonnant comme précédemment on voit que $h \in F_\sigma(E, E'^{k-k'}_\sigma)$.
Par exemple on peut prendre pour g la forme vectorielle homogène $\vec{\xi}^k_\sigma$ de degré k : $x_{\ell+1}, \ldots, x_{\ell+k} \longrightarrow x_{\ell+1} \bigcirc \ldots \bigcirc x_{\ell+k}$. Alors l'application $f \rightarrow [f \bigcirc \vec{x}^k_\sigma]$ est bornée de $F_\sigma(E, E'^k_\sigma)$ dans $F_\sigma(E)$

(3.17) <u>Opérateurs différentiels scalaires.</u>

Soit φ fixé dans $F_\sigma(E')$. L'opérateur $f \mapsto \varphi(D)\, f$ de dérivation à gauche par $\varphi(D)$ dans $F_\sigma(E)$ est défini comme transposé de l'opérateur $\psi \rightarrow \psi \wedge \varphi$ dans $F_\sigma(E')$. Alors que $f \rightarrow f\,\varphi(D)$ est défini en transposant $\psi \rightarrow \varphi \wedge \psi$. Si $\sigma = S$, on a $f\,\varphi(D) = \varphi(D)\, f$. Dans le cas $\sigma = A$, on pose encore, en accord avec les notations de l'algèbre extérieure.

(3.18) $\quad \varphi(D)\, f = f \llcorner \check{\varphi} \qquad f\,\varphi(D) = \check{\varphi} \lrcorner f$

Notons que

$<\varphi_1(D)\,(\varphi_2(D) f), \psi> = <\varphi_2(D)\, f,\ f \wedge \varphi_1> = <f \wedge \varphi_1 \wedge \varphi_2>$

(3.19) $\quad$ D'où $\qquad \varphi_1(D)\,\varphi_2(D) = (\varphi_1 \wedge \varphi_2)\,(D)$

Par exemple pour tout $a \in E$, on pose $a(D) = D_a$. Alors pour toute $f \in {}^kF(E)$, on a

(3.20) $\quad \forall x_1 \ldots, x_{k-1} \in E \qquad (D_a f)\,(x_1, \ldots, x_{k-1}) = k f(a, x_1, \ldots, x_{k-1})$.

En effet, on a

$(k-1)\,!\,(D_a f)\,(x_1, \ldots, x_{k-1}) = (k-1)\,!\,<D_a f, x_1 \wedge \ldots \wedge x_{k-1}>_{k-1,us}$

$= <D_a f, x_1 \wedge \ldots \wedge x_{k-1}>_{us} = <f, x_{k-1} \wedge \ldots \wedge x_1 \wedge a>$

$= k\,!\,<f, a \wedge x_1 \wedge \ldots \wedge x_{k-1}>_{k,us} = k!\, f(a, x_1, \ldots, x_{k-1})$

On définit de même $f\,D_a$, les opérateurs itérés $D_{a,b} = D_a(D_b)$.

(3.21) <u>Opérateurs différentiels vectoriels.</u>

Pour tout k entier > 0, l'opérateur $f \rightarrow f.D^k$ de dérivation à droite est défini comme transposé de l'opérateur $\vec{\psi} \rightarrow [\vec{\xi}^k_\sigma \bigcirc \vec{\psi}]$. Comme cet opérateur est continu de $F_\sigma(E', E^k_\sigma) \rightarrow F_\sigma(E')$, D^k est continu de $F_\sigma(E)$ dans $F_\sigma(E, E'^k_\sigma)$. On définit de même la dérivée à gauche $f \rightarrow D^k f$, l'opérateur D^k pour les formes définies sur E'.

§ 4. INTERPRETATION DES ELEMENTS DE $\Gamma^{\ell}\mathcal{C}$ PAR DES COFORMES.

Dans le calcul symbolique pour les champs de bosons un rôle très important est joué par les fonctionnelles analytiques, et les fonctionnelles analytiques de type exponentiel. D'ailleurs les mesures de probabilité (qui sont des fonctionnelles analytiques particulières) jouent un grand rôle en théorie constructive. On généralise au cas anticommutatif. On suppose fixée une famille P de poids vérifiant (C1), (C3) et (C4) et σ est supposé fixé dans $\{S,A\}$.

(4.1) Définition d'une coforme sur E.

Une coforme sur l'espace nucléaire complet E est un élément du dual $F'_\sigma(E)$ de $F_\sigma(E)$.

La coforme est dite symétrique si $\sigma = S$ et alternée si $\sigma = A$. L'action de $M \in F'_\sigma(E)$ sur $f \in F_\sigma(E)$ est notée :

$$M(f) = \langle M,f\rangle = \int f(x)\, M(x) \tag{4.2}$$

le signe d'intégration symbolise donc seulement une dualité.

On définit de même les coformes sur E', les coformes vectorielles, les coformes sur un espace de Hilbert. Si E est complexe à conjugaison, une anticoforme B sur E est un élément de l'antidual $'F^\star_\sigma(E)$ de $F_\sigma(E)$ et on écrit

$$B(f) = (f,B) = \langle f^\star, B\rangle = \int f^\star(z)\, B(z) \tag{4.3}$$

(4.4) Proposition et définition de la transformation de Laplace Borel.

L'espace $F'_\sigma(E')$, muni de la topologie de la convergence uniforme sur les "bornés" de $F_\sigma(E)$ est nucléaire complet, et isomorphe à $F_\sigma(E')$.
De même $F'_\sigma(E') \simeq F_\sigma(E')$. Pour tout $M \in F'_\sigma(E)$ il existe une seule $\hat{M} \in F_\sigma(E')$ telle que

$$\langle M,f\rangle = \sum k\,!\ \langle \hat{M}_k, f_k\rangle_k \tag{4.5}$$

On dit que $\hat{M}$ est la transformée de Laplace Borel de M. Inversement la coforme sur E dont la transformée de Laplace Borel est $\varphi \in F_\sigma(E')$ est notée $\delta\varphi$ et éventuellement $d\varphi$ si $\sigma = S$ ou x. On a quelles que soient $f \in F_\sigma(E)$ et $\varphi \in F_\sigma(E')$ une relation type Parseval :

(4.6) $$\langle f, \varphi\rangle = \int f\ \delta\varphi = \int \varphi\ \delta f$$

(4.7) Accouplements partiels (ou intégrations partielles).

Notons Id l'application identique du dual X d'un espace nucléaire complet Alors pour toute $\varphi \in F_\sigma(E')$, $Id \otimes \delta\varphi$ définit une application linéaire continue de $X \check{\otimes} F_\sigma(E)$ dans $X \otimes \mathbb{K} \simeq X$. Pour toute $\vec{f} \in X \check{\otimes} F_\sigma(E)$ on pose

$$\int_E \vec{f}\ \delta\varphi = (Id \otimes \delta\varphi)\ (f)$$

Vu (2.10) ceci peut être appliqué dans le cas particulier où X est l'espace des formes sur un espace nucléaire complet G. Comme $X \check{\otimes} F_\sigma(E) \simeq F_\sigma(G \times E)$ on peut écrire $\vec{f} = f(x,y)$ et

(4.8) $$\int \vec{f}\ \delta\varphi = \int f(x,y)\ \delta\varphi(y) \in X = F_\sigma(G)$$

Soit g une forme symétrique sur l'espace nucléaire complet E. Alors pour tout $x \in E$ tel que $e^x \in F_S(E')$ on a

(4.9) $$g(x) = \sum_{k=o}^{\infty} g_k(\otimes_k x) = \int e^{x\xi}\ \delta g(\xi)$$

Cette formule est d'ailleurs la motivation de (4.4). La situation est différente dans le cas alterné car une forme alternée sur E ne définit jamais une fonction sur E :

(4.10) <u>Proposition</u>.

Soit E nucléaire complet et $g \in F_A(E)$

a/ Alors pour toute forme simple $\vec{x} = \sum_{k=o}^{\infty} x_{k1} \wedge \ldots \wedge x_{kk}$ sur E' telle que $\exp \vec{x} \in F_A(E')$, on a

$$g(\vec{x}) = \sum g_k(x_{k1}, \ldots, x_{kk}) = \int_{E'} (e^{\vec{x}})\ (\xi)\ \ \delta g(\xi)$$

b/ Si $\dim E = n$ est fini on a

$$g = g(x) = \int_{E'} e^{x_\wedge \xi}\ \delta g(\xi)$$

(Si E est dim infinie on a une relation analogue pour tout sous-espace E_α de dimension finie de E, g étant remplacé par sa restriction.

Preuve :

On note que a) est une reformulation (3.8). Pour prouver b), on rapporte E à une base ; les coordonnées de $x \in E$ sont notées $x^1, \ldots x^n$. Les coordonnées de $\xi \in E'$ par rapport à la base duale sont notées $\xi_1, .$ et ξ_n .

(4.11) Notations.

Toute partie i de $\{1,2\ldots n\}$ s'écrit d'une seule façon $i = (i_1, \ldots, i_p)$ avec $1 \leqslant i_1 < \ldots < i_p \leqslant n$. On pose

$$x^i = x^{i_1} \wedge \ldots \wedge x^{i_p} \qquad \xi_i = \xi_{i_1} \wedge \ldots \wedge \xi_{i_p}$$

On a $(x^i)^\vee = (i)\, x^i$ avec $(i) = (-1)^{p(p-1)/2}$.

La partie complémentaire de i est notée i'. Les x^i forment une base de $F_A(E)$; la base duale de $F_A(E')$ est formée par les $\check{\xi}_i$. La table de multiplication de l'algèbre $F_A(E)$ s'écrit

(4.12)
$$x^i \wedge x^j = \begin{cases} 0 & \text{si} \quad i \cap j \neq \phi \\ (i,j)\, x^{i \cup j} & \text{sinon} \end{cases}$$

avec $(i,j) = (-1)^k$, k étant le nombre de couples $(i_\ell, j_m) \in i \times j$ tels que $j_m < i_\ell$.

. Vu ceci et (1.13), on a prouvé b) si l'on montre que

$$\forall i \qquad x^i = \int \Big(\sum_\alpha x^\alpha \wedge \xi_\alpha\Big)\, (\delta x^i)\, (\xi)$$

Or l'intégrale se réduit à

$$\int \check{x}^i \wedge \xi_i (\delta x^i)\ (\xi) = \check{x}^i(i) = x^i$$

(4.13) Définition d'une coforme normale.

Soit E un espace nucléaire complet. Si $\sigma = S$, (resp $\sigma = A$) une coforme sur E est dite normale si sa transformée de Laplace Borel est du type $\exp \varphi$, où φ est une forme quadratique sur E' (resp une forme extérieure de degré au plus deux sur E') sans terme constant.

(4.14) Coformes sur un dual algébrique.

Soit E un e.v. quelconque sur $\mathbb{K}$. Le dual algébrique $E^\star$ de E est systématiquement muni de la topologie faible $\sigma(E^\star, E)$. Il est donc nucléaire complet, et les parties équicontinues de $(E^\star)' = E$ sont les bornés de dim. finie de E. On suppose P fixé égal à P_H. Alors $F_\sigma(E)$ est l'espace de toutes les formes alternées sur E si $\sigma = A$ (resp. des fonctions Gateaux analytiques sur E si $\sigma = S$). Soit (E_j) la famille des sous-espaces de dim. finie de E, α_j l'injection de E_j dans E ; si $E_j \subset E_i$, cette injection est notée α_{ji}. D'où un système inductif (E_i, α_{ij}). En transposant les α_{ij} on obtient un système projectif $(E_i^\star, \alpha_{ij}^\star)$ et des surjections $\alpha_j^\star : E^\star \to E_j^\star$. Alors toute $\varphi \in F_\sigma(E)$ est caractérisée par la famille cohérente de ses restrictions φ_j aux E_j. En effectuant une transformation de Laplace Borel inverse j'en déduis la

(4.15) Proposition.

Toute coforme $\delta\varphi$ sur $E^\star$ est caractérisée par une famille cohérente $(\delta\varphi_i)$ de coformes sur les espaces de dim. finie $E_i^\star$. On dit que $(\delta\varphi_i)$ est la représentation cylindrique de la coforme $\delta\varphi$.

(4.16) Proposition.

Considérons le cas particulier où $\sigma = S$, $\mathbb{K} = \mathbb{R}$, $P = P_H$. Toute mesure cylindrique (μ_i) sur un e.l.c.s. réel G telle que les μ_i soit à décroissance exponentielle est caractérisée par la coforme sur $G'^\star$ dont (μ_i) est la représentation cylindrique.

En effet, on note d'abord que la définition d'une probabilité cylindrique sur G ne dépend pas de l'e.l.c.s. G, mais simplement de l'e.v. $G' = E$; et que $(E_i^\star, \alpha_{ij}^\star)$ coïncide avec le système projectif de la théorie des probabilités cylindriques. Vu (4.4), on a une application linéaire de l'ensemble des mesures cylindriques considérées dans l'ensemble des coformes symétriques sur $E^\star$. Cette application est injective car pour tout i, si $\int f \, d\mu_i = 0$ pour toute $f \in F_S(E_i^\star)$, on voit que ça entraine $\hat{\mu}_i = 0$. Donc $\mu = (\mu_i) = 0$.

(4.17) "Radonification" des coformes.

Soient alors H et G deux e.l.c.s., G étant nucléaire complet et soit u linéaire continue de H dans G, l'image de u étant dense

a/ Introduisant la transposée u' de u, on voit que u se prolonge en une application $\hat{u}$ de $H'^{\star}$ dans $G'^{\star}$; et définit une application $F'_{\sigma}(H'^{\star}) \to F'_{\sigma}(G'^{\star})$.

b/ On a une injection des coformes sur G dans les coformes sur $G'^{\star}$ (regarder les transformées de Borel).

c/ Soit alors $\delta\,\varphi$ une coforme sur $H'^{\star}$, de transformée de Laplace Borel φ. Si $\varphi \circ u' \in F_{\sigma}(G')$, il en résulte que $u(\delta\,\varphi) \in F_{\sigma}(G)$.

En d'autres termes, u transforme la "coforme cylindrique $\delta\,\varphi$ sur H" en une coforme sur G.

(4.18) Opérations sur les coformes.

a/ Soient E et G deux e.l.c.s. nucléaires complets et soit u une application linéaire continue de E dans G. L'image u T d'une coforme T sur E est la coforme sur G telle que

$$\forall \varphi \in F_{\sigma}(G) \; ; \quad \langle u\,T, \varphi\rangle = \langle T, \varphi \circ u\rangle \tag{4.19}$$

où $\varphi \circ u$ désigne la transportée de φ par u. Notant u' la transposée de u, les transformées de Laplace Borel de T et u T sont reliées par

$$\widehat{u\,T} = \hat{T} \circ u' \tag{4.20}$$

Dans le cas particulier où $\sigma = A$, $\varphi \circ u$ est notée usuellement $u \star \varphi$.

b/ Soeint π_1 et π_2 les projections canoniques du produit $E \times G$ sur E et G resp. Le produit tensoriel des coformes $T \in F'_{\sigma}(E)$ et $U \in F'_{\sigma}(G)$ est la coforme sur $E \times G$ ainsi définie

$$\forall \varphi \in F_{\sigma}(E), \quad \forall \psi \in F_{\sigma}(G) \quad \langle T \otimes U, (\varphi \circ \pi_1) \bigcirc (\psi \circ \pi_2)\rangle = \langle T,\varphi\rangle \langle U,\psi\rangle \tag{4.21}$$

La relation (1.17) montre que la transformée de Laplace Borel de $T \otimes U$ s'écrit

$$\widehat{T \otimes U} = (\hat{U} \circ \underline{\pi}_2) \bigcirc (\hat{T} \circ \underline{\pi}_1). \tag{4.22}$$

où $\underline{\pi}_1$ et $\underline{\pi}_2$ sont les projections canoniques de $E' \times G'$ sur E' et G'.

Dans le cas commutatif, les formules (4.21) et (4.22) font une forme familière :

$<T \otimes U, \varphi \otimes \psi> = <T, \varphi> <U, \psi>$ et $\widehat{T \otimes U} = \hat{T}.\ \hat{U}$

En général, on simplifiera l'écriture en supprimant π_1 et π_2 dans (4.21) et (4.22).

c/ On déduit de a) et b) la définition du produit de convolution de deux coformes T et U sur E : c'est l'image de $T \otimes U$ par l'application somme. De plus

(4.23) $$\widehat{T \star U} = \hat{U} \circ \hat{T}$$

d/ Pour toute forme $g \in F_\sigma(E)$ l'opération $T \to g\, T$ de produit à gauche par g est défini en transposant l'opération de produit à droite par g dans $F_\sigma(E)$

(4.24) $$\forall f \in F_\sigma(E)\ ;\ <f, g\, T> = <f \circ g, T>$$

Or vu (3.17), l'opérateur $f \to f \circ g$ dans $F_\sigma(E)$ est le transposé de l'opérateur $\varphi \to g(D)\, \varphi$ dans $F_\sigma(E')$. Donc

(4.25) $$\widehat{g\, T} = g(D)\ \hat{T}$$

De même $\widehat{T\, g} = \hat{T}\, g(D)$. Dans le cas commutatif $g\, T = T\, g$.

e/ Soit φ fixé dans $F_\sigma(E')$ l'opérateur $\varphi(D)$ de dérivation à gauche dans $F'_\sigma(E)$ est défini comme transposé de l'opérateur. $\varphi(-D)$ de dérivation à gauche dans $F_\sigma(E)$

(4.26) $$\forall f \in F_\sigma(E)\quad <f, \varphi(D)\, T> = <\varphi(-D)\, f, T>$$

où l'on a posé $\varphi(-D) = \varphi'(D)$, les formes $\varphi = \sum \varphi_k$ et $\varphi' = \sum \varphi'_k$ étant reliées par $\varphi'_k = (-1)^k\, \varphi_k$. Or l'opérateur $f \to \varphi'(D)\, f$ a été défini comme le transposé de l'opérateur $\psi \to \psi' \circ \varphi'$ dans $F\ (E')$. D'où

(4.27) $$\widehat{\varphi(D)\, T} = \hat{T} \circ \varphi'$$

De même $\widehat{T\, \varphi(D)} = \varphi' \circ \hat{T}$. Dans le cas commutatif $T\, \varphi(D) = \varphi(D)\, T$.

§ 5. PREMIERES APPLICATIONS A LA PHYSIQUE.

Comme introduction on examine le cas de la dim. finie.

(5.1) Définition de la coforme de Fermi.

Soit (E,f) le couple formé par un e.v. E sur $\mathbb{K}$, de dimension n et par une forme f non nulle homogène de degré n sur E. Soit φ la forme sur E' telle que $\langle f, \varphi\rangle = 1$. La coforme de Fermi définie par (E,f) est la coforme $\delta\varphi$ sur E. Elle est notée df.

(5.2) Proposition.

Ecrivons toute $g \in F_A(E)$ sous la forme $g = C(g)\, f + g'$ avec $d^o g' < n$.
Alors $\int g\, df = C(g)$

En effet, choisissons une base de E telle que $f = 1 \wedge \dots \wedge x^n$.

Rapportant E' à la base duale, on a $\varphi = \xi_n \wedge \xi_{n-1} \dots \wedge \xi_1$. Alors vu (1.15) et (4.4) :

$$\int g\, df = \sum k!\, \langle g_k, \varphi_k\rangle_k = n!\, C(g)\, \langle f, \varphi\rangle_k = C(g)\, \langle f, \varphi\rangle = C(g).$$

Notons qu'on aurait pu définir directement l'intégrale de Fermi sur E à l'aide de la forme linéaire $g \to C(g)$ sur $F_A(E)$ [4].

(5.3) Proposition.

Soient deux couples (E_j, f_j), $j = 1,2$, et $n_j = \dim E_j$.
Alors $d(f_1 \wedge f_2) = df_1 \otimes df_2$.

En effet soient φ_1 et φ_2 deux formes sur E_1' et E_2' telles que $\langle f_1, \varphi_1\rangle = \langle f_2, \varphi_2\rangle = 1$. Alors $\langle f_1 \wedge f_2, \varphi_1 \wedge \varphi_2\rangle = \langle f_1, \varphi_1\rangle \langle f_2, \varphi_2\rangle = 1$.
Ceci prouve $d(f_1 \wedge f_2) = \delta(\varphi_2 \wedge \varphi_1) = \delta\varphi_1 \otimes \delta\varphi_2 = df_1 \otimes df_2$.

Cette proposition permet de retrouver les règles de calcul qui sont prises usuellement comme définition de l'intégrale de Fermi. En effet prenant $E_j = \mathbb{R}$ muni de la forme $x^j (j = 1,2)$, $\mathbb{R}^2$ est alors muni de la coforme $d(x^1 \wedge x^2) = dx^1 \otimes dx^2$:

Comme $\int x^j \, dx^j = 1 \qquad \int 1 \, dx^j = 0 \qquad j = (1,2)$

il vient $\int x^1 \, d(x^1 \wedge x^2) = \int (x^1 \wedge 1) \, d(x^1 \wedge x^2) = \int x^1 \, dx^1 . \int 1 \, dx^2 = 0$

et $\int x^1 \wedge x^2 \, d(x^1 \wedge x^2) = \int x^1 \, dx^1 . \int x^2 \, dx^2 = 1.$

On peut comprendre de la même manière la "tranformation de Fourier" de [1] :

(5.4) Proposition.

Soit (E,f) comme dans (5.1) et soit φ la forme alternée sur E' telle que $\langle f, \varphi \rangle = 1$. Toute forme k sur E on associe la forme χ sur E' ainsi définie

(5.5) $$\chi = \chi(\xi) = \int e^{\xi \wedge x} \, (k \, df)(x) = \int e^{\xi \wedge x} \wedge k(x) \, df(x)$$

Alors $k \to \chi$ est une application linéaire bijective de $F_A(E)$ sur $F_A(E')$, l'application inverse $\chi \to k$ étant donnée par

(5.6) $$k(x) = \int \chi(\xi) \, e^{x \wedge \xi} \, d\varphi(\xi)$$

Démonstration.

On sait que l'application $k \to \chi = k(D) \varphi = k \lrcorner \varphi$ est un isomorphisme de $F_A(E)$ sur $F_A(E')$. D'ailleurs vu (4.11) ; si $x^i(D) \varphi = \sum a_j \xi_j$, les constantes a_j sont telles que

$$a_j = \langle x^i(D) \varphi, \check{x}^j \rangle = \langle \varphi, \check{x}^j \wedge x^i \rangle$$

Supposons $f = x^1 \wedge \ldots \wedge x^n$, $\varphi = \xi_n \wedge \ldots \wedge \xi_1$. Alors

$$a_j = (j) \langle \varphi, x^j \wedge x^i \rangle = (j)(j,i) \langle \varphi, x^{i \cup j} \rangle$$

(5.7) D'où $x^i(D) \varphi = (i')(i',i) \, \xi_{i'}$.

(5.8) On voit de même que $\xi_{i'}(D) f = (i')(i',i) \, x^i$

Donc l'inverse de $k \to \chi = k \lrcorner \varphi$ est $\chi \to f \llcorner \chi$.

Comme $k \lrcorner \varphi$ et $f \llcorner \chi$ sont respectivement les transformées de Laplace Borel des coformes $\check{k}\, df$ et $(d\varphi)\check{\chi}$, on en déduit les formules (5.5) et (5.6).

(5.9) Cas de la dimension infinie.

Ce travail permet la définition et l'étude du calcul symbolique pour les champs de bosons et de fermions [12]. Dans ce dernier cas on utilise un espace de Hilbert complexe Z (avec conjugaison) de solutions de l'équation de Dirac. Un fermion dont le mouvement est décrit par cette équation est décrit par un triplet centré sur Z, soit $Z = (S \subset Z \subset {}'S)$. Un ensemble de k particules indiscernables de ce type est décrit par le triplet $\mathcal{C}^k_A$. Choisissant une famille P de poids vérifiant (C1 à 4), un champ de fermions est décrit par le triplet

$$\Gamma_A \mathcal{C} \simeq (F_A(S') \subset F_A(\bar{Z}) \subset F_A(\bar{S}))$$

Soit $(b_1, b_2 \ldots)$ une base orthonormée de Z. Alors une base orthonormée de $F_A(\bar{Z})$ est formée par les formes suivantes sur $\bar{Z}$

$z_1, \ldots, z_k \longrightarrow (z_1 \wedge \ldots \wedge z_k, b^\alpha)$ avec $|\alpha| = k$. Ces formes s'écrivent donc $\bar{z}^\alpha = (\bar{z}^{\alpha_1} \wedge \ldots \wedge \bar{z}^{\alpha_k})$. Dans le cas commutatif la promesure normale complexe canonique $\nu' = \nu'_S$ de Z a pour image une mesure gaussienne P sur 'S, du moins si S est nucléaire. De plus $F_A(\bar{Z})$ s'identifie à un sous-espace fermé de $L^2(S', P)$. On a une propriété analogue dans le cas des fermions :

La structure hilbertienne de l'espace réel Z^r sous jacent à Z est donnée par le produit scalaire $2\,\mathrm{Re}\, \bar{z}\, z' = 2\,\mathrm{Re}(z, z') = \bar{z}\, z' + z\, \bar{z}$. Identifiant Z^r à son dual. La forme symplectique canonique sur $(Z^r)^\star \times Z^r$ est $\sigma = u \wedge \bar{z} + \bar{u} \wedge z$ avec les conventions de (1.8), et cette forme permet de définir la transformée de Laplace Borel des coformes sur $(Z^r)^\star$.

Introduisons aussi la forme symplectique suivante sur Z^r,

(5.10) $\quad (z\ ;\ z') \rightarrow i\,\mathrm{Im}(z\,\bar{z}') = \frac{i}{2i}(z\,\bar{z}' - \bar{z}\,z') = \frac{1}{2}(z\,\bar{z}' - \bar{z}\,z')$

Vue la convention (1.8) cette forme est notée $z \wedge \bar{z}$.

(5.11) Définition.

Soit $\sigma = A$ et Z hilbertien complexe séparable. La coforme normale canonique sur $(Z^r)^*$ est définie comme la coforme alternée $\nu_A = \nu_A(Z)$ sur $(Z^r)^*$ de transformée de Laplace Borel $\exp u \wedge \bar{u} = \varphi$.

Il résulte aussi de (3.13) et (4.22) que si Z est la somme hilbertienne de deux sous-espaces Z_1 et Z_2 :

(5.12) $$\nu_A(Z_1 \times Z_2) = \nu_A(Z_1) \otimes \nu_A(Z_2)$$

On est donc ainsi amené à calculer $\nu_A(Z_\alpha)$ pour tout sous-espace complexe Z_α de dim. finie de Z. Si Z_α est rapporté à une base orthonormée, tout $z \in Z_\alpha$ a des coordonnées $z^1, \ldots, z^n$. On introduit la 2n-forme suivante sur $(Z_\alpha)^r$:

(5.13) $$\check{z}\ \bar{z} = z^1 \wedge \bar{z}^1 \wedge z^2 \wedge \bar{z}^2 \ldots z^n \wedge \bar{z}^n = z^n \wedge z^{n-1} \ldots \wedge z^1 \wedge \bar{z}^1 \wedge \ldots \wedge \bar{z}^n .$$

On sait que cette forme ne dépend pas de la base choisie dans Z_α car Z_α^r est canoniquement orienté.

(5.14) Proposition.

Soit φ_α la forme $\exp u \wedge \bar{u}$ sur l'espace réel sous jacent à un espace hermitien complexe Z_α. Alors la coforme normale canonique sur Z_α^* s'écrit

(5.15) $$\delta\, \varphi_\alpha = e^{-\bar{z} \wedge z}\ d(\check{z}\ \bar{z})$$

Autrement dit, si Z_α de dim n est rapporté à une base orthonormée on a

$$\int e^{u \wedge \bar{z} + \bar{u} \wedge z}\ e^{z \wedge \bar{z}}\ d(\check{z}\ \bar{z}) = e^{u \wedge \bar{u}}$$

Preuve.

Vues les propriétés (3.13), (4.22), (5.3) il suffit de montrer cette relation en dimension un. Or le premier membre vaut alors

$$\int 1 + u \wedge \bar{z} + \bar{u} \wedge z + z \wedge \bar{z} + \frac{1}{2} (u \wedge \bar{z} + \bar{u} \wedge z + z \wedge \bar{z})(u \wedge \bar{z} + \bar{u} \wedge z + z \wedge \bar{z})\, d(z \wedge \bar{z})$$

$$= \int (1 + u \wedge \bar{z} + \bar{u} \wedge z + z \wedge \bar{z} + u \wedge \bar{u} \wedge z \wedge \bar{z})\quad d(z \wedge \bar{z})$$

$$= 1 + u \wedge \bar{u} = e^{u \wedge \bar{u}} .$$

On notera que si Z_α décrit la famille des sous-espaces complexes de dim. finie de Z, la famille filtrante croissante des Z_α^r est cofinale dans la famille des sous-espaces réels de dim. finie de Z, et par conséquent la représentation cylindrique de toute coforme M sur $Z_r^{r\star}$ est définie par la famille cohérente des coformes M_α sur les espaces $(Z_\alpha^r)^\star = Z_\alpha^r$. D'où la

(5.16) <u>Proposition</u>.

Soit (Z_α) la famille des sous-espaces complexes de dim. finie de Z. Alors la représentation cylindrique de $\nu'_A = \nu'_A(Z)$ est définie par la famille cohérente des coformes alternées $\nu'_{A,\alpha} = \delta\ \varphi_\alpha = \nu'_A(Z_\alpha)$ sur les espaces Z_α^r .

(5.17) <u>Théorème</u>.

Soit Z un espace hilbertien complexe séparable à conjugaison. Soit (Z_α) une famille filtrante croissante de sous-espaces complexes de dim. finie, la réunion R des Z_α contenant une base orthonormée de Z. Soit $\phi = \sum \phi_k$ une forme alternée quelconque sur $\bar{R}$, (les formes homogènes ϕ_k ne vérifiant à priori aucune condition de croissance). Soit ϕ^α la restriction de ϕ à Z_α. Alors pour que ϕ soit la restriction à R d'une forme $\tilde{\phi} \in F_A(\bar{Z})$, il faut et suffit que :

(5.18) $$\|\phi\|^2 = \sup_\alpha \int_{Z_\alpha} (\phi^\alpha)^\star\ (z)\ \Lambda\ \phi^\alpha(\bar{z})\ d\varphi_\alpha(\bar{z},z) < \infty$$

De plus $\|\phi\| = \|\tilde{\phi}\|$

<u>Preuve</u>.

a/ Montrons d'abord la propriété en dim. finie soit

$$\|\phi^\alpha\|^2 = \int_Z (\phi^\alpha)^\star\ (z)\ \Lambda\ \phi^\alpha(\bar{z})\quad \delta\ \varphi_\alpha(\bar{z},z)$$

Soient i et j deux parties de $\{1,\dots n\}$. Comme les formes z^i forment une base orthonormée de $F_A(Z\ )$ il suffit de montrer vus (5.9) et (5.14) que

$$\int \check{z}^i \wedge \bar{z}^j \wedge \left(\sum z^\gamma \wedge \bar{z}^\gamma\right)\ d(\check{z}\ \bar{z}) = \delta_{i,j}$$

Il apparaît que cette intégrale $I(i,j)$ est nulle si $i \neq j$ et que

$$I(i,i) = \int \check{z}^i \wedge \bar{z}^i \wedge \check{z}^{i'} \wedge \bar{z}^{i'}\ d(\check{z}\ \bar{z})$$

Posant $|i| = k$, $|i'| = \ell$ l'intégrande vaut

$$(-1)^{k\ell}\, \check{z}^{i} \wedge \check{z}^{i'} \wedge \bar{z}^{i} \wedge \bar{z}^{i'} \qquad = (z^{i} \wedge z^{i'})^{\vee} \wedge \bar{z}^{i} \wedge \bar{z}^{i'} = \check{z}\,\bar{z}$$

Donc $I(i,i) = 1$.

b/ Posons $n_\alpha = \dim Z_\alpha$. Il existe une suite croissante $(Z_{\alpha'})$ et une base orthonormée $b_1, b_2 \ldots$ de Z telles que pour tout α', $\{b_1, \ldots b_{n_{\alpha'}}\}$ soit une base orthonormée de $Z_{\alpha'}$. Alors pour tout $i = (i_1, i_2 \ldots) \in J_A$, il existe α' tel que $i_k = 0$ pour tout $k > n_{\alpha'}$. On pose $i(\alpha') = \{i_1, i_z \ldots i_{n_{\alpha'}}\}$. Alors $c_i = (\bar{z}^{i(\alpha')}, \phi^{\alpha'})$ est indépendant de α'. La famille $\{c_i \; ; \; i \in J_A\}$ est la suite des coefficients de ϕ . Alors il existe $\tilde{\phi} \in F_A(\bar{Z})$ qui coïncide avec ϕ sur R si et seulement si $\sum |c_i|^2 < \infty$. Il suffit de noter que

$$\sum |c_i|^2 = \sup_{\alpha'} \sum_{i_1, \ldots i_{n_{\alpha'}}} |c_{i_1, i_2 \ldots, i_{n_{\alpha'}}, 0, 0 \ldots}|^2$$

$$\sup_{\alpha'} \int_{Z^{\alpha'}} (\phi^{\alpha'})^{\star} (z) \wedge (\phi^{\alpha'}(\bar{z}))\ \delta\varphi_{\alpha'}(\bar{z}, z)$$

(5.19) <u>Remarques</u>.

a/ Quels que soient ϕ et $\psi \in H_A(\bar{Z})$ on a

$$(\phi, \psi) = \sup_{\alpha} \int_{Z_\alpha} (\phi^{\alpha})^{\star} (z) \wedge \phi^{\alpha}(\bar{z})\ \delta\varphi_\alpha(\bar{z}, z)$$

b/ Notons encore ϕ et ψ les formes $\in F_A(S')$ déduites de ϕ et ψ à l'aide de l'injection de $\bar{Z}$ dans S'. Il résulte de (4.17) que l'image P_A de ν_A par l'injection canonique $(Z^r)^x \to (('S)^r)^x$ appartient à $F'_A('S^r)$. Donc

$$(\phi, \psi) = \int_{'S^r} \phi^{\star}(z) \wedge \psi(\bar{z})\ P_A(\bar{z}, z)$$

mais (5.18) se prête beaucoup mieux au calcul.

c/ On a en dim. finie

$$\phi = \phi(\bar{z}') = \int e^{\bar{z}'\wedge z} \wedge \phi(\bar{z})\ \delta\varphi(\bar{z}, z)$$

d/ Mattews et Salam [13] ont introduit l'analogue anticommutatif de l'intégrale de Feynman. La notion de coforme alternée donne une base mathématique à cette intégrale du moins dans des cas simples. Soit A un opérateur linéaire de Z dans ${}^{x}Z$, qui coïncide avec son adjoint et soit c un nombre complexe non nul. Il suffit de considérer la coforme alternée sur $(Z^r)^x$ de transformée de Laplace Borel exp $c(Au \wedge \bar{u})$.

e/ Il serait intéressant de trouver des conditions suffisantes sur P et 'S pour que Γ_σ'S soit réflexif, ou pour que $\Gamma_\sigma S$ soit complet et nucléaire. Par exemple $\sigma = S$, $S = s$, $P = P_H$; ce résultat [2] de S. Dineen répond à une quesion posée à l'occasion de [7].

BIBLIOGRAPHIE

[1] F.A. Berezin.
The method of secund quantization New-York Académic Press (1966)

[2] S. Dineen.
Analytical functionals on fully nuclear spaces (à paraître).

[3] A.W. Dwyer.
Bull. Amer. Math. Soc. t. 77 (1971) p. 725-730.

[4] L. Gross.
On the formula of Mathews and Salam (to appear).

[5] A. Grothendieck.
Memoir n°16 of the A.M.S. (1955).

[6] P. Krée et R. Raczka.
Kernels and symbols of operators in quantum field theory.
to appear Ann. Inst. H. Poincaré.

[7] P. Krée.
Comptes Rendus t. 284 (1977) série A. P. 25-28.

[8] P. Krée.
Séminaire sur les e.d.p. en dim. infinie deuxième année 1975-1976. Secrétariat Math. de l'Institut H. Poincaré.

[9] P. Krée.
Séminaire sur les e.d.p. en dim. infinie. Troisième année 1976-1977. Secrétariat math. de l'Institut H. Poincaré.

10] P. Krée.
Conférence à Dublin (juin 1977) "measures on vector spaces"
A paraître dans les lectures notes.

11] P. Krée.
Formes et coformes relatives à un espace nucléaire complet.
Comptes Rendus (à paraître).

12] P. Krée.
Calcul symbolique pour les fermions. Comptes Rendus (à paraître).

13] Mattews et Salam.
Nuovo Cimento. 12. 563-565 (1954).

14] L. Nachbin.
Topology on spaces of holomorphic mappings Berlin. Springer Verlag (1969).

15] L. Schwartz.
Distributions à valeurs vectorielles. Vol 1 et 2 Ann. Inst. Fournier Grenoble VII (1957) p. 1-141 et VIII (1959) p. 1-207.

Séminaire P.LELONG,H.SKODA
(Analyse)
17e année, 1976/77.

UN THÉORÈME DE FONCTIONS INVERSES DANS LES ESPACES VECTORIELS TOPOLOGIQUES COMPLEXES ET SES APPLICATIONS A DES PROBLÈMES DE CROISSANCE EN ANALYSE COMPLEXE

par Pierre LELONG

1. - Introduction. Les résultats qui suivent étendent à la dimension infinie des énoncés donnés au chapitre VI du cours de Montréal (1967), cf. [3,a] ; la méthode que nous avions utilisée alors trouve actuellement des applications nouvelles soit dans l'étude des fibrés holomorphes (cf. H.SKODA [8] , J.-P.DEMAILLY [2]) soit, comme nous l'avons montré récemment dans [3,c], pour l'étude de la structure des courants positifs fermés.

Ici on insistera sur le procédé qui remplace en passant aux "fonctions inverses" certaines familles de fonctions plurisousharmoniques non localement majorées, par des familles de fonctions plurisousharmoniques négatives et tendant vers $-\infty$. Nous ne donnerons ici que quelques applications. Le passage à la "fonction inverse" évite notamment le recours au théorème des 3 couples de boules utilisé dans [3,a] qui n'est pas utilisable en dimension infinie.

Notations. On désigne par G un domaine d'un espace vectoriel complexe E ; on note P(G) le cône convexe des fonctions plurisousharmoniques dans G et $P_-(G)$ celui des fonctions plurisousharmoniques négatives dans G. La constante $-\infty$ n'appartient pas à P(G).

Pour $x \in G$, on note S(x,G) l'étoile de x relativement à G : c'est l'ensemble des disques x + Dy contenus dans G , D étant le disque unité de $\mathbb{C}$. Ainsi qu'on l'a vu dans [3,d] , si G est un domaine, S(x, G) est un ouvert, donc un domaine.

Soit $f \in P(G)$: on associera à f une décomposition dénombrable de G :

(1) $$G = \bigcup_s G_s \quad , \quad \text{s parcourant les entiers}$$

où G_s est un domaine dans lequel on a $f(x) < s$; on établit (1) en partant d'un point $x_o \in G$, puis pour s parcourant les entiers supérieurs à $f(x_o)$, on définit G_s comme la composante ouverte contenant x_o de l'ouvert $G_s = [x \in G ; f(x) < s]$. On a donc $G_s \subset G_{s+1}$; tout compact $K \subset G$, en particulier tout couple $(x,y) \in G \times G$ appartient à G_s pour s suffisamment grand. Soit $\{G'_s\}$ une décomposition de G à partir de x_1 : il existe s_o tel que $G'_s = G_s$ pour $s > s_o$.

Une partie $A \subset G$ _est dite_ G-_polaire si il existe_ $f \in P(G)$ _telle qu'on ait_

$$A \subset A' = [x \in G ; f(x) = -\infty , f \in P(G)] .$$

Si on a de plus $f \in P_-(G)$, on dit que A _est strictement_ G-_polaire_.

Soit A_n une famille dénombrable d'ensembles G-strictement polaires avec $A_n \subset A'_n = [x \in G ; f_n(x) = -\infty, f_n \in P_-(G)]$.

Alors s'il existe $\xi \in G$ en lequel on a $f_n(\xi) > -\infty$, pour tout n l'ensemble $A = \bigcup A_n$ est encore G-strictement polaire ; le point ξ existe toujours quand E est un espace de Fréchet, ou quand E est un espace de Baire et les f_n continues (on dit que $f \in P(G)$ est continue si exp f l'est) (cf. [1] et [3,b]) .

2. - _Le théorème d'inversion_. Dans l'espace vectoriel topologique E considérons le cylindre

$$\Gamma = G \times \mathbb{C}$$

et une fonction $f(x,z)$ plurisousharmonique dans Γ, $x \in G$, $z \in \mathbb{C}$. On note

(2) $$M(x,r) = \sup_{|z| \leq r} f(x,z) .$$

La fonction $M(x,r)$ est une fonction plurisousharmonique de (x,z) et ne dépend que de $|z| = r$. Pour $x \in G$ fixé, le graphe $y = M(x,r) = \psi(\log r)$ étant une courbe convexe et croissante, on n'a que deux possibilités :

a/ $c(x) = \limsup_{r=\infty} (\log r)^{-1} M(x,r) \leqslant 0$.

Dans ce cas $M(x,r)$ est borné quand $r \to +\infty$, donc on a $M(x,r) = f(x,0)$ quel que soit r et $f(x,z) = f(x,0)$: la fonction $f_x(z) = f(x,z)$ est <u>indépendante de</u> z. Si $f(x,o) = -\infty$, on a $c(x) = -\infty$; si $f(x,0) \neq -\infty$, on a $c(x) = 0$. On a donc dans ce cas soit $c(x) = -\infty$, soit $c(x) = 0$.

b/ $c(x) > 0$: alors $M(x,r)$ est strictement croissante et l'équation

$$M(x,r) = m$$

a une solution $r = \delta(x,m)$ bien définie pour $m > f(x,0)$. On utilisera également la notation $m = -\log|\zeta|$, $\zeta \in G$ et l'on définit

$$(3_a) \qquad \delta(x,m) = [\sup r,\ r > 0\ ;\ M(x,r) < m]$$

$$(3_b) \qquad \delta_1(x,\zeta) = [\sup r,\ r > 0\ ;\ M(x,r) + \log|\zeta| < 0] .$$

La première est définie pour $m > f(x,0)$, la seconde pour $\zeta \in \mathbb{C}$, $|\zeta| < e^{-f(x,0)}$.

On note

$$(4_a) \qquad U(x,m) = -\log \delta(x,m)$$

$$(4_b) \qquad U_1(x,\zeta) = -\log \delta_1(x,\zeta) .$$

THÉORÈME 1. - <u>Soit</u> $f(x,z)$ <u>une fonction plurisousharmonique dans le cylindre</u> $\Gamma = G \times C$, <u>où</u> G <u>est un domaine d'un espace vectoriel topologique complexe</u> E. <u>On définit</u> $M(x,r)$ <u>par</u> (2) <u>et on considère la décomposition</u> $G = \cup G_s$ <u>donnée par</u> (1) <u>relativement à la fonction plurisousharmonique</u> $M(x,1)$. <u>Alors</u> :

1°/ <u>La fonction</u> $U(x,m)$ <u>définie par</u> (2), (3_a), (4_a) <u>pour</u> $m > f(x,0)$ <u>est plurisousharmonique de</u> $x \in G$ <u>ou identique à</u> $-\infty$; <u>elle est définie et négative dans</u> G_s <u>pour</u> $m > s$. <u>Pour</u> x <u>fixé dans</u> G, <u>la fonction</u> $U(x,m)$ <u>est décroissante de</u> m <u>et</u> $\lim_{m=+\infty} U(x,m) = -\infty$. <u>On a</u> $U(x_o,m) = -\infty$ <u>si et seulement si</u> $f(x_o,z)$ <u>ne dépend pas de</u> z, <u>auquel cas on a</u> $U(x_o,m) \equiv -\infty$.

2°/ La fonction $U_1(x, \zeta)$ définie par (2), (3_b) et (4_b) pour $x \in G$ et $|\zeta| < e^{-f(x,0)}$ est plurisousharmonique de (x, ζ) ou identique à $-\infty$ dans le domaine

(5_a) $$\Gamma' = [x \in G \; ; \; |\zeta| < e^{-f(x,0)}] \subset G \times \mathbb{C}_\zeta .$$

Elle est négative dans le domaine

(5_b) $$\Gamma'_1 = [x \in G \; ; \; |\zeta| < e^{-M(x,1)}] \subset G \times C_\zeta .$$

Elle n'est identique à $-\infty$ que si $f(x,z)$ ne dépend pas effectivement de z ; $U_1(x, \zeta)$ ne dépend que de $|\zeta|$, est fonction croissante convexe de $\log |\zeta|$ et l'on a

$$\lim_{\zeta \to 0} U_1(x, \zeta) = -\infty , \quad x \in G$$

la convergence étant uniforme sur tout compact de G.

Démonstration. Il suffit évidemment de montrer 2°/ . Il résulte de ce qui précède que U_1 est défini dans $\Gamma' - \{\zeta = 0\}$.

Dans Γ' l'application $x \longrightarrow (x,0)$ identifie G à un domaine du sous-espace M défini par $\zeta = 0$. L'ensemble Γ' qui est ouvert d'après (5_a) est connexe ; il est en effet fibré, la base étant le domaine G et la fibre F_x étant un disque $|\zeta| < e^{-f(x,0)}$ dont le rayon est minoré par un nombre strictement positif localement dans G . Il en est de même pour $\Gamma'_1 < \Gamma'$ et l'on a $\delta_1(x, \zeta) > 1$ dans Γ'_1 d'après $M(x,1) + \log|\zeta| < 0$.

L'ouvert $\Omega \subset E \times C_z \times C_\zeta$ défini par

$$\Omega = [x \in G \; ; \; (x,z,\zeta) \; ; \; M(x, |z|) + \log|\zeta| < 0]$$

est connexe ; il est fibré de base le domaine Γ' dans $E \times C_\zeta$ et la fibre est un disque dans C_z centré à l'origine et de rayon $\delta_1(x, \zeta)$ minoré par un nombre positif localement dans Γ' ; donc Ω est un domaine et $\delta_1(x, \zeta)$, distance de $(x, 0, \zeta)$ à la frontière de Ω parallèlement à C_z est une fonction semi-continue inférieurement ; $U_1(x, \zeta)$ est semi-continue supérieurement dans $\Gamma' \cap [\zeta \neq 0]$. Considérons un disque Δ de Ω soit

$$\Delta = [x, 0, \zeta \in \Omega \; ; \; x \in x_0 + yD \qquad , \; \zeta \in \zeta_0 + \eta D]$$

où D est le disque unité $|u| \leq 1$ de $\mathbb{C}$. La restriction de U à Δ

$$U[x(u), \zeta(u)]$$

est sousharmonique de u ou identique à $-\infty$. En effet posons

$$W(u,z) = f[x(u), z] + \log|\zeta(u)| .$$

Dans $C^2(u,z)$ le domaine Ω' défini par $W(u,z) < 0$ et $|u| < 1$ est pseudo-convexe. On a

$$U[x(u), \zeta(u)] = -\log \delta_1 [x(u), \zeta(u)]$$

où $\delta_1 [x(u), \zeta(u)]$ est la distance de (u,0) à la frontière du domaine pseudo-convexe Ω' parallèlement à l'axe des z ; la fonction $-\log \delta_1 [x(u), \zeta(u)]$ est donc sousharmonique de u (ou $\equiv -\infty$) pour $|u| < 1$, ce qui établit le caractère plurisousharmonique de $U_1(x, \zeta)$ dans $\Gamma' - \{\zeta = 0\}$.

Reste à montrer qu'on a

(6) $$\lim_{\zeta \to 0} U_1(x, \zeta) = -\infty .$$

Plus précisément pour $x_0 \in G$ et $N > 0$ donnés, il existe un voisinage $x - x_0 \in W$ de x_0 dans G et $\alpha > 0$ tels que l'on ait

$$U_1(x, \zeta) < -N \quad \text{pour } x - x_0 \in W \text{ et } |\zeta| < \alpha.$$

En effet soit $M(x_0, e^N) = a = -\log|\zeta_0|$.
On choisit α, $0 < \alpha < \zeta_0$, $\alpha = \tau|\zeta_0|$, $0 < \tau < 1$, et W de manière que l'on ait

$$M(x, r_0) < a - \log \tau = a' , \quad a' > a$$

pour $x - x_0 \in W$. On a alors $-\log \delta_1(x, \zeta) < -N$ pour $x - x_0 \in W$ et $|\zeta| < \tau|\zeta_0| = \alpha$.

On peut alors prolonger, selon un résultat classique, la fonction $U_1(x, \zeta)$ en une fonction plurisousharmonique sur tout Γ' en définissant $U(x,0) = -\infty$ pour $x \in G$, ce qui achève la démonstration.

Du théorème 1 découle la proposition :

PROPOSITION 1. - Sous les hypothèses du théorème 1 concernant f(x,z), si l'on pose

(7) $$c(x) = \lim_{r=+\infty}(\log r)^{-1} M(x,r) \quad , \quad M(x,r)=\sup_{|z|\leq r} f(x,z)$$

$e_\gamma = [x \in G \ ; \ c(x) \leq \gamma]$, alors e_∞ est polaire dans G.
On a $e_\gamma = e_\infty$ pour $\gamma < 0$. Si il existe $x_o \in G$ tel que $f(x_o,z)$ dépende effectivement de z, alors e_o est strictement polaire dans tout domaine G_s d'une décomposition (1) de G relativement à la fonction plurisousharmonique $x \longrightarrow M(x,1)$.

Démonstration. Dans G_s, la fonction $U(x,m)$ est définie et négative pour $m > s$. Choisissons une valeur $m_o > s$ de sorte qu'on a $f(x,0) \leq M(x,1) < s$ pour $x \in G_s$. Si x appartient à $G_s \cap e_o$, on a $f(x,z) = f(x,0)$ pour tout z et $U(x,m_o) = -\infty$. Ainsi :

$$e_o \cap G_s = [x \in G_s \ ; \ U(x,m_o) = -\infty].$$

Deux cas sont possibles :
Si $f(x,z)$ **est indépendant** de z, on a $U(x,m_o) \equiv -\infty$ et $e_o = G_s$, donc $e_o = G$. Sinon, en supposant $x_o \in G_s$ et $f(x_o,z)$ dépendant de z, on a $U(x_o,m) \in P_-(G_s)$, donc $e_\infty \subset e_\gamma \subset e_o$ pour $\gamma < 0$ et e_o est G_s strictement polaire. L'égalité $e_\infty = e_\gamma$ d'autre part est évidente car pour $x \in e_\gamma$, on a $M(x,r) \longrightarrow -\infty$, et $f(x,z) \equiv f(x,0) = -\infty$, ce qui permet d'énoncer

COROLLAIRE. - a/ Si $f(x,z) \in P(\Gamma)$ ne dépend pas de z, on a $e_o = G$;
b/ Si e_o n'est pas G'-strictement polaire dans un domaine G' où $M(x,1)$ est majoré, alors $f(x,z)$ ne dépend pas de z.

3. - Application à l'étude des croissances lentes. Nous appliquerons ce qui précède à l'étude de $c(x)$ défini par (7).

THÉORÈME 2. - Soit E un espace vectoriel topologique complexe, G un domaine dans E et $\Gamma = G \times \mathbb{C}$; soit $f(x,z)$ une fonction plurisousharmonique dans Γ pour laquelle il existe $x_o \in G$, tel que $f(x_o,z)$ dépende effectivement de z. Alors si l'on pose

$$M(x,r) = \sup_{|z|\leq r} f(x,z) \text{ , et}$$

(7) $$c(x) = \lim(\log r)^{-1} M(x,r)$$

il existe c_o, $0 < c_o \leq +\infty$ avec les propriétés suivantes :

a/ <u>On a</u> $c(x) \leq c_o$ <u>pour tout</u> $x \in G$.

b/ <u>L'ensemble</u> $c(x) \leq c_1$ <u>est strictement</u> G_s<u>-polaire pour tout</u> $c_1 < c_o$ <u>et tout domaine</u> G_s <u>d'une décomposition</u> (1) <u>de</u> G <u>associée à la fonction</u> $x \to M(x,1)$.

<u>Démonstration</u>. On place dans une classe A les réels γ pour lesquels $e_\gamma = [x \in G\ ;\ c(x) \leq \gamma]$ est strictement polaire dans tout G_s ; dans la classe B on place les γ' pour lesquels il existe un G_s dans lequel e_γ n'est pas G_s-polaire. On a $\gamma < \gamma'$ pour tout couple $\gamma \in A$, $\gamma' \in B$. Soit $B \neq \emptyset$; montrons que B est fermée à gauche. Soit c_o le nombre frontière des classes A et B : il vérifie la propriété b/ de l'énoncé. La propriété $c_o > 0$ résultant de la proposition 1, il reste alors à montrer a/, ce qu'on fera en prouvant que l'on a $c(x) \leq c'$ pour $c' > c_o$. On a deux cas :
a/ - Soit $0 < c_o < +\infty$ et $\gamma > c_o$: il existe un G_s tel que l'ensemble e_γ défini dans G_s par $c(x) \leq \gamma$ n'est pas G_s-strictement polaire. On construit une nouvelle fonction plurisousharmonique f_1 comme suit :

$$(8)\quad \begin{cases} f_1(x,z) = 1 + s & \text{si } x \in G_s \text{ et } |z| = r \leq 1\ , \\ f_1(x,z) = \sup\left[M(x,r) - \gamma \log r\ ,\ 1 + s\right] & \text{si } x \in G_s,\ |z| \geq 1\ . \end{cases}$$

Montrons que f_1 est plurisousharmonique dans $G_s \times \mathbb{C}_z$: il suffit de le vérifier au voisinage d'un point (x_o, z_o), $x_o \in G$, $|z_o| = 1$. On a $M(x_o, 1) < s$: il existe donc un voisinage de (x_o, z_o) dans le produit $G_s \times C_z$, soit

$$W = \left[x \in G_s,\ z \in \mathbb{C}\ ;\ x - x_o \in U,\ r = |z| < 1 + \sigma\ ,\ \text{et } \sigma > 0\right]$$

dans lequel on a $M(x,r) - \gamma \log |z| < 1 + s$; on a donc pour $(x,z) \in W$ la valeur $f_1(x,z) = 1 + s$, ce qui établit $f_1 \in P[G_s \times C_z]$. D'autre part, procédant comme dans [2,c] , on pose

$$c_1(x) = \lim\ (\log r)^{-1}\, M_1(x,r) \quad \text{où} \quad M_1(x,r) = \sup_{|z| \leq r} f_1(x,z).$$

On a
$$c_1(x) = \sup\left[c(x) - \gamma,\ 0\right].$$

Il résulte de l'hypothèse faite sur γ que l'on a $c_1(x) = 0$ sur un ensemble A tel que $A \cap G_s$ n'est pas G_s-strictement polaire. Alors d'après la proposition 1, $f_1(x,z)$ ne dépend pas de z pour $x \in G_s$ et l'on a $c_1(x) = 0$ pour tout $x \in G_s$; d'où $c(x) \leqslant \gamma$ pour $x \in G_s$, et finalement $c(x) \leqslant c_o$ dans G_s. Soit $t > s$, t entier et $G_t \supset G_s$. Alors G_s est d'intérieur non vide; l'ensemble $A \cap G_t$ qui contient G_s n'est pas G_t-strictement polaire. Ainsi on a $c(x) \leqslant c_o$ dans G_t et par suite dans tout G, ce qui établit l'énoncé pour $0 < c_o < +\infty$.

/ - Soit $c_o = +\infty$: alors pour tout $\gamma < \infty$, l'ensemble $c(x) \leqslant \gamma$ est strictement polaire dans tout G d'après la définition de c_o, ce qui achève d'établir l'énoncé.

COROLLAIRE . - S'il existe $x_o \in G$ tel qu'on ait $c(x_o) = +\infty$, alors l'ensemble $c(x) \leqslant c_1$ est G'-strictement polaire pour tout domaine $G' \subset G$ sur lequel $M(x,1)$ est borné.

Étude de l'ensemble $c(x) < c_o$. Les ensembles $A_n = [x \in G \; ; \; c(x) \leqslant c_o - \frac{1}{n}]$ étant G_s-strictement polaires, il en sera de même de leur réunion c'est-à-dire de l'ensemble $A = [\, x \in G \; ; \; c(x) < c_o \,]$ dans les cas suivants d'après le § 1:

/ - E est un espace de Fréchet (cf. [1]).

/ - La fonction $f(x,z)$ est continue de (x,z) et E est un espace de Baire.

Précisons le cas b/ : pour $x \in G_s$, en posant $u = \log r$, on aura

$$(9) \qquad c(x) = \lim_{r=\infty} (\log r)^{-1} \left[M(x,r) - s \right] = \lim_{u=\infty} u^{-1} \psi(u)$$

le second nombre est fonction croissante de r, car la fonction $u = \log r \to [M(x,r)-s] = \psi(u)$ est convexe croissante et l'on a $\psi(0) < 0$. Ainsi si $f(x,z)$ est continu, $c(x)$ est semi-continu inférieurement et les ensembles A_n sont polaires et fermés, donc des fermés d'intérieur vide et A est maigre. Il existe donc $\xi \in G$, en lequel on a $c(x) = c_o$; en désignant par $\psi_m(x)$ le second membre de (9) pour $r = r_m \longrightarrow +\infty$, et choisissant $\{r_m\}$ de manière que $\lim \psi_m(\xi) = c_o$ et $\sum_1^\infty [\psi_m(\xi) - c_o] < \infty$, on construit $S(x) = \sum [\psi_m(x) - c_o] \in P_-(G_s)$ qui vaut ∞ en tout point de l'ensemble $c(x) < c_o$: celui-ci est donc G_s-strictement polaire.

Si $c_o = +\infty$, on procède de même avec les ensembles

$$A_n = [x \in G \ ; \ c(x) \leqslant n] = [x \in G \ ; \ c'(x) \leqslant -\frac{1}{n}]$$

où $c'(x) = -c^{-1}(x) = \lim_{m \to +\infty} \frac{-\log \delta(x,m)}{m-s} = \lim \varphi_m(x)$ est une limite de fonctions plurisousharmoniques négatives dans G_s pour $m > s$, qui croissent avec m; les A_n sont fermés, d'intérieur vide ; E étant un espace de Baire il existe $\xi \in G$ pour lequel on a $c'(\xi) = 0$. On construit comme plus haut $S(x) = \sum \varphi_q(x)$ où $\varphi_q(x) = \varphi_{m_q}(x) \leqslant 0$, les m_q étant choisis de manière que $\varphi_q(\xi) < \infty$; dans ces conditions on a $S(x) \in P_-(G_s)$ et l'ensemble $A = [x \in G \ ; \ c(x) < \infty] = [x \in G \ ; \ c'(x) < 0]$ est compris dans l'ensemble $[x \in G_s \ ; \ S(x) = -\infty]$; il est donc strictement polaire dans tout G_o.

On peut donc énoncer, quelle que soit la valeur , finie ou infinie de $c_o = \sup_{x \in G} c(x)$:

PROPOSITION 2. - <u>Si</u> E <u>est un espace de Fréchet ou si</u> E <u>est un espace de Baire et</u> f(x,z) <u>continu, il existe</u> $\xi \in G$ <u>en lequel on a</u> $c(\xi) = c_o$; <u>de plus l'ensemble</u> $c(x) < c_o$ (<u>où</u> c_o <u>est défini par le théorème 2) est strictement polaire dans tout sous-domaine de</u> G <u>où</u> M(x,1) <u>est borné</u>. <u>Enfin pour tout</u> $x \in G$, <u>et tout</u> $z \in \mathbb{C}$, <u>on a</u>

(10) $\quad f(x,z) \leqslant M(x,1) + c(x)\log|z| \leqslant M(x,1) + c_o \log|z|$.

4 - Une caractérisation des ensembles strictement G-polaires.

On peut préciser la méthode précédente en établissant d'abord le résultat suivant ; il permet de caractériser dans G les parties strictement polaires quand E est un espace de Fréchet.

THÉORÈME 3. - <u>Soit</u> G <u>un domaine d'un espace vectoriel topologique complexe</u> E. <u>A tout sous-ensemble</u> $A \subset G$ <u>on fait correspondre la fonction</u>

$$g_A(x) = [\sup f(x) \ , \ x \in G, \ f \in P_-(G), \ f(x) \leqslant -1 \ \text{pour} \ x \in A].$$

<u>Alors si</u> A <u>est</u> G-<u>strictement polaire la régularisée supérieure</u> $g_A^*(x)$ <u>est identiquement nulle</u>.

<u>Réciproquement si l'on a</u> $g_A^*(x) = 0$ <u>et si</u> E <u>est un espace de Fréchet, alors</u> A <u>est</u> G-<u>strictement polaire</u>.

Démonstration. Si l'on a

$$A \subset A' = [x \in G \ ; \ f(x) = -\infty, \text{ avec } f \in P_-(G)] ,$$

alors on a $f_n = \sup\left[\frac{1}{n}f, -1\right] \in P_-(G)$, et la suite $f_n(x)$ est croissante. Il existe $\xi \in G$ en lequel $f(\xi) \neq -\infty$. On a $\xi \notin A$ et $\sup f_n(\xi) = g_A(\xi) = 0$. Il en résulte $g_A^*(\xi) = 0$, donc $g_A^*(x) \equiv 0$ d'après $g_A^*(x)$ 0 dans G et le principe du maximum.

Réciproquement si l'on a $g_A^*(x) = 0$ et si E est un espace de Fréchet, A est G-strictement polaire. En effet dans tout voisinage de a $\in$ G, il existe un polycercle P de COEURÉ (cf. [1] , théorème 5.4.) et une mesure $\mu_o > 0$ de masse totale 1 portée par un compact P^* "arête" de P, de manière qu'on ait

$$g^*(a) \leqslant \int d\mu(x) g(a + x) \ .$$

Il existe donc dans P^*, c'est-à-dire dans tout ouvert de G, un point ξ en lequel on a $g(\xi) = g^*(\xi) = 0$, et on établit, comme on l'a fait à la fin de la démonstration du théorème 2 que A est strictement polaire dans G.

Remarque. On utilisera surtout la réciproque du théorème 3 : si $\subset$G n'est pas G-strictement polaire et si E est un espace de Fréchet, alors $g_A^*(x)$ est une fonction plurisousharmonique négative dans G et est différente de la constante nulle.

Les applications aux fonctions holomorphes donnent un intérêt particulier au cône $P_-^c(G)$ des fonctions plurisousharmoniques continues et négatives.

PROPOSITION 3. - Soit E un espace vectoriel complexe de Baire, et soit $A \subset G \subset E$, où G est un domaine de E et A un sous-ensemble de G. On définit

(12) $$g_A'(x) = [\sup f(x) \ , \ x \in G, \ f \in P_-^c(G) \ , \ f(x) \leqslant -1 \text{ pour } x \in A]$$

et sa régularisée supérieure $g_A'^*(x)$. Alors si l'on a $g_A'^*(x) = 0$, A est G-strictement polaire.

En effet $g'_A(x)$ est semi-continue inférieurement, donc $h(x) = g'^{*}_A(x) - g'_A(x)$ est semi-continue supérieurement ; les ensembles $e_n = \left[x \in G \ ; \ h(x) \geq \frac{1}{n}\right]$ sont fermés et d'intérieur vide ; on a donc $h(x) \neq 0$ sur un ensemble maigre dans G et il existe $\xi \in G$ en lequel on a $g'_A(\xi) = g'^{*}_A(\xi) = 0$. D'où l'existence d'une suite $f_n \in P^c_-(G)$ avec $\sum |f_n(\xi)| < \infty$; la fonction $S(x) = \sum f_n(x)$ est plurisousharmonique négative dans G et vaut $-\infty$ aux points de A, ce qui établit l'énoncé.

5. - *Un principe du maximum généralisé*. Dans la suite G désigne toujours un domaine d'un espace vectoriel topologique E.

DÉFINITION 1.-a/ *On dira qu'un ensemble* $B \subset G$ *a la propriété du maximum dans* G *par rapport à une famille* S(G) *de fonctions plurisousharmoniques dans* G *si*

$$(13) \qquad f \in S(G) \quad \text{et} \quad \sup_{x \in B} f(x) = 0$$

entraînent $f \equiv 0$ *dans* G ; *on supposera toujours que* S(G) *contient des fonctions non constantes*.

b/ *On dira simplement que* $B \subset G$ *a la propriété du maximum dans* G *quand* (13) *est réalisé avec* $S(G) = P_-(G)$.

On a d'une manière évidente

PROPOSITION 4. - a/ *La classe* (B) *d'ensembles déterminée à partir de la famille* S(G) *est stable par les réunions finies d'ensembles*.

b/ *Si l'on considère deux familles* S(G), S'(G) *avec* $S'(G) \subset S(G)$, *on a* $(B) \subset (B')$.

c/ *On ne modifie pas la classe* (B) *si on ajoute à* S(G) *d'une part les fonctions* $f_a = af$, *pour* $a > 0$ *et* $f \in S(G)$, *et d'autre part les enveloppes supérieures de familles* $\{f_i\}$, $i \in \mathcal{J}$, $f_i \in S(G)$, *c'est-à-dire les* $f = \sup f_i$, *ceci quelque soit* card $\mathcal{J}$.

Exemple: si S(G) contient les fonctions $\log|F(x)|$ où F est holomorphe dans G, on pourra compléter S(G) en lui ajoutant toutes les fonctions de la forme $\sup_i a_i \log|F_i(x)|$ où l'on prend $a_i > 0$ et F_i

holomorphe dans G.

Il est clair que la classe (B) contient toujours les parties finies de G, d'après le "principe du maximum" appliqué aux fonctions plurisousharmoniques (pour la démonstration, remarquer que l'ensemble $M = [x \in G;\ f(x) \geq 0]$ est fermé si $f \in P_-(G)$, et que s'il contient $x_0 \in G$, il contient l'étoile $S(x_0, G)$ d'après le principe du maximum en dimension finie ; ainsi M est ouvert et fermé dans G, d'où M = G). Il en résulte que (B) contient les compacts de G. L'intérêt de la définition 1 si dim E n'est pas fini est que (B) peut aussi contenir des ensembles d'intérieur non vide dans G. Un exemple est donné par l'énoncé suivant :

THÉORÈME 4. - Soit G un domaine dans un espace vectoriel complexe localement convexe E et $\{p_\alpha\}$ une famille de semi-normes déterminant la topologie de E, B_α la boule unité relative à p_α. On suppose que G est un domaine pour la topologie de p_α. On considère la classe $S_\alpha(G)$ des fonctions plurisousharmoniques continues par rapport à p_α. Alors pour que B appartienne à la classe (B) des sous-ensembles de G qui ont la propriété du maximum pour les fonctions de $S_\alpha(G)$ il suffit qu'il existe un recouvrement fini de B par des B_i tels que pour chaque B_i, il existe $x_i \in G$, et deux nombres positifs a_i, a_i', $0 < a_i < a_i'$ tels qu'on ait

(14) $$B_i \subset x_i + a_i V_\alpha \quad \text{et} \quad x_i + a_i' V_\alpha \subset G .$$

On se ramène au cas où B lui-même vérifie (14), et où $x_i = 0$. Pour $f \in S_\alpha(G)$, $f \leq 0$ et $0 \leq t \leq a'$ posons

$$M(t) = \sup_{y \in V_\alpha} f(ty)$$

La fonction M(t) est convexe, croissante de log t. On a $M(a) \geq \sup_{x \in B} f(x)$, donc M(a) = 0 ; on a aussi $M(a') \leq 0$; il en résulte $M(t) \equiv 0$; la semi-continuité de f en semi-norme p_α entraîne alors

$$f(0) = \lim_{t=o} M(t) = 0$$

et $f \equiv 0$ dans G. L'énoncé se simplifie si E est normé, et si l'on pose la définition suivante :

DÉFINITION 2. - Soit G un domaine d'un espace vectoriel normé E. On dira qu'un ensemble B possède la propriété (R) dans G si B peut être recouvert par un nombre fini de boules $b_i = [x \in E\ ,\ x-x_i < r_i,\ r_i > 0]$ strictement intérieures à G, c'est-à-dire telles qu'il existe $a > 1$ de manière que $b_i' = [x \in E\ ,\ \|x-x_i\| < ar_i]$ est contenu dans G.

On a alors :

PROPOSITION 5. - Dans un espace normé complexe E, tout ensemble ayant la propriété (R) dans un domaine G possède la propriété du maximum dans G.

On montre ainsi l'existence, quand E n'est pas de dimension finie, d'une classe d'ensembles "assez gros" pour ne pas être G-strictement polaires et qui possèdent la propriété du maximum dans G.

THÉORÈME 5. - Soient G un domaine d'un espace vectoriel topologique complexe E et A,B deux parties de G ; on suppose que A n'est pas strictement polaire dans G. Alors

a/ Si E est un espace de Fréchet et si B a la propriété du maximum dans G, il existe une constante C_{BA}, $0 < C_{BA} \leq 1$, ne dépendant que de la configuration (G,A,B) dans E et telle que pour toute fonction plurisousharmonique négative dans G, on ait

$$(15)\qquad \sup_{x \in B} f(x) \leq C_{BA} \sup_{x \in A} f(x) \quad , \quad f \in P_-(G) .$$

b/ Si E est supposé seulement espace de Baire et si B a la propriété du maximum dans G par rapport à la classe $P_-^c(G)$ des fonctions plurisousharmoniques négatives et continues, il existe une constante C'_{BA}, $0 < C'_{BA} \leq 1$, ne dépendant que de (G,A,B) dans E, et telle que pour toute $f \in P_-^c(G)$ on ait

$$(15)'\qquad \sup_{x \in B} f(x) \leq C'_{BA} \sup_{x \in A} f(x) \quad ; \quad f \in P_-^c(G) .$$

En effet avec les notations du théorème 3, l'hypothèse sur A entraîne $g_A^*(x) < 0$ pour $x \in G$; alors $g_A^* \in P_-(G)$ et l'hypothèse sur B entraîne l'existence d'une borne supérieure strictement négative

(16) $$-C_{BA} = \sup_{x\in B} g_A^*(x) < 0 .$$

De plus $-1 \leq g_A^*(x) < 0$ entraîne $0 < C_{BA} \leq 1$. Soit alors $f\in P_-(G)$ et $f(A) = \sup_{x\in A} f(x)$. Si $f(A) = 0$, (15) est évident. Si $f(A) < 0$, on pose $f_1(x) = [-f(A)]^{-1} f(x) \in P_-(G)$; on a $f_1(x) \leq g_A^*(x)$ dans G .
Il en résulte (15) avec l'expression (16) de la constante C_{BA} , ce qui établit la partie a/ de l'énoncé. La partie b/ s'établit de même en utilisant la proposition 3 et $g_A'^*(x)$ et l'on a

$$-C'_{BA} = \sup_{x\in B} g_A'^*(x).$$

<u>Cas où $E = C^n$ et A est fermé et</u> $B \cap A = \emptyset$. L'hypothèse sur A entraîne que le complémentaire $\complement_G A$ soit un domaine de frontière $A \cup bG$, où bG désigne la frontière de G ; $g_A^*(x)$ est la solution de Perron, c'est-à-dire l'enveloppe supérieure régularisée pour la classe des fonctions plurisousharmoniques majorées par -1 sur A et par 0 sur bG.

Si $E = \mathbb{C}$, la fonction $h_A(x) = -g_A^*(x)$ est la mesure harmonique en $x\in \complement_G A$ de A relativement à $\complement_G A$ et C_{BA} est la borne inférieure de cette mesure harmonique pour x parcourant B.

<u>Remarques</u>. 1°/ Si $A \subset G' \subset G$ et si A n'est pas strictement polaire dans le domaine G', il a la même propriété dans le domaine G.

2°/ Si B a la propriété du maximum dans G', il la possède dans G si l'on a $G' \subset G$.

3°/ Soient $A \subset A'$ et A' contenu dans un domaine G. Alors pour tout ensemble $B \subset G$ ayant la propriété du maximum dans G, on a $C_{BA'} \geq C_{BA}$.

4°/ Si B est un ensemble borné dans E, il a la propriété du maximum dans tout domaine G de E contenant l'origine et tel que l'étoile S(0,G) contienne l'homothétique a B pour un $a > 1$ (démonstration comme au théorème 4).

COROLLAIRE. a/ <u>Soit</u> $f_n(x) \in P_-(G)$, <u>où</u> G <u>est un domaine d'un espace de Fréchet complexe</u> E . <u>Si</u> f_n <u>converge uniformément vers</u> $-\infty$ <u>sur un ensemble</u> $A \subset C$, <u>qui n'est pas strictement polaire dans</u> G, <u>alors</u> f_n <u>converge</u>

uniformément vers $-\infty$ sur tout ensemble $B \subset G$ qui a la propriété du maximum dans G.

b/ Soit $f_n(x) \in P_-^c(G)$, et G domaine dans un espace de Baire ; la convergence uniforme des f_n vers $-\infty$ sur $A \subset G$, si $\bar{A}$ n'est pas strictement polaire dans G entraîne la convergence uniforme des f_n vers $-\infty$ sur tout ensemble qui a la propriété du maximum dans G, ou qui a même seulement cette propriété relativement à la classe $P_-^c(G)$.

En particulier si A est réunion dénombrable de compacts dans G, sans être strictement polaire dans G, la convergence simple sur A entraîne la conclusion de a/ plus haut.

Problèmes. 1/ Peut-on dans le a/ du corollaire précédent remplacer la convergence uniforme sur A par la convergence simple sur A ?

2/ Un ensemble A qui est non strictement polaire dans un domaine G d'un espace E contient-il un compact de même nature dans G ?

6. - Un théorème général sur la croissance de f(x,z) selon les fibres F_x. Le théorème 1 conduit à remplacer l'étude de la croissance des fonctions M(x,r) pour r tendant vers $+\infty$, c'est-à-dire celle de la distribution des valeurs selon les fibres $F_x = [x$ fixé, dans un domaine G, z parcourant $C^n]$ par celle des fonctions plurisousharmoniques U(x,m) $[$ou $U_1(x,\zeta)]$ qui tendent vers $-\infty$; quand on utilise $U_1(x,\zeta)$ on est ramené à l'étude d'une fonction qui est plurisousharmonique de (x,ζ) dans le domaine Γ', et dont on étudie le comportement au voisinage du sous-espace $\zeta = 0$, où elle est régulière. On notera que par cette substitution, les croissances rapides de M(x,r) pour $r \to +\infty$ correspondent aux décroissances lentes de $U_1(x,\zeta)$ vers $-\infty$.

PROPOSITION 6 (cf. [3,a]). On conserve les notations (2) et (3a) la fonction f(x,z) étant plurisousharmonique de x, z pour $x \in G$, $z \in \mathbb{C}$ où G est un domaine d'un espace vectoriel topologique E. On pose d'autre part

(17) $M(A,r) = \sup_{x\in A} M(x,r)$ et $\delta(A,m) = \inf_{x\in A} \delta(x,m)$

<u>et on définit la fonction inverse</u> $\delta_1(A,m)$ <u>solution de</u>

(18) $\delta_1(A,m) = \left[\sup r,\ r>0,\ M(A,r) < m\right]$.

<u>Alors</u> :

a/ - <u>Si sur la fibre</u> F_x, <u>la fonction</u> $f(x,z)$ <u>n'est pas constante,</u> <u>on a pour</u> $m > f(x,o)$: $M[x, \delta(x,m)] = m$ <u>et</u> $M(x,r) < m$ <u>équivaut à</u> $\delta(x,m) > r$.

b/ - <u>Si l'on a</u> $M(A,0) = \sup_{x\in A} f(x,0) < +\infty$, <u>alors pour</u> $m > M(A,0)$ <u>on a toujours</u> $M[A, \delta_1(A,m)] \leq m$ <u>et on a l'égalité</u> $M[A, \delta_1(A,m)] = m$ <u>dès qu'il existe un</u> $x \in A$ <u>sur la fibre</u> F_x <u>duquel</u> f <u>n'est pas construit</u>.

c/ - <u>On a</u> $\delta(A,m) = \delta_1(A,m)$ <u>pour tout</u> $m > M(A,0)$.

En effet dans le cas a/ la fonction inverse $\delta(x,m)$ est bien définie croissante et continue de m pour $m > f(x,0)$; il en est alors de même pour $\delta_1(A,m)$ pour $m > M(A,0) = \sup_{x\in A} f(x,0)$, sauf si $M(A,r)$ demeure borné quand $r \to +\infty$; en ce cas $f(x,z)$ est constant sur toutes les fibres F_x pour $x \in A$ et l'on a $M(A,r) = M(A,0) < m$ quel que soit r, ce qui établit b/. Remarquons qu'on a alors $\delta(x,m) = \infty$ pour tout $x \in A$ et $\delta(A,m) = +\infty$ pour $m > M(A,0)$ ce qui établit aussi c/ quand f est constant sur toutes les fibres F_x pour $x \in A$. Reste donc à établir c/ en supposant f non constant sur au moins une fibre F_x de base $x \in A$. Alors $\delta_1(A,m)$ est fonction croissante continue de m pour $m > M(A,0)$. De $M(x,r) \leq M(A,r)$, on déduit $\delta(x,m) \geq \delta_1(A,m)$ et $\delta(A,m) \geq \delta_1(A,m)$. Pour obtenir une inégalité en sens contraire, on observe que pour $\varepsilon > 0$ donné, il existe $x_o \in A$ vérifiant pour $m > M(A,0)$ l'inégalité

(19) $\delta(x_o,m) < \delta_1(A,m) + \varepsilon$.

En effet, $\delta_1(A,m)$ étant continu, il existe $\eta > 0$ tel qu'on ait

(20) $r = \delta_1(A,m+\eta) < \delta_1(A,m) + \varepsilon = r'$

ce qui équivaut à

$$M(A,r) = m+\eta \quad ; \quad M(A, r' - \varepsilon) = m.$$

Il existe $x_o \in A$ vérifiant $m < M(x_o,r) \leq m+\eta$. On a donc pour $m > M(A,0)$

(21) $\delta(x_o,m) < r \leq \delta(x_o, m+\eta)$

$M(x_0,r)$ étant strictement croissant de r. Combinant (21) et (20) on obtient alors (19) ce qui achève d'établir c/ et la proposition 6. D'autre part si $f(x,z)$, $x \in G$, $z \in C^n$, est plurisousharmonique, il en est de même de $M(x,r) = \sup_{\|z\|=r} f(x,z)$ considéré comme une application $(x,z') \longrightarrow M(x,r)$ où $r = |z'|$ de $G \times C(z')$ à valeurs dans R.

On a donc :

PROPOSITION 7. - Soit $f(x,z)$ une fonction plurisousharmonique dans un cylindre

$$x \in G \quad ; \quad z \in C^n$$

et dépendant de z au moins sur une fibre $F_x = [x$ donné dans G ; z variable dans $C^n]$.

On pose :

$$M(x,r) = \sup_{\|z\|\leq r} f(x,z) \tag{22}$$

et on définit $\delta(x,m)$ par (3_a) et $\delta(A,m)$ par (17), A étant un sous-ensemble de G. Alors si A est contenu dans un domaine $G_s \subset G$ où l'on a $M(x,1) < s$, pour $m > s$, la fonction

$$\chi(x,m) = \frac{-\log \delta(x,m)}{\log \delta(A,m)} \tag{23}$$

est définie plurisousharmonique et négative dans G_s et l'on a $\chi(x,m) \leq -1$ pour $x \in A$.

En effet pour $M(x,1) \leq s$ et $m > s$, on a $\delta(x,m) > 1$, $\delta(A,m) > 1$, donc $\chi \in P_-(G_s)$. On a aussi $\delta(x,m) \geq \delta(A,m)$ d'après la proposition 6, donc finalement $\chi(x,m) \leq -1$ pour $x \in A$.

La proposition 6 permet alors un contrôle de la croissance de $M(x,r)$ en fonction de celle de $M(A,r)$ défini par (17) chaque fois qu'on peut appliquer le théorème 5, a/ ou b/, on énoncera :

THÉORÈME 6. - a/ Soit E un espace de Fréchet complexe, G un domaine de E, et $f(x,z)$ plurisousharmonique dans $G \times C^n$, $x \in G$, $z \in C^n$. Soit $G' \subset G$ un domaine dans G où $M(x,1)$ défini par (22) est majoré. Soit $A \subset G'$ un ensemble non strictement polaire dans G'. Alors il existe une fonction $\tau(x)$ dépendant de la configuration (A,G') dans E, avec les propriétés suivantes

1°/ On a $\tau(x) = - g_A^*(x)$, où $g_A^*(x)$ est l'enveloppe supérieure régularisée des fonctions plurisousharmoniques dans G' majorées par -1 sur A ; $- \tau(x) = g_A^*(x)$ est donc plurisousharmonique dans G' et l'on a $0 < \tau(x) \leq 1$ pour $x \in G'$.

2°/ On a un contrôle de la croissance de $M(x,r)$ sur les fibres F_x donné quand $r \to +\infty$ par

$$M\left[x, r^{\tau(x)}\right] \leq M(A,r) \quad \text{pour } r > r_o \tag{24}$$

où r_o dépend de (A,G,f) et est solution de l'équation $M(A,r_o) = \sup_{x \in G'} M(x,1)$; r_o demeure borné si f parcourt un ensemble de fonctions majorées uniformément dans G . Si l'on substitue à G' un domaine G", $G' \subset G'' \subset G$, dans lequel $M(x,1)$ est encore majoré, (24) est obtenu pour un $r_o' > r_o$ mais avec un $\tau'(x) \geq \tau(x)$ et le contrôle est donc amélioré pour r grand.

b/ Si on suppose seulement que E est un espace de [...]aire, mais avec la précision que $f(x,z)$ est plurisousharmonique continue, alors le résultat (24) demeure, avec $- \tau(x) = g_A'^*(x)$ enveloppe supérieure régularisée des fonctions plurisousharmoniques continues dans G' et majorées par -1 sur $\bar{A}$.

Montrons a/ : d'après (7) et (23) si $s = \sup_{x \in G'} M(x,1)$, ou a pour $m > s$, $\chi(x,m) \leq g_A^*(x)$, d'où

$$- \log \delta(x,m) \leq g_A^*(x) \,.\, \log \delta(A,m). \tag{25}$$

Posons $r = \delta(x,m)$, $r' = \delta(A,m)$, ce qui équivaut à $M(x,r) = m = M(A,r')$. D'après (25), on a $\log r \geq -g_A^*(x) \log r$, d'où (24) avec les propriétés de $\tau(x)$ indiquées, dès qu'on a $r > r_o$, où r_o est calçulé de manière que l'on ait

$$m = M(A,r') > s = \sup_{x \in G'} M(x,1)$$

ce qui détermine r_o par l'équation

$$M(A,r_o) = \sup_{x \in G'} M(x,1).$$

La version b/ de l'énoncé qui concerne les fonctions f plurisousharmoniques continues (donc les applications aux fonctions holomorphes) s'établit de même à partir de la version b/ du théorème 5.

Remarque. Le théorème général 6 appliqué au cas des croissances lentes donne seulement le résultat moins précis que $c(x) = \lim_{r=\infty} (\log r)^{-1} M(x,r)$ a une régularisée supérieure $c^*(x)$ plurisousharmonique quand E est espace de Fréchet et qu'on a $c(x) < \infty$ sur un ensemble A non strictement polaire dans un domaine $G' \subset G$ où $M(x,1)$ est majoré. Le résultat plus précis $c^*(x) =$ constante est obtenu par un procédé de décomposition spécial aux croissances minimales.

7. - Cas de l'ordre fini. Les résultats précédents permettent d'étendre la méthode utilisée en dimension finie (cf. 3a). On aura

$$\rho(x) = \limsup_{r=\infty} \frac{\log^+ M(x,r)}{\log r} = \limsup_{m=\infty} \frac{\log m}{\log \delta(x,m)}, \quad m>s, \tag{26}$$

si x appartient à un domaine $G_s \subset G$ où l'on a $M(x,1) < s$. Il en résulte

$$-\frac{1}{\rho(x)} = \limsup_{m=+\infty} -\frac{\log \delta(x,m)}{\log m}, \quad m > s > e. \tag{27}$$

D'après le théorème 5_a (ou 5_b), B étant réduit au point x, on a

$$-\frac{1}{\rho(x)} = \limsup \left[-\frac{\log \delta(x,m)}{\log \delta(A,m)} \cdot \frac{\log \delta(A,m)}{\log m} \right] \leqslant \frac{g_A^*(x)}{\rho(A)}$$

où $\rho(A)$ est défini comme en (26), mais à partir de $M(A,r)$ et de $\delta(A,m)$. D'où $\rho(x) \leqslant \rho(A) \left[-g_A^*(x)\right]^{-1}$.

On énoncera :

THÉORÈME 7. - Soit $f(x,z)$ plurisousharmonique dans $G \times C^n$, où G est un domaine d'un espace vectoriel topologique complexe E, et soit $\rho(x)$ l'ordre de f sur la fibre F_x.

1°/ $-\frac{1}{\rho(x)}$ est une lim sup de fonctions plurisousharmoniques négatives sur tout domaine $G' \subset G$ où $M(x,1)$ est majoré; $-\frac{1}{\rho^*(x)} = \left[-\frac{1}{\rho(x)}\right]^*$ est soit la constante $-\infty$ soit une fonction plurisousharmonique.

2°/ Si E est un espace de Fréchet, ou si E est un espace de Baire et f continue, alors si $A \subset G' \subset G$ n'est pas strictement polaire ans G' et si $\rho(x)$ est majoré sur A, $\rho(x)$ est fini en tout point et $-\frac{1}{\rho^*(x)}$ est une fonction plurisousharmonique strictement négative ans G. Si $\rho(x)$ est nul dans ces conditions sur A, $\rho(x)$ est nul dans G. i $\rho(x_0) = +\infty$, en un point $x_0 \in G$, alors $\rho^*(x) = +\infty$ dans G et l'ensem- le $\rho(x) < \infty$ est polaire strictement sur tout $G' \subset G$ où $M(x,1)$ est majoré.

8. - Application aux fonctions holomorphes. On désigne par (x,z) une fonction holomorphe $G \times C^n \longrightarrow \mathbb{C}$, où G est un domaine d'un space de Baire complexe. On pose

28) $$N(x,r) = \omega_{2n-1}^{-1} \int_{\|\alpha\|=1} \log|F(x,r\alpha)|\, d\omega_{2n-1}(\alpha)$$

t

29) $$\nu(x,r) = \frac{\partial}{\partial \log r} N(x,r) = \left[\tau_{2n-2} r^{2n-2}\right]^{-1} \sigma(x,r)$$

ù $\sigma(x,r)$ est l'aire de l'ensemble $Z(x) = [z \in C^n \;;\; F(x,z) = 0]$ pour $\|z\| < r$ dans la fibre F_x ; τ_{2n-2}, ω_{2n-1} sont la mesure de la boule et de la a sphère unité. Pour que $F(x,z)$ soit un polynome en z de degré (x) sur F_x, il faut et il suffit que $M(x,r) = \sup_{\|z\|=r} \log|F(x,z)|$ vérifie

30) $$c(x) = \lim (\log r)^{-1} M(x,r) = n\ .$$

n notera que $(x, |z'| = r) \longrightarrow M(x,r)$ est une fonction plurisousharmoni- ue définie dans $G \times \mathbb{C}(z')$. D'autre part selon un résultat de W.Stoll et e l'auteur, pour que Z(x) soit algébrique de degré p, il faut et il suf it que l'on ait

31) $$n(x) = \lim (\log r)^{-1} N(x,r) = p\ .$$

nfin on remarquera que dans (30) ou (31) la limite existe. On a, par xemple, $c(x) = \lim (\log r)^{-1} \left[M(x,r) - M(x,1)\right]$; le graphe g $r \longrightarrow M(x,r)$ étant convexe et croissant, c(x) est la limite d'une nction croissante et continue sur tout domaine $G' \subset G$ où $M(x,1)$ est ma- ré; c(x) et n(x) sont donc des fonctions semi-continues inférieurement. énoncera :

THÉORÈME 8. - Soit F(x,z) holomorphe dans $G \times C^n$; on suppose e F dépend de z sur une fibre F_x au moins et que G est un domaine d'un espace de Baire E. Alors la limite

$$c(x) = \lim_{r=\infty} (\log r)^{-1} M(x,r)$$

existe , est un entier $\geqslant 1$ ou $+\infty$ et l'on a seulement deux cas possibles

a/ - Il existe $x_o \in G$ en lequel on a $c(x_o) = +\infty$; alors l'ensemble $c(x) < \infty$ est réunion dénombrable d'ensembles analytiques (éventuellement vides) définis globalement dans G.

b/ - Il existe un entier $p \geqslant 1$, tel qu'on ait $c(x) \leqslant p$, l'ensemble $c(x) < p$ étant un sous-ensemble analytique défini globalement dans G.

En effet avec l'hypothèse a/, on a, au point x_o une série de Taylor selon les puissances $z^{(\alpha)} = z_1^{\alpha_1} \ldots z_n^{\alpha_n}$ qui s'écrit

$$F(x,z) = \sum A_{(\alpha)}(x) z^{\alpha} , \quad (\alpha) = (\alpha_1, \ldots, \alpha_n)$$

avec une infinité de $A_{(\alpha)}(x_o) \neq 0$. On a $A_{(\alpha)}(x) = \frac{1}{(\alpha)!} \left[\frac{\partial^{(\alpha)} F(x,z)}{\partial z^{(\alpha)}} \right]_{z=o}$

et A_α est holomorphe dans G. D'autre part $c(x) \leqslant m$ équivaut à $A_{(\alpha)}(x) = 0$ pour $|\alpha| > m$. Finalement $e_m = [x \in G ; x(x) \leqslant m]$ est défini globalement dans G en annulant les $A_{(\alpha)}(x)$ pour $|\alpha| \geqslant m+1$; l'ensemble $c(x) < \infty$, réunion des e_m a donc les propriétés indiquées.

Dans l'hypothèse b/, le domaine G est réunion des e_p fermés, donc on a $\mathring{e}_p \neq \emptyset$ pour une valeur p et $A_{(\alpha)}(x) \equiv 0$ sur $\mathring{e}_p$ pour $|\alpha| > p$ entraîne la même propriété dans tout G, ce qui établit $e(x) \leqslant p$ et que l'ensemble $c(x) < p$ est un sous-ensemble analytique réunion finie des e_q pour $q < p$.

Plus intéressant est l'énoncé relatif à l'indicatrice des zéros N(x,r).

THÉORÈME 9. - Les hypothèses sont celles du théorème 8 concernant F et l'espace E. On pose $M(x,r) = \sup \log |F(x,z)|$ pour $\|z\| \leqslant r$. Alors la limite

$$n(x) = \lim_{r=+\infty} (\log r)^{-1} N(x,r)$$

existe , finie ou infinie pour $r \to +\infty$, avec seulement deux possibilités

a/ Il existe $x_o \in G$ en lequel $Z(x) = [z \in \mathbb{C}^n ; F(x,z) = 0]$ n'est pas algébrique. Alors l'ensemble $[x \in G ; Z(x)$ est algébrique$]$ est réunion dénombrable d'ensembles fermés strictement polaires dans tout domaine $G' \subset G$

<u>où</u> $N(x,1)$ <u>est majoré</u>.

b/ <u>Il existe un entier</u> $p \geq 0$ <u>avec les propriétés</u> : $Z(x)$ <u>est algébrique pour tout</u> $x \in G$, <u>et de degré</u> $\leq p$, <u>l'ensemble</u> $[x \in G;$ <u>degré</u> $Z(x) < p]$ <u>étant un sous-ensemble analytique défini globalement dans</u> G.

En effet d'après un résultat de W.Stoll et l'auteur, pour que $Z(x)$ soit de degré p, il faut et il suffit qu'on ait $n(x) = p$; les ensembles e_p définis par $n(x) \leq p$ sont d'autre part fermés dans G. Dans l'hypothèse a/, le théorème 2 indique que les e_p sont strictement polaires dans tout $G' \subset G$ où $N(x,1)$ est majoré et il en est de même de leur réunion, d'où la conclusion a/.

Si l'hypothèse a/ n'est pas vérifiée, on a $G = \bigcup e_p$; il existe un e_p d'intérieur non vide dans G', donc non strictement polaire dans G'; on a alors d'après le théorème 2 : $n(x) \leq p$ pour tout $x \in G$ et l'ensemble $n(x) < p$ est strictement polaire dans tout domaine $G' \subset G$ de majoration pour $N(x,1)$. Un résultat de [6] (cf. aussi [4]) montre qu'on a alors dans $G \times C^n$ un développement

$$F(x,z) = \left[\sum_{|\alpha| \leq p} A_{(\alpha)}(x)\, z^{(\alpha)}\right] \exp h(x,z)$$

où les $A_{(\alpha)}(x)$ sont holomorphes dans G et où $h(x,z)$ est holomorphe dans $G \times C^n$. Il en résulte que le crochet $F_1(x,z)$ définit les zéros Z de F et b/ découle du b/ du théorème précédent.

<u>Remarque</u>. Pour $E = \mathbb{C}$, il existe des fonctions entières $F(x,z)$ dans $E \times C = C^2$ telles que $n(x) = 0$ pour $x \in K$, où K est un compact quelconque donné dans E et de capacité nulle, tandis que on a $n(x_0) \neq 0$ pour un $x_0 \notin K$. Il est donc impossible dans la partie a/ du théorème 9 de remplacer "ensemble fermé strictement polaire dans tout $G' \subset G$, où $N(x,1)$ est majoré" par "sous-ensemble analytique dans G".

On peut remarquer toutefois que ceci est possible dans un cas particulier, que nous avions considéré dans [3e] : si on fait l'hypothèse que $F(x,z)$ est d'ordre fini $\leq q(G')$, alors l'ensemble $n(x) = 0$, ou même l'ensemble $n(x) \leq p$ fini est analytique dans G'.

9. - Application aux types de croissance dépendant de paramètres. L'hypothèse essentielle sera toujours que $f(x,z)$ est plurisousharmonique continue dans $E \times C^n$ et que E est un espace de Baire. On étudie la possibilité d'avoir une majoration

$$\sup_{\|z\| \leq r} f(x,z) = M(x,r) \leq A(t_1,\ldots,t_q,r) = A(t,r) \tag{31}$$

où $A(t,r)$ est continue de $(t,r) \in R^{q+1}$, $t_i \geq 0$, $r_i \geq 0$, et croissante de chacune des variables t_i, r. On donnera aux t_i des valeurs entières positives ; les ensembles

$$e(t) = \left[x \in G \; ; \; M(x,r) \leq A(t_1,\ldots t_q,r) \text{ pour tout } r\right]$$

sont fermés. Si on suppose que pour tout $x \in G$, une majoration (31) est vérifiée (pour des t_i choisis en fonction de x), on aura

$$G = \bigcup_t e(t) \qquad \text{où} \quad t = (t_1,\ldots,t_q) \text{ parcourt les entiers positifs.}$$

Il s'ensuit qu'il existe $t_o = (t_1^\circ,\ldots,t_q^\circ)$ tel que (31) est vérifié pour $x \in e(t_o)$ avec $\mathring{e}(t_o) \neq \emptyset$. Appliquons alors le théorème général 6, en prenant pour ensemble $A \subset G$ l'ensemble $e(t_o)$ qui est non polaire. On a

THÉORÈME 10. - Si $f(x,z)$ est plurisousharmonique et continue dans $G \times C^n$ où G est un domaine d'un espace de Baire, alors si pour chaque $x \in G$, une majoration (31) est vérifiée, pour $t_i = t_i(x)$, alors il existe des valeurs t_i° telles qu'on ait pour tout $x \in G$

$$M(x,r) \leq A\left[t_o, \; r^{\sigma(x)}\right]$$

où $\sigma(x) = -\left[g_A^{+\prime}(x)\right]^{-1}$ et où $g_A^{\prime *}(x)$ est la fonction définie au § 3.

Remarque. Le résultat quand on le spécialise à $f(x,z) = \log|F(x\,z)|$ $x \in E$, $z \in C$ et F holomorphe, E étant un espace de Baire (c'est-à-dire à l'étude de la distribution des valeurs d'une fonction entière sur L selon les droites issues de 0) donne un contrôle moins précis que celui que nous avions obtenu dans [3,f] . La question est donc posée de savoir si le résultat plus précis pour les fonctions entières, demeure vrai pour les fonctions plurisousharmoniques continues dans E;cela nous semble probable.

BIBLIOGRAPHIE

[1] COEURÉ (G.). - Fonctions plurisousharmoniques sur les espaces vectoriels topologiques. Ann. Institut Fourier, t. 20, fasc. 1, p. 361-442.

[2] DEMAILLY (J.-P.). - Un exemple de fibré holomorphe non de Stein à fibre C^n ayant pour base le disque ou le plan (voir ce Séminaire).

[3] LELONG (P.). - a/ Fonctionnelles analytiques et fonctions entières, chapitre VI, Presses Univ. de Montréal,(1968).

b/ Fonctions plurisousharmoniques et ensembles polaires. Lecture-Notes Springer, n° 116, p. 1-20,(1969).

c/ Sur les structures des courants positifs fermés. Lecture-Notes Springer, n° 578, p. 136-156,(1976) et Note aux Comptes rendus de l'Ac.des Sciences, Paris, t. 283,(1976), p. 449-452.

d/ Plurisubharmonic functions in topological vector spaces, Lecture-Notes Springer, n° 364, p. 58-68.

e/ Sur les valeurs lacunaires d'une relation à deux variables complexes. Bull. des Sc. Math., t. 50, p. 103-112,(1942).

f/ Théorème de Banach-Steinhaus pour les polynomes ; applications entières d'espaces vectoriels complexes. Lecture-Notes Springer, n° 205, (1970).

[4] NGUYEN THANH VAN. - Sur les fonctions analytiques de la forme $f(x,y) = \sum_{|\alpha|<q} A(x)y^{\alpha} \exp h(x,y)$, C.R.Ac.Sci.Paris, t. 284, (1977), Série A, p. 1447-1449.

[5] RAMIS (J.-P.). - Sous-ensembles analytiques d'une variété banachique. Ergebnisse der Math., vol. 53,(1970).

[6] RONKIN (L.I.). - Some problems on the distribution of zeros of entire functions of several complex variables. Math. U.S.S.R. Sbornik, t. 16, (1972), p. 363-380.

[7] SIU (Y.T.). - Analyticity of sets associated to Lelong numbers... Invent. Math., t. 27, (1974), p. 53-156.

[8] SKODA (H.). - Fibrés holomorphes à base et fibre de Stein. Invent. Math., p. 97-107, vol. 43, Fasc. 2, 1977.

Séminaire P.LELONG, H. SKODA
(Analyse)
17e année, 1976/77.

SUR LA DENSITÉ DES SOUS-ALGÈBRES POLYNOMIALES D'APPLICATIONS CONTINÛMENT DIFFÉRENTIABLES

par Leopoldo N A C H B I N

Nous avions démontré en 1949 (voir [5]) le théorème suivant. Soit U une partie ouverte non vide de $\mathbb{R}^n$. On considère les conditions (N1), (N2), (N3) suivantes, où $E = \mathbb{R}^n$:

(N1) Quel que soit $x \in U$, il existe $f \in A$ telle que $f(x) \neq 0$.

(N2) Quels que soient $x \in U$, $y \in U$, $x \neq y$, il existe $f \in A$ telle que $f(x) \neq f(y)$.

(N3) Quels que soient $x \in U$, $t \in E$, $t \neq 0$, il existe $f \in A$ telle que

$$\frac{\partial f}{\partial t}(x) = df(x)(t) \neq 0.$$

THÉORÈME (dimension finie et valeurs scalaires). Soit A une sous-algèbre de $\mathcal{C}^m(U;\mathbb{R})$. Alors A est dense dans $\mathcal{C}^m(U;\mathbb{R})$ pour $\mathcal{E}_m$ si et seulement si A satisfait (N1), (N2), (N3).

Entre temps LESMES [2], LLAVONA [3], [4] et PROLLA [6], [7] ont essayé d'étendre ce théorème en supprimant les restrictions concernant la dimension finie et les valeurs scalaires, un aspect nouveau et intéressant étant le rôle (à la fois naturel et inattendu) de la propriété de l'approximation de Banach-Grothendieck. Leurs résultats ne sont pas définitifs; il y a des problèmes simples à formuler et fondamentaux dans cette direction, mais encore non résolus.

Le cas m = 0 exclu par le théorème ci-dessus est l'objet du théorème de Stone-Weierstrass ; de même pour le théorème ci-dessous si $F = \mathbb{R}$.

Notre but ici est de présenter des travaux de LESMES, LLAVONA et PROLLA d'une façon à la fois un peu plus générale et naturelle que celle qu'ils adoptent. Nous énonçons aussi une conjecture devenue plausible sur l'équivalence entre la densité des sous-algèbres polynomiales d'applications continûment différentiables et la propriété de l'approximation citée.

Soient E,F des espaces localement convexes réels séparés, $E \neq 0$, $F \neq 0$, U une partie ouverte non-vide de E et $m = 1,2,\dots,\infty$. On indique par $\mathcal{C}^m(U;F)$ l'espace vectoriel des applications $f : U \longrightarrow F$ continûment m-différentiables au sens suivant :

1/ f est finiment m-différentiable ; c'est-à-dire , pour tout sous-espace vectoriel S de E de dimension finie avec $S \neq 0$, $U \cap S$ non-vide, on suppose que la restriction $f|(U\cap S)$ est m-différentiable au sens classique; donc nous avons les différentielles

$$d^k f : U \longrightarrow \mathcal{L}_{as}(^kE;F)$$

pour $k \in \mathbb{N}$, $k \leqslant m$, à valeurs dans l'espace vectoriel $\mathcal{L}_{as}(^kE;F)$ des applications k-linéaires symétriques de E^k dans F.

2/ L'application

$$(x,t) \in U \times E \longmapsto d^k f(x)t^k \in F$$

est continue, pour tout $k \in \mathbb{N}$, $k \leqslant m$; en particulier $d^k f(x)$ appartient au sous-espace vectoriel $\mathcal{L}_s(^kE;F)$ des applications k-linéaires symétriques continues de E^k dans F.

Nous munissons $\mathcal{C}^m(U;F)$ de la topologie $\mathcal{C}_m$ définie par la famille (à paramètres k, β, K, L) de semi-normes

$$\cdot \quad f \in \mathcal{C}^m(U;F) \longmapsto p^{k\beta}_{KL}(f) = \sup\left\{\beta\left[d^k f(x)t^k\right] \; ; \; x \in K \; , \; t \in L\right\}$$

pour $k \in \mathbb{N}$, $k \leqslant m$, où β est une semi-norme continue sur F et K,L sont des parties compactes non-vides de U, E respectivement.

Nous utiliserons la notion d'algèbre polynomiale, classique pour des valeurs vectorielles (par exemple, voir [8] , Définition 4.7. ; ici sera utilisée la notion d'algèbre polynomiale de première espèce, plus générale que celle de deuxième espèce).

THÉORÈME (dimension arbitraire et valeurs vectorielles). *Soit* A *une sous-algèbre polynomiale de* $\mathscr{C}^m(U;F)$. *Supposons qu'il existe une partie* G *de l'espace vectoriel* $E'\otimes E$ *des endomorphismes linéaires continus de* E *à images de dimension finie, telle que :*

1/ *L'application identité* I_E *appartient à l'adhérence de* G *pour la topologie de la convergence compacte dans l'espace vectoriel* $\mathscr{L}(E;E)$ *des endomorphismes linéaires continus de* E.

2/ *Pour tout* $J\in G$, *toute partie ouverte non vide* V *de* U *telle que* $J(V)\subset U$ *et toute* $f\in A$, *alors la restriction* $(f\circ J)|V = f\circ(J|V)$ *appartient à l'adhérence de la restriction* $A|V$ *dans* $\mathscr{C}^m(V;F)$ *pour* $\mathscr{C}_m$.

Alors A *est dense dans* $\mathscr{C}^m(U;F)$ *pour* $\mathscr{C}_m$ *si et seulement si* A *satisfait* (N1), (N2), (N3).

PREUVE. Voyons la nécessité. Si $x\in U$, $y\in U$, $t\in E$, indiquons par A_x, A_{xy} si $x\neq y$, A_x^t si $t\neq 0$, les sous-algèbres polynomiales propres de $\mathscr{C}^m(U;F)$ fermées pour $\mathscr{C}_m$, formées par les $f\in\mathscr{C}^m(U;F)$ satisfaisant à $f(x) = 0$, $f(x) = f(y)$, $df(x)(t) = 0$, respectivement. Si A est dense dans $\mathscr{C}^m(U;F)$ pour $\mathscr{C}_m$, alors A n'est pas contenue dans aucune A_x, A_{xy}, A_x^t, ce qui veut dire que (N1), (N2), (N3) sont satisfaites.

Nous allons diviser la preuve de la suffisance en trois parties.

Partie 1. Supposons E de dimension finie (cas dans lequel G n'est pas utilisé). Le cas scalaire $F = \mathbb{R}$ est le théorème précédent (voir [5] pour la preuve). Soit F arbitraire. D'après la condition (3) du lemme 4.6. de [8], l'ensemble $F'\circ A$ des $\psi\circ f$ pour $\psi\in F'$, $f\in A$, est une sous-algèbre de $\mathscr{C}^m(U;\mathbb{R})$. Or, $F'\circ A$ satisfait (N1), (N2), (N3) parce que A vérifie ces mêmes conditions. D'après le cas scalaire précédent, $F'\circ A$ est dense dans $\mathscr{C}^m(U;\mathbb{R})$ pour $\mathscr{C}_m$. Donc $(F'\circ A)\otimes F$ est dense dans $\mathscr{C}^m(U;\mathbb{R})\otimes F$ pour $\mathscr{C}_M$. Or, il est classique que

$\mathcal{C}^m(U;\mathbb{R}) \otimes F$ est dense dans $\mathcal{C}^m(U;F)$ pour $\mathcal{C}_m$ parce que E est de dimension finie (voir la proposition 10 de [9]). Comme $(F' \circ A) \otimes F$ est contenu dans A d'après la condition (3) du lemme 4.6. de [8], on voit que A est dense dans $\mathcal{C}^m(U;F)$ pour $\mathcal{C}_m$.

Supposons désormais que E,F soient arbitraires. Fixons $f \in \mathcal{C}^m(U;F)$, $K \subset U$ et $L \subset E$ compacts non-vides, $k \in \mathbb{N}$, $k \leq m$ et une semi-norme continue β sur F.

Partie 2. Il existe $J \in G$ et un ouvert non vide $V \subset U$ tels qu'on ait $K \subset V$, $J(V) \subset U$ et

(1) $$p_{KL}^{i\beta}\left[f \circ (J|V) - f|V\right] \leq 1$$

pour i = 0,...,k. En fait

$$(x,t) \in U \times E \longmapsto d^i f(x) t^i \in F$$

est continue et le compact $K \times L$ est contenu dans l'ouvert $U \times E$. Donc, il existe un voisinage W_1 de 0 dans E tel que $K + W_1 \subset U$ et

(2) $$\beta\left[d^i f(y) u^i - d^i f(x) t^i\right] \leq 1$$

pour $(x,t) \in K \times L$, $y - x \in W_1$, $u - t \in W_1$, i = 0,...,k. Choisissons un voisinage ouvert W_2 de 0 dans E tel que $W_2 + W_2 \subset W_1$. D'après la condition 1/ du théorème, soit $J \in G$ tel que $(J - I_E)(K \cup L) \subset W_2$. D'après la continuité de $J - I_E$, il existe un voisinage ouvert W_3 de 0 dans E tel que $W_3 \subset W_2$ et $(J - I_E)(K + W_3) \subset W_2$. Posons $V = K + W_3$; c'est un ouvert non-vide. Alors on a $J(V) \subset U$ car $y \in V$ entraîne $J(y) = (J - I_E)(y) + y \in W_2 + (K + W_3) \subset K + W_2 + W_2 \subset K + W_1 \subset U$. Par suite, $f \circ (J|V)$ est définie. Nous avons

(3) $$\beta\left\{d^i f[J(x)]\, J(t)^i - d^i f(x) t^i\right\} \leq 1$$

pour $x \in K$, $t \in L$, i = 0,...,k. En fait,

$J(x) - x = (J - I_E)(x) \in (J - I_E)(K) \subset W_2 \subset W_1$. On a aussi $J(t) - t = (J - I_E)(t) \in (J - I_E)(L) \subset W_2 \subset W_1$. Il suffit alors d'utiliser (2) pour obtenir (3). Or

$$d^i f[J(x)]\, J(t)^i = d^i\left[f \circ (J|V)\right](x) t^i$$

et par suite (1) résulte de (3).

Partie 3. Posons $E_J = J(E)$; c'est un sous-espace vectoriel de dimension finie de E. Nous pouvons supposer $E_J \neq 0$; pour cela, il suffit de supposer que $-(K \cup L) \subset W_2$ soit faux, donc $J \neq 0$. Posons $U_J = U \cap E_J$; c'est une partie ouverte de E_J non vide parce que $U_J \supset U \cap J(V) = J(V)$ et V est non vide. Soit A_J la sous-algèbre polynomiale de $\mathcal{C}^m(U_J ; F)$ formée par les restrictions $f_J = f|U_J$ pour $f \in A$. Alors A_J satisfait (N1), (N2), (N3) parce que ces conditions sont satisfaites par A. D'après la Partie 1, il y a $g \in A$ telle que

$$p^{i\beta}_{J(K)J(L)}(g_J - f_J) \leqslant 1$$

pour $i = 0,\dots,k$, ce qui vaut dire

$$\beta\{d^i g_J[J(x)]\, J(t)^i - d^i f_J[J(x)]\, J(t)^i\} \leqslant 1 ,$$

ou bien

$$\beta\{d^i[g \circ (J|V)\ (x)t^i - d^i[f \circ (J|V)(x)t^i\} \leqslant 1$$

pour $x \in K$, $t \in L$, donc

(4) $p^i_{KL}[g \circ (J|V) - f \circ (J|V)] \leqslant 1$

pour $i = 0,\dots,k$. D'après la condition 2/ du théorème, il existe $h \in A$ tel que

(5) $p^{i\beta}_{KL}[h|V - g \circ (J|V)] \leqslant 1$

pour $i = 0,\dots,k$. Alors (1), (4), (5) nous donnent

$$p^{i\beta}_{KL}(h|V - f|V) \leqslant 3$$

ou encore, V étant un voisinage ouvert de K dans U,

$$p^{i\beta}_{KL}(h - f) \leqslant 3$$

pour $i = 0,\dots,k$. Donc, f appartient bien à l'adhérence de A dans $\mathcal{C}^m(U ; F)$ pour $\mathcal{C}_m$, ce qui termine la démonstration.

Si E est de dimension finie, les conditions 1/ , 2/ du théorème précédent sont satisfaites par $G = \{I_E\}$, donc ce théorème entraîne le théorème initial. Il serait donc intéressant de démontrer le théorème précédent sans utiliser au début ce théorème initial.

La condition 1/ du théorème précédent entraîne que E possède la propriété de l'approximation de Banach-Grothendieck, c'est-à-dire que I_E appartienne à l'adhérence de $E'\otimes E$ dans $\mathscr{L}(E\ ;\ E)$ pour la topologie de la convergence compacte. Alors le théorème précédent rend plausible le résultat suivant.

CONJECTURE. Pour tout E donné, les conditions suivantes sont équivalentes :

(C1) Pour U, F , m arbitraires, toute sous-algèbre polynomiale A est dense dans $\mathscr{C}^m(U\ ;\ F)$ pour $\mathscr{C}_m$ si (et toujours seulement si) A satisfait (N1), (N2), (N3).

(C2) E possède la propriété de l'approximation.

C'est connu que (C1) entraîne (C2). En fait, $A = \mathscr{C}^m(E;\ \mathbb{R}) \otimes E$ est une sous-algèbre polynomiale de $\mathscr{C}^m(E\ ;\ E)$ satisfaisant (N1), (N2), (N3). Alors A est dense dans $\mathscr{C}^m(E;\ E)$ pour $\mathscr{C}_m$ d'après (C1). Soit $K = \{0\} \subset E$ et $L \subset E$ compact non vide ; soit α une semi-norme continue sur E. Alors I_E appartient à l'adhérence de A dans $\mathscr{C}^m(E;\ E)$ pour $\mathscr{C}_m$. Donc, il existe $f \in A$ telle que

$$\alpha\left[df(0)(t) - d\ I_E(0)(t)\right] \leqslant 1$$

pour $t \in L$. Or $d\ I_E(0)(t) = t$. Soit $f = \sum_i f_i \otimes e_i$ où $f_i \in \mathscr{C}^m(E;\ \mathbb{R})$ et $e_i \in E$ pour $i = 1,\ldots,k$. Posons $J = df(0)$. Alors $J = \sum_i \varphi_i \otimes e_i$ où $\varphi_i = df_i(0) \in E'$. On a donc $\alpha[J(t) - t] \leqslant 1$ pour $t \in L$, ce qui prouve (C2).

La conjecture que (C2) entraîne (C1) est une tentative d'améliorer le théorème précédent.

B I B L I O G R A P H I E

[1] ARON (R.M.) & PROLLA (J.B.). - Polynomial approximation of differentiable functions on Banach spaces, à paraître.

[2] LESMES (J.). - On the approximation of continuously differentiable functions in Hilbert spaces, Revista Colombiana de Matematicas 8, 1974, p. 217-223.

[3] LLAVONA (J.G.). - Aproximación de funciones diferentiables, Universidad Complutense de Madrid, 1975.

[4] LLAVONA (J.G.). - Approximation of differentiable functions, Advances in Mathematics, à paraître.

[5] NACHBIN (L.). - Sur les algèbres denses de fonctions différentiables sur une variété, C.R.de l'Académie des Sc.de Paris, 228, 1949, p. 1549-1551.

[6] PROLLA (J.B.). - On polynomial algebras of continuously differentiable functions, Rendiconti della Accademia Nazionale dei Lincei, 57, 1974, p. 481-486.

[7] PROLLA (J.B.) & GUERREIRO (C.S.). - An extension of Nachbin's theorem to differentiable functions on Banach spaces with the approximation property, Arkiv för Matematik, 14, 1976, p. 251-258

[8] PROLLA (J.B.). - Approximation of vector valued functions, Notas de Matemática, 61, 1977, North-Holland.

[9] SCHWARTZ (L.). - Espaces de fonctions différentiables à valeurs vectorielles, Journal d'Analyse Mathématique, 4, 1954-1956, p. 88-148.

INSTITUTO DE MATEMÁTICA
Universidade Federal do
Rio do Janeiro
RIO DE JANEIRO, RJ, ZC-32, BRASIL

DEPARTMENT OF MATHEMATICS
University of Rochester
ROCHESTER, NY, 14627, U.S.A.

éminaire P.LELONG,H.SKODA
Analyse)
7e année, 1976/77.

15 Février 1977

SUR LA MESURE GAUSSIENNE DES ENSEMBLES POLAIRES EN DIMENSION INFINIE

par Philippe NOVERRAZ

Les résultats qui suivent ont été obtenus en collaboration vec S.DINEEN. Deux raisons nous ont amené à nous intéresser à la mesure aussienne des ensembles polaires. La première est en relation avec la omplétion holomorphe à un espace normé ; rappelons que si E est un espa- e normé non complet ($E \neq \hat{E}$) il existe un sous-espace noté E_{θ} , $E \subset E_{\theta} \subset \hat{E}$, ui est le sous-espace maximal tel que toute fonction holomorphe sur E e prolonge à E_{θ} . Dans (5), HIRSCHOWITZ a montré que si E est l'espace ℓ^p muni à une norme ℓ^q , $1 \leqslant p \leqslant +\infty$ (avec c_o pour $p = \infty$) le complété olomorphe de E contient l'espace $\ell^p_+ = \bigcap_{q>p} \ell^q$ et le problème se posait e savoir si dans ce cas $E_{\theta} = \hat{E}$. Comme l'on sait (9) que $E_{\theta} \neq \hat{E}$ si et eulement si E est polaire dans $\hat{E}$ et qu'il n'est pas difficile de montrer ue pour $p < q$, il existe une mesure gaussienne μ sur ℓ^q telle que $(\ell^p) = 1$, on en déduirait dans l'exemple considéré que $E_{\theta} = \hat{E}$ si les nsembles polaires étaient de mesure nulle pour toute mesure gaussienne. alheureusement le théorème 2 montre que ce n'est pas toujours le cas. Il avait aussi un problème ouvert, a savoir si dans un espace de Banach E l existait des sous-espaces F denses tels que $F_{\theta} = E$; nous montrons roposition 7) que c'est bien le cas.

La deuxième raison qui nous a conduit aux mesures gaussiennes des en- embles polaires est un travail de P.LELONG (7) et (8) sur la polarité e l'ensemble des fonctions holomorphes qui se prolongent hors d'un ou- ert pseudo-convexe de $\mathbb{C}^n$. Le résultat que nous donnons est à rapprocher 'un résultat de Steinhaus sur le prolongement hors du disque unité des onctions de la forme $f_{\varphi}(z) = \sum e^{i\varphi_n} z^n$ où (φ_n) est une suite de variables aléatoires indépendantes équiréparties sur $[0,2\pi]$.

Dans ce qui suit nous utiliserons l'identification (voir (1),(4) et (6) qui existe entre mesure de Radon gaussienne et espace de Wiener abstrait (H_μ, i, H) où H_μ est un espace de Hilbert plongé de manière continue dans H, espace déterminé à partir de l'opérateur de covariance S_μ de μ (plus précisément $H_o = S_\mu^{1/2}(H)$).

Rappelons les propriétés suivantes qui montrent que la situation est en dimension infinie très différente de celle à laquelle on est habitué en dimension finie:

P_1 : Soit B un espace de Banach séparable et soit (x_n) une suite dense dans B, il existe une mesure guassienne $\mu \sim (H,i,B)$ telle que $(x_n) \subset H$.

P_2 : Si B est un espace de Banach séparable ; si T est une injection linéaire de B et si $\mu \sim (H,i,B)$ alors μ n'est pas en général stable par T (même si T est une translation). La stabilité est assurée si la restriction de T à H est un opérateur unitaire.

P_3 : Soit $\mu \sim (H,i,B)$ une mesure gaussienne sur E, pour tout x de E posons $\mu_x(A) = \mu(x + A)$ pour tout borélien de E. Les mesures μ et μ_x sont soit équivalentes soit orthogonales, elles sont équivalentes si et seulement si x appartient à H. Si f est une fonction continue et bornée sur E il vient

$$\int_B f(y)\mu(dy) = \int_B f(x+y)e^{-\frac{|x|_H^2}{2} - \langle x,y\rangle_H}\mu(dy)$$

si et seulement si x appartient à H.

Dans un exposé précédent (9) nous avions prouvé une inégalité de la moyenne pour les fonctions plurisousharmoniques et les mesures gaussiennes à savoir :

LEMME 1. - Si U est un ouvert d'un e.l.c. complexe E, pour toute semi norme continue P, $\forall x$ de U et tout $r > 0$ tel que $\overline{B_p(0,r)} \subset U$ et v plurisous-

harmonique dans U *bornée supérieurement sur la boule* $B_p(0,v)$ *alors*

$$v(x) \leqslant \frac{1}{\mu[B_p(0,r)]} \int_{p(y) \leqslant r} v(x+y)\mu(dy)$$

pour toute mesure gaussienne μ *sur* E.

DÉFINITION. - *Un ensemble* A *est dit polaire complet dans* E *s'il existe une fonction plurisousharmonique* v *dans* E *telle que* $A = \{x \in E,\ v(x) = -\infty\}$.
On avait démontré la proposition suivante :

PROPOSITION 1. - *Si* μ *est une mesure gaussienne sur un espace de Banach* E *et si* A *est un ensemble polaire complet la condition* $\mu(A) > 0$ *entraîne que* A *contient le sous-espace auto-reproduisant* H_μ.

COROLLAIRE. - *Dans un espace de Banach ou de Fréchet, une réunion dénombrable d'ensembles polaires est d'intérieur vide.*
En particulier un ensemble polaire complet non dense est de mesure nulle pour toute mesure gaussienne. L'exemple de la fonction plurisousharmonique v définie sur ℓ^p par $v(x) = \sum_n \frac{1}{2} \log |x_n|$ montre qu'un ensemble polaire complet peut effectivement contenir un sous-espace dense.

Le théorème suivant a été montre par DINEEN (2).

THÉORÈME 1. - *Dans un espace de Banach ou de Fréchet un ensemble polaire complet est de mesure soit* 0 *soit* 1 *pour toute mesure gaussienne.*

Donnons la démonstration dans le cas plus simple des espaces de Hilbert séparables :

Démonstration. Comme tout translaté d'un ensemble polaire est polaire on peut supposer que la mesure μ est centrée. D'après SKOROHOD (11),p.18-20, il existe une base orthonormée (e_n) de H (qui est formée de vecteurs propres de l'opérateur nucléaire de covariance S_μ de μ) et une famille $(\mu_n)_{n=1}^{\infty}$ de mesures gaussiennes centrées scalaires telles que $\mu_n = \mu/_{\mathbb{R}.e_n}$ et $\mu = \prod_{n=1}^{\infty} \mu_n$.
Désignons par H_n le sous-espace engendré par $e_1,\dots,e_n$ par H^n le sous-

espace (non fermé) engendré par $e_{n+1},\ldots$, et posons $H_\infty = \bigcup H_n$. Il vient, pour tout n, $\mu = \tilde{\mu}_n \otimes \tilde{\mu}^n$ et la mesure $\tilde{\mu}_n = \bigotimes_{i=1}^{n} \mu_i$ est équivalente à la mesure de Lebesgue.

L'ensemble A étant un G_δ, est mesurable d'où, si χ_A désigne sa fonction caractéristique,

$$\mu(A) = \int \chi_A(x)\mu(dx) = \int_{H^n}\left[\int_{H_n} \chi_A(x,y)\tilde{\mu}_n(dx)\right]\tilde{\mu}^n(dy).$$

Pour tout y de H, la fonction $v_y(x) = v(x+y)$ est définie sur H_n et $\{x,\ \chi_A(x,y) = 1\} = \{x,\ v_y(x) = -\infty\}$. Comme dans $\mathbb{C}^n$, n fini, un ensemble polaire A' est tel que pour tout sous-espace vectoriel réel F, l'ensemble $A' \cap F$ est soit F tout entier soit de mesure de Lebesgues nulle on en déduit que pour tout y seules les deux alternatives suivantes peuvent se présenter :

(a) $\qquad v_y \equiv -\infty$ et $\int_{H_n} \chi_A(x,y)\tilde{\mu}_n(dx) = 1$

(b) $\qquad \int_{H_n} \chi_A(x,y)\tilde{\mu}_n(dx) = 0$.

Pour tout entier n, l'ensemble

$$A_n = \{x + y\ ,\ x \in H_n,\ y \in H^n \qquad v_y = -\infty\}$$

est un ensemble borélien contenu dans A tel que

$$\int_{H_n} {}_A(x,y)\tilde{\mu}_n(dx) = \int_{H_n} \chi_{A_n}(x,y)\tilde{\mu}_n(dx).$$

Il s'ensuit que $\mu(A_n) = \mu(A)$. De plus la suite (A_n) est décroissante. Posons $B = \bigcap_n A_n$, alors $B \subset A$ et $\mu(B) = \mu(A)$. Montrons que l'ensemble B satisfait, lorsqu'il n'est pas vide, à la relation suivante : $B + H_\infty = B$ Si x appartient à H_∞ et y appartient à B, il existe un entier n tel que x appartient à H_m pour tout $m > n$. Comme y appartient à B donc à A_m, pour tout m la fonction $f_y : H_m \to R$ est identique à $-\infty$ i.e. $f_y(w) = -\infty$ pour tout w de H_m en particulier $f(w+y+x) = -\infty$ pour tout w de H_m ce qui prouve que x + y appartient à A_m pour tout m et donc à B. La relation $B + H_\infty = B$ est bien vérifiée et la proposition suivante prouve que $\mu(B)$ (qui est égal à $\mu(A)$) est égal soit à 0 soit à 1.

PROPOSITION 2. - Soit μ une mesure gaussienne centrée et soit H_∞ le sous-espace (non fermé) engendré par les vecteurs propres (e_n) de S_μ, alors tout ensemble borélien B tel que $B + H_\infty = B$ est de μ-mesure soit 0 soit 1.

Démonstration. La condition $B + H_\infty = B$ entraîne que pour tout n, $B + H_n = B$ c'est-à-dire que B est de la forme $H_n \times B^n$ où B^n est un sous-ensemble de H^n.

Pour tout ensemble cylindrique C de H, donc de la forme $C_m \times H^m$ avec C_m dans H_m, il vient $\mu(C) = \tilde{u}_m(C_m)$. Choisissons $n > m$ alors $B = H_n \times B^n$ d'où $\mu(B) = \tilde{\mu}^n(B^n)$. Or pour $n \geqslant m+1$ on a : $B \cap C = C_m \times H_m^n \times B^n$, où H_m^n désigne le sous-espace engendré par $e_{m+1}, \ldots, e_n$, ce qui entraîne que

$$\mu(B \cap C) = \tilde{\mu}_m(C_m).\tilde{\mu}^n(B^n), \text{ c'est-à-dire } \mu(B \cap C) = \mu(B).\mu(C).$$

L'ensemble B est donc indépendant de tout ensemble cylindrique de H basé sur H_∞, il est donc indépendant de tout ensemble appartenant à la tribu engendrée par ces ensembles cylindriques, tribu qui n'est autre que la tribu borélienne.

L'ensemble B est donc indépendant de lui-même, c'est-à-dire $\mu(B \cap B) = \mu(B).\mu(B)$, ce qui entraîne que $\mu(B)$ est égal à 0 soit à 1.

Nous allons donner une condition nécessaire et suffisante pour qu'un ensemble polaire complet soit de mesure positive.

DÉFINITION. Un ensemble A est dit gaussien nul s'il existe une mesure gaussienne μ telle que $\mu(x + A) = 0$ pour tout x.

THÉORÈME 2. - Si E est un espace de Banach ou de Fréchet, un ensemble polaire complet est un ensemble gaussien nul pour toute mesure gaussienne centrée s'il ne contient pas un sous-espace de dimension infinie.

La démonstration est basée sur les deux propositions qui suivent. Là encore, nous nous placerons dans le cas Hilbert séparable pour rendre la démonstration plus simple.

PROPOSITION 3. - Soit A un G_δ qui contient un sous-espace dense H d'un espace de Hilbert séparable E. Il existe une base (e_n) de E et une suite (λ_n), $\lambda_n > 0$, telles que, si B_1 désigne la boule unité de E, l'ensemble A contienne l'ensemble $B_1 \cap \{x = \sum x_n e_n, |x_n| \leq \lambda_n\}$.

Démonstration. Comme H est un sous-espace dense on peut toujours trouver une base (e_n) de E dont les éléments sont dans H. Soit B_1 la boule unité de E et soit $B_1(n)$ l'intersection de B_1 avec le sous-espace engendré par les n premirs vecteurs de base $(e_1,\ldots,e_n)$. L'ensemble $B_1(n)$ est pour tout n un compact de E. Par définition A est égal à l'intersection d'une famille dénombrable (A_m) d'ouverts de E. Pour tout entier m, on peut trouver une suite $(\delta_n^m)_{n=1}^{\infty}$, $\delta_n^m > 0$ tels que

$$A_m \supset \bigcup_{n=1}^{\infty} B_1(n) + \delta_n^m B_1$$

d'où

$$A \supset \bigcap_m \bigcup_n \{B_1(n) + \delta_n^m B_1\}.$$

On peut toujours supposer que $\sum_{n,m} (\delta_n^m)^2 < 1$.

Si l'on pose $\lambda_n = \frac{1}{2^n} \inf(\delta_1^1, \ldots, \delta_n^n)$ il vient

$$\sum_{n=m}^{\infty} \lambda_n^2 \leq \sum_{n=m}^{\infty} \left(\frac{\delta_m^m}{2^n}\right)^2 \leq (\delta_m^m)^2 \sum_{n=m}^{\infty} \frac{1}{2^{2n}} < (\delta_m^m)^2 .$$

Si $x = \sum x_n e_n$ appartient à B_1 et est tel que $|x_n| \leq \lambda_n$ pour tout n, il vient, en posant $x^m = \sum_{n=1}^{m-1} x_n e_n$,

$$\|x - x^m\|^2 = \sum_{n=m}^{\infty} |x_n|^2 \leq \sum_{n=m} \lambda_n^2 \leq (\delta_m^m)^2.$$

Comme x^m appartient à $B_1(m)$, on a $x = (x-x^m) + x^m \in B_1(m) + \delta_m^m B_1$ c'est-à-dire que x appartient à A_m pour tout m donc à $A = \bigcap_m A_m$ ce qui termine la démonstration.

PROPOSITION 4. - Soient (e_n) une base de E et soit μ une mesure gaussienne centrée non dégénérée dont l'opérateur de covariance S_μ est déterminé par la suite (α_n) telle que $\alpha_n > 0$ et $\sum \alpha_n < +\infty$ ($\langle S_u x, x \rangle = \sum \alpha_n x_n^2$ si les x_n sont des composantes de x dans la base formée des vecteurs propres (e_n) de S_μ).

Considérons l'ensemble $B = \{x = \sum x_n e_n \ , \ |x_n| \leq \lambda_n, \ \forall n$, alors :

$\mu(B) \neq 0$ si et seulement si $\sum \frac{\sqrt{\alpha_n}}{\lambda_n} \exp\left(-\frac{\lambda_n^2}{2\alpha_n}\right) < +\infty$.

Démonstration. $\mu(B) = \prod \mu_n\{|x_n| \leq \lambda_n\}$

$$= \prod \frac{1}{\sqrt{2\pi\alpha_n}} \int_{-\lambda_n}^{+\lambda_n} e^{-t^2/2\alpha_n} dt$$

$$= \prod \frac{1}{\sqrt{2\pi}} \int_{-\lambda_n/\sqrt{\alpha_n}}^{\lambda_n/\sqrt{\alpha_n}} e^{-t^2/2} dt.$$

Le produit est convergent si et seulement si la série

$$S = \sum\left[1 - \frac{1}{\sqrt{2\pi}} \int_{-\lambda_n/\sqrt{\alpha_n}}^{+\lambda_n/\sqrt{\alpha_n}} e^{-t^2/2} dt\right] \text{ converge .}$$

Or $$S = \frac{2}{\sqrt{2\pi}} \sum \int_{\lambda_n/\sqrt{\alpha_n}}^{\infty} e^{-t^2/2} dt .$$

L'inégalité suivante, bien connue, $\frac{1}{y}(1 - \frac{1}{y})e^{-y^2/2} \leq \int_y^\infty e^{-t^2/2} dt \leq \frac{1}{y} e^{-y^2/2}$, donne le résultat.

Démonstration du théorème 2. Si $\mu(A) > 0$, la proposition 1 entraîne que A contient le sous-espace H_μ qui est dense dans E. Réciproquement en remarquant qu'un ensemble polaire complet A est un G_δ , si A contient un sous-espace dense la proposition 3 entraîne que A contient un sous-ensemble de la forme $B = \{|x_n| \leq \lambda_n\}$. D'après la proposition 4 on peut toujours trouver une mesure gaussienne μ telle que $\mu(B) > 0$ donc $\mu(A) > 0$.

Cherchons des conditions pour qu'un ensemble polaire complet soit gaussien nul.

PROPOSITION 5. - Si A est un ensemble polaire tel que $A - A \neq E$, il existe une mesure gaussienne non dégénérée telle que $\mu(x + A) = 0$ pour tout x de E.

Démonstration. On peut supposer que A est dense. Soit $x_o \in E \setminus A-A$ et soit μ une mesure gaussienne non dégénérée telle que x_o appartienne au sous-espace caractéristique H_μ. Posons $W_\mu = \{x \in E \ , \ \mu(A - x) > 0\}$.

Comme μ est quasi invariant pour les translations de H_μ il vient $W_\mu + H_\mu \subset W_\mu$ d'où $W_\mu = W_\mu + H_\mu$. Or $\mu(A - x) = 0$ si x n'appartient pas à A d'où x n'appartient pas à W_μ c'est-à-dire $W_\mu \subset A$. Démontrer la proposition revient à prouver que $W_\mu = \emptyset$. Si $W_\mu \neq \emptyset$ il existe un élément x_1 de W_μ. La relation $W_\mu + H_\mu = W_\mu \subset A$ entraîne que $x_1 + x_o$ est un élément noté x_2, de A. Il s'ensuit que $x_o = x_1 - x_2$ avec x_1 et x_2 dans A ce qui est impossible.

L'ensemble W_μ est donc vide.

PROPOSITION 6. - <u>Un ensemble polaire cerclé</u> (ie $e^{i\theta}A \subset A$ <u>pour tout</u> θ <u>de</u> $[0, 2\pi]$) <u>est tel qu'il existe une mesure gaussienne</u> μ <u>telle que</u> $\mu(A + x) = 0$, x <u>de</u> E.

<u>Démonstration</u>. Si A est polaire cerclé $A = \{v(z) = -\infty\}$ alors pour tout z fixé de A et pour tout λ de $\mathbb{C}$ on a $\lambda z \in A$ car dans le plan complexe une fonction sousharmonique égale à $-\infty$ sur le cercle unité est identique à $-\infty$. On peut donc supposer que $\mathbb{C}A = A$ c'est-à-dire que A est $\mathbb{C}$-étoilé. Comme $A \neq E$ on peut choisir un point x_o de $E \setminus A$ et une mesure gaussienne centrée μ telle que H_μ contienne x_o. Si x appartient à W_μ, il vient $\mu(A - x)$ d'où, la mesure μ étant gaussienne $\mu[\lambda(A - x)] > 0$ pour tout λ dans $\mathbb{C}\setminus\{0\}$ d'où $\mu(\lambda A - x) > 0$ et donc $\mu(A - \lambda x) > 0$ car $\lambda A = A$. Ceci entraîne que $\lambda x \in W_\mu$.

Or x_o n'appartient pas à A, donc $v(x_o) > -\infty$. Si W_μ est non vide on aura $v(x_o) \leq \frac{1}{2\pi} \int_0^{2\pi} v(x_o + e^{i\theta}y)d\theta$ pour un y de W_μ ce qui entraîne que $v(x_o + e^{i\theta}y) \neq -\infty$ pour presque tout θ de $[0,2\pi]$.

Or la condition $W_\mu = H_\mu + W_\mu$ implique que $x_o + e^{i\theta}y$ appartient à W_μ donc à A pour tout θ d'où la contradiction. Il s'ensuit que W_μ est vide.

COROLLAIRE. - <u>Si</u> F <u>est un sous-espace (complexe) contenu dans un ensemble polaire , il existe une mesure gaussienne</u> μ <u>telle que</u> $\mu(x + F) =$ <u>pour tout</u> x.

Remarquer que si un ensemble polaire complet contient un sous-espace réel il contient aussi le complexifié de ce sous-espace.

Deux applications :

PROPOSITION 7. - Soit E un espace de Banach et $(a_i)_{i \in I}$ une base algébrique de E. Pour tout i , notons H_i l'hyperplan tel que $E = H_i + \mathbb{C}q_i$ (somme algébrique). Alors il y a au plus un nombre fini d'indices i tels que H_i soit holomorphiquement complet.

COROLLAIRE. - Dans tout Banach E il y a une infinité (non dénombrable) à hyperplans (non fermés) H tels que $H_\theta = E$.

Démonstration. Supposons qu'il existe une suite infinie $(i_n)_{n=1}^{\infty}$ d'indices tels que H_{i_n} , noté H_n, soit holomorphiquement complet. Pour tout n, H_n est polaire dans E (car $H = H_\theta$ si et seulement si H est polaire dans E (9)).

Poser $E_n = \bigcap_{m \geq n} H_m$; chaque E_n est polaire dans E donc la réunion des E_n ne peut être E tout entier (corollaire de la proposition 1). Or $E = \bigcup E_n$, d'où le résultat et le corollaire en remarquant que si H est un hyperplan alors on a soit $H_\theta = H$, soit $H_\theta = E$.

Rappelons maintenant le résultat suivant dû à P.Lelong (7) :

PROPOSITION 8. - Soit U un ouvert pseudo-convexe de $\mathbb{C}^n$, H(U) l'espace des fonctions holomorphes sur U et η l'ensemble des éléments de H(U) qui se prolongent analytiquement hors de U. Pour tout sous-espace M de H(U) qui est un espace de Banach pour une topologie plus fine que celle induite par la topologie de la convergence compacte on a soit η contient M, soit $\eta \cap M$ est un ensemble polaire complet dans M.

On peut utiliser ce résultat pour prouver le résultat suivant :

THÉORÈME 3. - Soit U un ouvert pseudo-convexe de $\mathbb{C}^n$ et soit η l'ensemble des éléments de H(U) qui se prolongent alors :

1/ $\mu(\eta) = 0$ ou 1 pour toute mesure gaussienne sur H(U).

2/ η est un ensemble gaussien nul de H(U).

Démonstration. a/ Si μ est une mesure gaussienne sur H(E) il exist un Banach séparable M qui s'injecte continument dans H(E) tel que $\mu(M)$ = D'après le résultat rappelé plus haut, soit η contient M, soit η est polai complet donc $\mu(\eta) = 0,1$.

b/ est une conséquence du fait que η est un cône complexe et de la proposition 6.

Remarque. On peut donner une autre démonstration de ce résultat en utilisant les méthodes développées plus haut et la loi zéro-un pour les sous-espaces vectoriels.

BIBLIOGRAPHIE

[1] BORELL (C.). - Gaussian Radon measure on locally convex spaces, Math Scand., t. 38, p. 265-284, 1976.

[2] DINEEN (S.). - Zero-one laws for probability measures on locally con vex vector spaces. Preprint.

[3] DINEEN (S.) et NOVERRAZ (Ph.). - Mesure gaussienne des ensembles pol res en dimension infinie . Colloque de Dublin, Juin 1977 et C.R.Acad.Sc. (à paraître).

[4] GROSS (L.). - Potential theory on Hilbert spaces, J. of Func. An. 1, p. 123-181, 1967.

[5] HIRSCHOWITZ (A.). - Sur les suites de fonctions analytiques. Ann. In Fourier, t. 20, p. 403-413, 1970.

[6] KUO (H.H.). - Gaussian measures in Banach spaces, Springer Lecture Notes, 463, 1975.

[7] LELONG (P.). - Petits ensembles dans les e.v.t. et probabilité nulle Colloque de Probabilité sur les structures algébriques, Clerm Ferrand, 1969.

[8] LELONG (P.). - Fonctions plurisousharmoniques dans les espaces vecto riels topologiques, Springer, Lecture Notes n° 71, p.167-189, 1967-68.

9] NOVERRAZ (Ph.). - Pseudo-connexité,..., North-Holland, 1973.

0] NOVERRAZ (Ph.). - Ensemble polaire et mesure gaussienne, Springer Lecture Notes n° 474, p. 63-82, 1973-74.

1] SKOROHOD (Av.). - Integration in Hilbert spaces , Springer Ergebnisse n° 79.

Séminaire P.LELONG, H.SKODA
(Analyse)
17e année, 1976/77.

8 Février 1977

LE PROBLÈME DU $\bar{\partial}$ SUR UN ESPACE DE HILBERT

par P. RABOIN

Introduction

Dans une première tentative d'appliquer les techniques hilbertiennes à la résolution de l'équation $\bar{\partial}f = F$ sur un espace de Hilbert de dimension infinie, on avait obtenu une solution "au sens des distributions", dans tout l'espace, pour un second membre F à croissance exponentielle ([10]). Il a fallu pour cela définir un prolongement de l'opérateur $\bar{\partial}$ au sens de L^2, et on doit constater que la solution obtenue est d'un intérêt assez limité car le noyau de cet opérateur ne se réduit pas aux fonctions analytiques au sens de Fréchet. Il était donc nécessaire d'étudier l'existence de solutions régulières, le seul résultat connu jusqu'ici étant celui de C.J. Henrich ([6]), qui met en évidence le phénomène suivant, nouveau par rapport à la dimension finie : si F est à croissance polynomiale sur l'espace tout entier H, il existe une solution f régulière sur un sous-espace propre de H. Ce phénomène était d'ailleurs déjà clairement apparu à propos de la théorie du potentiel de L. Gross en dimension infinie (Potential theory on Hilbert space, Journal funct. Analysis I, 1967), et est essentiellement dû à l'absence d'une mesure analogue à la mesure de Lebesgue. On améliore ici le résultat de Henrich, en résolvant l'équation sur un ouvert pseudoconvexe de H (sans condition de croissance sur F), sans échapper toutefois à la contrainte précédente : la solution obtenue n'est régulière que sur l'image d'un opérateur compact injectif. Cette restriction limite singulièrement la portée du théorème obtenu quant à son application aux problèmes d'Analyse Complexe en dimension infinie. On donne cependant, avec le théorème 3, un élément de réponse au premier problème de Cousin sur un espace de Fréchet nucléaire à base.

Notations : Si H est un espace de Hilbert complexe séparable, H^R est l'espace réel sou-jacent et $\bar{H}$ l'espace complexe conjugué. Si T est un opérateur de Hilbert-Schmidt auto-adjoint et injectif sur H, on sait qu'il existe une base orthonormale de H formée de vecteurs propres $\{e_j\}$ de T, associés aux valeurs propres $\{\lambda_j\}$, telles que la série de terme général λ_j^2 soit convergente : on note $\| T \|$ norme de Hilbert-Schmidt de l'opérateur T. On désigne par H_T l'espace image TH, muni de la structure hilbertienne complexe définie par le produit scalaire $(x,y)_{H_T} = (T^{-1}_x, T^{-1}_y)$. Pour tout entier positif n, H_n est le sous-espace propre de dimension complexe n défini par : $H_n = \bigoplus_{j=1}^{n} \mathbb{C}\, e_j$, et P_n la projection orthogonale de H sur H_n.

On désigne par μ_T la mesure gaussienne centrée d'opérateur de corrélation T^2 et, pour tout z dans H, par $\mu_{T,z}$ la mesure translatée de z, définie par :

$$\mu_{T,z}(B) = \mu_T(B-z) \quad \text{pour tout borélien } B \text{ dans } H.$$

On sait [13] que, pour tout z dans TH, les mesures μ_T et $\mu_{T,z}$ sont équivalentes et que la dérivée de Radon-Nikodyme de $\mu_{T,z}$ par rapport à μ_T est donnée par :

$$(1) \qquad \frac{d\mu_{T,z}}{d\mu_T}(x) = \rho_T(x,z) = \exp = \frac{1}{2}\{\| T^{-1}z\|^2 - 2\mathrm{Re}(T^{-1}z, T^{-1}x)\}$$

la série $(T^{-1}z, T^{-1}x)$ étant convergente μ_T-presque partout sur H.

Un calcul immédiat montre que $\rho_T(.,z)$ est de carré μ_T-sommable, avec :

$$(2) \qquad \int_H (\rho(x,z))^2 d\mu_T(x) = \exp -\| z \|^2_{H_T}, \text{ pour tout } z \text{ dans } H_T.$$

Les espaces de fonctions intégrables seront toujours relatifs à la mesure- μ_T.

Une propriété sera dite vérifiée localement dans un ouvert Ω de H, si elle est vraie sur toute boule de Ω située à une distance strictement positive de la frontière $\partial\Omega$ de Ω.

Si f est une fonction μ_T-mesurable, pour tout z dans H, la fonction $x \to f(x+z)$ est aussi μ_T-mesurable ; on la note ${}_zf$.

Enfin, B_R désignera la boule centrée en 0 et de rayon R.

On commence par démontrer deux lemmes assez techniques.

Lemme 1 : Si g est une fonction localement de carré sommable sur H, la fonction G définie sur H par :

$$G(z) = \int_B g(x).\exp(z,T^{-1}x)\, d\mu_T(x)$$

où B est un borné dans H, est différentiable, et sa différentielle, donnée par :

(3) $$d_z G = \int_B g(x).\exp(z,T^{-1}x).T^{-1}x\, d\mu_T(x)$$

est de type borné sur H.

Preuve : On considère, pour tout z et pour tout a dans H, la fonction $G_{z,a}$ d'une variable réelle, définie par :

$$G_{z,a}(\lambda) = G(z+\lambda a) = \int_B g(x).\exp(z,T^{-}x).\exp\lambda(a,T^{-1}x).d\mu_T(x)$$

compte-tenu de l'inégalité :

$$|\exp\lambda(a,T^{-1}x)| < 1+|\lambda|.\exp \mathrm{Re}(a,T^{-1}x)$$

on peut appliquer le théorème de Lebesgue-Leibnitz et affirmer que $G_{z,a}$ est dérivable à l'origine, avec :

$$G'_{z,a}(0) = \int_B g(x)(a,T^{-1}x).\exp(z,T^{-1}x)d\mu_T(x)$$

D'après l'inégalité de Schwarz et un calcul élémentaire, on obtient alors :

$$|G'_{z,a}(0)| < \|a\|.\|g\|_{L^2(B)}(1+4\|z\|^2)^{1/2}.e^{4\|z\|^2}$$

La fonction G est donc différentiable au sens de Gâteaux sur H, avec une dérivée faible continue : elle est donc différentiable au sens de Fréchet sur H, et sa différentielle satisfait l'estimation :

$$\|G'(z)\| < \|g\|_{L^2(B)}.(1+4\|z\|^2)^{1/2}e^{4\|z\|^2}$$

ce qui permet de conclure.

Lemme 2 : Pour toute fonction φ localement bornée et localement uniformément continue sur H, la fonction ϕ définie sur H par :

$$\phi(z) = \int_{B_R+z} \varphi(x)d\mu_T(x)$$

est différentiable en tout point de H dans la direction du sous-espace H_T, et :

(i) si μ_T^S est la mesure de surface de la sphère $S(z,R)$, bord de B_R+z, et si n_x est le vecteur normal unitaire extérieur à cette sphère en x, on a :

(4) $$d_z\phi = \int_{S(z,R)} \varphi(x)n_x \, d\mu_T^S(x)$$

(ii) la fonction $z \to \| d_z\phi \|_{H_T}$ est localement bornée sur H.

(iii) pour tout h dans H_T, la fonction $z \to d_z\phi(h)$ est continue sur H.

Preuve : On va utiliser la propriété suivante de la mesure μ_T ([13] : § 20, théorème 1) : soit u un vecteur unitaire dans H, $L = R.u$ la droite réelle engendrée par u, L_1 le supplémentaire orthogonal de L dans H. Si θ est l'isomorphisme de H sur $\mathbb{R}.u \times L_1$, défini par : $\theta(t.u+y) = (t,y)$, si μ_{L_1} est la projection de la mesure μ_T sur L_1, alors, pour u dans H_T, la mesure $\tilde{\mu}_T$ image de la mesure μ_T par θ, est équivalente à la mesure produit $\tilde{\mu} = dt \times \mu_{L_1}$, avec, plus précisément :

$$\frac{d\tilde{\mu}_T}{d\tilde{\mu}}(t,y) = \left(\int_{-\infty}^{+\infty} \rho_T(tu+y \;;\; \tau u)d\tau\right)^{-1}$$

soit, tous calculs faits :

(5) $$\frac{d\tilde{\mu}_T}{d\tilde{\mu}}(t,y) = \frac{\|T^{-1}u\|}{\sqrt{2\pi}}.\exp-\frac{1}{2}\left\{t.\|T^{-1}u\| + \frac{\mathrm{Re}(T^{-1}u,T^{-1}y)}{\|T^{-1}u\|}\right\}^2$$

Soit h un vecteur non nul dans H_T, et soit u le vecteur unitaire porté par h. Pour tout y dans $P_{L_1}(B(z,R))$, où P_{L_1} désigne la projection orthogonale sur L_1, on désigne par $[t_1(y),t_2(y)].u$ le segment découpé par la boule $B(z,R)$ sur la droite réelle $t \to y+t.u$. On peut alors écrire l'accroissement : $\phi(z+h)-\phi(z) = \Delta\phi(z;h)$, sous la forme suivante :

$$\Delta\phi(z;h)=\int_{P_{L_1}|B(z,R)|}\left[\int_{t_2(y)}^{t_2(y)+h} - \int_{t_1(y)}^{t_1(y)+h}\right]\varphi(y+t.u).\exp-\frac{1}{2}\left\{t.\|T^{-1}u\|^2+\frac{\mathrm{Re}(T^{-1}u,T^{-1}y)}{\|T^{-1}u\|}\right\}^2 d\mu_{L_1}(y)dt$$

Or, la fonction à intégrer, qui est définie sur $(L_1-N)\times \mathbb{R}u$ où $\mu_{L_1}(N) = 0$, est localement uniformément continue en t quand y parcourt $P_{L_1}(B(z,R))$, ce qui permet d'écrire :

$$(6)\ \Delta\phi(z;h) = \left| \frac{1}{\sqrt{2\pi}} \int_{P_{L_1}(B(z,R))} \left| (y+t.u).\exp -\frac{1}{2}\{t.\|T^{-1}u\|^2 + \frac{Re(T^{-1}y,T^{-1}u)}{\|T^{-1}u\|}\}^2 \right|_{t_1(y)}^{t_2(y)} d\mu_{L_1}(y) \right| . \|h\| + O(\|h\|)$$

ou encore, compte tenu de ([13] : § 27, théorème 1) :

$$\Delta\phi(z;h) = \int_{S(z,R)} \varphi(x)(n_x,h)d\mu_T^S(x) + O(|h|)$$

ce qui démontre que ϕ est bien différentiable en z dans la direction de H_T, avec l'expression (4) de la différentielle.

De (6), on déduit immédiatement que :

$$\|d_z\phi\|_{H_T} < 2\|\varphi\|_{P_{L_1}(B(z,R))}$$

ce qui prouve (ii).

Enfin, pour y fixé dans $P_{L_1}(B(z,R))$, $t_1(y)$ et $t_2(y)$ dépendent continuement de z, la frontière de $P_{L_1}(B(z,R))$ est μ_{L_1}-négligeable, si bien que (iii) s'obtient en appliquant le théorème de convergence dominée.

Remarque : L'expression (4) est la généralisation d'une formule classique dans $\mathbb{R}^N$; on peut d'ailleurs s'inspirer d'une méthode de démonstration de ([5] § 354), en s'aidant d'une formule de Gauss en dimension infinie ([4],[13]). On signale aussi une autre forme de la différentielle, obtenue dans une situation analogue par ([1], exemple 1.2), à partir d'un résultat de [3].

Théorème 1 : Soit Ω un ouvert borné dans H. Pour tout entier n positif, f_n est une fonction continuement dérivable, à dérivée de type borné sur le cylindre $\Omega^n = P_n^{-1}(\Omega\cap H_n)$. On suppose en outre que :

(a) la suite (f_n) converge faiblement vers l'application f dans l'espace $L^2_{loc}(\Omega)$.

(b) la suite $(\bar\partial f_n)$ est localement bornée dans son ensemble, et converge simplement sur Ω vers une application F de classe $\mathcal{C}^1$ sur Ω.

Alors :

(i) la suite (f_n) converge simplement sur $\Omega\cap H_T$ vers l'application f^* définie par :

$$(7)\qquad f^*(z).\mu_T(B\ ) = \int_{B_\varepsilon} f(x+z).d\mu_T(x) + 2\int_0^1\int_{B_\varepsilon} F(z+rx)(x)dr\, d\mu_T(x)$$

pour tout z dans H_T et pour tout nombre ε positif tels que la boule $B_\varepsilon+z$ soit contenue dans Ω, et la fonction f^* est localement uniformément continue sur $H_T \cap \Omega$.

(ii) la fonction f^* est différentiable sur $H^R_{T^2} \cap \Omega$; sa différentielle est de type borné et faiblement continue sur $H_{T^2} \cap \Omega$.

(iii) enfin, f^* satisfait à l'équation

$$\bar{\partial}_z f^*(h) = F(z)(h)$$

pour tout z dans $\Omega \cap H_{T^2}$ et pour tout h dans H_{T^3}.

Démonstration :

Pour tout ε positif assez petit, Ω^ε désignera l'ouvert formé des points situés à une distance supérieure à ε du bord de Ω. Aucune confusion n'étant à craindre, pour tout entier positif p, on note encore par μ_T la mesure gaussienne centrée sur H_{T^p}, dont l'opérateur de corrélation est défini par le système des valeurs propres $\{\lambda_j^2\}$, associées à la base orthonormale $\{\lambda_j^p e_j\}$ de H_{T^p}.

(i) Pour tout z dans $\Omega^{2\varepsilon} \cap H_T$, et pour n assez grand, la boule $B(z,\varepsilon)$ est contenue dans le cylindre Ω^n. La formule intégrale de Cauchy ([8] 1.2.3) appliquée à la fonction $\zeta \to f_n(z+\zeta . x)$, où x est dans B_ε, sur le disque unité du plan complexe, donne :

$$f_n(z) = \int_0^{2\pi} f_n(z+xe^{i\theta})\frac{d\theta}{2\pi} + 2\int_0^1\int_0^{2\pi} \bar{\partial} f_n(z+rxe^{i\theta})(xe^{i\theta})dr\,\frac{d\theta}{2\pi}$$

En intégrant en x sur la boule B_ε par rapport à la mesure μ_T, on obtient, compte-tenu de l'invariance de μ_T par rotation sur le sous-espace propre H_n :

$$f_n(z).\mu_T(B_\varepsilon) = \int_{B_\varepsilon} f_n(x+z)d\mu_T(x) + 2\int_0^1\int_{B_\varepsilon} \bar{\partial} f_n(z+rx)(x)dr\,d\mu_T(x)$$

$$= \int_{B_\varepsilon+z} f_n(x).\rho_T(x,z)d\mu_T(x) + 2\int_0^1\int_{B_\varepsilon} \bar{\partial} f_n(z+rx)(x)dr\,d\mu_T(x)$$

Comme la densité de translation $\rho_T(.;z)$ est de carré sommable, la première intégrale converge vers $\int_{B_\varepsilon+z} f(x).\rho_T(x,z)d\mu_T(x)$. L'assertion (i) découle alors de l'hypothèse (b) et de la proposition suivante :

Proposition : Pour toute fonction f dans L^2_{loc}, l'application $z \mapsto {}_z f$ est localement uniformément continue de H_T dans L^1_{loc}, et pour toute boule B de Ω située à une distance strictement positive de $\partial\Omega$, on a :

(8) $$\|{}_z f\|_{L^1(B)} \leqslant \|f\|_{L^2(B+z)}$$

(9) $$\int_B f(x+z)\,d\mu_T(x) = \int_{B+z} f(x).\rho_T(x;z)\,d\mu_T(x)$$

Démonstration de la proposition : Soit (f_n) une suite de fonctions continues à supports bornés dans H_n, telle que la suite $(f_n \circ P_n)$ converge vers f dans L^2_{loc}. Pour tout couple d'entiers p,q, on a, d'après (2) :

$$\|{}_z f_p - {}_z f_q\|_{L^1(B)} = \int_{B+z} |f_p(x)-f_q(x)|.\rho_T(x,z)\,d\mu_T(x)$$

$$\leqslant \|f_p - f_q\|_{L^2(B+z)}$$

Il en résulte que la suite $({}_z f_n)$ converge vers ${}_z f$ dans L^1_{loc}, que $\|{}_z f\|_{L^1(B)} \leqslant \|f\|_{L^2(B+z)}$, et que :

$$\int_B {}_z f.d\mu_T = \lim_{n\to\infty} \int_B {}_z f_n.d\mu_T = \int_{B+z} f(x)\rho_T(x;z)\,d\mu_T(x).$$

De plus, pour tous z,z' dans H_T, et pour tout entier n positif, on a :

$$\|{}_z f - {}_{z'} f\|_{L^1(B)} \leqslant \|{}_z f - {}_z f_n\|_{L^1(B)} + \|{}_z f_n - {}_{z'} f_n\|_{L^1(B)} + \|{}_{z'} f_n - {}_{z'} f\|_{L^1(B)}$$

$$\leqslant \|f-f_n\|_{L^2(B+z)} + \|f-f_n\|_{L^2(B+z')} + \|{}_z f_n - {}_{z'} f_n\|_{L^1(B)}$$

En fixant n assez grand, puis en utilisant l'uniforme continuité de f_n, on obtient l'uniforme continuité de : $z \mapsto {}_z f$ sur tout borné.

(ii) La suite (f_n) étant faiblement convergente dans L^2_{loc} est bornée dans L^2_{loc}. Ceci, joint à l'hypothèse (b) et à l'inégalité (8) montre que la suite (f_n) est localement bornée sur $\Omega \cap H_T$. On écrit alors (7) pour la mesure de Gauss sur H_T et pour z dans H_{T^2}, la boule B étant celle de H_T : la suite (f_n) étant simplement convergente sur $\Omega \cap H_T$ et localement bornée, on peut, toujours grâce à (8) passer à la limite sous le signe somme dans (7) pour obtenir la représentation intégrale suivante de f^* sur $\Omega \cap H_{T^2}$:

(10) $$f^*(z)\mu_T(B_\varepsilon) = \int_B f^*(x+z)\,d\mu_T(x) + 2\int_0^1\int_B F(z+rx)(x)\,dr\,d\mu_T(x)$$

De nouveau, pour l'étude de la différentiabilité de f^*, seule la première intégrale pose un problème. On considère pour le résoudre la fonction g définie sur $(\Omega^{2\varepsilon} \cap H_{T^2}) \times H_T$ par :

(11) $$g(z_1,z_2) = \int_{B_\varepsilon+z_2} f^*(x).\rho_T(x;z_1)d\mu_T(x)$$

D'après la proposition intervenant dans la démonstration du point (i), g peut encore se mettre sous la forme :

(12) $$g(z_1,z_2) = \int_{B_\varepsilon+z_2-z_1} f^*(x+z_1)d\mu_T(x)$$

Alors, d'après les lemmes 1 et 2 appliqués respectivement aux expressions (11) et (12), g admet des dérivées partielles en tout point (z_1,z_2) de $(\Omega^{2\varepsilon} \cap H_T)\times H_T$, qui valent :

$$\frac{\partial g}{\partial z_1}(z_1,z_2)(h) = \int_{B_\varepsilon+z_2} f^*(x).\rho_T(x,z_1).(h_1,T^{-1}x)_{H_T}\, d\mu_T(x)$$

$$= \int_{B_\varepsilon+z_2-z_1} f^*(x+z_1).(h_1,T^{-1}x + T^{-1}z_1)_{H_T} d\mu_T(x)$$

$$\frac{\partial g}{\partial z_2}(z_1,z_2)(h) = \int_{S_\varepsilon+z_2-z_1} f^*(x+z_1)(n_x,h_2)_{H_T} d\mu_T^S(x)$$

pour tout $h = (h_1,h_2)$ dans $H_{T^2}\times H_{T^2}$

Il reste, pour achever la démonstration du point (ii), à vérifier la continuité de ces deux dérivées partielles :

Désignant par χ la fonction caractéristique de la boule B_ε et par F l'intégrant définissant $\frac{\partial g}{\partial z_1}$, on a :

$$\Delta \frac{\partial g}{\partial z_1} = \int \Delta\chi.F\, d\mu_T + \int \chi.\Delta F\, d\mu_T$$

Le premier accroissement tend vers 0 d'après le théorème de convergence dominée ; quant au second, il tend aussi vers 0 d'après la proposition énoncée en (i).

D'autre part, en appliquant le théorème de convergence dominée à l'expression développée sous la forme (5) de l'intégrale de surface définissant $\frac{\partial g}{\partial z_2}$, on constate également la continuité de $\frac{\partial g}{\partial z_2}$.

iii) D'après le point (ii), les hypothèses d'applications de la proposition 1.10 de [10] sont satisfaites sur H_{T^2}, si bien que, pour toute fonction ψ de classe $\mathcal{C}^1$ à support borné dans $\Omega \cap H_{T^2}$ et à dérivée de type borné, et pour tout z dans H_{T^3}, on a la formule d'intégration par parties suivante :

(13) $$\int_{H_{T^2}} \bar{\partial}_x f^*(z).\psi(x)d\mu_{T^2}(x) = -\int_{H_{T^2}} f^*(x).\bar{\delta}_x\psi(z).d\mu_{T^2}(x)$$

avec

$$\bar{\delta}_x\psi(z) = \bar{\partial}_x\psi(z) - \frac{1}{2}(T^{-1}x,T^{-1}z)_{H_{T^2}}.\psi(x)$$

Pour tout entier positif n, on a de même :

$$\int_{H_{T^2}} \bar{\partial}_x f_n(z).\psi(x)d\mu_T(x) = -\int_{H_{T^2}} f_n(x).\bar{\delta}_x\psi(z)d\mu_T(x)$$

En répétant l'argument développé au début de la démonstration du point (ii), et en appliquant l'hypothèse (b), on peut alors passer à la limite dans chacun des membres de la relation précédente, et on obtient ainsi :

(14) $$\int_{H_{T^2}} F(x).\psi(x)d\mu_T(x) = -\int_{H_{T^2}} f^*(x).\bar{\delta}_x\psi(z)d\mu_T(x)$$

La comparaison de (13) et (14) permet enfin de conclure.

Théorème 2 : Soit F une forme différentielle fermée de type (0,1) de classe $\mathcal{C}^\infty$ et de type borné sur un ouvert pseudo-convexe Ω dans H. Alors, pour tout opérateur de Hilbert-Schmidt autoadjoint et injectif T sur H, il existe une application f de classe $\mathcal{C}^1$ sur $\Omega \cap H_{T^3}$, solution de l'équation $\bar{\partial}f = F$.

Démonstration : L'application F étant de type borné sur Ω, on peut trouver une fonction φ de la forme $\chi(-\text{Log}\, d(.;\partial\Omega))$ avec χ convexe croissant assez vite, qui soit plurisousharmonique sur Ω telle que $\|F\| \leqslant e^{\varphi}$ sur Ω.

Pour tout entier n positif, on pose :

$$\varphi_n = \varphi|_{H_n} \circ P_n$$

$$F_n(z) = \sum_{j=1}^{n} \dot{F}_j(P_n z).\bar{e}_j$$ pour tout z dans Ω^n, avec : $\dot{F}_j(z) = F(z)(e_j)$

Si T_n est l'application linéaire de $\mathbb{C}^n$ dans H_n définie par :

$$T_n(z_1,\dots,z_n) = \sum_{j=1}^{n} \lambda_j z_j e_j$$

la forme différentielle $\tilde{F}_n$ définie sur l'ouvert pseudoconvexe $E_n = T_n^{-1}(\Omega \cap H_n)$ par $\tilde{F}_n(z) = \sum_{j=1}^{n} \lambda_j.\dot{F}_j(T_n z)d\bar{z}_j$ est de classe $\mathcal{C}^\infty$, fermée et si on pose :

$\tilde{\varphi}_n(z) = \varphi \circ T_n(z) + \frac{1}{2}\|z\|^2_{\mathbb{C}^n}$ pour tout z dans E_n, on a, en notant σ_{2n} la mesure de Lebesgues dans $\mathbb{R}^{2n}$ et $\Lambda = \sup|\lambda_j|$

$$\int_{E_n} \|\tilde{F}_n(z)\|^2.\exp - \tilde{\varphi}_n(z).\ \frac{d\sigma_{2n}}{(2\pi)^n} = \int_{E_n} \sum_{j=1}^{j=n} \lambda_j^2.|\dot{F}_j(T_n z)|^2.\exp - [\varphi(T_n z)+\tfrac{1}{2}\|z\|^2].\ \frac{d\sigma_{2n}}{(2\pi)^n}$$

$$\leqslant \Lambda^2.\int_{E_n} \|F(T_n z)\|^2.\exp - [\varphi(T_n z)+\tfrac{1}{2}\|z\|^2].\ \frac{d\sigma_{2n}}{(2\pi)^n}$$

$$\leqslant \Lambda^2.\int_{\Omega^n} \|F \circ P_n\|^2.\exp - \varphi_n.d\mu_T \leqslant \Lambda^2.$$

En outre, $\tilde{\varphi}_n$ est une fonction plurisousharmonique sur E_n, avec 1 comme minorant de p.s.h. ; si bien que d'après [8] (lemme 4.4.1 et démonstration du théorème 4.4.2), il existe une fonction $\tilde{f}_n$ de classe $\mathscr{C}^\infty$ sur E_n, telle que :

$$\begin{cases} \bar{\partial}\tilde{f}_n = \tilde{F}_n \text{ sur } E_n \\ \int_{E_n} |\tilde{f}_n|^2.e^{-\tilde{\varphi}_n} \frac{d\sigma_{2n}}{(2\pi)^n} \leqslant 2\Lambda^2. \end{cases}$$

En posant $f_n(z) = \tilde{f}_n(\frac{z_1}{\lambda_1}, \ldots, \frac{z_n}{\lambda_n})$ pour tout $z = \sum_{j=1}^{\infty} z_j e_j$ dans Ω^n, on définit donc une application f_n telle que :

$$\begin{cases} \bar{\partial} f_n = F_n \text{ sur } \Omega^n \\ \int_{\Omega^n} |f_n|^2.e^{-\varphi_n} d\mu_T \leqslant 2\Lambda^2 . \end{cases}$$

Puisque toute boule est incluse dans un cylindre Ω^n pour n assez grand, la suite $(f_n.e^{-\varphi_n/2})$ est bornée dans $L^2_{loc}(\Omega;\mu_T)$ et on peut donc, modulo une extraction, supposer qu'elle converge faiblement dans cet espace vers une fonction $g = f\, e^{-\varphi/2}$ où f est μ_T-mesurable. D'autre part, pour toute fonction h de L^2_{loc} et toute boule B de Ω, on a :

$$\int_B |f-f_n|.|h|.d\mu_T \leqslant \int_B |f_n e^{-\varphi_n/2} - f.e^{-\varphi/2}|.e^{\varphi_n/2}.|h|d\mu_T + \int_B |f.h(e^{(\varphi-\varphi_n)/2} - 1)|d\mu_T$$

pour tout entier n positif,

ce qui, avec le théorème de convergence dominée, montre que la suite (f_n) converge faiblement vers f dans $L^2_{loc}(\Omega;\mu_T)$: on est en position d'appliquer le théorème 1.

<u>Théorème 3</u> : Soit Ω un ouvert pseudoconvexe dans un espace de Fréchet nucléaire à base E. Soit $\{\Omega_i\}_{i\in I}$ un recouvrement ouvert de Ω, et soit $\{g_{ij}\in A(\Omega_i\cap\Omega_j)\}$ une donnée de Cousin de première espèce, subordonnée à ce recouvrement. Alors, pour toute partie compacte convexe équilibrée K dans E, il existe une famille $\{f_i\}$ telle que, si E_K désigne l'espace de Banach engendré par K, on ait :

$$f_i \in A(\Omega_i \cap E_K)$$

$$g_{ij} = f_j - f_i \quad \text{sur} \quad \Omega_i\cap\Omega_j\cap E_K \quad \text{pour tout} \quad i,j \quad \text{dans} \quad I.$$

<u>Démonstration</u> : D'après [11], E est la limite projective d'une famille dénombrable d'espaces de Hilbert complexes H_p (= complété de E pour la norme $\|\cdot\|_p$), les injections $H_{p+1}\to H_p$ étant des opérateurs nucléaires. D'autre part, par application de classe $\mathscr{C}^\infty$ de Ω dans un e.ℓ.c. quelconque, on entendra, suivant en cela [9] une application différentiable à tous ordres au sens de Fréchet (borné-différentiable selon [1]), les différentielles successives étant en outre de type borné : on sait alors en particulier que la loi de composition est satisfaite.

1 - Comme, pour tout x dans E et pour tout voisinage ouvert V de x dans E, il existe une fonction numérique φ_x et une norme $\|\cdot\|_{p(x)}$ telles que $\varphi_x\circ\|\cdot\|_{p(x)}$ soit une fonction de classe $\mathscr{C}^\infty$ pour laquelle $\varphi_x(\|x\|_{p(x)}) > 0$ et $\{\varphi_x\circ\|\cdot\|_{p(x)} > 0\}\subset V$, on peut supposer que le recouvrement $\{\Omega_i\}_{i\in I}$ est, quitte à en prendre un raffinement, constitué d'une famille dénombrable d'ouverts du type $\Omega_i = \{\varphi_i\circ\|\cdot\|_{p_i} > 0\}$. En reprenant alors la construction de [2], comme le fait [9], on exhibe une partition $\mathscr{C}^\infty$ de l'unité, soit $\{\phi_\nu\}$, possédant la propriété locale suivante :

Pour tout x dans Ω, il existe un entier $p(x)$ positif, un entier $N(x)$ positif, un indice $i(x)$ et un nombre positif $\varepsilon(x)$ tels que :

- $V(x) = B_{p(x)}(x,\varepsilon(x))\cap E\subset\Omega_{i(x)}$ où $B_{p(x)}(x,\varepsilon(x))$ désigne la boule ouverte dans $H_{p(x)}$ centrée en x et de rayon $\varepsilon(x)$.
- pour tout entier ν, la restriction de ϕ_ν à $V(x)$ (nulle pour $\nu > N(x)$) est une fonction de classe $\mathscr{C}^\infty$ de la norme $\|\cdot\|_{p(x)}$, c'est-à-dire qu'il existe une fonction $\phi_{\nu,x}$ de classe $\mathscr{C}^\infty$ sur $\mathbb{R}$, telle que :

$$\phi_\nu|_{V(x)} = \phi_{\nu,x}(\|\cdot\|_{p(x)}).$$

D'autre part, pour tout x dans Ω, et pour tout indice i_ν tel que $\operatorname{Supp}\phi_\nu\subset\Omega_{i_\nu}$, il existe un entier $q_\nu(x)$ et une boule $B_{q_\nu(x)}(x,\eta_\nu(x))$ de $H_{q_\nu(x)}$ tels que $g_{i(x)i_\nu}$ soit analytique et bornée pour la topologie de la norme $\|\cdot\|_{q_\nu(x)}$

dans $B_{q_\nu(x)}(x,\eta_\nu(x)) \cap \Omega$, et tels que le développement taylorien de $g_{i(x)i_\nu}$ se prolonge en une fonction analytique bornée $\tilde{g}_{i(x)i_\nu}$ dans cette boule [7].

En résumé, pour tout x dans Ω, il est possible de trouver un entier positif $r(x) = \max\{p(x) ; q_\nu(x), \nu = 1,2,\dots,N_x\}$, et un nombre positif $R(x) = \min\{\varepsilon(x) ; \eta_\nu(x), \nu = 1,2,\dots,N_x\}$, tels que la fonction $\sum_\nu g_{i(x)i_\nu}.\phi_\nu$ se prolonge en une fonction $\sum_\nu \tilde{g}_{i(x)i_\nu}.\phi_\nu$ sur la boule $B_{r(x)}(x,R(x))$ de $H_{r(x)}$.

De plus, $\tilde{g}_{i(x)i_\nu} + \tilde{g}_{i_\nu i(y)}$ définit une fonction qui est le prolongement de $g_{i(x)i(y)}$ sur $B_{r(x)}(x,R(x)) \cap B_{r(y)}(y,R(y))$.

Soit maintenant K une partie compacte dans Ω : d'après ce qui précède, il existe une famille finie $\{x_j\}_{1\leq j\leq J}$ de points de K tels que :

$$K \subset \bigcup_{j=1}^{J} B_{r_K}(x_j,R(x_j)) \quad \text{où} \quad r_K = \max_{1\leq j\leq J} r(x_j)$$

et, comme chacune des injections $H_{r_K} \to H_{r(x_j)}$ est continue, la forme différentielle F définie comme dans [8] par :

$$F = \bar{\partial}(\sum_\nu g_{ii_\nu}.\phi_\nu) \quad \text{sur} \quad \Omega_i$$

se prolonge en une forme différentielle $\tilde{F}_K$ de classe $\mathcal{C}^\infty$, fermée et uniformément bornée sur l'ouvert $V_K = \bigcup_{j=1}^{J} B_{r(x_j)}(x_j,R(x_j))$ de H_{r_K}.

2 - Soit k une partie bornée de $\Omega \cap E_K$; k est à fortiori une partie relativement compacte de Ω (: pour la topologie de E), et son enveloppe $A(\Omega)$-convexe $\hat{k}$ est contenue dans $\Omega \cap E_K$:

$\hat{k}$ est bien contenue dans Ω qui est pseudo-convexe et, de plus, il existe un nombre λ positif tel que : $k \subset \lambda.K$, ce qui entraîne que l'enveloppe convexe fermée de k dans E est contenue dans E_K.

Il existe donc une exhaustion de $\Omega \cap E_K$, formée de parties bornées $A(\Omega)$-convexes, soit $\{k_n\}$.

3 - On va maintenant démontrer le résultat suivant :

Pour toute partie compacte k dans $\Omega \cap E_K$, $A(\Omega)$-convexe, pour tout entier positif p et pour tout voisinage ouvert V de k dans H_p, il existe un ouvert w pseudo-convexe dans H_p tel que : $k \subset w \subset V$.

Soit $\{e_n\}$ une base de l'espace E, qui soit aussi une base orthonormale de l'espace de Hilbert H_p et, pour tout entier positif n, on désigne par π_n (resp. p_n) la projection (orthonormale) de E (H_p) sur le sous-espace de dimension finie

$E_n = \bigoplus_{j=1}^{j=n} \mathbb{C}.e_j$. On sait que la suite $\pi_n(p_n)$ converge vers l'identité quand n tend vers l'infini, uniformément sur les parties compactes de $E(H_p)$.

En particulier, pour n assez grand, $\pi_n k$ est une partie compacte de E, contenue dans Ω. De plus, pour tout ouvert U contenant k dans H_p, il existe un entier N_U positif tel que l'on ait :

$$\widehat{\pi_n k} \subset U \cap E_n \quad \text{pour} \quad n \geqslant N_U$$

($\widehat{\pi_n k}$ est l'enveloppe $A(\Omega)$-convexe de $\pi_n k$).

Montrons-le par l'absurde : il existerait une suite x_n dans $\widehat{\pi_n k} - U \cap E_n$ mais les compacts $\pi_n k$ (pour n assez grand) sont contenus dans un compact fixe de Ω, si bien qu'on pourrait extraire une sous-suite $(x_{\psi(n)})$ convergeant dans Ω, vers un point x. Pour toute fonction f dans $A(\Omega)$, l'inégalité $|f(x_n)| \leqslant |f|_{\pi_n(k)}$ pour tout n, donne par passage à la limite :

$$|f(x)| \leqslant |f|_k$$

c'est-à-dire : $x \in k = \hat{k} \subset U$, ce qui est contradictoire.

Pour tout nombre positif α, on note par V_α l'ouvert :

$$V_\alpha = \{x \in V / d(x, \partial V) > \alpha\}.$$

Si ε est la distance de k au complémentaire de V, on peut trouver d'après ce qui précède un entier N pour lequel :

$$\widehat{p_n k} \subset E_n \cap V_{\varepsilon/4}$$

$$\| p_n x - x \|_{H_p} < \varepsilon/4 \quad \text{pour tout} \quad x \quad \text{dans} \quad k$$

pour tout $n \geqslant N$.

On peut alors trouver un ouvert w_n pseudo-convexe dans E_n tel que :

$$\widehat{p_n k} \subset w_n \subset E_n \cap V_{\varepsilon/4}.$$

L'ouvert $w = \{x \in H_p / p_n x \in w_n$ et $\|x - p_n x\| < \varepsilon/4\}$ convient donc.

Pour tout entier positif n, d'après les points 1-, 2- et 3-, on peut donc trouver un entier positif $p(n)$ et un voisinage ouvert pseudo-convexe w_n de k_n dans l'espace de Hilbert $H_{p(n)}$, sur lequel la forme différentielle F se prolonge en une forme différentielle $\tilde{F}_n$ fermée, de type borné et de classe $\mathcal{C}^\infty$. Alors, d'après le théorème 2, il existe une fonction $\tilde{f}_n$ de classe $\mathcal{C}^1$ sur $H_{p(n)+6} \cap w_n$, qui soit solution, sur cet ouvert, de l'équation $\bar{\partial} f_n = F_n$. Il existe par conséquent une fonction f_n de classe $\mathcal{C}^1$ sur un voisinage de k_n, solution sur ce voisinage de l'équation $\bar{\partial} f_n = F$.

Mais, la propriété d'Oka-Weil restant vraie sur E [12], on peut donc résoudre l'équation $\bar{\partial} f = F$ sur $\Omega \cap E_K$ en procédant par exhaustion comme en dimension finie (:[8] , démonstration du théorème 2.7.8), et il suffit de suivre la démonstration du théorème 1.4.5. de [8] pour conclure enfin.

Références bibliographiques :

[1] V.I. AVERBUKH-O.G. SMOLYANOV : The theory of differentiation in linear topological spaces, Russian Math. Surveys 22 (1967) n° 6, 201-258.

[2] R. BONIC-J. FRAMPTON : Smooth functions on Banach manifolds, Journal Math. Mech. 15 (1966), 877-898.

[3] R.H. CAMERON : The first variation of an indefinite Wiener integral, Proc. of AMS, 2, (1951), 914-924.

[4] V. GOODMAN : A divergence theorem for Hilbert space, Trans. of AMS, vol. 164, (1972), 411-426.

[5] J. HADAMARD : Cours de l'Ecole Polytechnique, tome 2 (1930).

[6] C.J. HENRICH : The $\bar{\partial}$ equation with polynomial growth on a Hilbert space, Duke Math. Journal, vol. 40, n° 2, 1973, 279-306.

[7] A. HIRSCHOWITZ : Prolongement analytique en dimension infinie.

[8] L. HÖRMANDER : An introduction to complex analysis in several variables. North Holland Publ. Comp. 1973.

[9] J. LLOYD : Smooth partition of unity on manifolds, Trans. of AMS, vol. 187, 1974, 249-259.

[10] P. RABOIN : Etude de l'équation $\bar{\partial} f = g$ sur un espace de Hilbert, Note CRAS, t. 282 (Mars 1976).
Exposé Journées de fonctions analytiques, Toulouse, mai 1976, Springer-Verlag, à paraître.

[11] H.H. SCHAEFER : Topological vector space, Graduate Texts in Mathematics Springer Verlag (1971).

[12] M. SCHOTTENLOHER : The Levi Problem for Domains Spead over l.c. spaces with a Schauder decomposition, Habilitationschrift München, 1974.

[13] A.V. SKOHOROD : Integration in Hilbert space, Springer-Verlag 1974.

Séminaire P.LELONG,H.SKODA
(Analyse)
17e année, 1976/77.

Septembre 197

GÉOMÉTRIE ANALYTIQUE ET GÉOMÉTRIE ALGÉBRIQUE (VARIATIONS SUR LE THÈME "GAGA")

par J.-P. RAMIS

INTRODUCTION

On se propose de fournir quelques éléments pour une synthèse de divers travaux en géométrie analytique (ou algébrique) et en théorie des équations différentielles ou aux dérivées partielles.

La partie I traite de quelques outils d'analyses fonctionnelle indispensables pour la suite (ils sont à peu près classiques, à la formulation près, à l'exception de la proposition 1.3. qui est une tentative pour exploiter la dualité topologique dans le cas de "mauvaises topologies" grâce à des hypothèses de constructibilité). Nous introduisons dans la partie III une notion de "cohomologie modérée à support" qui joue un rôle fondamental dans la suite ; nous nous sommes volontairement limités au cas où les supports sont des sous-ensembles analytiques complexes, qui permet une définition inspirée de la géométrie algébrique. Divers calculs "algébriques" ou utilisant les distributions de la cohomologie modérée à support sont proposés (le Théorème 3.8. est un résultat essentiel). Nous développons dans la partie IV la situation "duale" de celle étudiée dans la partie III le résultat essentiel est l'existence d'une résolution "à la Dolbeault" du complét formel du faisceau des sections d'un fibré holomorphe le long d'un sous-ensemble analytique complexe (Théorème 4.2, qui est essentiellement le résultat "dual" du Théorème 3.8.). Dans la partie II sont établis divers théorèmes de dualité pour des complexes de fibrés holomorphes et opérateurs différentiels d'ordre fini (Lemme 2.1) ; ces théorèmes sont exploités dans le cas "à cohomologie analytiquement constructible" (Théorème 2.2). Ces divers résultats sont généralisés dans la partie V, qui utilise le matériel introduit dans III et IV; les résultats fondamentaux sont les Théorèmes 5.3 et 5.4 ; on donne, à titre d'application une nouvelle démonstration du fait que le complété formel du complexe de De Rham holomorphe le long d'un sous-ensemble analytique Y d'une variété X est une résolution du faisceau constant $\mathbb{C}$ sur Y (théorème dû à Herrera-Liebermann dans le cas global compact et à Deligne, puis Hartshorne dans le cas général)(*). Les résultats obtenus permettent de donner une définition de la régularité d'un complexe de fibrés holomorphes et opérateurs différentiels d'ordre fini. Le cas particulier où un tel complexe est "solution" ou "complexe de De Rham" d'un système d'équations aux dérivées partielles à coefficients analytiques est étudié dans la partie VII, dans ce cas on peut utiliser soit les méthodes générales de V, soit des techniques de $\mathcal{D}$-modules reposant sur un résultat de Kashiwara et un théorème dû indépendamment à Malgrange et l'auteur et à Mebkhout (Théorème 6.4). Ce dernier théorème et divers résultats du même genre sont établis dans la partie VI. La partie VIII donne quelques indications sur les deux théories des résidus associées à un système d'équations aux dérivées partielles sur une variété : pour le système $\partial/\partial x_i \cdot = 0$, les deux théories coïncident et redonnent la théorie classique des résidus (plus précisément la théorie des formes "de seconde espèce", selon l'interprétation de Grothendieck), pour le système "vide" on obtient la théorie des résidus de Dolbeault-Herrera-Liebermann (et les deux théories des résidus ne coïncident plus).

Parmi les résultats que l'on ne trouvera pas établis ici mais qui sont faciles à établir avec les techniques introduites ci-dessus nous citerons une généralisation du théorème de régularité pour la connexion de Gauss-Manin (Remarque 7.5.) : la généralisation de la notion de connexion régulière est celle de système régulier ou "fuchsien" (Théorème 7.1 et définition suivante) ; nous citerons également des généralisations de résultats de Barth et Ogus (Remarque 6.12.).

Le style de rédaction adopté est volontairement elliptique : nous n'avons détaillé que les démonstrations qui nous paraissaient réellement difficiles ;

(*) Ce papier contient trois (et presque quatre) démonstrations de ce résultat.

nous n'avons pas cherché la généralité maximale (les généralisations éventuelles, d'ailleurs intéressantes, sont esquissées sous forme de "Remarques"). Tout cela sera précisé et détaillé dans divers articles en préparation. Nous avons librement usé (et abusé) du langage des catégories dérivées ; parmi les abus systématiques signalons l'utilisation des R Homtop (qui nécessitent des catégories dérivées dans une situation de catégories non abéliennes que je détaillerai ailleurs) et surtout l'utilisation des notations $\underline{\underline{R}}\underline{\Gamma}_{[Y]}S^{\bullet}$ ou $\underline{\underline{R}}[c]_{!}S^{\bullet}$ quand $S^{\bullet}$ est un complexe de fibrés holomorphes et opérateurs différentiels d'ordre fini : le lecteur prendra garde au fait que les quasi-isomorphismes "naïfs" sont trop "grossiers" (sauf bien sûr pour des opérateurs de degré zéro) et que $S^{\bullet}$ est simplement défini "à homotopie près", ce qui est suffisant pour les applications (il est raisonnable de considérer que la "solution" ou le "complexe de De Rham" d'un système d'équations aux dérivées partielles sont définis localement à homotopie près). Il faut donc éventuellement modifier dans chaque cas les arguments classiques de catégories dérivées.

Il me reste à remercier B. Malgrange qui m'a convaincu de l'intérêt du point de vue des D-modules dans les questions évoquées ci-dessus, ainsi que les auditeurs de mon cours de D.E.A. à Strasbourg (76-77) qui ont écouté patiemment l'exposition des versions préliminaires de ce papier.

VARIATIONS SUR LE THÈME "GAGA". (*)

I. QUELQUES PRÉLIMINAIRES D'ANALYSE FONCTIONNELLE.

On désigne par C et C_1 deux familles de $\mathbb{C}$-espaces vectoriels topologiques localement convexes séparés. On suppose satisfaites les conditions suivantes :

C est stable par $E \oplus F$; $E \in C$, F de dimension finie ;

C_1 est stable par $E \oplus F$; $E \in C_1$, F de dimension au plus dénombrable. (Les espaces de dimension au plus dénombrable étant munis de l'unique topologie séparée évidente).

Les familles C et C_1 vérifient la propriété d'homomorphisme (i.e. si E et $F \in C$ ou C_1 et si $u : E \to F$ est linéaire continue surjective, c'est un homomorphisme).

Exemples : $C = F$ (Fréchets), LF (limites inductives strictes dénombrables de Fréchets, DFN (duaux forts de Fréchets nucléaires), DFS (duaux forts de Fréchets Schwartz).

$$C_1 = LF, DFS \quad (F \text{ ne convenant pas}).$$

La propriété d'homomorphisme est classique pour F et DFS, pour LF (cf. [21] page 200, Th. 2 ou [14] Th. 1).

PROPOSITION 1.1. - *Soit* $u : E \to F$ *une application* $\mathbb{C}$-*linéaire continue.*

(i) *Si* E *et* $F \in C$ *et si Coker* u *est un* $\mathbb{C}$-*espace vectoriel de dimension finie,* u *est un homomorphisme (coker* u *est séparé).*

(ii) *Si* E *et* $F \in C_1$ *et si Coker* u *est un* $\mathbb{C}$-*espace vectoriel de dimension au plus dénombrable,* u *est un homomorphisme (Coker* u *est séparé).*

L'assertion (i) est classique [2]. L'assertion (ii) s'établit en modifiant légèrement la démonstration de (i) (modification d'ailleurs voisine d'un

---

(*) [63].

argument de Y.T. SIU [65]).

La "morale" est que des conditions purement algébriques (cardinal d'une $\mathbb{C}$-base) impliquent des conditions topologiques ; nous sommes déjà une situation de type "GAGA" !

Cette proposition sera utilisée sous la forme suivante (si E est un espace vectoriel complexe de dimension au plus dénombrable, muni de sa topologie séparée, son dual algébrique et son dual topologique coïncident) :
Soient $E^\bullet$ et $F^\bullet$ deux complexes bornés, d'amplitude $[0,m]$ en dualité (i.e. F^{m-k} est le dual fort de E^k et les différentielles de $F^\bullet$ sont transposées de celles de $E^\bullet$).

COROLLAIRE 1.2. - On suppose les objets de $E^\bullet$ du type DFN (resp. DFS), ceux de $F^\bullet$ du type FN (resp. FS).

a) Les deux conditions suivantes sont équivalentes

(i) $E^\bullet$ est à cohomologie de dimension finie.

(ii) $F^\bullet$ est à cohomologie de dimension finie.

Si ces conditions sont réalisées les espaces de cohomologie de $E^\bullet$ et $F^\bullet$ sont séparés et $H^k(E^\bullet)$ et $H^{m-k}(F^\bullet)$ sont en dualité.

b) Si $E^\bullet$ est à cohomologie de dimension au plus dénombrable, les espaces de cohomologie de $E^\bullet$ et $F^\bullet$ sont séparés et $H^k(E^\bullet)$ et $H^{m-k}(E^\bullet)$ sont en dualité (topologique) ; les $H^{m-k}(F^\bullet)$ sont des produits au plus dénombrables d'exemplaires de $\mathbb{C}$. L'application naturelle $\mathrm{Homtop}_{\mathbb{C}}(E^\bullet;\mathbb{C}) = F^\bullet \to \mathrm{Hom}_{\mathbb{C}}(E^\bullet;\mathbb{C})$ est un quasi-isomorphisme.

PROPOSITION 1.3. - On suppose les objets de E du type LFN, ceux de $F^\bullet$ du type DLFN. Plus précisément, on suppose que $E^\bullet$ est limite inductive de complexes FN bornés (tous de même amplitude) ; la limite inductive étant stricte pour les objets et essentiellement injective en cohomologie ($\varinjlim_k H^p(E_k^\bullet) \to H^p(E^\bullet)$ est essentiellement injective). Alors, si $E^\bullet$ est à cohomologie de dimension au plus

<u>dénombrable, les</u> $H^{m-k}(F^\cdot)$ <u>sont les duaux (algébriques) des</u> $H^k(E^\cdot)$ <u>et sont donc produits au plus dénombrables de droites. Dans ces conditions l'application naturelle</u> $\mathrm{Homtop}_C(E^\cdot;C) \to \mathrm{Hom}_C(E^\cdot;C)$ <u>est un quasi-isomorphisme.</u>

Ce résultat est plus délicat à établir que les précédents (et un peu moins précis : je ne sais pas mettre une topologie "naturelle" sur la cohomologie dans les cas de complexes LFN ou DLFN) . Un argument de cylindre permet de se ramener au cas où $E^\cdot$ est acyclique, la limite inductive $\varinjlim_{k} H^p(E_k^\cdot)$ étant essentiellement nulle pour tout p . On déduit alors le résultat du cas où les $E_k^\cdot$ sont tous acycliques : on utilise dans ce dernier cas un argument à la Mittag-Leffler.

<u>Remarque 1.4.</u> : J'ignore si le transposé d'un complexe LFN acyclique est encore acyclique (et en doute...). Les hypothèses (fortes) ci-dessus permettent de lever cette difficulté ; elles seront toujours vérifiées dans nos applications.

II. COMPLEXES DE FIBRES HOLOMORPHES A DIFFERENTIELLES D'ORDRE FINI SUR UNE VARIÉTÉ.

Dans toute la suite X désignera une variété analytique complexe paracompacte, $S^\cdot$ un complexe borné, d'amplitude $[0,s]$, dont les objets sont des fibrés holomorphes (à fibre de dimension finie) sur X et les morphismes des opérateurs différentiels à coefficients analytiques d'ordre fini. On notera $S^{*\cdot}$ le complexe transposé de $S^\cdot$: les objets de $S^{*\cdot}$ sont les $\underline{\mathrm{Hom}}_{\mathcal{O}_X}(S^k,\Omega_X)$ (Ω_X étant le fibré canonique sur X) et ses morphismes s'obtiennent en coordonnées locales en remplaçant dans l'expression de ceux de $S^\cdot$ les $\frac{\partial}{\partial x_k}$ par leurs opposés sans changer les coefficients. (Il existe une manière algébrique intrinsèque de passer de $S^\cdot$ à $S^{*\cdot}$: cf. [28] pour des opérateurs d'ordre au plus un, [37] pour le cas général. Nous n'en ferons pas un usage direct mais cette façon de voir est "en filigrane" dans ce qui suit). Le passage de $S^\cdot$ à $S^{*\cdot}$ est évidemment involutif ; on pourra donc intervertir ces deux complexes dans tous nos énoncés. Quelques notations : $E_X^{p,q}$ désigne les formes différentielles de type (p,q) à coefficients C^∞ sur X, $'D_X^{p,q}$ désigne les courants de type (p,q) sur X, $A_X^{p,q}$ désigne les formes différentielles à coefficients analytiques réels sur X, $B_X^{p,q}$ désigne les hypercourants sur X ; en faisant varier q et en prenant pour différentielle $\bar{\partial}$ (ou sa transposée) on obtient divers complexes de Dolbeault qui résolvent tous Ω_X^p. On supposera X connexe, de dimension n ; ces complexes sont alors tous de longueur n.

On désigne par K un compact de X.

LEMME 2.1. - (i) <u>Les complexes</u> $\underline{\underline{R}}\Gamma(X;S^\cdot) = \Gamma(X;S^\cdot \otimes_{O_X} E_X^{0,\cdot})$ (*) <u>et</u> $\underline{\underline{R}}\Gamma_c(X;S^{*\cdot}) = \Gamma_c(X;S^{*\cdot} \otimes_{O_X} {'D_X^{0,\cdot}})$ <u>sont en dualité (topologique) ; le premier est du type</u> FN , <u>le second du type</u> DFN .

(ii) <u>Les complexes</u> $\underline{\underline{R}}\Gamma_c(X;S^\cdot) = \Gamma_c(X;S^\cdot \otimes_{O_X} E_X^{0,\cdot})$ <u>et</u> $R\Gamma(X;S^{*\cdot}) = \Gamma(X;S^{*\cdot} \otimes_{O_X} {'D_X^{0,\cdot}})$ <u>sont en dualité (topologique) ; le premier est du type</u> LFN , <u>le second du type</u> DLFN .

(iii) <u>Les complexes</u> $\underline{\underline{R}}\Gamma(K;S^\cdot) = \Gamma(K;S^\cdot \otimes_{O_X} A_X^{0,\cdot})$ <u>et</u> $\underline{\underline{R}}\Gamma_K(X;S^{*\cdot}) = \Gamma_K(S^{*\cdot} \otimes_{O_X} B_X^{0,\cdot})$ <u>sont en dualité topologique ; le premier est du type</u> DFN , <u>le second du type</u> FN .

(*) Il s'agit évidemment des complexes simples associés aux complexes doubles.

Du corollaire 1.2., de la proposition 1.1.(*) et du lemme précédent (i) et (ii)) on déduit facilement (moyennant quelques résultats élémentaires sur es faisceaux $\mathbb{C}$-analytiquement constructibles pour lesquels on se reportera à 67], [69], [3]) le

HÉORÈME 2.2. - (i) $S^\cdot$ est à cohomologie analytiquement constructible si et seulement si $S^{*\cdot}$ l'est. S'il en est ainsi, on a $S^\cdot = R\,\underline{\mathrm{Hom}}_{\mathbb{C}_X}(S^{*\cdot};\mathbb{C}_X) = \mathrm{Hom}_{\mathbb{C}}(R\Gamma_c(S^{*\cdot}),\mathbb{C})$.

(ii) Si $S^\cdot$ (ou $S^{*\cdot}$, ce qui revient au même) est à cohomologie analytiquement constructible, les espaces $H^k(X;S^\cdot), H^k(X;S^{*\cdot}), H^k_c(X;S^\cdot), H^k_c(X;S^{*\cdot})$ ont naturellement munis d'une topologie séparée ; $H^k_c(X;S^\cdot)$ et $H^k_c(X;S^{*\cdot})$ sont omme au plus dénombrable d'exemplaires de $\mathbb{C}$; $H^k(X;S^\cdot)$ et $H^k(X;S^{*\cdot})$ sont roduits au plus dénombrables d'exemplaires de $\mathbb{C}$ (munis de la topologie produit) ; $H^k_c(X;S^\cdot)$ et $H^{m-k}(X;S^{*\cdot})$ d'une part, $H^k(X;S^\cdot)$ et $H^{m-k}_c(X;S^{*\cdot})$ d'autre part, ont en dualité (topologique). (On a posé $m = n+s$.)

(iii) Si $S^\cdot$ (ou $S^{*\cdot}$) est à cohomologie analytiquement constructible, es espaces $H^k(K;S^\cdot)$ et $H^k_K(X;S^{*\cdot})$ sont naturellement munis d'une topologie éparée ; les premiers sont somme au plus dénombrable d'exemplaires de $\mathbb{C}$, les econd produits au plus dénombrables d'exemplaires de $\mathbb{C}$ (munis de la topologie roduit) ; $H^k(K;S^\cdot)$ et $H^{m-k}_K(X;S^{*\cdot})$ sont en dualité (topologique). Si, de plus, est semi-analytique, tous ces espaces sont de dimension finie.

(iv) Si la variété X est compacte, les espaces $H^k(X;S^\cdot), H^k_c(X;S^\cdot), \ldots$ ont naturellement munis d'une topologie séparée et sont de dimension finie. On a es dualités comme en (ii).

---

*) Nous n'utiliserons pas la propriété (ii) dans cette partie. Sinon il faudrait tiliser la proposition 1.3. ; on obtiendrait alors des résultats plus faibles !

<u>Exemple</u> : $S^\bullet = S^{*\bullet} = \Omega_X^\bullet$. On retrouve les dualités classiques entre homologie et cohomologie.

<u>Remarque 2.3.</u> : Le Théorème précédent s'étend sans autre difficulté que celles provenant d'une techniquè assez lourdre aux situations suivantes :

a) On a un hyperrecouvrement $\mathcal{U}^\bullet$ de la variété X [4], $S^{\bullet\bullet}$ un système à liaisons covariantes ([70], [57]) de complexes de fibrés holomorphes à dérivations formées d'opérateurs différentiels d'ordre fini sur $\mathcal{U}$, $S^{*\bullet\bullet}$ le système à liaisons contravariantes transposé [57]. (On reprend les idées de [68]).

b) On a un espace analytique X paracompact, $D^\bullet$ un hypersystème de Forster-Knorr au-dessus de X, $S^{\bullet\bullet}$ et $S^{*\bullet\bullet}$ sur $D^\bullet$ comme en a) [16].

Il y a aussi des versions relatives, évidemment plus délicates. On a également une partie des énoncés qui reste valable si $S^\bullet$ (ou $S^{*\bullet}$) est formé de fibrés holomorphes à fibre FN , ou DFN .

Ces généralisations sont loin d'être gratuites : les solutions globales (resp. le complexe de De Rham global) d'un système d'équations aux dérivées partielles à coefficients holomorphes sur X s'interprètent commodément par un $S^{\bullet\bullet}$ (resp. par un $S^{*\bullet\bullet}$) comme en a).

III. LA COHOMOLOGIE MODÉRÉE A SUPPORT EN GÉOMÉTRIE ANALYTIQUE.

On désigne toujours par X une variété analytique complexe paracompacte. La plupart des considérations qui suivent étant de nature faisceautique on pourra sans inconvénient prendre pour X un ouvert de $\mathbb{C}^n$.

DÉFINITION 3.1. - <u>Soient</u> Y <u>un sous-ensemble analytique de</u> X <u>et</u> F <u>un</u> $\mathcal{O}_X$ - <u>module</u>. <u>On pose</u>

$$\underline{\Gamma}_{[Y]}(X;F) = \varinjlim_{k} \underline{Hom}_{\mathcal{O}_X}(\mathcal{O}_X / I_Y^k;F) \quad \text{et} \quad [c]_* F = \varinjlim_{k} \underline{Hom}_{\mathcal{O}_X}(I_Y^k;F) \ ;$$

$\underline{\Gamma}_{[Y]}(X;F)$ est le faisceau des sections modérément à support dans Y de F,

$[c]_*F$ est le faisceau des sections de l'image directe modérée de F par l'injection canonique $c : X - Y \to X$.

On pose $\underline{H}^k_{[Y]}(X;F) = R^k\underline{\Gamma}_{[Y]}(X;F)$; c'est le k-ième faisceau de cohomologie de F modérée à support dans Y.

On a noté par I_Y un idéal définissant Y (la définition est sans ambiguïté d'après le Nullstellensatz).

<u>Remarque 3.2.</u> : Si F est muni d'une structure de D_X-module, $\underline{\Gamma}_{[Y]}(X;F)$ et les $\underline{H}^K_{[Y]}(X;F)$ sont naturellement munis de structures de D_X-modules, tandis que $\underline{\Gamma}_Y(X;F)$ et les $\underline{H}^k_Y(X;F)$ sont naturellement munis, en plus, d'une structure de D^∞_X-module. Si $S^\bullet$ est un complexe comme en II, $\underline{\underline{R}}\underline{\Gamma}_{[Y]}(S^\bullet)$ a un sens que l'on laisse expliciter au lecteur.(*)

On a un morphisme de triangles

$$\begin{array}{ccccccc} & \underline{\underline{R}}[c]_*F & & \longrightarrow & & \underline{\underline{R}}c_*F & \\ \swarrow & & \nwarrow & & \swarrow & & \nwarrow \\ \underline{\underline{R}}\underline{\Gamma}_{[Y]}(X;F) & \longrightarrow & F & & \underline{\underline{R}}\underline{\Gamma}_Y(X;F) & \longrightarrow & F \end{array}$$

(où l'on peut remplacer F par $S^\bullet$).

L'idée intuitive de l'introduction de $\underline{\Gamma}_{[Y]}$ se comprend en amalgamant des constructions schématiques sur les schémas affines $(\mathrm{Spec}\ \mathcal{O}(K);\widetilde{\mathcal{O}}(K))$, où K est un "polydisque" fermé variable de X, dans l'esprit d'une construction de [56]. Nous ne développerons pas plus ici ce point de vue.(**)

(*) Qui prendra les précautions signalées dans l'introduction.

(**) L'idée de la cohomologie modérée à support est sous-jacente à la construction du complexe dualisant dans [56]. Je ne l'ai dégagée que sous la forme ici exposée qu'en 72-73 lors de conversations avec M. HERRERA [26]. On trouvera un point de vue intéressant dans [66].

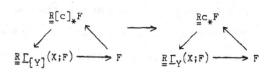

Plus généralement, si Z est défini dans Y par une équation analytique g , on désigne par (g) la partie multiplicative engendrée par g et on pose

$$\underline{\Gamma}_{[Y-Z]} = (g)^{-1}\underline{\Gamma}_{[Y]} .$$

(On suppose bien sûr que g ne s'annule identiquement sur aucune composante de Y .) On a un triangle

$$\begin{array}{ccc} & \underline{\underline{R}}\,\underline{\Gamma}_{[Y-Z]}(X;F) & \\ \swarrow & & \nwarrow \\ \underline{\underline{R}}\,\underline{\Gamma}_{[Z]}(X;F) & \longrightarrow & \underline{\underline{R}}\,\underline{\Gamma}_{[Y]}(X;F) , \end{array}$$

d'où l'on déduit des morphismes de connexion $\underline{H}^k_{[Y-Z]}(X;F) \to H^{k+1}_{[Z]}(X;F)$ que nous désignerons par δ . On a une situation analogue avec la cohomologie à support ordinaire, avec les morphismes canoniques que l'on pense entre les deux situations.

Si Y est intersection complète de codimension q dans X , on appellera les sections de $\underline{H}^q_{[Y-Z]}(X;\Omega^p_X)$ (resp. de $\underline{H}^q_Y(X;\Omega^p_X)$) distributions (resp. hyperfonctions) algébriques de type (p,q) . Les distributions algébriques s'interprètent ([57], [59]) comme des vraies distributions, l'opérateur δ introduit ci-dessus étant l'opérateur classique (à $(-2i\pi)^n$ près bien sûr)(*) ; l'analogue pour les hyperfonctions algébriques est (paradoxalement) plus délicat (cf. [49], [50]).

Remarque 3.3. : Pour p = n , le "complexe de Dolbeault" des distributions (resp. hyperfonctions) algébriques (obtenu en faisant varier Y et Z et en faisceautisant) est une résolution du faisceau canonique Ω_X : c'est le complexe dualisant de Ramis-Ruget (resp. de Fouché) [56], [17], que nous désignerons par $K^\bullet_X$ (resp. $\hat{K}^\bullet_X$) .

Passons à quelques développements sur le calcul de la cohomologie modérée à support.

(*) cf. [58], note 13.

PROPOSITION 3.4. - <u>On a un morphisme de "triangles de Mayer-Vietoris"</u> (où Y_1, Y_2 <u>sont des sous-ensembles analytiques de</u> X ; $Z = Y_1 \cap Y_2$, $Y = Y_1 \cup Y_2$)

$$\begin{array}{ccc} & \underline{\underline{R}}\Gamma_{[Y]}(F) & \\ \swarrow & & \nwarrow \\ \underline{\underline{R}}\Gamma_{[Z]}(F) & \longrightarrow & \underline{\underline{R}}\Gamma_{[Y_1]}(F) \oplus \underline{\underline{R}}\Gamma_{[Y_2]}(F) \end{array} \quad \longrightarrow \quad \begin{array}{ccc} & \underline{\underline{R}}\Gamma_{Y}(F) & \\ \swarrow & & \nwarrow \\ \underline{\underline{R}}\Gamma_{Z}(F) & \longrightarrow & \underline{\underline{R}}\Gamma_{Y_1}(F) \oplus \underline{\underline{R}}\Gamma_{Y_2}(F) \end{array} .$$

Supposons Y de codimension q, défini par $f_1, \ldots, f_m$ dans X. Si U est un ouvert de Stein arbitraire de X, $\mathcal{U}_{(f)}(U) = \{U - V(f_i)\}_{i=1,\ldots,m}$ est un recouvrement "de Leray" de U ; on obtient ainsi un préfaisceau de recouvrements de Leray. On voit ce que sont les cochaînes modérées associées à un tel recouvrement. On les notera $C^{\cdot}[\mathcal{U}_{(f)}];F)$ (complexe de Čech modéré). On a, par ailleurs, un système inductif (indexé par k) de faisceaux de CoKoszuls $\varinjlim_{k} K^{\cdot}((f^k);F)$ (où l'on a posé $(f^k) = (f_1^k, \ldots, f_m^k))$. On a la

PROPOSITION 3.5. - <u>On a un quasi-isomorphisme</u>

$$\varinjlim_{k} K^{\cdot}((f^k);F)) \to T(C^{\cdot}([\mathcal{U}_{(f)}];F))$$

<u>(où T est le décalage d'un cran vers la droite). De plus le</u> k <u>-ième faisceau de cohomologie de "ce" complexe est</u> $H^k_{[Y]}(X;F)$ <u>en degré ≥ 2 (i.e. ce complexe est un représentant du cylindre de</u> $\underline{\underline{R}}\Gamma_{[Y]}(X;F)) \to F)$.

<u>Remarque 3.6.</u> : Si F est muni d'une structure de D_X-module (à gauche par exemple), $F[f^{-1}]$ est naturellement muni d'une structure de D_X-module. Si F est D_X-cohérent holonome $F[f^{-1}]$ est encore D_X-cohérent holonome. (Résultat délicat dû à M. KASHIWARA [30], [33].) Il en résulte que $C^{\cdot}([\mathcal{U}_{(f)}];F)$ est a objets D_X-cohérents holonomes ; sa cohomologie, c'est-à-dire les $\underline{H}^k_{[Y]}(X;F)$ est alors a fortiori formée de D_X-modules cohérents holonomes. (Ce dernier résultat

aurait pu s'établir par récurrence sur la codimension en utilisant le triangle de Mayer-Vietoris ; le résultat ci-dessus est toutefois plus précis).

En généralisant un peu, on obtient le

THÉORÈME 3.7.- Soit $F^{\cdot}$ un complexe borné à objets D_X -cohérents holonomes et différentielles D_X linéaires. Alors il existe un représentant borné à objets D_X -cohérents holonomes et différentelles D_X -linéaires de $\underline{\underline{R}}\Gamma_{[Y]}(X;F)$ (pour tout sous-ensemble analytique Y de X). Les $\underline{H}^k_{[Y]}(X;F^{\cdot})$ sont D_X -cohérents holonomes.

Les calculs évoqués ci-dessus de la cohomologie modérée à support sont algébriques, le calcul suivant utilise l'Analyse :

THÉORÈME 3.8.- Soit F un fibré holomorphe (à fibre de dimension finie) sur X . On a

$$\underline{\underline{R}}\underline{\Gamma}_{[Y]}(X;F) = \underline{\Gamma}_{[Y]}(F \otimes_{O_X} {'D}_X^{0,\cdot}) = \underline{\Gamma}_Y(F \otimes_{O_X} {'D}_X^{0,\cdot}) .$$

La démonstration se divise en deux points

a) $\underline{\Gamma}_{[Y]}{'D}_X = \underline{\Gamma}_Y{'D}_X$.

b) $\underline{\underline{R}}\Gamma_{[Y]}(X;{'D}_X) = \underline{\Gamma}_{[Y]}(X;{'D}_X)$.

Le premier résultat a) résulte facilement d'un théorème de Schwartz [61] (Chap. 3, th. 28). Le point b) est plus délicat : on utilise le fait que le O_X -module ${'D}_X$ est à fibres injectives (division des distributions de Losacievicz [38],[39]), que la fibre en x de $\underline{\mathrm{Ext}}^p_{O_X}(O_X/I^k_Y;{'D}_X)$ est un isomorphe au $\mathrm{Ext}^p_{O_x}$ des fibres et que la formation des $\underline{\mathrm{Ext}}$ commute à $\varinjlim_k$.

Nous ferons grand usage de ce résultat dans la suite. A titre d'exemple donnons en une application. Elle utilise le résultat "bien connu" :

THÉORÈME 3.9. - On a un quasi-isomorphise $\underline{\underline{R}}\Gamma_{[Y]}\Omega_X^{\bullet} \longrightarrow \underline{\underline{R}}\Gamma_Y\Omega_X^{\bullet}$ (où $\Omega_X^{\bullet}$ désigne le complexe de De Rham holomorphe.

En utilisant le morphisme de triangles de Mayer-Vietoris de la proposition 3.4, on se ramène au cas où Y est de codimension 1, défini par une équation (la question est locale). On est ramené à prouver dans ce cas que $\underline{\underline{R}}[c]_*\Omega_X^{\bullet} \simeq \underline{\underline{R}}c_*\Omega_X^{\bullet}$; c'est un résultat classique dû à Grothendieck [23] (on se ramène par Hironaka [29] au cas où Y est à croisements normaux ; dans ce cas le résultat est dû à Atiyah-Hodge [5])(*).

Les deux théorèmes précédents permettent de retrouver un théorème de Poly [55].

THÉORÈME 3.10.- Les espaces de cohomologie de $\underline{\Gamma}_Y{}'\mathcal{D}_X^{\bullet}$ sont isomorphes aux $\underline{H}_Y^k(X;\mathbb{C}_X)$. (On désigne par $'\mathcal{D}_X^{\bullet}$ le complexe des courants avec pour différentielle d.)

Il suffit de remarquer que $'\mathcal{D}_X^{\bullet}$ est le complexe simple associé au complexe double $'\mathcal{D}_X^{\bullet,\bullet}$. On voit facilement (dualité de Poincaré) que $\underline{H}_Y^k(X;\mathbb{C}_X)$ s'identifie au $(2n-k)$-ième faisceau d'homologie de Borel-Moore de Y.

Le théorème 3.10 s'étend en fait à des Y plus généraux (semi-analytiques [55], sous-analytiques [71]).

Désignons par $L_X^{0,\bullet}$ le complexe "de Cousin" de $\mathcal{O}_X$ construit à la Ramis-Ruget (c'est le complexe "de Dolbeault" des distributions algébriques de type (0,.), cf. plus haut). On a un quasi-isomorphisme de complexes de $\mathcal{D}_X$-modules à gauche canonique $L_X^{0,\bullet} \to {}'\mathcal{D}_X^{0,\bullet}$. On vérifie facilement que $\underline{\underline{R}}\Gamma_{[Y]}(X;F) = \underline{\Gamma}_{[Y]}(F\otimes_{\mathcal{O}_X} L_X^{0,\bullet}) = \underline{\Gamma}_Y(F\otimes_{\mathcal{O}_X} L_X^{0,\bullet})$; on a donc un quasi-isomorphisme $\underline{\Gamma}_Y(F\otimes_{\mathcal{O}_X} L_X^{0,\bullet}) \longrightarrow \underline{\Gamma}_Y(F\otimes_{\mathcal{O}_X} {}'\mathcal{D}_X^{0,\bullet})$, qui permet de comparer calculs algébriques et

---

(*) On peut d'ailleurs se ramener au cas d'une sous-variété (de dimension arbitraire) qui est clair (par exemple par le théorème 3.8).

calculs par l'Analyse de la cohomologie modérée à support. Il y a évidemment une différence entre distributions algébriques et distributions classiques au niveau de la globalisation : les faisceaux $'D_X^{0,\bullet}$ sont fins et ce n'est évidemment pas le cas des $L_X^{0,\bullet}$. Il est important toutefois de noter que si X est une variété algébrique projective le complexe $L_X^{0,\bullet}$ est "aussi bon" que $'D_X^{0,\bullet}$: par exemple

$$\underline{\underline{R}}\Gamma(X;C_X) = \Gamma(X;\Omega_X^{\bullet}\otimes_{O_X} L_X^{0,\bullet}) \text{ , } R\Gamma_Y(X;C_X) = \Gamma_Y(X;\Omega_X^{\bullet}\otimes_{O_X} L_X^{0,\bullet}) \text{ .}$$

(On fera le lien avec la théorie classique des "formes de seconde espèce" [54], [5], [23]).

Le Théorème 3.8 fournit également un mode de calcul de $\underline{\underline{R}}[c]_*F$ (où F est toujours un fibré holomorphe). Désignons par $'S_{[X-Y]}$ le faisceau des distributions de $X-Y$ prolongeables à X : $'S_{[X-Y]} = {'D_X}/\Gamma_Y{'D_X}$, par $'S^{p,q}_{[X-Y]}$ le faisceau des courants prolongeables de type (p,q) , par $'S^{p,\bullet}_{[X-Y]}$ les complexes "de Dolbeault" correspondants (dans les cas usuels on retrouve l'espace S' de L. Schwartz).

PROPOSITION 3.11.- On a

$$\underline{\underline{R}}[c]_*{'D_X} = [c]_*{'D_X} = {'S_{[X-Y]}} \text{ .}$$

Ce résultat se déduit facilement de l'égalité de triangles

$$\begin{array}{ccc} & \underline{\underline{R}}[c]_*{'D_X} & \\ \swarrow & & \nwarrow \\ \underline{\underline{R}}\Gamma_{[Y]}{'D_X} & \longrightarrow & {'D_X} \end{array} \quad = \quad \begin{array}{ccc} & {'S_{[X-Y]}} & \\ \swarrow & & \nwarrow \\ \Gamma_Y{'D_X} & \longrightarrow & {'D_X} \end{array} \text{ .}$$

COROLLAIRE 3.12.- On a

$$\underline{\underline{R}}[c]_*F = [c]_*(F\otimes_{O_X} {'D_X^{0,\bullet}}) = F\otimes_{O_X} {'S^{0,\bullet}_{X-Y}} \text{ .}$$

Les faisceaux $'S^{0,\bullet}_{X-Y}$ sont fins sur X et permettent donc de calculer la cohomologie modérée globale. Dans le cas où X-Y est algébrique affine on obtient une version de GAGA affine dans le style de [12], [3]. Le complexe fabriqué par Deligne est d'ailleurs formé de distributions prolongeables (on se ramène à Y à croisements normaux) ; il y a donc un quasi-isomorphisme du complexe de Deligne dans le nôtre.

Remarquons pour terminer que les résultats que nous venons d'établir sont esquissés ou établis dans des cas particuliers (Y défini par une équation) dans divers travaux de Dolbeault, Herrera-Liebermann, Poly,... [15], [27], [28], [55] ; la Proposition 3.5 par exemple formalise la situation de [26].

Les deux remarques qui suivent permettent de mieux comprendre les rapports agréables qui existent entre cohomologie modérée à support, opérateurs différentiels (à coefficients analytiques) d'ordre fini et distributions.

Remarque 3.12. : Il y a un analogue réel de la notion de cohomologie modérée dans le cas où $X = \mathbb{C}^n$ et $Y = \mathbb{R}^n$, que l'on laisse expliciter au lecteur ; on trouve que $\underline{H}^n_{\mathbb{R}^n}(X;\Omega_X) = {}'\mathcal{D}_{\mathbb{R}^n}$ (faisceau des distributions sur $\mathbb{R}^n$) tandis que $\underline{H}^n_{\mathbb{R}^n}(X;\Omega_X) = \mathcal{B}_{\mathbb{R}^n}$ (faisceau des hyperfonctions sur $\mathbb{R}^n$). On peut dans ce cas introduire d'autres conditions de croissance ; on retrouve des espaces fonctionnels classiques (ultradistributions...) [35].

Remarque 3.13. : Soit Z une variété analytique complexe de dimension n . On pose $X = Z \times Z$; on désigne par Y la diagonale de X , par p_1 et p_2 les projections de X sur Z .

On a $\mathcal{O}_Z \otimes_{\mathbb{C}} \Omega_Z = \mathcal{O}_X \otimes_{p_2^* \mathcal{O}_Z} p_2^* \Omega_Z$. On vérifie facilement que

$$\mathcal{D}_Z = \underline{H}^n_{[Y]}(\mathcal{O}_Z \hat{\otimes}_{\mathbb{C}} \Omega_Z) = \underline{\underline{\mathrm{TR}}}\Gamma_{[Y]}(\mathcal{O}_Z \hat{\otimes}_{\mathbb{C}} \Omega_Z) ,$$

tandis que $D_Z^\infty = \underline{H}_Y^n(O_Z \hat{\otimes}_C \Omega_Z) = T\underline{\underline{R}}\underline{\Gamma}_Y(O_Z \hat{\otimes}_C \Omega_Z)$ (cf. [60]). Si $z_1,\ldots,z_n$ sont des coordonnées locales de Z, les fonctions $f_i = z_i^1 - z_i^2$ $(i = 1,\ldots,n)$ définissent la diagonale Y dans X (localement). Le calcul $\underline{H}^n_{[Y]}$ suivant la méthode de la Proposition 3.5, avec les fonctions f_i, redonne l'écriture en coordonnées des opérateurs de D_X.

Nous reviendrons plus loin sur ces deux remarques.

IV. UNE RÉSOLUTION "DE DOLBEAULT" POUR LES COMPLÈTES FORMELS.

Nous allons développer dans cette partie des considérations "duales" (en un sens qui sera précisé ultérieurement) de celles de III.

Comme précédemment X est une variété analytique complexe, Y est un sous-ensemble analytique de X, F un O_X-module sur X.

On note $F_{X\hat{|}Y} = \varprojlim_k F/I_Y^k F$ le complété formel de F le long de Y ; ce faisceau est évidemment nul en dehors de Y. On note $F_{X|Y}$ le faisceau égal à F sur Y et nul en dehors. On a une application naturelle $F_{X|Y} \longrightarrow F_{X\hat{|}Y}$ ("duale" de $\underline{\underline{R}}\underline{\Gamma}_{[Y]} \longrightarrow \underline{\underline{R}}\underline{\Gamma}_Y$). On est évidemment dans les conditions de Mittag-Leffler et $\varprojlim_k F/I_Y^k F = \underline{\underline{R}} \varprojlim_k F/I_Y^k F$ (*).

Pour une application analytique f on désignera par $f_!$ l'image directe à supports propres. On introduit pour l'injection $c : X\text{-}Y \to X$ une notion d'image directe à supports propres "algébrique" : $[c]_! F = \varprojlim_k I_Y^k F$ (intuitivement les sections de $c_! F$ sont nulles sur Y, tandis que celles de $[c]_! F$ sont seulement "infiniment plates"). De la même façon que $\underline{\Gamma}_{[Y]}$ s'interprète en

---

(*) On peut remplacer F par $S^\bullet$ moyennant les précautions signalées dans l'introduction.

"amalgamant" des $\Gamma_{[Y]_K}$ (Spec $O(K)$;.) (où K est un "polydisque" fermé de X, $[Y]_K$ la variété définie par Y dans Spec $O(K)$) $[c]_!$ s'interprète en "amalgamant" des sections "à supports propres" au sens de Deligne [13] sur Spec $O(K)-[Y]_K$.

Il est facile de calculer $R[c]_!F$. Compte tenu de Mittag-Leffler, on a un triangle

$$\begin{array}{ccc} & \underline{\underline{R}}[c]_! F & \\ \nearrow & & \searrow \\ F_{X\hat{|}Y} & \longleftarrow & F \end{array}$$

(écrit "à l'envers" pour raison de dualité).

On en déduit que $R^0[c]_!F = [c]_!F = \mathrm{Ker}\,(F_{X\hat{|}Y} \leftarrow F)$, $R^1[c]_!F = F_{X\hat{|}Y}/F$ et $R^k[c]_!F = 0$ pour $2 \leq k$. (Cette dernière propriété étant d'ailleurs à priori évidente puisqu'il s'agit d'une limite projective dénombrable [52]). Si F est un fibré holomorphe, on obtient : $[c]_!F = F$ en dehors de Y, 0 sur Y et $R^1[c]_!F = F_{X\hat{|}Y}/F$.

On a un morphisme de triangles

$$\begin{array}{ccc} & Rc_!F & \\ \nearrow & & \searrow \\ F_{X|Y} & \longleftarrow & F \end{array} \quad \longrightarrow \quad \begin{array}{ccc} & R[c]_!F & \\ \nearrow & & \searrow \\ F_{X\hat{|}Y} & \longleftarrow & F, \end{array}$$

en "dualité" avec un morphisme de triangles écrit plus haut (cf. III).

La version "duale" de Mayer-Vietoris est la proposition élémentaire.

PROPOSITION 4.1.- <u>Soient</u> Y_1 <u>et</u> Y_2 <u>des sous-ensembles analytiques de</u> X, $Z = Y_1 \cap Y_2$, $Y = Y_1 \cup Y_2$. <u>On a un morphisme de suites exactes</u>

$$\begin{array}{ccccccccc} 0 & \longrightarrow & F_{X|Y} & \longrightarrow & F_{X|Y_1} \oplus F_{X|Y_2} & \longrightarrow & F_{X|Z} & \longrightarrow & 0 \\ & & \downarrow & & \downarrow \quad \downarrow & & \downarrow & & \\ 0 & \longrightarrow & F_{X\hat{|}Y} & \longrightarrow & F_{X\hat{|}Y_1} \oplus F_{X\hat{|}Y_2} & \longrightarrow & F_{X\hat{|}Z} & \longrightarrow & 0. \end{array}$$

Tout comme la cohomologie modérée à support ou les images directes modérées (ordinaires ou supérieures), le complété formel ou les images directes à support propre "algébriques" (ordinaires ou supérieures) se calculent en utilisant l'Analyse.

La version duale du théorème 3.8 et de la proposition 3.11 (Cor. 3.12) est le

THÉORÈME 4.2. - (i) <u>On a un quasi-isomorphisme</u> $F_{X\hat{|}Y} \to F \otimes_{O_X} E_Y^{0,\cdot}$ (i.e. $E_Y^{0,\cdot}$ <u>est une résolution "de Dolbeault" de</u> $O_{X\hat{|}Y}$) .

(ii) <u>On a une égalité (dans la catégorie dérivée)</u>

$$\underline{\underline{R}}[c]_! F = F \otimes_{O_X} I^{0,\cdot}_{(X,Y)} .$$

Remarquons tout de suite que (ii) est équivalent à (ii') :

(ii') $R^1[c]_! F = F_{X\hat{|}Y}/F = H^1(F \otimes_{O_X} I^{0,\cdot}_{(X;Y)})$ et $H^k(F \otimes_{O_X} I^{0,\cdot}_{(X;Y)}) = 0$ pour $2 \leq k$.

On a noté $E_Y^{p,q}$ le faisceau des formes différentielles de type (p,q) à coefficients C^∞ au sens de Whitney sur Y (prolongé par 0 en dehors de Y), par $E_Y^{p,\cdot}$ le complexe "de Dolbeault" correspondant (opérateurs différentiels $\bar{\partial}$), par $I^{p,q}_{(X,Y)}$ le faisceau des formes différentielles de type (p,q) à coefficients C^∞ sur X, infiniment plats sur Y.

D'après le théorème de prolongement de Whitney ([44], Th. 4.1) on a le diagramme de suites exactes

$$0 \longrightarrow I^{0,\cdot}_{(X,Y)} \longrightarrow E_X^{0,\cdot} \longrightarrow E_Y^{0,\cdot} \longrightarrow 0 .$$

Il est par ailleurs clair que l'on a des morphismes naturels $O_X \longrightarrow E_X^{0,\cdot}$, $O_{X\hat{|}Y} \longrightarrow E_Y^{0,\cdot}$ dont le premier est un quasi-isomorphisme. On en déduit le morphisme de triangles

$$\begin{array}{ccc} & R[c]_! \mathcal{O}_X & \\ \nearrow & & \searrow \\ \mathcal{O}_{X\hat{|}Y} & \longleftarrow & \mathcal{O}_X \end{array} \quad \longrightarrow \quad \begin{array}{ccc} & I^{0,\bullet}_{(X,Y)} & \\ \nearrow & & \searrow \\ E_Y^{0,\bullet} & \longleftarrow & E_X^{0,\bullet} \end{array} .$$

Il est facile de voir que $E_Y \to E_{X\hat{|}Y}$ et que $I_{(X,Y)} = [c]_! E_X = R[c]_! E_X$.

Il suffit bien sûr d'établir le théorème pour $F = \mathcal{O}_X$. Commençons par le

LEMME 4.3.- Les conditions (i) et (ii) du théorème 4.2 sont équivalentes. Ceci résulte évidemment du morphisme de triangles que l'on vient d'écrire.

Soient Y_1, Y_2, Y, Z comme dans la Proposition 4.1. On a une suite exacte

$$0 \longrightarrow E_Y^{0,\bullet} \longrightarrow E_{Y_1}^{0,\bullet} \oplus E_{Y_2}^{0,\bullet} \longrightarrow E_Z^{0,\bullet} \longrightarrow 0$$

(cf. [44]). Compte tenu de la Proposition 4.1, on en déduit le

LEMME 4.4.- Les conditions suivantes sont équivalentes

(i) Le Théorème 4.2 est vrai pour Y_1, Y_2 et Z .

(ii) Le Théorème 4.2 est vrai pour Y_1, Y_2 et Y .

LEMME 4.5.- Le Théorème 4.2 est vrai si Y est une sous-variété de X .

On se ramène à $X = U' \times U''$ ($U' \subset \mathbb{C}^p$, $U'' \subset \mathbb{C}^{n-p}$, polydisques ouverts de centre 0), $Y = \mathbb{C}^{n-p} \cap X$. On a $E_Y^{0,\bullet} = E_{U''}^{0,\bullet} \hat{\otimes}_{\mathbb{C}} E^{0,\bullet}_{\{0_{U'}\}}$, $E_{U''}^{0,q}$ étant muni de sa structure évidente de faisceau de FN , $E^{0,q}_{\{0_{U'}\}}$ étant composé de formes de type $(0,q)$, à coefficients séries formelles à p variables et également muni de sa topologie FN (produit dénombrable de $\mathbb{C}$) . Une formule de Künneth topologique [22] permet de conclure ($E_{U''}^{0,\bullet}$ est une résolution de $\mathcal{O}_{U''}$ et $E^{0,\bullet}_{0_{U'}}$ une résolution de $\mathcal{O}_{\mathbb{C}^p\hat{|}\{0\}}$) . On observera la dualité de cette situation avec celle du théorème des noyaux [62]. On en trouvera plus loin une généralisation.

LEMME 4.6.- *Le Théorème 4.2 est vrai si* Y *est une hypersurface à croisements normaux. Ceci résulte immédiatement des deux lemmes précédents.*

PROPOSITION 4.7.- *Soit* $f : X_1 \to X$ *une application analytique propre* (X *et* X_1 *étant des variétés analytiques). Soit* $Y \subset X$ *un sous-ensemble analytique. On pose* $Y_1 = f^{-1}(Y)$. *On suppose que* f *est un isomorphisme de* $X_1 - Y_1$ *sur* $X - Y$. *Alors l'application naturelle* $I_{(X,Y)} \to f_* I_{(X_1,Y_1)}$ *est un isomorphisme.*

La proposition résulte facilement de [12] Prop. 2.19.

LEMME 4.8.- Dans la situation de la Proposition 4.7.,

$$\underline{\underline{R}}f_*(\mathcal{O}_{X_1\hat{|}Y_1}/\mathcal{O}_{X_1|Y_1}) = f_*(\mathcal{O}_{X_1\hat{|}Y_1}/\mathcal{O}_{X_1|Y_1}) = \mathcal{O}_{X\hat{|}Y}/\mathcal{O}_{X|Y} \, .$$

La première égalité s'établit en remarquant que, pour $1 \leq k$, on a un isomorphisme $R^k f_*\mathcal{O}_{X_1|Y_1} \to R^k f_*\mathcal{O}_{X_1\hat{|}Y_1}$: $R^k f_*\mathcal{O}_{X_1\hat{|}Y_1} = (R^k f_*\mathcal{O}_{X_1})_{X\hat{|}Y}$, et $R^k f_*\mathcal{O}_{X_1}$ est cohérent à support dans Y ([20], [6]). Pour montrer la deuxième on constate que, d'après ce qui précède, $f_*(\mathcal{O}_{X_1\hat{|}Y_1}/\mathcal{O}_{X_1|Y_1}) = f_*\mathcal{O}_{X_1\hat{|}Y_1}/f_*\mathcal{O}_{X_1|Y_1}$. On voit ensuite que

$$f_*\mathcal{O}_{X_1\hat{|}Y_1}/f_*\mathcal{O}_{X_1|Y_1} = (f_*\mathcal{O}_{X_1})_{X\hat{|}Y}/(f_*\mathcal{O}_{X_1})_{X|Y} = \mathcal{O}_{X\hat{|}Y}/\mathcal{O}_{X|Y} \quad (f_*\mathcal{O}_{X_1}/\mathcal{O}_X \text{ est cohérent,}$$

à support dans Y [20] ; on a utilisé [6]).

Nous avons maintenant tout ce qu'il faut pour établir le Théorème 4.2. Une nouvelle application du lemme 4.4 ramène le problème au cas où Y est de codimension 1 (défini par g) ; en appliquant le théorème de désingularisation d'Hironaka [29], on se retrouve dans la situation du lemme 4.8, avec Y_1 à croisements normaux dans X_1 . On voit alors que $T^1(\mathcal{O}_{X_1\hat{|}Y_1}/\mathcal{O}_{X_1}) = I^{0,\bullet}_{(X_1,Y_1)}$ (lemme 4.6, condition (ii')), donc que

$$T^1(\underline{\underline{R}} f_*(O_{X_1}\hat{|}Y_1 / O_{X_1})) = \underline{\underline{R}} f_* I^{0,\cdot}_{(X_1,Y_1)} = f_* I^{0,\cdot}_{(X_1,Y_1)} = I^0_{(X,Y)} = T^1(O_{X\hat{|}Y}/O_X)$$

(lemme 4.8 et Proposition 4.7 ; les faisceaux $I^{0,k}_{(X_1,Y_1)}$ sont fins, donc f_*-acycliques). Ceci établit le Théorème 4.2 (condition (ii')).

On laisse expliciter au lecteur la remarque "duale" de 3.12(*). La remarque "duale" de 3.13 est (avec les mêmes notations) la

Remarque 4.9. : Le faisceau J_Z des jets formels à coefficients analytiques [43] de Z est $O_{X\hat{|}Y}$ (i.e. le complété formel de $O_{Z\times Z}$ le long de la diagonale).

Nous reviendrons plus loin sur cette question.

V. DUALITÉ ET THÉORÈMES DE COMPARAISON.

On revient à la situation de II (avec les mêmes notations). On a des applications naturelles $\underline{\underline{R}}\Gamma_{[Y]}S^{*\cdot} \to \underline{\underline{R}}\,\underline{\Gamma}_Y S^{+\cdot}$ et $S^{\cdot}_{X|Y} \to S^{\cdot}_{X\hat{|}Y}$. Nous nous proposons de les "comparer". (En utilisant bien sûr le fait que ces applications sont "en dualité"). Ce faisant nous généraliserons un théorème de comparaison "classique" : le complété formel $\Omega^{\cdot}_{X\hat{|}Y}$ est une résolution de C_Y (théorème dont la version globale (X compact) est due indépendamment à Deligne (non publié) et Herrera-Liebermann [28], et la version faisceautique à Deligne (méthodes "cristallines" ; non publié) et Hartshorne [25]).

Nous reviendrons sur cette question dans VII en étudiant le cas particulier où $S^{\cdot}$ (resp. $S^{*\cdot}$) représente les "solutions" (resp. le complexe de De Rham) d'un système D_X-cohérent holonome. Dans ce cas particulier (qui contient le cas $S^{\cdot} = \Omega^{\cdot}_X$, comme "solutions" de O_X) nous donnerons une autre démonstration

---

(*) Si $X = C^n$, $Y = R^n$, le complexe $E^{0,\cdot}_Y$ est une résolution du faisceau des fonctions C^∞ au sens ordinaire sur X, qui est bien en "dualité" avec $'D_X$.

des théorèmes de comparaison (utilisant des techniques délicates de D_X - modules)

La première étape est le

LEMME 5.1. - (i) Les complexes $\underline{\underline{R}}\Gamma(X;S^{\cdot}_{X\hat{|}Y}) = \Gamma(X;S^{\cdot}\otimes_{O_X} E_Y^{0,\cdot})$ et

$$\underline{\underline{R}}\Gamma_c(X;\underline{\underline{R}}\underline{\Gamma}_{[Y]}S^{*\cdot}) = \Gamma_c\underline{\Gamma}_Y(X;S^{*\cdot}\otimes_{O_X} {}'D_X^{0,\cdot})$$

sont en dualité (topologique) ; le premier est du type FN , le second du type DFN .

(ii) Les complexes $\underline{\underline{R}}\Gamma_c(X;S^{\cdot}_{X\hat{|}Y}) = \Gamma_c(X;S^{\cdot}\otimes_{O_X} E_Y^{0,\cdot})$ et

$$\underline{\underline{R}}\Gamma(X;\underline{\underline{R}}\underline{\Gamma}_{[Y]}S^{*\cdot}) = \Gamma(X;\underline{\Gamma}_Y(S^{*\cdot}\otimes_{O_X} {}'D_X^{0,\cdot}))$$

sont en dualité (topologique) ; le premier est du type LFN , le second du type DLFN(*).

(iii) Les complexes $\underline{\underline{R}}\Gamma(K;S^{\cdot}_{X|Y}) = \Gamma(K;S^{\cdot}\otimes_{O_X} A_{X|Y}^{0,\cdot})$ et

$$\underline{\underline{R}}\Gamma_K(X;\underline{\underline{R}}\underline{\Gamma}_Y S^{*\cdot}) = \Gamma_K\underline{\Gamma}_Y(S^{*\cdot}\otimes_{O_X} B_X^{0,\cdot})$$

sont en dualité (topologique) ; le premier est du type DFN , le second du type FN .

L'assertion (i) utilise le Théorème 4.2, l'assertion (ii) le Théorème 3.8. L'assertion (iii) (dans l'esprit de [64]) est facile ; si $S^{\cdot}$ est réduit à un seul objet, on retrouve (dans un cas particulier) des théorèmes de dualité de Golovin et Andreotti-Banica [19], [2].

Raffinant un argument de [31], on obtient (modulo un peu d'algèbre homologique) le

---

(*) Contrairement à l'assertion analogue du Lemme 2.1, cette propriété (ii) est ici indispensable. (La situation n'est plus symétrique en $S^{\cdot}$ et $S^{*\cdot}$).

LEMME 5.2. - (i) *Soient* $F_1,\dots,F_k$ *des faisceaux analytiquement constructibles sur* X . *Pour tout point* $x \in X$, *il existe un système fondamental de voisinages* $\{U_i\}$ *de* x *tels que les applications naturelles* $\underline{\underline{R}}\Gamma(U_i;F_j) \to (F_j)_x$ *soient des isomorphismes* $(j = 1,\dots,k)$.

(ii) *Soient* $S^{\bullet}_1,\dots,S^{\bullet}_k$ *des complexes de* $\mathbb{C}$ *- espaces vectoriels sur* X , *à cohomologie bornée et analytiquement constructible. Pour tout point* $x \in X$, *il existe un système fondamental de voisinages* $\{U_i\}$ *de* x *tels que les applications naturelles* $\underline{\underline{R}}\Gamma(U_i;S^{\bullet}_j) \to (S^{\bullet}_j)_x$ *soient des isomorphismes* $(j = 1,\dots,k)$.

On peut alors établir le résultat fondamental de cette partie

THÉORÈME 5.3. - (i) $S^{\bullet\wedge}_{X|Y}$ *est à cohomologie analytiquement constructible si et seulement* $\underline{\underline{R}}\underline{\Gamma}_{[Y]}S^{*\bullet}$ *l'est.*

(ii) *S'il en est ainsi, on a*

a) $S^{\bullet\wedge}_{X|Y} = \mathrm{Hom}_{\mathbb{C}}(\underline{\underline{R}}\Gamma_c \underline{\underline{R}}\underline{\Gamma}_{[Y]}S^{*\bullet};\mathbb{C}) = R\,\underline{\mathrm{Hom}}_{\mathbb{C}_X}(\underline{\underline{R}}\,\underline{\Gamma}_{[Y]}S^{*\bullet};\mathbb{C}_X)$ *et*

b) $\underline{\underline{R}}\underline{\Gamma}_{[Y]}S^{*\bullet} = \mathrm{Hom}_{\mathbb{C}}(\underline{\underline{R}}\Gamma_c\, S^{\bullet\wedge}_{X|Y};\mathbb{C}) = R\,\underline{\mathrm{Hom}}_{\mathbb{C}_X}(S^{\bullet\wedge}_{X|Y};\mathbb{C}_X)$.

(*Les* $\underline{\underline{R}}\Gamma_c(\cdot)$ *sont des complexes de cofaisceaux* [1], [9]).

(iii) *Si* $S^{\bullet\wedge}_{X|Y}$ (*ou* $\underline{\underline{R}}\underline{\Gamma}_{[Y]}S^{*\bullet}$, *ce qui revient au même*) *est à cohomologie analytiquement constructible*

a) Les espaces $H^k(X;S^{\bullet\wedge}_{X|Y})$, $H^k_c(X;\underline{\underline{R}}\underline{\Gamma}_Y S^{*\bullet})$ sont naturellement munis d'une topologie séparée ; $H^k_c(X;\underline{\underline{R}}\underline{\Gamma}_Y S^{+\bullet})$ est somme au plus dénombrable d'exemplaires de $\mathbb{C}$, $H^k(X;S^{\bullet\wedge}_{X|Y})$ est produit au plus dénombrable d'exemplaires de $\mathbb{C}$; $H^k(X;S^{\bullet\wedge}_{X|Y})$ et $H^{m-k}_c(X;\underline{\underline{R}}\underline{\Gamma}_{[Y]}S^{*\bullet})$ sont en dualité (topologique).

b) Les espaces $H^k_c(X;S^{\bullet\wedge}_{X|Y})$ sont de dimension (sur $\mathbb{C}$) au plus dénombrable ; les $H^{m-k}(X;\underline{\underline{R}}\underline{\Gamma}_{[Y]}S^{*\bullet})$ sont les duaux (algébriques) des $H^k_c(X;S^{\bullet\wedge}_{X|Y})$.

(iv) Si $\underline{\underline{R}}\Gamma_{\underline{Y}}S^{*\bullet}$ est à cohomologie analytiquement constructible, alors $S^{\bullet}_{X|Y}$ est à cohomologie analytiquement constructible.

(v) Si $S^{\bullet}$ est à cohomologie analytiquement constructible, $S^{\bullet}_{X|Y}$ et $R\Gamma_{\underline{Y}}S^{\bullet}$ aussi.

(vi) Dans les conditions de (iv), les espaces $H^k(K;S^{\bullet}_{X|Y})$ et $H^k_K(X;\underline{\underline{R}}\Gamma_{\underline{Y}}S^{+\bullet})$ sont naturellement munis d'une topologie séparée ; les $H^k(K;S^{\bullet}_{X|Y})$ sont sommes au plus dénombrable d'exemplaires de $\mathbb{C}$, les $H^k_K(X;R\Gamma_{\underline{Y}}S^{*\bullet})$ sont produits au plus dénombrables d'exemplaires de $\mathbb{C}$; les $H^k(K;S^{\bullet}_{X|Y})$ et les $H^{m-k}_K(X;R\Gamma_{\underline{Y}}S^{*\bullet})$ sont en dualité (topologique).

Supposons d'abord $\underline{\underline{R}}\Gamma_{\underline{Y}}S^{*\bullet}$ à cohomologie analytiquement constructible. Notons $D_X(.) = R\,\underline{Hom}_{\mathbb{C}_X}(.;\mathbb{C}_X)$;$D_X(\underline{\underline{R}}\Gamma_{[Y]}S^{+\bullet})$ est à cohomologie bornée et analytiquement constructible. Choisissons un ouvert U comme dans le lemme 5.2 (ii) pour $D_X(\underline{\underline{R}}\Gamma_{[Y]}S^{*\bullet})$. On a $\underline{\underline{R}}\Gamma(U,D_X(\underline{\underline{R}}\Gamma_{[Y]}S^{*\bullet}))=\mathrm{Hom}_{\mathbb{C}}(\underline{\underline{R}}\Gamma_c(U;\underline{\underline{R}}\Gamma_{[Y]}S^{*\bullet});\mathbb{C})$ (dualité de Verdier [69], [67]) ; on en déduit que $\underline{\underline{R}}\Gamma_c(U;\underline{\underline{R}}\Gamma_{[Y]}S^{*\bullet})$ est à cohomologie de dimension finie. En appliquant le lemme 5.1. (i), avec $X = U$, on constate que $\underline{\underline{R}}\Gamma(U;S^{\bullet\wedge}_{X|Y})$ est aussi à cohomologie de dimension finie et que cette cohomologie est celle de $(D_X(\underline{\underline{R}}\Gamma_{[Y]}S^{*\bullet}))_x$. Il est facile de conclure.

Si $S^{\bullet\wedge}_{X|Y}$ est à cohomologie analytiquement constructible, on utilise une méthode analogue en remplaçant (i) par (ii) dans l'application du lemme 5.1. On a ainsi prouvé (i) et (ii). Le reste va de soi ou s'établit suivant des raisonnements similaires.

L'une des applications les plus intéressantes du théorème précédent est le

THÉORÈME 5.4. - <u>Si</u> $\underline{\underline{R}}\Gamma_{\underline{Y}}S^{*\bullet}$ <u>est à cohomologie analytiquement constructible, les deux conditions suivantes sont équivalentes</u>

(i) L'application naturelle $S^{\bullet}_{X|Y} \to S^{\bullet\wedge}_{X|Y}$ est un quasi-isomorphisme.

(ii) L'application naturelle $\underline{\underline{R}}\Gamma_{[Y]}S^{*\bullet} \to \underline{\underline{R}}\Gamma_{Y}S^{*\bullet}$ est un isomorphisme (dans la catégorie dérivée).

Le théorème 5.3 montre en effet que, dans ces conditions, si $\underline{\underline{R}}\Gamma_{Y}S^{*\bullet}$ est à cohomologie analytiquement constructible, $S^{\bullet}_{X|Y}$, $S^{\bullet\wedge}_{X|Y}$, $\underline{\underline{R}}\Gamma_{[Y]}S^{*\bullet}$ sont tous à cohomologie analytiquement constructible. On conclut en utilisant le fait que D_X conserve les isomorphismes dans la catégorie dérivée.

Remarque : Pour que $\underline{\underline{R}}\Gamma_{Y}S^{*\bullet}$ soit à cohomologie analytiquement constructible, il suffit que $S^{*\bullet}$, ou $S^{\bullet}$, soit à cohomologie analytiquement constructible. C'est en pratique dans cette situation que l'on appliquera le théorème.

COROLLAIRE 5.5. - Les deux conditions suivantes sont équivalentes

(i) L'application naturelle $\Omega^{\bullet}_{X|Y} \to \Omega^{\bullet\wedge}_{X|Y}$ est un quasi-isomorphisme.

(ii) L'application naturelle $\underline{\underline{R}}\Gamma_{[Y]}\Omega^{\bullet}_{X} \to \underline{\underline{R}}\Gamma_{Y}\Omega^{\bullet}_{X}$ est un quasi-isomorphisme.

En utilisant le Théorème 3.9, on en déduit le théorème d'Herrera-Liebermann, Deligne, Hartshorne [28], [25] :

THÉORÈME 5.6. - On a les quasi-isomorphismes $\mathbb{C}_Y \to \Omega^{\bullet}_{X|Y} \to \Omega^{\bullet\wedge}_{X|Y}$.

En effet $S^{\bullet} = S^{*\bullet} = \Omega^{\bullet}_{X}$ est une résolution de $\mathbb{C}_X$, donc à cohomologie analytiquement constructible(*).

DÉFINITION. - Si les conditions du Théorème 5.4 sont réalisées, on dira que $S^{\bullet}$ est régulier le long de Y. Si $S^{\bullet}$ est régulier le long de tout Y analytique, on dira qu'il est régulier, ou Fuchsien.

(*) Inversement si l'on prouve "directement" le Théorème 5.6, on en déduit le Théorème 3.9. cf. Remarque 7.5'.

PROPOSITION 5.7. - Pour que $S^\cdot$ soit régulier, il suffit qu'il soit régulier localement le long de toute hypersurface.

C'est une application immédiate de la Proposition 3.4.

En pratique il pourra être difficile de vérifier que $S^\cdot$ est à cohomologie analytiquement constructible. Une classe particulièrement intéressante d'exemples sera fournie par les solutions de D_X-modules D_X-cohérents holonomes (surdéterminés maximaux). Dans ce cas particulier on peut obtenir les résultats fondamentaux de comparaison par une autre méthode. Nous avons besoin pour cela de quelques résultats techniques. Ils sont l'objet de la partie suivante.

VI. QUELQUES FORMULES DE DUALITÉ FAISCEAUTIQUE.

Il s'agit, soit de formules de "géométrie analytique" (O_X-modules), soit de formules d'analyse algébrique (D_X-modules). Les énoncés et les démonstrations sont similaires. On désigne toujours par X une variété analytique, par Y un sous-ensemble analytique.

THÉORÈME 6.1. - Soit F un O_X-module cohérent (ou plus généralement $F^\cdot$ un complexe borné de O_X-modules cohérents, à différentielles O_X-linéaires) ; on pose $G^\cdot = \underline{\underline{R}}\,\underline{\mathrm{Hom}}_{O_X}(F^\cdot;\Omega_X)$

(i) $\underline{\underline{R}}\,\underline{\mathrm{Hom}}_{O_X}(R\Gamma_{[Y]}G^\cdot;\Omega_X) = \underline{\underline{R}}\,\underline{\mathrm{Hom}}_{O_X}(R\Gamma_Y G^\cdot;R\Gamma_{[Y]}\Omega_X) = F^\cdot_{X\hat{|}Y}$;

$\underline{\underline{R}}\,\underline{\mathrm{Homtop}}_{O_X}(\underline{\underline{R}}\Gamma_{[Y]}G^\cdot;\Omega_X) = \underline{\underline{R}}\,\underline{\mathrm{Hom}}_{O_X}(\underline{\underline{R}}\Gamma_{[Y]}G^\cdot;\underline{\underline{R}}\Gamma_{[Y]}\Omega_X)$;

$\underline{\underline{R}}\,\underline{\mathrm{Homtop}}_{O_X}(F^\cdot_{X\hat{|}Y};\Omega_X) = \underline{\underline{R}}\Gamma_{[Y]}G^\cdot$.

(ii) $\underline{\underline{R}}\,\underline{\mathrm{Homtop}}_{O_X}(R\Gamma_Y G^\cdot;\Omega_X) = F^\cdot_{X|Y}$; $\underline{\underline{R}}\,\underline{\mathrm{Homtop}}_{O_X}(F^\cdot_{X|Y};\Omega_X) = R\Gamma_Y G^\cdot$.

On se ramène à $F^\cdot = O_X$, $G^\cdot = \Omega_X$ (la question est locale), puis au cas où Y est défini par une équation g (Mayer-Vietoris). On utilise ensuite les suites exactes

$$0 \longrightarrow \mathcal{O}_X \underset{\mathbb{C}}{\otimes} \mathbb{C}[t] \xrightarrow{tg-1} \mathcal{O}_X \underset{\mathbb{C}}{\otimes} \mathbb{C}[t] \longrightarrow [c]_* \mathcal{O}_X \longrightarrow 0$$

$$0 \longrightarrow \mathcal{O}_X \underset{\mathbb{C}}{\hat{\otimes}} \mathcal{O}(\mathbb{C}) \xrightarrow{tg-1} \mathcal{O}_X \underset{\mathbb{C}}{\hat{\otimes}} \mathcal{O}(\mathbb{C}) \longrightarrow c_* \mathcal{O}_X \longrightarrow 0 ;$$

la première est une résolution à la fois libre et DFN - libre et libre ; la seconde est FN - libre ($\mathcal{O}(\mathbb{C})$ est l'espace des fonctions entières de t muni de sa topologie FN).

(Pour la définition et le calcul de $\underline{\mathrm{Homtop}}_{\mathcal{O}_X}$, on se reportera à [57]).

On peut alors établir le lemme suivant, qui permet de conclure :

LEMME 6.2. - (<u>On suppose que</u> $Y = V(g)$.)

(i) $R\,\underline{\mathrm{Hom}}_{\mathcal{O}_X}(\mathcal{O}_X[g^{-1}]/\mathcal{O}_X ; \mathcal{O}_X) = R\,\underline{\mathrm{Homtop}}_{\mathcal{O}_X}(\mathcal{O}_X[g^{-1}]/\mathcal{O}_X ; \mathcal{O}_X) = \mathcal{O}_{X\hat{|}Y}$.

(ii) $R\,\underline{\mathrm{Homtop}}_{\mathcal{O}_X}(c_*\mathcal{O}_X/\mathcal{O}_X ; \mathcal{O}_X) = \mathcal{O}_{X|Y}$.

<u>Remarque 6.3.</u> : Reprenons les notations des remarques 3.13 et 4.9. On a les formules de dualité

$$\underline{\underline{R}}\,\mathrm{Hom}_{\mathcal{O}_X}(\underline{\underline{R}}\underline{\Gamma}_{[Y]}(\mathcal{O}_Z \underset{\mathbb{C}}{\hat{\otimes}} \Omega_Z) ; \mathcal{O}_Z \underset{\mathbb{C}}{\hat{\otimes}} \Omega_Z) = \mathcal{O}_{X\hat{|}Y} ; R\,\underline{\mathrm{Homtop}}_{\mathcal{O}_X}(\mathcal{O}_{X\hat{|}Y} ; \mathcal{O}_Z \underset{\mathbb{C}}{\hat{\otimes}} \Omega_Z) = \underline{\underline{R}}\underline{\Gamma}_{[Y]}(\mathcal{O}_Z \underset{\mathbb{C}}{\hat{\otimes}} \Omega_Z))$$

$$R\,\underline{\mathrm{Homtop}}_{\mathcal{O}_X}(\underline{\underline{R}}\underline{\Gamma}_Y(\mathcal{O}_Z \underset{\mathbb{C}}{\hat{\otimes}} \Omega_Z) ; \mathcal{O}_Z \underset{\mathbb{C}}{\hat{\otimes}} \Omega_Z) = \mathcal{O}_{X|Y} ; \underline{\underline{R}}\,\underline{\mathrm{Homtop}}_{\mathcal{O}_X}(\mathcal{O}_{X|Y} ; \mathcal{O}_Z \underset{\mathbb{C}}{\hat{\otimes}} \Omega_Z) = \underline{\underline{R}}\underline{\Gamma}_Y(\mathcal{O}_Z \underset{\mathbb{C}}{\hat{\otimes}} \Omega_Z)) .$$

Ces formules expriment la dualité entre d'une part $\mathcal{D}_Z$ et $\hat{\mathcal{J}}_Z$, d'autre part $\mathcal{D}_Z^\infty$ et $\mathcal{J}_Z$ (où $\mathcal{J}_Z$ désigne les "jets convergents"). Utilisant sur $\mathcal{D}_Z$, $\mathcal{D}_Z^\infty$, $\hat{\mathcal{J}}_Z$, $\mathcal{J}_Z$ les structures de $\mathcal{O}_Z$ - modules fournies par le "premier facteur", on a d'autres dualités :

$$\underline{Hom}_{O_Z}(D_Z;O_Z) = \hat{J}_Z \; ; \; \underline{Homtop}_{O_Z}(\hat{J}_Z;O_Z) = D_Z \; ; \; \underline{Homtop}_{O_Z}(D_Z^{\infty};O_Z) = J_Z \; ; \; \underline{Homtop}_{O_Z}(J_Z;O_Z) = D_Z^{\infty} \; .$$

On passe du premier type de formules au second par dualité relative [56], [57], en utilisant l'application $p_2 : Z \times Z \to Z$. Par exemple :

$$\underline{\underline{R}}\, p_{2*}\, \underline{\underline{R\Gamma}}_{[Y]}(O_Z \hat{\otimes}_{C} \Omega_Z) = T^n D_Z \; ; \; \underline{\underline{R}}\, p_{2*}\, R\,\underline{Hom}_{O_X}(\underline{\underline{R\Gamma}}_{[Y]}(O_Z \hat{\otimes}_{C} \Omega_Z) \; ; \; O_Z \hat{\otimes}_{C} \Omega_Z) = p_{2*}\, O_{X\hat{|}Y} = J_Z \; .$$

Si $S^{\bullet}$ et $S^{*\bullet}$ sont deux complexes de fibrés et opérateurs différentiels d'ordre fini, transposés l'un de l'autre, on obtient, sans difficulté, la généralisation suivante du Théorème 6.1. (On suppose les opérateurs de $S^{\bullet}$ d'ordre $\leq r$.)

THÉORÈME 6.4.-<u>On a</u> $R\,\underline{Hom}_{B^{\bullet}_{X,r}}(\underline{\underline{R\Gamma}}_{[Y]}S^{*\bullet} ; R^{\bullet}_{X,r}) = S^{\bullet}_{X\hat{|}Y}$.

(On a noté $B^{\bullet}_{X,r}$ le complexe de De Rham du n-ième ordre introduit par Liebermann dans [37] ; $R\,\underline{Hom}_{B^{\bullet}_{X,r}}$ est défini dans le même article ; on prendra garde au fait que cette opération n'est pas a priori compatible aux quasi-isomorphismes de complexes à opérateurs différentiels [8], c'est toutefois le cas ici à cause de la nature particulière de $R^{\bullet}_{X,r} = R\,\underline{Hom}_{O_X}(B^{\bullet}_{X,r};\Omega_X) = \underline{Hom}_{O_X}(B^{\bullet}_{X,r};\Omega_X)$.)

<u>Remarque 6.5.</u> : Il existe des variantes du Théorème 6.4, généralisant les autres assertions du Théorème 6.1 ; elles utilisent le foncteur $R\,\underline{Homtop}_{B^{\bullet}_X}(\cdot\,;R^{\bullet}_X)$. Cette question sera étudiée dans un autre article.

<u>Remarque 6.6.</u> : La variante globale compacte (X compact) du Théorème 5.3 peut se déduire du Théorème 6.4 en travaillant comme Herrera-Liebermann dans [28]. La version locale aussi mais c'est plus délicat (on ne peut utiliser les suites spectrales qui se topologisent fort mal).

<u>Remarque 6.7.</u> : Nous avons vu que $\underline{\underline{R}}\Gamma_{[Y]}(X;\Omega^p)$ peut s'interpréter comme un complexe de faisceaux de "courants algébriques", tandis que $\Omega^{n-p}_{X|\hat{Y}}$ s'interprète comme un faisceau de formes "de Whitney" holomorphes. Le Théorème 6.1 met ces deux objets en dualité "faisceautique" sur O_X ; on a ainsi une "localisation" de la dualité de Schwartz.

Passons aux résultats analogues pour les D_X-modules.

Soit $M^\bullet$ un complexe borné de D_X-modules cohérents. (Sauf spécification contraire les D_X-modules considérés sont des modules à gauche). Le calcul proposé à la Proposition 3.5 pour $\underline{\underline{R}}\Gamma_{[Y]}M$ est fonctoriel en M (pour les applications D_X-linéaires en écrivant les choses du bon côté) ; on obtient ainsi un représentant de $\underline{\underline{R}}\Gamma_{[Y]}M^\bullet$ dont les objets sont des sommes finies de D_X-modules de la forme $N[g^{-1}]$ (N D_X-cohérent) ; ce représentant est borné. Si, de plus, les objets de $M^\bullet$ sont holonomes (surdéterminés maximaux), les $N[g^{-1}]$ sont D_X-cohérents et holonomes (d'après un résultat de Kashiwara [30], [33]) ; notre représentant de $\underline{\underline{R}}\Gamma_{[Y]}M^\bullet$ est donc formé d'objets D_X-cohérents holonomes (cf. Remarque 3.6.).

PROPOSITION 6.8. - <u>Si</u> $M^\bullet$ <u>est un complexe borné de</u> D_X-<u>modules cohérents holonomes,</u> $\underline{\underline{R}}\Gamma_{[Y]}M^\bullet$ <u>admet un représentant qui est aussi un complexe borné de</u> D_X-<u>modules cohérents holonomes.</u>

Quel que soit l'entier r (aussi petit que l'on veut : i.e. de la forme $r=-k$, avec $k\in\mathbb{N}$, grand), il existe, localement, un complexe parfait de D_X-modules $L^\bullet$ et un r-quasi-isomorphisme [68]$L^\bullet \to M^\bullet$($L^\bullet$ est borné, ses objets sont D_X-libres de type fini) [72]. Pour simplifier l'exposition nous ferons dans la suite comme si on avait toujours une telle situation avec un quasi-isomorphisme. (Les modifications nécessaires pour passer au cas général sont mineures).

On pose $\mathrm{Sol}(M^\bullet) = \underline{\underline{R}}\underline{\mathrm{Hom}}_{D_X}(M^\bullet;O_X)$ et $\mathrm{DR}(M^\bullet) = \underline{\underline{R}}\mathrm{Hom}_{D_X}(O_X;M^\bullet)$. Si $L^\bullet$ est un représentant parfait de $M^\bullet$, on a $\mathrm{Sol}(M^\bullet) = \underline{\mathrm{Hom}}_{D_X}(L^\bullet;O_X)$ et $\mathrm{DR}(M^\bullet) = \underline{\mathrm{Hom}}_{D_X}(K_g^\bullet(\partial/\partial x_i;D_X);L^\bullet)$ (où $K_g^\bullet(\partial/\partial x_i;D_X)$ est la résolution de Koszul "gauche" de O_X ; on s'est restreint à un ouvert de coordonnées) [45]. Utilisant $\underline{\underline{R}}\mathrm{Hom}_{D_X}(O_X;D_X) = \mathrm{Hom}_{D_X}(K_g^\bullet(\partial/\partial x_i;D_X);D_X) = T^n\Omega_X$ [45], on vérifie facilement que le représentant obtenu pour $\mathrm{DR}(M^\bullet)$ est quasi-isomorphe au transposé du représentant obtenu pour $\mathrm{Sol}(M^\bullet)$. On a finalement $\mathrm{Sol}(M^\bullet) = S^\bullet$ et $\mathrm{DR}(M^\bullet) = S^{*\bullet}$; où $S^\bullet$ et $S^{*\bullet}$ sont des complexes bornés de fibrés holomorphes et opérateurs différentiels d'ordre fini, transposés l'un de l'autre. Nous sommes donc dans la situation étudiée plus haut. On en déduit par exemple

PROPOSITION 6.9. - <u>Si</u> $M^\bullet$ <u>est à objets cohérents holonomes</u>

(i) $\mathrm{Sol}(M^\bullet)$ <u>est à cohomologie analytiquement constructible.</u>

(ii) $\mathrm{DR}(M^\bullet)$ <u>est à cohomologie analytiquement constructible.</u>

L'assertion (i) est due à Kashiwara [31]; (ii) s'en déduit, d'après le Théorème 2.2 (i).

THÉORÈME 6.10. - <u>Soit</u> $M^\bullet$ <u>un complexe de</u> D_X<u>-modules, borné, à objets</u> D_X<u>-cohérents et différentielles</u> D_X<u>-linéaires. On a</u>

$$\underline{\underline{R}}\underline{\mathrm{Hom}}_{D_X}(\underline{\underline{R}}\underline{\Gamma}_{[Y]}M^\bullet;O_X) = (\underline{\underline{R}}\underline{\mathrm{Hom}}_{D_X}(M^\bullet;O_X))_{X\hat{|}Y}\,.$$

En d'autres termes

$$\mathrm{Sol}(R\underline{\Gamma}(M^\bullet)) = (\mathrm{Sol}(M^\bullet))_{X\hat{|}Y}\,.^{(*)}$$

Ce théorème a été obtenu en collaboration avec Malgrange. (Z. Mebkhout a prouvé

(*) Les "solutions" du "système restreint" sont les "complétés formels" des "solutions" du système initial.

(indépendamment et par une autre méthode) ce résultat pour $M^\cdot = O_X$ [50]).

La démonstration, comme pour le Théorème 6.1 se ramène au

LEMME 6.11. - (On suppose que $Y = V(g)$.)

$$R\underline{Hom}_{D_X}(D_X[g^{-1}]/D_X ; O_X) = O_{X\hat{|}Y} .$$

Ce lemme s'établit en utilisant la résolution

$$0 \longrightarrow D_X[t] \xrightarrow{gt-1} D_X[t] \longrightarrow D_X[g^{-1}] \longrightarrow 0 .$$

Remarque 6.12. : On montre que, dans les mêmes conditions,

$$R\,\mathrm{Homtop}_{D_X^{\infty}}(R\underline{\Gamma}_Y M^\cdot ; O_X) = (\mathrm{Sol}(M^\cdot))_{X|Y} .$$

L'égalité du Théorème 6.10 (resp. l'égalité ci-dessus), fournissent, en appliquant le foncteur $R\underline{\underline{\Gamma}}_{[Z]}$ (resp. $R\underline{\underline{\Gamma}}_Z$) d'autres égalités. Si Z est lisse et contenu dans $Y^{(*)}$, on obtient d'intéressantes suites spectrales. Ces suites spectrales permettent de retrouver et généraliser des résultats importants de Ogus et Barth [52], [7]. (On utilise un théorème de structure de certains D_X-modules holonomes de Kashiwara [31] et, pour l'analyse de la deuxième suite spectrale des conditions de régularité). Nous détaillerons cette question dans un autre article.

VII. ÉQUATIONS AUX DÉRIVÉES PARTIELLES RÉGULIERES. INDICES D'IRRÉGULARITÉ.

Soit $M^\cdot$, $S^\cdot = \mathrm{Sol}(M^\cdot)$, $S^{*\cdot} = \mathrm{DR}(M^\cdot)$ comme dans la partie précédente. On sait que l'on peut trouver un bon représentant de $R\underline{\Gamma}_{[Y]}M^\cdot$ (borné, et, si les objets de $M^\cdot$ sont holonomes, ce que nous supposerons désormais, à objets holonomes et cohérents). Localement $R\underline{\underline{\Gamma}}_{[Y]}M^\cdot$ est quasi-isomorphe à un complexe

(*) Par exemple Z réduit à un point.

parfait (modulo l'abus déjà signalé) $L_1^\bullet$. Reprenant pour le "système" $\underline{\underline{R}}\Gamma_{[Y]}M^\bullet$ ce que nous avons fait pour le "système" $M^\bullet$, nous en déduisons de bons représentants $S_1^\bullet$ et $S_1^{*\bullet}$ respectivement de $Sol(\underline{\underline{R}}\Gamma_{[Y]}M^\bullet)$ et $DR(\underline{\underline{R}}\Gamma_{[Y]}M^\bullet)$ ($S_1^\bullet$ et $S_1^{*\bullet}$ sont des complexes bornés de fibrés holomorphes et opérateurs différentiels d'ordre fini, transposés l'un de l'autre). On a $S_1^\bullet = R\,\underline{Hom}_{D_X}(R\Gamma_{[Y]}M^\bullet;O_X) = S^\bullet_{X\hat{|}Y}$ (Théorème 6.10) et $S_1^{*\bullet} = \underline{\underline{R}}\,\underline{Hom}_{D_X}(O_X;\underline{\underline{R}}\Gamma_{[Y]}M^\bullet) = \underline{\underline{R}}\Gamma_{[Y]}S^{*\bullet}$. On constate ainsi que, dans ce cas, les résultats du Théorème 5.3 ((i), (ii), (iii)) pour $S^\bullet$ et $S^{*\bullet}$ se déduisent de l'application du Théorème 2.2 à $S_1^\bullet$ et $S_1^{*\bullet}$.

Nous disposons donc de deux démonstrations du

THÉORÈME 7.1. - _Soit_ $M^\bullet$ _un complexe borné de_ D_X _-modules_ D_X _-cohérents holonomes. Les deux conditions suivantes sont équivalentes_

(i) _L'application naturelle_ $(Sol(M^\bullet))_{X|Y} \to (Sol(M^\bullet))_{X\hat{|}Y}$ _est un isomorphisme (dans la catégorie dérivée)._

(ii) _L'application naturelle_ $\underline{\underline{R}}\Gamma_{[Y]}DR(M^\bullet) \to \underline{\underline{R}}\Gamma_Y DR(M^\bullet)$ _est un isomorphisme (dans la catégorie dérivée)._

DÉFINITION. - _Si les conditions équivalentes du Théorème 7.1 sont satisfaites, nous dirons que le "système"_ $M^\bullet$ _est régulier le long de_ Y . _Si_ $M^\bullet$ _est régulier le long de tout_ Y , _nous dirons que_ $M^\bullet$ _est régulier ou fuchsien._

PROPOSITION 7.2. - _Le système_ $M^\bullet$ _est fuchsien si et seulement si il est, localement, régulier le long de toute hypersurface._

On utilise les Propositions 3.4 et 4.1.

Exemple : le système "de De Rham" $M^\bullet = O_X$ est fuchsien. (Théorème 3.9 ou 5.6.)

Remarque 7.3. : Les conditions (i) et (ii) du Théorème 7.1 sont aussi équivalentes à (iii) $D_X^\infty \overset{L}{\underset{D_X}{\otimes}} \underline{\underline{R}}\Gamma_{[Y]}M^\bullet = \underline{\underline{R}}\Gamma_Y(D_X^\infty \overset{L}{\underset{D_X}{\otimes}} M^\bullet)$. Cette question, plus délicate, sera raitée ailleurs. (Pour le cas particulier $M^{\cdot} = O_X$ on pourra consulter [50].)

emarque 7.4. : Les conditions (i) et (ii) se "restreignent" (i.e. si $M^{\cdot}$ vérifie i) ou (ii) le long de $Y, Z \subset Y$, $\underline{\underline{R}}\Gamma_{[Y]}M^{\cdot}$ vérifie (i) ou (ii) le long de Z.

Tout restreint $\underline{\underline{R}}\Gamma_{[Y]}M^{\cdot}$ d'un système fuchsien est donc encore fuchsien. e même, si $M^{\cdot}$ est fuchsien, $\underline{\underline{R}}[c]_* M^{\cdot}$ est fuchsien. Par exemple les systèmes $\Gamma_{[Y]}O_X$ et $\underline{\underline{R}}[c]_* O_X$ sont fuchsiens.

emarque 7.5. : La condition (ii) est stable par image directe analytique propre, u sens suivant :

Soient $f : X_1 \to X$, analytique propre, où X et X_1 sont des variétés nalytiques, $Y \subset X$ un sous-ensemble analytique, $Y_1 = f^{-1}(Y)$. Si $M^{\cdot}$ est un système" sur X_1 (à objets cohérents holonomes et borné), régulier le long de $_1$, alors $\underline{\underline{R}}\int_f M^{\cdot}$ (cf. [32]) qui est encore à cohomologie cohérente et holonome cf. [32] pour un cas particulier) est régulier le long de Y. Ceci résulte d'un héorème de comparaison de Banica [6], gnéralisant un théorème de Grauert [20]. On en éduit que si, dans les mêmes conditions, $M^{\cdot}$ est fuchsien, alors $\underline{\underline{R}}\int_f M^{\cdot}$ est uchsien. Par exemple $\underline{\underline{R}}\int_f O_{X_1}$ est fuchsien. Ce dernier résultat est une version écisée de la régularité de la connexion de Gauss-Manin.

emarque 7.6. : Soient X, X_1, Y, Y_1, f comme dans la Proposition 4.7., $S^{\cdot}$ (resp. $S_1^{\cdot}$) complexe borné de fibrés holomorphes et opérateurs différentiels d'ordre fini r X (resp. X_1) et $S^{*\cdot}$ (resp. $S_1^{*\cdot}$) le complexe "transposé".

On suppose que $S_1^{\cdot}{}_{X_1|Y} \to S_1^{\cdot}{}_{X_1\hat{|}Y_1}$ est un quasi-isomorphisme.

oit un morphisme $f^* S^{*\cdot} \to S_1^{*\cdot}$. On suppose que c'est un isomorphisme pour les estrictions respectives à $X - Y$ et $X_1 - Y_1$: Alors l'application naturelle

$S^{\bullet}_{X|Y} \to S^{\bullet\wedge}_{X|Y}$ est un quasi-isomorphisme.

On établit ce résultat en utilisant le théorème de comparaison de GRAUERT-BANICA [20], [6], et la "transposée" de $\underline{\underline{L}} f^* S^{*\bullet} \to S^{\bullet}_1$ (i.e. $\underline{\underline{R}} f_* S^{\bullet}_1 = \underline{\underline{R}} f_* S^{\bullet}_1 \to S^{\bullet}$; construite à l'aide de la "trace relative" $T_{X_1/X}$ [57]). (L'argument est voisin de celui employé pour établir le Lemme 4.8(*) : $T^{\bullet}$ est un complexe borné de faisceaux cohérents et opérateurs différentiels d'ordre fini à "support" dans Y, l'application naturelle $T^{\bullet}_{X|Y} \to T^{\bullet\wedge}_{X|Y}$ est un isomorphisme).

Appliquant ce qui précède à $\Omega^{\bullet}_X$ et $\Omega^{\bullet}_{X_1}$ on obtient une démonstration "directe" du Théorème 5.6 : on est ramené au cas à croisements normaux qui est facile. (Cet argument est voisin de celui de Hartshorne [25] ; la différence étant essentiellement que nous n'avons pas fait usage du fait que l'on peut supposer l'application f projective relative).

Remarque 7.6'. : Soit M un système fuchsien. Soit (X_{α}) une stratification de Whitney, analytique régulière vis-à-vis de M (cf. terminologie de Kashiwara dans [31]). Soit F un faisceau de cohomologie de $Sol(M)$;F est localement constant sur les strates X_{α}, et provient d'une "connexion" sur $\bar{X}_{\alpha}$; si X_{β} est une strate de l'adhérence de X_{α}, il est vraisemblable que cette connexion est régulière "vis-à-vis de X" (i.e. la restriction à un petit disque holomorphe pointé dessiné dans X_{α}, et centré sur X_{β} est régulière).

Remarque 7.7. : Il y a diverses extensions du Théorème 5.3, utilisant un hyper-recouvrement de X, ou, plus généralement un hypersystème de Forster-Knorr au-dessus de X (cf. Remarque 2.3). L'extension utilisant un hyperrecouvrement de X permet de traiter le cas des solutions globales d'un système sur X (et du

(*) Moyennant une suite spectrale adéquate : pour tout $p \in \mathbb{N}$ le cylindre de $\underline{\underline{R}} f_* \Omega^p_{X_1} \to \Omega^p_X$ est à cohomologie cohérente et à support dans Y.

De Rham global). On obtient alors divers théorèmes de dualité généralisant ceux établis par Malgrange dans le cas des coefficients constants [42]. Il y a aussi des versions relatives, et même des versions relatives singulières (sans hypothèse de propreté), généralisant le résultat central de [57]. Si l'on applique ce formalisme au cas du "système de De Rham" (dont il existe une version singulière) on obtient la cohomologie et l'homologie "de De Rham" étudiées dans [25]. Ainsi la dualité relative de Poincaré-Verdier [67], apparaît (dans le cas d'une application analytique entre espaces analytiques) comme un cas particulier de notre dualité (qui est une dualité à la Serre)(*).

Dans le cas lisse absolu des théorèmes de dualité globale ont été annoncés par Z. Mebkhout. Les techniques sont voisines des nôtres.

Désignons toujours par $M^{\bullet}$ un complexe borné de D_X-modules cohérents holonomes, par Y un sous-ensemble analytique de X. On se propose de mesurer l'obstruction à la régularité de $M^{\bullet}$ le long de Y par un "indice", c'est-à-dire par une fonction à valeurs entières définie sur Y. La nullité de cet indice sera une condition nécessaire, mais non en général suffisante, pour que $M^{\bullet}$ soit régulier le long de Y.

Soit $x \in Y$. L'obstruction à la régularité de $M^{\bullet}$ le long de Y "est" le cylindre de $(\mathrm{Sol}(M^{\bullet})_{X|Y})_x \to (\mathrm{Sol}(M^{\bullet})_{X\hat{|}Y})_x$, c'est-à-dire le cylindre de $(\mathrm{Sol}(M^{\bullet}))_x \to (\mathrm{Sol}(R\underline{\Gamma}_{[Y]}M^{\bullet}))_x$, ou, si l'on préfère le cylindre de

$$(\mathrm{DR}(R\underline{\Gamma}_{[Y]}M^{\bullet}))_x \to (R\underline{\Gamma}_Y(\mathrm{DR}(M^{\bullet}))_x .^{(**)}$$

Si $C^{\bullet}$ est un complexe de $\mathbb{C}$-espaces vectoriels, à cohomologie bornée,

---

(*) Ce qui remplit plus que complètement le programme d'Hartshorne [24] (Pb. 4, page 18).

(**) Ces cylindres sont en "dualité faisceautique" (x variable), mais pas duaux sur $\mathbb{C}$ (sauf si Y est réduit à un point)!

de dimension finie, on note $\chi(C^\bullet)$ sa caractéristique d'Euler-Poincaré. On peut définir les indices d'irrégularité $I_1(x) = \chi((\mathrm{Sol}(M^\bullet)_x \to (\mathrm{Sol}(R\Gamma_{[Y]}M^\bullet))_x)$ et

$I_2(x) = ((DR(\underline{\underline{R}}\Gamma_{[Y]}M^\bullet))_x \longrightarrow (\underline{\underline{R}}\Gamma_Y(DR(M^\bullet))_x)$.

PROPOSITION 7.8. - (i) Si $M^\bullet$ est régulier le long de Y, I_1 et I_2 sont identiquement nuls le long de Y.

(ii) Si Y est réduit à un point $\{y\}, I_1(y) = I_2(y)$.

(iii) Si X est de dimension 1 , Y réduit à un point y . Si M est le D_X - module associé à un système d'équations différentielles ordinaires $((Df)_i = z^h df_i/dz + \Sigma\, a_{ij} f$; $h \in N$, a_{ij} holomorphes), la condition $I_1(y) = 0$ (ou la condition équivalente $I_2(y) = 0$) est nécessaire et suffisante pour que M soit fuchsien.

Pour (iii) cf. [46], [47], (nos indices généralisent ceux de Malgrange). Il est clair qu'un système différentiel ordinaire ($\dim X = 1$) est fuchsien si et seulement si il est à points singuliers réguliers au sens classique [46], [47].

Remarque 7.9. : Posons $\underline{\underline{R}}\Gamma_{[Y]}M^\bullet = M_1^\bullet$. On a $I_1(Y;x) = \chi_x(M_1^\bullet) - \chi_x(M^\bullet)$. Où l'on a défini la caractéristique d'Euler Poincaré d'un système cohérent holonome $M^\bullet$ en $x \in X$, par $\chi_x(M^\bullet) = \chi(\mathrm{Sol}(M^\bullet)_x)$. On trouvera dans [33] un "calcul" de cette caractéristique utilisant des invariants "micolocaux" de $M^\bullet$.

VIII. LA THÉORIE DES RÉSIDUS.

On reprend les notations de II. On a une théorie des résidus (locale ou globale) pour tout couple de complexes en "dualité" $S^\bullet$ et $S^{*\bullet}$; par exemple $S^\bullet = \Omega_X^\bullet$ et $S^{*\bullet} = \Omega_X^\bullet$ (résidus topologiques classiques), ou $S^\bullet = O_X$, $S^{*\bullet} = \Omega_X$ (résidu de Dolbeault-Herrera-Liebermann). Il y a lieu en fait de distinguer entre une théorie des résidus "modérés" et une théorie des résidus "transcendants" ;

ces deux théories coïncident dans le cas régulier $(S^{\bullet} = S^{*\bullet} = \Omega_X^{\bullet}$ par exemple), mais pas dans le cas général (elles sont distinctes pour $S^{\bullet} = O_X$, $S^{*\bullet} = \Omega_X)^{(*)}$. Ce qui suit doit évidemment énormément aux idées de Coleff, Dolbeault, Herrera, Liebermann, Poly,...([10], [15], [27], [11], [28], [55]).

Comme cas particulier de cette situation on a une théorie des résidus pour une connexion (éventuellement singulière) ; cf. [18]. Plus généralement en étendant nos résultats au cas de systèmes à liaisons sur un hyperrecouvrement de X , on obtiendrait une théorie des résidus pour un système d'équations aux dérivées partielles à coefficients analytiques $M^{\bullet}$ (complexe borné à objets D_X cohérents) : les deux cas classiques évoqués ci-dessus correspondent respectivement à $M^{\bullet} = O_X$ et $M^{\bullet} = D_X$ (système "vide").

(*) Dans le cas où $S^{\bullet}$ et $S^{*\bullet}$ proviennent d'un "système" $M^{\bullet}$ les deux théories des résidus proviennent du fait qu'il y a deux théories de "restriction" ($\underline{\underline{R}}\Gamma_{[Y]}$ et $\underline{\underline{R}}\Gamma_Y$: l'une en théorie des D_X - modules, l'autre en théorie des D_X^{∞} - modules).

Le diagramme fondamental

(<u>R</u>I*)

$$\begin{array}{ccccc} & & \underline{\underline{R}}[c]_* S^{*\cdot} & & \\ & \swarrow{\scriptstyle \delta} & & \nwarrow & \\ \underline{\underline{R}}\underline{\Gamma}_{[Y]} S^{*\cdot} & & \longrightarrow & & S^{*\cdot} \end{array}$$

(<u>R</u>I)

$$\begin{array}{ccccc} & & \underline{\underline{R}}[c]_! S^{\cdot} & & \\ & {\scriptstyle \delta}\nearrow & & \searrow & \\ S^{\cdot\wedge}_{X|Y} & & \longleftarrow & & S^{\cdot} \end{array}$$

(I*)

$$\begin{array}{ccccc} & & [c]_*(S^{*\cdot} \otimes_{O_X} {}'D_X^{O,\cdot}) & & \\ & \swarrow{\scriptstyle \delta} & & \nwarrow & \\ \underline{\Gamma}_Y(S^{*\cdot} \otimes_{O_X} D_X^{O,\cdot}) & & \longrightarrow & & S^{*\cdot} \otimes_{O_X} {}'D_X^{O,\cdot} \end{array}$$

$$\theta^* \downarrow$$

(I)

$$\begin{array}{ccccc} & & [c]_!(S^{\cdot} \otimes_{O_X} E_X^{O,\cdot}) & & \\ & {\scriptstyle \delta}\nearrow & & \searrow & \\ S^{\cdot} \otimes_{O_X} E_Y^{O,\cdot} & & \longleftarrow & & S^{\cdot} \otimes_{O_X} E_X^{O,\cdot} \end{array}$$

$$\theta \uparrow$$

(II*)

$$\begin{array}{ccccc} & & c_*(S^{*\cdot} \otimes_{O_X} B_X^{O,\cdot}) & & \\ & \swarrow{\scriptstyle \delta} & & \nwarrow & \\ \underline{\Gamma}_Y(S^{*\cdot} \otimes_{O_X} B_X^{O,\cdot}) & & \longrightarrow & & S^{*\cdot} \otimes_{O_X} B_X^{O,\cdot} \end{array}$$

(II)

$$\begin{array}{ccccc} & & c_!(S^{\cdot} \otimes_{O_X} A_X^{O,\cdot}) & & \\ & {\scriptstyle \delta}\nearrow & & \searrow & \\ S^{\cdot} \otimes_{O_X} A_{X|Y}^{O,\cdot} & & \longleftarrow & & S^{\cdot} \otimes_{O_X} A_X^{O,\cdot} \end{array}$$

$$\Vert \qquad\qquad\qquad \Vert$$

(RII*)

$$\begin{array}{ccccc} & & \underline{\underline{R}}c_* S^{*\cdot} & & \\ & \swarrow{\scriptstyle \delta} & & \nwarrow & \\ \underline{\underline{R}}\underline{\Gamma}_Y S^{*\cdot} & & \longrightarrow & & S^{*\cdot} \end{array}$$

(RII)

$$\begin{array}{ccccc} & & \underline{\underline{R}}c_! S^{\cdot} & & \\ & {\scriptstyle \delta}\nearrow & & \searrow & \\ S^{\cdot}_{X|Y} & & \longleftarrow & & S^{\cdot} \end{array}$$

Les applications θ et θ^* sont naturelles et, en un certain sens, "transposées" ; si $S^\cdot$ est régulier le long de Y ce sont des quasi-isomorphismes, sinon il y a deux "théories des résidus". Les triangles (I) (resp. II) et (I^+) (resp. (II^+)) sont en "dualité".

De ces "dualités" locales, on déduit des dualités globales (que l'on laisse écrire en détail au lecteur) :

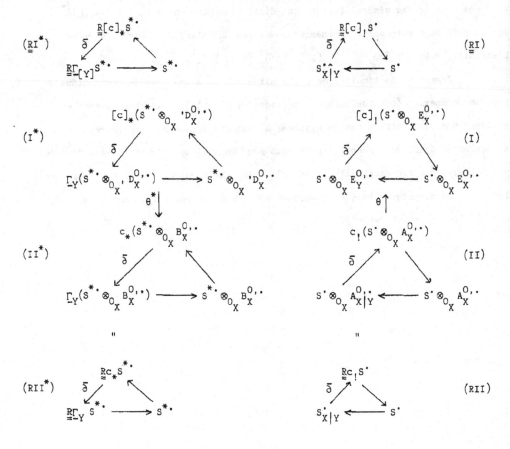

$$\underline{\underline{R}}\Gamma_c(X;(\underline{\underline{R}}I^*)) = \Gamma_c(X;(I^*)) \times \underline{\underline{R}}\Gamma(X;(\underline{\underline{R}}I)) = \Gamma(X;(I)) \to C$$

$$\underline{\underline{R}}\Gamma(X;(\underline{\underline{R}}I^*)) = \Gamma(X;(I^*)) \times \underline{\underline{R}}\Gamma_c(X;(\underline{\underline{R}}I)) = \Gamma_c(X;(I)) \to C$$

$$\underline{\underline{R}}\Gamma_K(X;(\underline{\underline{R}}II^*)) = \Gamma_K(X;(II^*)) \times \underline{\underline{R}}\Gamma(K;(\underline{\underline{R}}II)) = \Gamma(K;(II)) \to C\ .$$

La première dualité est du type DFN x FN , la seconde du type DLFN x LFN , la troisième du type FN x DFN . On n'obtient en général de dualité utilisable au niveau des objets de cohomologie que dans les cas un et trois : les topologies du cas deux sont trop "pathologiques" ; le cas à cohomologie analytiquement constructible est toutefois une exception intéressante.

Il faut compléter le diagramme fondamental par les applications naturelles

$$\begin{array}{ccc} \underline{\Gamma}_Y(S^{*\cdot}\otimes_{O_X} L_X^{0,\cdot}) & \longrightarrow & \underline{\Gamma}_Y(S^{*\cdot}\otimes_{O_X} {}'D_X^{0,\cdot}) \\ \downarrow & & \downarrow\theta \\ \underline{\Gamma}_Y(S^{*\cdot}\otimes_{O_X} \hat{L}_X^{0,\cdot}) & \longrightarrow & \underline{\Gamma}_Y(S^{*\cdot}\otimes_{O_X} B_X^{0,\cdot}) \end{array}$$

et , qui sont des quasi-isomorphismes.

On désigne par $L_X^{0,\cdot}$ le complexe de Cousin de O_X construit "à la Ramis-Ruget" [56], par $\hat{L}_X^{0,\cdot}$ le complexe de Cousin de O_X construit " à la Fouché" [17]. La première ligne est une généralisation de l'application construite page 9 [57], [59] ; la seconde est plus délicate à obtenir (cf. Remarque 7.3, [49], [50]).

Enfin, si Y est défini par $(f_1,\ldots,f_m)$ on a (Proposition 3.5 et un peu de travail utilisant la notion de "essential intersection" introduite dans [11]) le quasi-isomorphisme

$$T(C^\cdot[\mathcal{U}_{(f)}];S^{*\cdot}) \to [c]_*(S^{*\cdot}\hat{\otimes}_{O_X} L_X^{0,\cdot})\ .$$

Dans le cas où Y est intersection complète, on retrouve ainsi la situation étudiée par Herrera dans [26].

Remarque 8.1. : On constatera que les deux théories des résidus pour $S^{\bullet} = \mathcal{O}_X$ jouent en quelque sorte un rôle "universel". On constatera également qu'il est mauvais d'attacher trop d'importance aux résidus "logarithmiques". La théorie "logarithmique" est certes fort intéressante ; elle suffit dans le cas topologique $(S^{\bullet} = \Omega_X^{\bullet})$, quand Y est assez simple (à croisement normaux par exemple), mais est en défaut dans certaines versions parmi les plus simples du cas général (par exemple $X = \mathbb{C}$; $M = \mathcal{D}_X / P\mathcal{D}_X$, $S^{\bullet} = \mathrm{Sol}(M)$, avec $P = x\,d/dx - 2$ par exemple) : ceci s'explique facilement ; les résidus logarithmiques correspondent, au niveau des courants, aux courants d'ordre 0 (à coefficients mesures), pour peu qu'il intervienne des résidus "couches multiples", on ne peut pas les obtenir ainsi. Remarquons aussi que seuls les résidus "d'ordre 0" peuvent s'obtenir par la méthode de Leray [36] ; pour les autres la technique de Dolbeault-Coleff-Herrera-Liebermann ([15], [27], [11]) est indispensable. (Cf. dans le cas particulier d'une connexion [18]).

Remarque 8.2. : D'après le "principe de Pham" [53], les "distributions de classe de Nilsson" à plusieurs variables sont les solutions de systèmes fuchsiens. Ce qui précède conduit à penser que ces distributions ne sont pas autre chose que des courants du type Coleff-Herrera [11] (i.e. des couches multiples holomorphes à croissance modérée vers la singularité) convenablement "ramifiés".

BIBLIOGRAPHIE

[1] ANDREOTTI A., BANICA C. Relative duality on complex spaces I. Revue Roumaine de Mathématiques Pures et Appliquées T. XX, N° 9, 981-1041 (1975).

[2] ANDREOTTI A., BANICA C. Relative duality on complex spaces II. Revue Roumaine de Mathématiques Pures et Appliquées T. XXI, n° 9, 1139-1181 (1976).

[3] ANGENIOL B. Théorème de finitude en cohomologie étale (d'après P. Deligne). Faisceaux Constructibles. Séminaire de Géométrie Analytique (Douady.A., Verdier J.L.), Astérisque 36-37, Exposé VII, 152-162 (1976).

[4] ARTIN M., MAZUR B. Etale Homotopy. Lecture Notes 100 (Springer V., 1969).

[5] ATIYAH M.F., HODGE W.V.D. Integrales of the second kind on an algebraic variety. Annals of Math., vol. 62, n° 1, 56-91 (1955).

[6] BANICA C. Le complété formel d'un espace analytique le long d'un sous-espace : un théorème de comparaison. Manuscripta math. 6, 207-244 (1972).

[7] BARTH. Lokale Cohomologie bei Isolierten Singuläritaten Analytischer Mengen. Habilitationsschrift, Münster (1970).

[8] BERTHELOT P. Cohomologie cristalline des schémas de caractéristique $p > 0$. Lecture Notes 407 (Springer V. 1974).

[9] BREDON G.E. Sheaf Theory. Mc Graw Hill Series in Higher Mathematics (1967).

[10] COLEFF N. Residuos multiples sobre espacios complejos. Tesis, Universidad Nacional de la Plata (Argentine, 1975).

[11] COLEFF N., HERRERA M. Les courants résiduels associés à une forme méromorphe. Preprint, Universidad Nacional de la Plata (Argentine, 1975).

[12] DELIGNE P. Equations Différentielles à Points Singuliers Réguliers. Lecture Notes 163 (Springer V., 1970).

[13] DELIGNE P. Cohomologie à support propre et construction du foncteur $f^!$. Appendice à "Résidues and Duality" de R. Hartshorne. Lecture Notes 20 (Springer V., 1966).

[14] DIEUDONNÉ J., SCHWARTZ L. La dualité dans les espaces (F) et (LF), Annales de l'Institut Fourier, Grenoble, T.I, 61-101 (1949).

[15] DOLBEAULT P. Valeurs Principales sur les espaces complexes. Séminaire P. Lelong 1970/71. Lecture Notes 275 (Springer V., 1971).

[16] DUVAL A. Comparaison des deux topologies naturelles sur les espaces de cohomologie du complexe dualisant en géométrie analytique complexe. Article à paraître au Bulletin de la Soc. Math. de France. Preprint IRMA, Strasbourg (1975).

[17] FOUCHE F. Un complexe dualisant en géométrie analytique. Séminaire Norguet F. (Fonctions de plusieurs variables complexes II). Lecture Notes 482, 282-332 (Springer V., 1975).

[18] ANDREOTTI A., GERARD R. travail en cours sur les résidus des connexions.

[19] GOLOVIN V.D. — On spaces of local cohomology of the analytic manifolds (en Russe). Funt. Analiz., t. 5, 66 (1971).

[20] GRAUERT H. — Ein Theorem der analytischen Gargentheorie und die Modulraüme komplexer Struckturen. Publ. Math. I.H.E.S., n° 5 (1960).

[21] GROTHENDIECK A. — Espaces vectoriels topologiques. Sao Paulo (1954).

[22] GROTHENDIECK A. — Opérations algébriques sur les distributions à valeurs vectorielles. Théorème de Künneth. Séminaire L. Schwartz (1953-54). Exposé 24.

[23] GROTHENDIECK A. — On the De Rham cohomology of algebraic varieties. Publ. Math. I.H.E.S., n° 29, 351-359 (1966).

[24] HARTSHORNE R. — Local Cohomology. Lecture Notes 41 (Springer V. 1967).

[24]bis HARTSHORNE R. — Residues and Duality. Lecture Notes 20 (Springer V., 1966).

[25] HARTSHORNE R. — On the De Rham cohomology of algebraic varieties. Publ. Math. I.H.E.S. n° 45 (1975), 6-99.

[26] HERRERA M. — Résidus multiples sur les espaces complexes. Journées complexes de Metz. I.R.M.A. Strasbourg (1972).

[27] HERRERA M., LIEBERMANN D. — Residues and Principal Values on Complex Spaces. Math. Ann. 194, 259-294 (1971).

[28] HERRERA M., LIEBERMANN D. — Duality and the De Rham Cohomology of Infinitesimal Neighborhoods. Inventiones Math. 13, 97-124 (1971).

[29] HIRONAKA H. The resolution of singularities of an algebraic variety over a field of characteristic zero. Ann. of Math. 19, 109-326 (1964).

[30] KASHIWARA M. Lettres à B. Malgrange (8/1/75 et 31/5/75).

[31] KASHIWARA M. On the Maximally Overdetermined Systems of Linear Differential Equations I. Publ. RIMS, Kyoto Univ., n° 10, 563-579 (1975).

[32] KASHIWARA M. On the rationality of roots of b-functions. Inventiones Math., (1977).

[33] KASHIWARA M. Cours à l'Université Paris Nord. (En cours de rédaction, 1976-77).

[34] KOMATSU H. On the index of differentiable operators. J. Fac. Sc. Univ. Tokyo, IA, I, 379-398 (1971).

[35] KOMATSU H. An introduction to the theory of hyperfunctions. Hyperfunctions and Pseudo-Differential Equations. Proceedings of a Conference at Katata 1971. Lecture Notes 287 (Springer V., 1973).

[36] LERAY J. Le Calcul Différentiel et Intégral sur une Variété Analytique Complexe (Problème de Cauchy III). Bull. Soc. Math. France 87, 81-180 (1959).

[37] LIEBERMANN D. Generalizations of the De Rham Complex with applications to duality theory and the cohomology of singular varieties. Rice University Studies (1973).

[38] ŁOSACIEMICZ S. Sur le problème de la division, Studia Mathematica, t. 18, 87-136 (1959).

[39] MALGRANGE B. Division des distributions. Séminaire Bourbaki, n° 203 (1959-1960).

[40] MALGRANGE B. Systèmes Différentiels à Coefficients Constants. Séminaire Bourbaki n° 246 (1962-63).

[41] MALGRANGE B. Ouverts concaves et théorèmes de dualité pour les systèmes différentiels à coefficients constants. Ens. Math. (1973).
Ou : Quelques problèmes de convexité pour les opérateurs différentiels à coefficients constants. Séminaire J. Leray, Collège de France, Paris (1962-63).

[42] MALGRANGE B. Some Remarks on the Notion of Convexity for Differential Operators. Differential Analysis (papers presented at the Bombay Colloquium, 1964).

[43] MALGRANGE B. Cohomologie de Spencer (d'après Quillen). Cours Fac. Sc. Orsay (1965-66). Publ. Sém. Math. d'Orsay (France, 1966).

[44] MALGRANGE B. Ideals of Differentiable Functions. Oxford University Press (1966).

[45] MALGRANGE B. Le polynome de Bernstein d'une singularité isolée.

[45]bis MALGRANGE B. Intégrales asymptotiques et monodromie. Séminaire J. Leray, Collège de France, Paris (1972-73), ou Inventiones Math.

[46] MALGRANGE B. Remarques sur les points singuliers des équations différentielles, CRAS, Paris, 273-23, 1136-1137 (1971).

[47] MALGRANGE B. — Sur les points singuliers des équations différentielles. Ens. Math., t. XX, 147-176 (1974).

[47]bis MALGRANGE B. — article à paraître sur les développements asymptotiques.

[48] MALTSINIOTIS G. — G.A.G.A. Afine (d'après P. Deligne). Séminaire Douady A., Verdier J.L., Astérisque exposé VIII, (197).

[49] MEBKHOUT Z. — Valeur principale et résidu simple des formes à singularités essentielles. Séminaire F. Norguet (Fonctions de Plusieurs Variables Complexes II). Lecture Notes 482, 190-202 (Springer V. 1975).

[50] MEBKHOUT Z. — Local cohomology of analytic spaces (1976).

[51] MEBKHOUT Z. — Exposé au séminaire F. Norguet (1976-77).

[52] OGUS A. — Local cohomological dimension of algebraic varieties. Ann. Math., vol. 98, n° 2, 327-365 (1973).

[53] PHAM F. — Intégrales singulières et hyperfonctions (prétirage Hanoï 1974, à paraître en supplément à Acta Scientiarum Vietnamicarum).

[53]bis PHAM F. — Régularité des systèmes microdifférentiels. Communication au 2e Congrès de Mathématiques du Viêt Nam, Hanoï 1977. Preprint Université de Nice (France 1977).

[54] PICARD E., SIMART G. — Théorie des fonctions algébriques de deux variables indépendépendantes, vol. I. et II. Gauthier-Villars, Paris (1895-1905).

[55] POLY J.B. Sur l'homologie des courants à support dans un ensemble semi-analytique. Bull. S.M.F. Mémoire n° 38, 35-43 (1974).

[56] RAMIS J.P., RUGET G. Complexe dualisant et théorème de dualité en géométrie analytique complexe. Publ. Math. I.H.E.S., n° 38, 77-91 (1971).

[57] RAMIS J.P., RUGET G. Résidus et dualité. Inventiones Math. 26, 89-131 (1974).

[58] RAMIS J.P., RUGET G., VERDIER J.L. Dualité relative en géométrie analytique complexe. Inventiones Math. 13, 261-283 (1971).

[59] RUGET G. Complexe dualisant et résidus. Journées de géométrie analytique de Poitiers 1972. Bull. Soc. Math. France, mémoire n° 38, 31-38 (1974).

[60] SATO M. Hyperfunctions and partial differential equations. Proc. Intern. Conf. on Functional Analysis and Related Topics. Univ. of Tokyo Press, 91-94 (1969).

[61] SCHWARTZ L. Théorie des Distributions (nouvelle édition). Hermann (Paris, 1966).

[62] SCHWARTZ L. Distributions à valeurs vectorielles. Annales Inst. Fourier, Grenoble t. 7 (1957) et t. 8 (1959).

[63] SERRE J.P. Géométrie Algébrique et Géométrie Analytique. Annales Inst. Fourier Grenoble, t. VI (1956).

[64] SCHAPIRA P. Théorie des Hyperfonctions. Lecture Notes 126 (Springer V., 1970).

[65] SIU Y.T. Non Countable Dimensions of Cohomology Groups of Analytic Sheaves and domains of Holomorphy. Math. Zeitschr. 102, 17-29 (1967).

[66] STEHLÉ J.L. Thèse. Faisceaux F - quasi-cohérents (Paris 1975).

[66]bis STEHLE J.L. Faisceaux F - quasi-cohérents définis par échelles et résolutions. C.R.A.S., Paris, t. 282, 1437-1440 (1976).

[66]ter. STEHLE J.L. Cohomologie locale sur les intersections complètes et faisceaux F - quasi-cohérents. C.R.A.S., Paris, t. 280, 361-364 (1975).

[67] VERDIER J.L. Dualité dans la cohomologie des espaces localement compacts. Séminaire N. BOURBAKI, n° 300 (1965-66).

[68] VERDIER J.L. Topologie sur les espaces de cohomologie d'un complexe de faisceaux analytiques à cohomologie cohérente. Bull. Soc. Math. France 99, 337-343 (1971).

[69] VERDIER J.L. Classe d'homologie associée à un cycle. Séminaire de Géométrie Analytique (Douady A., Verdier J.L.), Astérisque 36-37, Exposé VI, 101-151 (1976).

[70] FORSTER O., KNORR K. Ein Beweis des Grauertschen Bilggarbensatz nach Ideen von B. Malgrange. Manuscripta math. 5, 19-44 (1971).

[71] X C.R.A.S. (1977).

[72] BOUTET DE MONVEL L.,
MALGRANGE B., LEJEUNE M. Séminaire 75-76 (Grenoble 76-77).

INSTITUT DE RECHERCHE MATHÉMATIQUE AVANCÉE
Laboratoire Associé au C.N.R.S.
Université Louis Pasteur
7, rue René Descartes
67084 STRASBOURG CEDEX

Septembre 1977

- ADDITIF A "VARIATIONS SUR LE THÈME "GAGA" -

par

J. P. RAMIS

Le Théorème 4.2 (i) (page 246) a été obtenu indépendamment par J. BINGENER [73] (la démonstration est assez voisine de la nôtre). On peut également prouver le théorème en question en réunissant un résultat de KRASNOV [75] et un résultat récent de DUFRESNOY [74] :

On peut s'intéresser à la situation du Théorème 4.2 dans le cas, plus général, d'un fermé analytique réel Y ; si Y est, de plus, holomorphiquement convexe, on peut assez raisonnablement penser que le complexe $E_Y^{o,\bullet}$ est acyclique en degré ≥ 1 ; DUFRESNOY a obtenu [74] un joli résultat dans cette direction par des méthodes "à la HÖRMANDER" ; dans la situation de notre théorème 4.2 cela fournit une partie du résultat, et l'autre partie a été démontrée par KRASNOV

(il s'agit de $O_{X\hat{|}Y} = \mathrm{Ker}\,(E_Y^{o,o} \xrightarrow{\bar{\partial}} E_Y^{o,1}))$ [75] (Th. 4, p. 856) . (La résolution des singularités n'est donc, pour le moment, indispensable que pour cette seconde partie de la démonstration.)

Dans notre démonstration du Théorème 4.2 on a vu apparaître de manière naturelle l'objet $O_{X\hat{|}Y}/O_{X|Y}$. Dans le cas le plus simple $(X = \mathbb{C}$ et $Y = 0)$, on a $(O_{X\hat{|}Y}/O_{X|Y})_o = \mathbb{C}[[z]]/\mathbb{C}\{z\}$ qui s'interprète très bien en termes de développements asymptotiques ; on peut espérer qu'il en sera de même dans le cas général sous réserve d'utiliser l'interprétation en terme de H^1 des développements asymptotiques récemment introduite par MALGRANGE [47 bis] (Remarques sur les équations différentielles à points singuliers irréguliers)(*) ; dans le cas général on voit mal ce qu'est un développement asymptotique au sens "naïf", mais mieux ce qu'est

---

(*) On notera d'ailleurs les précisions qu'apportent à nos considérations de dualité une telle interprétation (cf. le théorème de dualité de [47 bis]).

un développement asymptotique nul ! En généralisant les idées de MALGRANGE on devrait pouvoir interpréter le cylindre $S^{\bullet}_{X|Y} \longrightarrow S^{\bullet\wedge}_{X|Y}$, quand $S^{\bullet} = \mathrm{Sol}\, M^{\bullet}$, qui compare les restrictions des solutions de $M^{\bullet}$ et les solutions du système restreint (ce que MALGRANGE fait pour une équation). S'agirait-il de "comicrolocalisation" ?

BIBLIOGRAPHIE COMPLEMENTAIRE

[73] BINGENER J. Zur Theorie der formalen komplexen Räume. Anwendungen auf die Divisorenklassengruppen lokaler Ringe und die de Rham-Kohomologie. Gegenspiel zu einem Problem von Zariski. Habilitationsschrift (Osnabrück 1976).

[74] DUFRESNOY Exposé au Colloque "Analyse Harmonique et Complexe", La Garde Freinet (juin 1977).

[75] KRASNOV V.A. Formal Modifications. Existence Theorems for Modifications of Complex Manifolds. Math. USSR Izvestija. Vol. 7 (1973), N° 4 (p. 847-881).

Janvier 1978

- ADDITIF II A "VARIATIONS SUR LE THEME "GAGA" " -

par

J. P. RAMIS

Dans "VARIATIONS"..." nous avons donné deux conditions équivalentes de régularité pour un "système holonome" $M^\bullet$ (conditions (i) et (ii) du Théorème 7.1, page 260) ; nous avons également annoncé l'équivalence entre ces conditions et la condition (iii) (Remarque 7.3, page 260) . Nous avions pensé lors de la rédaction des "VARIATIONS..." à une démonstration nécessitant l'étude du foncteur Homtop_B. et donc pas mal de développements formels. (Démonstration inspirée essentiellement de l'idée de MEBKHOUT dans [50]) . Nous avons récemment obtenu une démonstration très simple de ce résultat.

THEOREME Add. II.1 .

Soit $M^\bullet$ un complexe borné de D_X- modules D_X- cohérents holonomes. Les conditions suivantes sont équivalentes .

(i) L'application naturelle $(\mathrm{Sol}\ (M^\bullet))_{X|Y} \to (\mathrm{Sol}\ (M^\bullet))_{X\hat{|}Y}$ est un isomorphisme (dans la catégorie dérivée) .

(ii) L'application naturelle $\underline{\underline{R}}\,\underline{\Gamma}_{[Y]}\,\mathrm{DR}\ (M^\bullet) \to \underline{\underline{R}}\,\underline{\Gamma}_Y\,\mathrm{DR}\ (M^\bullet)$ est un isomorphisme (dans la catégorie dérivée) .

(iii) L'application naturelle $D_X^\infty \overset{L}{\underset{D_X}{\otimes}} \underline{\underline{R}}\,\underline{\Gamma}_{[Y]}\, M^\bullet \to \underline{\underline{R}}\,\underline{\Gamma}_Y\,(D_X^\infty \overset{L}{\underset{D_X}{\otimes}} M^\bullet)$ est un quasi-isomorphisme (dans la catégorie dérivée) .

Notons $D(\mathbb{C}_X)$ la catégorie dérivée de la catégorie des faisceaux de C-espaces vectoriels sur X, $D(D_X)$ (resp. $D(D_X^\infty)$) la catégorie dérivée de la catégorie des faisceaux de D_X- modules (resp. D_X^∞- modules) sur X .

Dans (i) et (ii) il s'agit de la catégorie dérivée $D(C_X)$; dans (iii) indifféremment de $D(C_X)$ ou $D(D_X^\infty)$: en effet le morphisme de (iii) est un morphisme de $D(D_X^\infty)$ et pour montrer que c'est un isomorphisme de $D(D_X)$ il suffit de vérifier que c'est un isomorphisme de $D(C_X)$.

On a déjà prouvé l'équivalence entre (i) et (ii) (Théorème 7.1) . Il est facile de voir que (iii) entraîne (i) (on utilise la remarque 6.12 et le résultat de KASHIWARA [33] , [77] , qui montre que, localement, $\underline{\underline{R}}\,\Gamma_{[Y]} M^\bullet$ est quasi-isomorphe à un complexe parfait de D_X- modules : modulo l'abus déjà signalé..). Nous allons montrer que (ii) entraîne (iii) ce qui termine la démonstration du théorème.

Remarque Add. II.2.

KASHIWARA a récemment annoncé qu'il pouvait démontrer que si $M^\bullet$ était régulier au sens de KASHIWARA-OSHIMA [78] , il vérifiait (iii) et donc était régulier à notre sens.* On m'a signalé que BJÖRK aurait prouvé que les connexions régulières au sens de DELIGNE [12] sont de la forme Sol(M) , avec M holonome** ; modulo ce résultat, les résultats de DELIGNE [12] impliquent alors que M est régulier à notre sens. Comme nous l'avions annoncé dans "Variations..." , il semble bien que notre notion de régularité recouvre bien toutes les notions actuellement connues. Suivant les idées que nous avons dégagées dans un travail récent [80] , si $M = D_X/I$ la régularité de M doit se vérifier sur le polyèdre de Newton de I (dans $N^n \times N^n$; $n = \dim X$) ; plus généralement, dans le cas irrégulier, ce polyèdre devrait permettre de calculer divers invariants rationnels liés à M (en relation avec les "solutions Gevrey" de M) .

On a le corollaire suivant :

COROLLAIRE Add. II.3. L'application naturelle $D_X^\infty \overset{L}{\underset{D_X}{\otimes}} \underline{\underline{R}}\,\Gamma_{[Y]}\, O_X \to \underline{\underline{R}}\,\Gamma_Y\, O_X$ est un isomorphisme (dans la catégorie dérivée).

---

* Remark , page 10 [77] .

** Cf. KASHIWARA [77] .

L'idée de ce résultat est due à MEBKHOUT [50] * ; il complète les résultats établis récemment par ce dernier [79] ** .

La démonstration de l'implication (ii) ⇒ (iii) repose sur les deux lemmes suivants *** :

Soient X_1 et X_2 deux exemplaires de X ; soit Δ la diagonale de $X_1 \times X_2$. On a un isomorphisme naturel $\mathcal{O}_{X_1}$ - linéaire (SATO [60]) :

$$H^n\Delta\,(\mathcal{O}_{X_1} \hat{\otimes} \Omega_{X_2}) \xrightarrow{\varphi} \mathcal{D}^\infty_{X_1} \ . \ (n = \dim X \ .)$$

LEMME Add. II.4. <u>L'homomorphisme naturel</u> φ <u>est</u> $\mathcal{D}_X$- <u>linéaire</u> :

$\varphi(\alpha D_2) = \varphi(\alpha) D_1$ (<u>où</u> D_1 <u>est le transformé de</u> D_2 <u>par l'isomorphisme</u> $\mathcal{D}_{X_2} \to \mathcal{D}_{X_1}$ <u>déduit de l'isomorphisme</u> $X_2 \to X_1$) .

LEMME Add. II.5. <u>Soit</u> D <u>un opérateur différentiel d'ordre fini (à droite) de</u> Ω^p_X <u>dans</u> Ω^q_X $(p,q \in \mathbb{N})$. <u>Le diagramme où</u> D_i $(i = 1,2)$, <u>transformé de</u> D <u>par l'isomorphisme</u> $\mathcal{D}_X \to \mathcal{D}_{X_i}$, <u>opère à droite</u>

$$\begin{array}{ccc}
\underline{H}^n_\Delta\,(\mathcal{O}_{X_1} \hat{\otimes}_{\mathbb{C}} \Omega^p_{X_2}) & \xrightarrow{D_2} & \underline{H}^n_\Delta\,(\mathcal{O}_{X_1} \hat{\otimes}_{\mathbb{C}} \Omega^q_{X_2}) \\
\varphi^p \downarrow \wr & & \varphi^q \downarrow \wr \\
(\mathcal{D}^\infty_X)^p & \xrightarrow{D_1} & (\mathcal{D}^\infty_X)^q
\end{array}$$

est commutatif.

Le lemme 5 se déduit immédiatement du lemme 4 ; nous allons démontrer ce dernier. La question est locale et le cas général est une variante du cas où X est de dimension un . Nous supposerons donc $X = \mathbb{C}$ $(n = 1)$. Dans ce cas l'isomorphisme φ s'explicite facilement en coordonnées : tout élément de $\underline{H}^1_\Delta(\mathcal{O}_{X_1} \hat{\otimes}_{\mathbb{C}} \Omega_{X_2})$ se représente (de manière unique) par une "série de Laurent"

---

* Notre démonstration du théorème 1 repose sur une simplification des idées de MEBKHOUT dans [50] .

** Cf. Remarques 5.1 et 5.2 de [50] .

*** Variantes de la linéarité à droite de l'application naturelle $\underline{H}^p_{[Y]}(X;\Omega_X) \to \mathcal{B}^{n,p}_X$ de [57] , remarquée par MEBKHOUT.

$$\alpha = \sum_{k\geq 1} a_k(x_1) / (x_1 - x_2)^k$$

avec la condition évidente de convergence) ; on a alors

$$\varphi(\alpha) = 2\,i\pi \left(\sum_{k\geq 1} (-1)^k/(k-1)!\ a_k(x_1) \left(\frac{\partial}{\partial x_1}\right)^{k-1} \right).$$

Soit $D = \sum_{i=0,\dots,m} a_i(x)\left(\frac{\partial}{\partial x}\right)^i$. Il suffit de prouver l'égalité $\varphi(\alpha D_2) = \varphi(\alpha) D_1$ pour $D = x$ et $D = \frac{\partial}{\partial x}$. Il suffit également, d'après la $\mathcal{O}_{X_1}$- linéarité de φ, d'établir cette égalité pour $\alpha = dx_2/(x_1 - x_2)^k$ moyennant un passage à la limite).

a) Le cas $D = x$ et $\alpha = dx_2/(x_1 - x_2)^k$.

On remarque d'abord que l'on a l'égalité $\left(\frac{\partial}{\partial x_1}\right)^p x_1 = p\left(\frac{\partial}{\partial x_1}\right)^{p-1} + x_1\left(\frac{\partial}{\partial x_1}\right)^p$ établie par récurrence sur $p \in N$ en utilisant $[\frac{\partial}{\partial x_1}, x_1] = 1$).

On a $\alpha\, x_2 = x_2\, dx_2/(x_1 - x_2)^k = -\, dx_2/(x_1 - x_2)^{k-1} + x_1 dx_2/(x_1 - x_2)^k$, donc

$$\varphi(\alpha x_2) = 2i\pi\left(-(-1)^{k-1}/(k-2)!\ \left(\frac{\partial}{\partial x_1}\right)^{k-2} + (-1)^k/(k-1)!\ x_1\left(\frac{\partial}{\partial x_1}\right)^{k-1}\right)$$

$$\varphi(\alpha x_2) = 2i\pi(-1)^k/(k-1)!\ \left((k-1)\left(\frac{\partial}{\partial x_1}\right)^{k-2} + x_1\left(\frac{\partial}{\partial x_2}\right)^{k-1}\right)$$

$$\varphi(\alpha x_2) = \left(2i\pi(-1)^k/(k-1)!\ \left(\frac{\partial}{\partial x_1}\right)^{k-1}\right) x_1 = \varphi(\alpha)\, x_1$$

n utilisant l'égalité écrite plus haut, pour $p = k - 1$).

b) Le cas $D = \frac{\partial}{\partial x}$ et $\alpha = dx_2 / (x_1 - x_2)^k$.

On a $\alpha \frac{\partial}{\partial x_2} = -\left(\frac{\partial}{\partial x_2} 1/(x_1 - x_2)^k\right) dx_2 = -k/(x_1 - x_2)^{k+1}\, dx_2$, donc

$$\varphi\left(\alpha \frac{\partial}{\partial x_2}\right) = -\,2i\pi(-1)^{k+1}/k!\ k\left(\frac{\partial}{\partial x_1}\right)^k = \left(2i\pi(-1)^k/(k-1)!\left(\frac{\partial}{\partial x_1}\right)^{k-1}\right)\frac{\partial}{\partial x_1}$$ et

$\varphi\left(\alpha \frac{\partial}{\partial x_2}\right) = \varphi(\alpha)\frac{\partial}{\partial x_1}$. Ce qui termine la démonstration.

Soit S^* un complexe de la forme $\Omega_X^{m_o} \xrightarrow{D_o} \Omega_X^{m_1} \xrightarrow{D_1} \dots \xrightarrow{D_{r-1}} \Omega_X^{m_r}$ où les D_i sont des opérateurs différentiels d'ordre fini opérant à droite). Soit $L^\bullet$ le complexe $(D_X^\infty)^{m_o} \xrightarrow{D_o} \dots \xrightarrow{D_{r-1}} (D_X^\infty)^{m_1}$ (de D_X^∞- modules libres à gauche). Le lemme 5 entraîne immédiatement la

PROPOSITION Add. II.6. On a un isomorphisme naturel de complexes de faisceaux de $\mathbb{C}$-espaces vectoriels sur X : $\underline{H}^n_{\Delta}(\mathcal{O}_{X_1} \hat{\otimes}_{\mathbb{C}} S^{*\bullet}_{X_2}) \xrightarrow{\varphi^\bullet} L^\bullet$.

LEMME Add. II.7. Avec les notations ci-dessus, soit Y un sous-ensemble analytique complexe de X . Si $S^{*\bullet}$ est à cohomologie analytiquement constructible, on a

(i) L'application naturelle $\mathcal{O}_{X_1} \otimes_{\mathbb{C}} S^{*\bullet}_{X_2} \longrightarrow \mathcal{O}_{X_1} \hat{\otimes}_{\mathbb{C}} S^{*\bullet}_{X_2}$ est un quasi-isomorphisme

(ii) L'application naturelle $\mathcal{O}_{X_1} \otimes_{\mathbb{C}} \underline{\underline{R}}\,\Gamma_{Y_2} S^{*\bullet}_{X_2} \longrightarrow \mathcal{O}_{X_1} \hat{\otimes}_{\mathbb{C}} \underline{\underline{R}}\,\underline{\Gamma}_{Y_2} S^{*\bullet}_{X_2}$ est un isomorphisme dans $D(\mathbb{C}_X)$.

Pour donner un sens à (ii) il y a lieu tout d'abord de définir le produit tensoriel topologique de complexes de faisceaux $\mathcal{O}_{X_1} \hat{\otimes}_{\mathbb{C}} \underline{\underline{R}}\,\underline{\Gamma}_{Y_2} S^{*\bullet}_{X_2}$. Pour cela on représente (la question est locale) $\underline{\underline{R}}\,\underline{\Gamma}_Y S^{*\bullet}$ par le cylindre de $S^{*\bullet} \to C^\bullet(\mathcal{U}_{(f)}; S^{*\bullet})$ ($\mathcal{U}_{(f)}$ étant le recouvrement de Leray de $X - Y$ associé à un système fini (f) de générateurs de I_Y) . Les objets de ce cylindre admettent une topologie FN sur les ouverts de Stein (Cf. FOUCHE [17]) . On peut ainsi définir le produit tensoriel topologique par $\mathcal{O}_{X_1}$ (qui admet aussi une topologie FN sur les ouverts de Stein) . Le résultat est "unique" en un sens que l'on laisse préciser au lecteur.

Soit U un ouvert (resp. K un compact) de Stein semi-analytique et relativement compact. Les complexes $\Gamma(U;S^{*\bullet})$ et $\Gamma(U;\mathrm{Cyl.}(S^{*\bullet} \to C^\bullet(\mathcal{U}_{(f)};S^{*\bullet})))$ sont des complexes bornés d'espaces FN à cohomologie de dimension finie sur $\mathbb{C}$; ils représentent respectivement $\underline{\underline{R}}\,\Gamma(U;S^{*\bullet})$ et $\underline{\underline{R}}\,\Gamma(U;\underline{\underline{R}}\,\underline{\Gamma}_Y S^{*\bullet})$ * Le complexe $\Gamma(K;S^{*\bullet})$ est un complexe borné d'espaces DFN à cohomologie de dimension finie sur $\mathbb{C}$; il représente $\underline{\underline{R}}\,\Gamma(K;S^{*\bullet})$.

Le lemme 7 résulte alors du lemme suivant (on montre qu'il y a quasi-isomorphisme au niveau des préfaisceaux sur les ouverts de Stein, du type ci-dessus ou si l'on veut dans le cas (i) les compacts de Stein du type ci-dessus ; on passe ensuite aux faisceaux associés) :

---

* $\underline{\underline{R}}\,\underline{\Gamma}_Y S^{*\bullet}$ est à cohomologie analytiquement constructible.

LEMME Add. II.8. Soit $E^{\bullet}$ un complexe borné d'espaces FN (resp. DFN) à cohomologie de dimension finie sur $\mathbb{C}$. Soit F un espace FN (resp. DFN). L'application naturelle $F \underset{\mathbb{C}}{\otimes} E^{\bullet} \to F \underset{\mathbb{C}}{\hat{\otimes}} E^{\bullet}$ est un quasi-isomorphisme.

Pour établir ce lemme, on le vérifie d'abord dans le cas où les objets de E sont de dimension finie sur $\mathbb{C}$ (c'est immédiat). On passe ensuite au cas général en utilisant un argument de cylindre et l'exactitude de $F \underset{\mathbb{C}}{\hat{\otimes}} \cdot$ dans le cadre considéré [57]. (On peut aussi remarquer que les formules de Künneth sont valables ici pour $\otimes_{\mathbb{C}}$ et $\hat{\otimes}_{\mathbb{C}}$).

PROPOSITION Add. II.9. Avec les notations de la Proposition 6, si $S^{*\bullet}$ est à cohomologie analytiquement constructible :

(i) On a les isomorphismes dans $D(\mathbb{C}_X)$

$$\underline{\underline{R}}\,\underline{\Gamma}_{\Delta}(\mathcal{O}_{X_1} \underset{\mathbb{C}}{\otimes} S^{+}_{X_2}) \xrightarrow{\sim} \underline{\underline{R}}\,\underline{\Gamma}_{\Delta}(\mathcal{O}_{X_1} \underset{\mathbb{C}}{\hat{\otimes}} S^{+\bullet}_{X_2}) \xrightarrow{\sim} L^{\bullet}$$

(ii) On a les isomorphismes dans $D(\mathbb{C}_X)$:

$$\underline{\underline{R}}\,\underline{\Gamma}_{\Delta}(\mathcal{O}_{X_1} \underset{\mathbb{C}}{\otimes} \underline{\underline{R}}\,\underline{\Gamma}_{Y_2} S^{+\bullet}_{X_2}) \longrightarrow \underline{\underline{R}}\,\underline{\Gamma}_{\Delta}(\mathcal{O}_{X_1} \underset{\mathbb{C}}{\hat{\otimes}} R\,\underline{\Gamma}_{Y_2} S^{+\bullet}_{X_2}) \longrightarrow \underline{\underline{R}}\,\underline{\Gamma}_{Y} L^{\bullet} .$$

L'assertion (i) est claire. Pour établir (ii) on vérifie tout d'abord (en revenant à notre définition de $\underset{\mathbb{C}}{\hat{\otimes}}$) que

$$\mathcal{O}_{X_1} \underset{\mathbb{C}}{\hat{\otimes}} \underline{\underline{R}}\,\underline{\Gamma}_{Y_2} S^{*\bullet}_{X_2} = R\,\underline{\Gamma}_{(X_1 \times Y_2)}(\mathcal{O}_{X_1} \underset{\mathbb{C}}{\hat{\otimes}} S^{*\bullet}_{X_2}) .$$

On remarque ensuite que $\underline{\underline{R}}\,\underline{\Gamma}_{\Delta}\,\underline{\underline{R}}\,\underline{\Gamma}_{(X_1 \times Y_2)} = \underline{\underline{R}}\,\underline{\Gamma}_{\Delta \cap (X_1 \times X_2)} = \underline{\underline{R}}\,\underline{\Gamma}_{(Y_1 \times X_2)}\underline{\underline{R}}\,\underline{\Gamma}_{\Delta}$.

Le résultat est alors clair.

Nous sommes maintenant en mesure d'établir le Théorème 1. Soit $M^{\bullet}$ un complexe borné de $\mathcal{D}_X$- modules cohérents holonomes. D'après un résultat de KASHIWARA [33], [77], le système "restreint" $\underline{\underline{R}}\,\underline{\Gamma}_{[Y]}M^{\bullet}$ est à cohomologie $\mathcal{D}_X$- cohérente holonome ; par un abus déjà signalé, nous supposerons que $M^{\bullet}$ et $\underline{\Gamma}_{[Y]}M^{\bullet}$ sont des complexes parfaits de $\mathcal{D}_X$ - modules. Nous supposerons choisis des représentants $N^\bullet$ et $N_1^\bullet$ de $M^\bullet$ et $\underline{\underline{R}}\,\underline{\Gamma}_{[Y]} M^\bullet$ qui sont des complexes bornés de D_X- modules (à gauche) libres de type fini ; nous noterons $S^{*\bullet} = \Omega_X \otimes_{D_X} N^\bullet$ et $S_1^{*\bullet} = \Omega_X \otimes_{D_X} N_1^\bullet$; $S^{*\bullet}$ et $S_1^{*\bullet}$ sont respectivement des représentants de $DR(M^\bullet)$ et $DR(\underline{\underline{R}}\,\underline{\Gamma}_{[Y]}M^\bullet) = \underline{\underline{R}}\,\underline{\Gamma}_{[Y]}(DR(M^\bullet))$.

En appliquant la Proposition 6 et le Lemme 7 à $S^{*\bullet}$ et $L^\bullet$, puis à $S_1^{*\bullet}$ et $L_1^\bullet$ (après avoir posé $L^\bullet = D_X^\infty \otimes_{D_X} N^\bullet$ et $L_1^\bullet = D_X^\infty \otimes_{D_X} N_1^\bullet$), on obtient les isomorphismes de $D(C_X)$:

$$\begin{array}{ccc} R\,\underline{\Gamma}_\Delta(O_{X_1} \underset{C}{\otimes} S^{*\bullet}_{X_2}) & \xrightarrow{\sim} & L^\bullet \\ \| & & \| \\ \underline{\underline{R}}\,\underline{\Gamma}_\Delta(O_{X_1} \underset{C}{\otimes} DR(M^\bullet)_{X_2}) & & D_X^\infty \overset{L}{\underset{D_X}{\otimes}} M^\bullet \end{array} \quad \text{et}$$

$$\begin{array}{ccc} \underline{\underline{R}}\,\underline{\Gamma}_\Delta(O_{X_1} \underset{C}{\otimes} (S_1^{*\bullet})_{X_2}) & \xrightarrow{\sim} & L_1^\bullet \\ \| & & \| \\ \underline{\underline{R}}\,\underline{\Gamma}_\Delta(O_{X_1} \underset{C}{\otimes} DR(R\,\underline{\Gamma}_{[Y_2]}M^\bullet)_{X_2}) & & D_X^\infty \overset{L}{\underset{D_X}{\otimes}} R\,\underline{\Gamma}_{[Y]}M^\bullet \end{array} .$$

Supposons maintenant que l'application $\underline{\underline{R}}\,\underline{\Gamma}_{[Y]}S^{*\bullet} \longrightarrow \underline{\underline{R}}\,\underline{\Gamma}_Y S^{*\bullet}$ soit un quasi-isomorphisme (condition (ii)). On a les isomorphismes dans $D(C_X)$:

$$\begin{array}{ccccc} \underline{\underline{R}}\,\underline{\Gamma}_\Delta(O_{X_1} \underset{C}{\otimes} DR(R\underline{\Gamma}_{[Y_2]}M^\bullet)_{X_2}) & \xrightarrow{\sim} & \underline{\underline{R}}\,\underline{\Gamma}_\Delta(O_{X_1} \underset{C}{\otimes} \underline{\underline{R}}\,\underline{\Gamma}_{Y_2} DR(M^\bullet)_{X_2}) & \xrightarrow{\sim} & \underline{\underline{R}}\,\underline{\Gamma}_\Delta(O_{X_1} \underset{C}{\hat{\otimes}} R\,\underline{\Gamma}_{Y_2} DR(M^\bullet)_{X_2}) \\ \| & & & & \| \\ D_X^\infty \overset{L}{\underset{D_X}{\otimes}} \underline{\underline{R}}\,\underline{\Gamma}_{[Y]}M^\bullet & & \xrightarrow{\qquad\sim\qquad} & & \underline{\underline{R}}\,\underline{\Gamma}_Y(D_X^\infty \overset{L}{\underset{D_X}{\otimes}} M^\bullet) \end{array} .$$

(On a appliqué le lemme 7 (ii) et la Proposition 9 (ii). La démonstration du Théorème 1 est ainsi terminée. On a pu constater que c'était une exploitation de l'efficace "formalisme de la diagonale" dû à GROTHENDIECK [76].

<u>Remarque</u> Add. II.10. On a vu ci-dessus que la connaissance de $DR(M^\bullet)$ permettait de "retrouver" $D_X^\infty \overset{L}{\underset{D_X}{\otimes}} M^\bullet$; on prendra garde au fait que l'on ne retrouve ainsi que la classe de $D_X^\infty \overset{L}{\underset{D_X}{\otimes}} M^\bullet$ dans $D(C_X)$ et non $D_X^\infty \overset{L}{\underset{D_X}{\otimes}} M^\bullet$ qui est dans $D(D_X)$.

Pour récupérer la structure de D_X^∞ - module à l'arrivée, il faut tenir compte de la structure de $B_X^\bullet$ - module sur $DR(M^\bullet)$. On a alors $D_X^\infty \overset{L}{\underset{D_X}{\otimes}} M^\bullet = R\ \underline{\mathrm{Homtop}}_{B_X^\bullet}$ $(\mathrm{Sol}\ (M^\bullet); T_X^\bullet)$ (où $T_X^\bullet$ est la "résolution de Spencer" de O_X) qui permet d'obtenir le résultat désiré. On remarquera que cette méthode ne dispense pas de l'étude faite plus haut : en effet si $P_1^\bullet \longrightarrow P_2^\bullet$ est un morphisme de $B_k^\bullet$ - modules $(k \in N)$ qui est un isomorphisme dans $D(C_X)$, il n'est en général pas vrai que

$$\begin{array}{c} R\ \underline{\mathrm{Homtop}}_{B_X^\bullet}(P_2^\bullet\ ;\ Q^\bullet) \\ \downarrow \\ R\ \underline{\mathrm{Homtop}}_{B_X^\bullet}(P_1^\bullet\ ;\ Q^\bullet) \end{array}$$

est un quasi-isomorphisme (cf. BERTHELOT [8]) . C'est toutefois vrai pour $Q^\bullet = \Omega_X^\bullet$ ou $T_X^\bullet$ et si $P_i^\bullet$ $(i = 1,2)$ est à objets O_X- cohérents et bornés ; on ne ramène au Théorème 1 . Nous reviendrons d'ailleurs sur cette question. Tout ceci est lié à la conjecture suivante qui m'a été signée par MALGRANGE (Février 1977)* :

Conjecture Add. II.11. (Problème de RIEMANN-HILBERT généralisé) .

Le foncteur $M^\bullet \longrightarrow \mathrm{Sol}\ (M^\bullet)$ de la sous-catégorie (pleine) de $D(D_X)$ dont les objets sont à cohomologie bornée, D_X- cohérente et holonome, et fuchsiens, dans la sous-catégorie (pleine) de $D(C_X)$ dont les objets sont à cohomologie bornée, analytiquement constructible, est une équivalence de catégories.

Signalons pour terminer le résultat suivant (qui aurait dû figurer dans "Variations..." ...)

PROPOSITION Add. II.11. <u>Soient</u> $M_i^\bullet$ $(i = 1,2,3)$ <u>trois complexes bornés de</u> D_X -<u>modules cohérents holonomes. On suppose que l'on a, dans</u> $D(D_X)$ <u>un triangle</u>

$$\begin{array}{ccc} & M_3^\bullet & \\ \swarrow & & \nwarrow \\ M_1^\bullet & \longrightarrow & M_2^\bullet \end{array}$$

<u>alors, si deux des</u> $M_i^\bullet$ <u>sont fuschiens, le troisième l'est aussi</u> ; <u>si deux des</u> M_i <u>sont réguliers le long de</u> Y , <u>le troisième l'est aussi.</u>

Cette proposition se vérifie (au choix) sur l'une quelconque des conditions (i), (ii) ou (iii) . Elle s'applique en particulier au cas où l'on a une suite exacte de complexes de D_X- modules $0 \to M_1^\bullet \to M_2^\bullet \to M_3^\bullet \to 0$.

---

* Et qui est due à KASHIWARA.

On a également la

PROPOSITION Add. II.12.

(i) Le système $M^{\bullet}$ est régulier le long de Y si et seulement si ses modules de cohomologie le sont.

(ii) Le système $M^{\bullet}$ est fuchsien si et seulement si ses modules de cohomologie le sont.

L'assertion (ii) se déduit de l'assertion (i) qu'il suffit donc d'établir. On se ramène au cas où Y est une hypersurface définie par f. On a alors $\underline{\underline{R}}\,\underline{\Gamma}_{[Y]}(\cdot) = T^1\,\underline{H}^1_{[Y]}(\cdot)$ et $\underline{\underline{R}}\,\underline{\Gamma}(\cdot) = T^1\,\underline{H}^1_Y(\cdot)$; $\underline{H}^1_{[Y]}(\cdot)$ et $\underline{H}^1_Y(\cdot)$ sont exacts. On utilise la caractérisation (iii) des modules réguliers le long de Y ; il s'agit de comparer $D_X^{\infty} \overset{L}{\underset{D_X}{\otimes}} \underline{\underline{R}}\,\underline{\Gamma}_{[Y]}M^{\bullet}$ et $\underline{\underline{R}}\,\underline{\Gamma}_Y(D_X^{\infty} \overset{L}{\underset{D_X}{\otimes}} M^{\bullet})$; D_X^{∞} étant D_X- plat, le k-ième module d'homologie du premier est $D_X^{\infty} \overset{L}{\underset{D_X}{\otimes}} \underline{H}^1_{[Y]}(H_k(M^{\bullet}))$ et celui du second $\underline{H}^1_Y(D_X^{\infty} \underset{D_X}{\otimes} H_k(M^{\bullet}))$. Le résultat s'en déduit immédiatement.

B I B L I O G R A P H I E

[76] GROTHENDIECK A. Etude locale des morphismes : Elements de calcul infinitésimal. Familles d'espaces complexes et fondements de la Géométrie Analytique. Séminaire H. CARTAN (1960-61) .

[77] KASHIWARA M. On the holonomic systems of Linear Differential Equations II. Preprint (automne 1977) .

[78] KASHIWARA M. et OSHIMA T. Systems of differential equations with regular singularities and their boundary value problems. Ann. of Maths., vol. 106, n° 1, 145-200 (1977) .

[79] MEBKHOUT Z. Théorème de dualité pour les D_X- modules cohérents. C.R.A.S. Paris, t. 285, Série A,p. 785-786 (1977).

[80] RAMIS J.P. Solutions Gebrey des équations différentielles à points singuliers réguliers. A paraître.

Signalons les précisions suivantes à propos de la Bibliographie des "Variations..."

[50] Publi. R.I.M.S. Kyoto University, 12, 1977, Suppl., p. 247-256.

[51] Cohomologie locale d'une hypersurface, Fonctions de plusieurs Variables Complexes III (Séminaire F. NORGUET) . Lecture Notes (à paraître ; Springer Verlag).

Séminaire P.LELONG,H.SKODA
(Analyse)
17e année, 1976/77.

MORPHISMES SURJECTIFS ET FIBRÉS LINÉAIRES SEMI-POSITIFS

par Henri S K O D A

Introduction et résumé des résultats.

Soit X une variété analytique complexe de dimension n, $\mathcal{O}$ le faisceau des germes de fonctions holomorphes sur X.

Soit $\mathcal{F}_1$ et $\mathcal{F}_2$ deux fibrés vectoriels holomorphes au-dessus de X, et $G : \mathcal{F}_1 \to \mathcal{F}_2 \to 0$, un morphisme surjectif de fibrés vectoriels holomorphes.

Il est particulièrement intéressant de connaître des hypothèses simples sur X ou sur les $\mathcal{F}_j$, qui assurent que le morphisme correspondant des sections holomorphes de $\mathcal{F}_1$ et $\mathcal{F}_2$, noté encore G :

$$H^o(X, \mathcal{F}_1) \to H^o(X, \mathcal{F}_2)$$

est lui aussi surjectif.

A la suite exacte de fibrés :

$$0 \to \operatorname{Ker} G \to \mathcal{F}_1 \xrightarrow{G} \mathcal{F}_2 \to 0$$

correspond une suite exacte de cohomologie à valeur dans les faisceaux de germes de sections holomorphes de fibrés :

$$\to H^o(X, \mathcal{F}_1) \xrightarrow{G} H^o(X, \mathcal{F}_2) \xrightarrow{\delta} H^1(X, \operatorname{Ker} G) \to H^1(X, \mathcal{F}_1) \to ,$$

de sorte qu'une condition nécessaire et suffisante est que l'image de $H^o(X, \mathcal{F}_2)$ par l'homomorphisme "cobord" δ dans $H^1(X, \operatorname{Ker} G)$ soit nulle. Une condition suffisante est la nullité du groupe $H^1(X, \operatorname{Ker} G)$. Généralement, on réalise cette condition soit par une hypothèse de stricte pseudoconvexité de la variété X (théorème B de H.CARTAN si X est de Stein [5] et [6]), soit par une hypothèse de positivité de certains fibrés linéaires (théorème d'annulation de Kodaïra [16], [17], [18]). Dans le présent article, on démontrera un théorème de surjectivité de $G : H^o(X, \mathcal{F}_1) \longrightarrow H^o(X, \mathcal{F}_2)$, pour certains fibrés et certains morphismes G d'un type très particulier, sous des hypothèses de faible pseudoconvexité de X et de semi-positivité de certains fibrés, la variété X étant de plus supposée kählérienne. Il s'agit en fait d'une généralisation des résultats obtenus par l'auteur dans [21], [22] sur la théorie des idéaux d'une algèbre de fonctions holomorphes avec poids.

La méthode est d'ailleurs tout-à-fait semblable, seul le cadre plus général du problème est modifié.

Soit donc X une variété kählérienne, ω sa forme de Kähler. On ne suppose pas que la métrique de X soit complète. On suppose en revanche que X est faiblement pseudoconvexe (faiblement 1-complète dans la terminologie de NAKANO [20]), c'est-à-dire qu'il existe une fonction réelle, de classe C^2, plurisousharmonique et exhaustive sur X (les variétés compactes et les variétés de Stein sont en particulier faiblement pseudoconvexes).

Soit M et N deux fibrés linéaires (i.e. de rang 1), holomorphes, au-dessus de X et K le fibré canonique de X (i.e. le fibré linéaire dont les sections holomorphes sont les (n,o) formes holomorphes sur X).

Soit $g = (g_1, g_2, \ldots, g_p)$ un p-uple de sections holomorphes de N et G le morphisme :

$$[H^o(X, K \otimes M)]^p \longrightarrow H^o(X, K \otimes M \otimes N)$$

$h = (h_1, h_2, \ldots, h_p) \longmapsto g.h = \sum_{j=1}^{p} g_j h_j$, où les $h_j \in H^o(X, K \otimes M)$ sont donc des n-formes holomorphes à valeurs dans M, et g.h une n-forme holomorphe à valeurs dans $M \otimes N$.

Les fibrés $\mathcal{F}_1$ et $\mathcal{F}_2$ du problème général sont ici respectivement $K \otimes M \otimes \mathbb{C}^p$ et $K \otimes M \otimes N$, et le morphisme G est surjectif si les sections g_j n'ont pas de zéros communs.

On suppose M et N munis de métriques C^∞ hermitiennes, et on munit

$M \otimes N$ de la métrique produit (tensoriel).

On désigne par $c(M)$ ou c_M la forme de courbure du fibré hermitien M. $ic(M)$ est une $(1,1)$ forme de classe C^∞, réelle. L'inégalité $ic(M) \geq 0$ (resp. $ic(M) > 0$) signifiera que la forme hermitienne sur l'espace tangent associé à $ic(M)$ est semi-définie positive (resp. définie positive). On dira que le fibré hermitien M est alors semi-positif (resp. positif).

On va également envisager le cas où les sections g_j ont des zéros communs, soit :

$$Z = \{ z \in X \mid g_j(z) = 0, \ 1 \leq j \leq p \} .$$

Pour pouvoir se ramener aisément au cas où Z est vide, on est amené à introduire la définition suivante :

DÉFINITION. - <u>Le sous-ensemble analytique</u> Z <u>de</u> X <u>est dit</u> X-<u>négligeable, s'il existe un ensemble fermé de mesure nulle</u> Y, <u>contenant</u> Z, <u>tel que</u> $X \setminus Y$ <u>soit faiblement pseudoconvexe et tel que</u> Y <u>soit un ensemble singulier impropre pour les fonctions holomorphes, localement de carré intégrable, c'est-à-dire tel que pour tout</u> $y \in Y$, <u>il existe un voisinage</u> U <u>de</u> y <u>tel que toute fonction holomorphe et de carré intégrable dans</u> $U \setminus Y$, <u>se prolonge holomorphiquement à</u> U.

C'est une hypothèse assez faible sur Z, il suffit par exemple de trouver une hypersurface complexe Y de X, contenant Z tel que $X \setminus Y$ soit de Stein ou seulement faiblement pseudoconvexe. Cette dernière condition est toujours réalisée si X est de Stein ou si X est une grassmanienne (cf. A.HIRSCHOWITZ, [13]), $X \setminus Y$ étant alors de Stein; on peut dans ce cas prendre pour Y l'une des hypersurfaces $\{ z \in X \mid g_j(z) = 0 \}$.

Si le fibré N est semi-positif, c'est-à-dire si $ic(N) \geq 0$ pour une métrique convenable sur N, on peut prendre pour Y une hypersurface $g_j(z) = 0$, car la fonction $\operatorname{Log} \frac{1}{|g_j|^2}$ est alors plurisousharmonique sur $X \setminus Y$, puisque :

$$id'd'' \log \frac{1}{|g_j|^2} = ic(N) \geqslant 0.$$

Si la variété X est projective, tout sous-ensemble analytique Z de X est X-négligeable. Z est en effet algébrique, il suffit donc de prendre pour Y la trace sur X d'une hypersurface du projectif contenant Z.

Notons d'autre part que si X est compacte et kählérienne, si M est semi-positif et si ic(M) est définie positive en un point de X, alors X est projective d'après [11].

On a le résultat suivant, où l'on pose :

$$|g|^2 = \sum_{j=1}^{p} |g_j|^2$$

et où $d\tau$ désigne l'élément de volume kählérien $\frac{\omega^n}{n!}$.

THÉORÈME 1.- Soit $g_1, g_2, \ldots, g_p$ des sections holomorphes du fibré N sur la variété kählérienne, faiblement pseudoconvexe X, telles que l'ensemble Z des zéros communs aux g_j soit vide ou X-négligeable. Soit $\alpha > 1$, q l'entier $\mathrm{Inf}(n, p-1)$, et φ une fonction plurisousharmonique de classe C^2 sur X. Si $ic(M) - \alpha q ic(N) \geqslant 0$, alors pour toute $f \in H^0(X, K \otimes M \otimes N)$ telle que :

$$\int_X |f|^2 \, |g|^{-2\alpha q - 2} \, e^{-\varphi} \, d\tau < +\infty ,$$

il existe $h_1, h_2, \ldots, h_p \in H^0(X, K \otimes M)$ tels que :

$$f = g.h ,$$

$$\int_X |h|^2 \, |g|^{-2\alpha q} \, e^{-\varphi} d\tau \leqslant \frac{\alpha}{\alpha - 1} \int_X |f|^2 \, |g|^{-2\alpha q - 2} \, e^{-\varphi} \, d\tau .$$

Si la courbure de Ricci de X vérifie la condition :

$$ic(M) - \alpha q ic(N) + \mathrm{Ricci}\ \omega \geqslant 0 ,$$

le résultat précédent est vrai avec $f \in H^0(X, M \otimes N)$ et $h_j \in H^0(X, M)$, c'est-à-dire sans qu'il soit nécessaire de tensoriser par le fibré canonique.

La valeur de l'entier q est la meilleure possible (cf. [21]).

Remarque 1.

Le fibré K est muni de la métrique définie par la forme volume

$d\tau = \frac{\omega^n}{n!}$, et la courbure de Ricci est la courbure du fibré dual K^{-1} de K (muni de la métrique duale). La deuxième partie du théorème résulte donc trivialement de la première partie et de l'isomorphisme métrique $K \otimes K^{-1} \simeq \mathbb{C}$ (fibré trivial).

Remarque 2.

On peut bien sûr multiplier la métrique de M par le poids $e^{-\varphi}$, la nouvelle forme de courbure de M étant alors $id'd''\varphi + ic(M)$, de sorte qu'on a une condition plus générale : $id'd''\varphi + ic(M) - \alpha q ic(N) \geqslant 0$,

resp. $id'd''\varphi + ic(M) - \alpha q ic(N) + \mathrm{Ricci}\,\omega \geqslant 0$,

permettant le cas échéant de travailler avec un poids φ non nécessairement plurisousharmonique.

Mais nous avons préféré conserver au théorème sa forme usuelle dans les applications (cf. [3], [4], [21],[24] et [15], [23]).

Remarque 3.

Par un passage à la limite immédiat, le théorème reste vrai, lorsque φ est une fonction plurisousharmonique sur X, non nécessairement de classe C^∞, limite simple d'une suite décroissante de fonctions plurisousharmoniques de classe C^2 sur X. En particulier si X est un ouvert de $\mathbb{C}^n$, le théorème est vrai pour une fonction φ plurisousharmonique quelconque.

Remarque 4.

Par un procédé exhaustif immédiat, le théorème reste vrai lorsque X est plus généralement réunion croissante d'une suite d'ouverts faiblement pseudoconvexes. De même dans la définition 1, il suffit de supposer que $X \setminus Y$ est réunion croissante d'ouverts faiblement pseudoconvexes.

Remarque 5.

Par un passage à la limite semblable à [21] , page 557, il est immédiat de généraliser le théorème au cas d'une suite g_j de sections de N, telle que la série

$$\sum_{j=1}^{+\infty} |g_j|^2 ,$$

converge uniformément sur tout compact de X. La section $f \in \Gamma(K \otimes M \otimes N)$, vérifiant les hypothèses du théorème 1, s'écrit alors sous la forme :

$$f = \sum_{j=1}^{+\infty} g_j h_j \quad .$$

Dans ce cas l'entier q est égal à n.

Remarque 6.

Par les formules classiques de géométrie kählérienne, on a pour une (n,o) forme h à valeurs complexes (cf. [7], [25]) :

$$|h|^2 dv = (h|h)d\tau = h \wedge (*\bar{h}) = i^n (-1)^{\frac{n(n-1)}{2}} h \wedge \bar{h}.$$

Il en résulte que les estimations L^2 du théorème 1, relatives à des (n,0)-formes à valeurs dans des fibrés linéaires, dépendent des métriques sur M et N, mais ne dépendent pas en fait de la métrique hählérienne ω sur la variété X, bien que cette métrique joue un rôle essentiel dans la démonstration.

La métrique ω intervient en revanche si on ne tensorise pas par le fibré canonique K ; elle intervient alors dans les estimations et dans la condition portant sur Ricci ω.

Supposons que pour tout point $z \in X$, il existe une section globale $s \in H^o(X,N)$ telle que $s(z) \neq 0$. Utilisant le lemme de Borel-Lebesgue, on peut alors construire une suite s_j de sections globales de N, telles que la série $\sum_{j=1}^{+\infty} |s_j|^2$ converge normalement sur tout compact de X et telle que

$$\sum_{j=1}^{+\infty} |s_j|^2 > 0 ,$$

sur X. En munissant N de la nouvelle métrique :

$$\|s\|^2 = \frac{|s|^2}{(\sum_{j=1}^{+\infty} |s_j|^2)} ,$$

un calcul de courbure immédiat montre que la nouvelle forme de courbure de N est $\geqslant 0$. Dans ce cas, le fibré N est donc faiblement positif. On peut d'ailleurs également par un argument de Baire, construire un nombre fini r de sactions s_j telles que $\sum_{j=1}^{r} |s_j|^2 > 0$.

Le fibré N est alors un quotient d'un fibré trivial $\mathbb{C}^r$ ou est l'image réciproque par une application holomorphe du fibré quotient canonique de $\mathbb{P}_{r-1}(\mathbb{C})$, il est donc semi-positif. Ce cas se présente fréquemment en géométrie algébrique. Par exemple, le fibré linéaire $K^{\otimes r}$ pour $r \geqslant 4$ sur une surface compacte minimale de type général (cf. par exemple, Van de Ven [24], théorème 1.1.) est engendré par ses sections globales, il est donc semi-positif , mais non nécessairement positif d'après [24] . Une telle surface est d'autre part projective , donc kählérienne.

D'après les remarques qui suivent la définition 1, si N est engendré par ses sections globales, l'ensemble Z du théorème 1 est toujours X-négligeable.

D'après le théorème 1, on obtient aussitôt :

COROLLAIRE 1.- *Si X est kählérienne, faiblement pseudoconvexe et si les sections* $g_1, g_2, \dots, g_p$ *de N sur X n'ont pas de zéros communs, l'homomorphisme :*

$$[H^o(X, K\otimes M)]^p \longrightarrow H^o(X, K\otimes M\otimes N)$$

$$(h_1, \dots, h_p) \longmapsto \sum_{j=1}^{p} g_j h_j \quad ,$$

est surjectif, pourvu que : $ic(M) - \alpha q\, ic(N) \geqslant 0$ *pour un* $\alpha > 1$ *et* $q = \mathrm{Inf}(n, p-1)$. *Il est en particulier surjectif lorsque* $M\otimes N^{-k} \geqslant 0$, *ou lorsque* $M = N^k$, *pour un entier* $k > q$.

COROLLAIRE 2.- *Si X est compacte, si N est engendré par ses sections globales et si* $ic(M) - \alpha q\, ic(N) \geqslant 0$, *pour un* $\alpha > 1$ *et* $q = \mathrm{Inf}(n, p-1)$, (*avec* $p = \dim H^o(X, N)$), *alors* :

$$\dim H^o(X, K\otimes M\otimes N) \leqslant \dim H^o(X, K\otimes M) . \dim H^o(X, N).$$

Il suffit en effet de prendre pour $g_1, g_2, \dots, g_p$ une base de $H^o(X, N)$ et d'appliquer le corollaire 1 .

N étant semi-positif, on peut choisir en particulier $M = N^k$ avec $k \geqslant \mathrm{Inf}(n+1, \dim H^o(X, N))$, de sorte qu'on a :

$$\dim H^o(X, K\otimes N^{k+1}) \leqslant \dim H^o(X, K\otimes N^k) \quad \dim H^o(X, N) .$$

Mais nous ne savons pas pour l'instant quelle est la portée exacte de telles inégalités. Remarquons seulement que compte tenu des théorèmes d'annulation de Grauert-Riemenschneider [11], cette inégalité concerne en fait la caractéristique $\chi(K\otimes N^k)$, lorsque N est de plus >0 en un point de X.

Le théorème 1 avait été démontré par l'auteur [21] lorsque M et N étaient triviaux et lorsque X était un ouvert pseudoconvexe de $\mathbb{C}^n$, en vue d'étudier les idéaux d'une algèbre de fonctions holomorphes avec poids. La plupart des résultats énoncés dans [21], [22], [3], [4], se généralisent trivialement en ayant soin de remplacer les fonctions holomorphes par des sections de fibrés linéaires convenables et en supposant que les formes de courbure vérifient les inégalités résultant de l'application du théorème 1.

On a par exemple, en choisissant α de sorte que $\alpha q = q+1$, et φ à croissance assez rapide dans le théorème 1, le corollaire suivant (qui se réduit au corollaire 1, lorsque Z est vide) :

COROLLAIRE 3.- Sous les hypothèses générales du théorème 1, si $ic(M) - (q+1)\ ic(N) \geqslant 0$ et si f est une (n,0)-forme holomorphe à valeurs dans $M\otimes N$, telle que $|f|\ |g|^{-q-2}$ soit localement bornée sur X (i.e. f est petite là où les g_j sont petites), alors il existe des n-formes holomorphes h_j à valeurs dans M telles que : $f = g.h$.

Nous démontrons également un théorème analogue au théorème 1, avec $\alpha = 1$, mais ce théorème est peut-être moins intéressant, car il nécessite une hypothèse de stricte positivité sur la courbure ou sur le poids (cf. le paragraphe 3).

Le plan de l'article est le suivant :

Comme nos démonstrations sont basées sur les inégalités de Bochner-Kodaïra-Kohn-Hörmander-Nakano pour l'opérateur $\bar{\partial}$, le paragraphe 1 est consacré à un rappel concernant ces inégalités (c'est là que l'hypothèse kählérienne intervient). On montre d'autre part comment une extension de la méthode de passage à la limite sur les poids, utilisée par L.HÖRMANDER dans [15], p. 92, pour le cas des ouverts de $\mathbb{C}^n$, permet de ne pas supposer la métrique complète, sans réserve que X soit faiblement pseudoconvexe, résultat qui était classique lorsque X est un ouvert de Stein de $\mathbb{C}^n$ (L.HÖRMANDER [14]). On en profite pour généraliser dans ce cadre les classiques estimations d'HÖRMANDER pour l'opérateur $\bar{\partial}$ (cf. aussi A.ANDREOTTI, E.VESENTINI [1] et BOCHNER [2]) (cf.également P.MALLIAVIN [26] et J.VAUTHIER [27] pour un autre abord de ces problèmes) Dans le paragraphe 2, on démontre le théorème 1 par la méthode de [21] consistant en fait à démontrer que l'adjoint de l'opérateur G, opérant sur des espaces L^2 de sections holomorphes , est un monomorphisme. Dans l'estimation a priori qu'il est nécessaire d'établir, le hessien de la fonction log $|g|^2$ joue un rôle prépondérant. Intuitivement, l'application de $X \setminus Z$ dans $\mathbb{P}_{p-1}(\mathbb{C})$ qui à $z \in X - Z$ fait correspondre la droite complexe $[g_1(z) , \ldots, g_p(z)]$, permet par image réciproque, de récupérer sur N une partie de la positivité du fibré positif canonique de $\mathbb{P}_{p-1}(\mathbb{C})$.

Cette positivité est suffisante pour obtenir l'estimation a priori et pour annuler la classe de cohomologie dans $H^1(X,\text{Ker } G)$ qui intervient dans le problème.

Dans le paragraphe 3, on considère le cas $\alpha = 1$ et sous une hypothèse de stricte positivité de $M \otimes N^{-q}$, on obtient un théorème d'annulation explicite d'une partie de $H^1(X,\text{Ker } G)$ et une autre solution du problème posé.

A la différence de [21] où nous avions utilisé les délicates estimation de L.HÖRMANDER [14] , relatives à un ouvert borné de classe C^∞, pseudo convexe, de $\mathbb{C}^n$, faisant intervenir le bord de l'ouvert (comme dans KOHN [9]), nous travaillons ici avec la technique des poids de [15] qui moyennant des passages à la limite supplémentaires, est plus simple.

J.-P.DEMAILLY dans [8] avait déjà reconsidéré les démonstrations de [21] dans ce cadre.

Néanmoins, il est probable qu'en reprenant l'ancienne méthode, on puisse généraliser au cas où X est kählérienne et réunion croissante d'ouverts relativement compacts, à frontière de classe C^∞, pseudoconvexe (au sens de [15], p. 49, i.e. vérifiant la condition de Levi), mais nous ignorons si cette généralisation serait bien significative.

On peut bien entendu envisager de généraliser les résultats précédents pour se rapprocher du cas général présenté au début de l'introduction.

Si on suppose $\mathcal{F}_1$ de rang r et positif (au sens de Griffith [12]), le théorème de Le Potier [19], montre qu'on ne peut obtenir mieux que la nullité des $H^{p,q}(X,\mathcal{F}_1)$ pour $p + q \geqslant n + r$ et que par conséquent il n'est guère raisonnable de travailler avec le morphisme G opérant sur les sections holomorphes, mais qu'il est plus naturel de considérer G comme opérant sur les formes $\bar\partial$-fermées de type (p,q) pour $p + q \geqslant n + r - 1$, à valeurs dans les fibrés considérés, problème qui nous semble au premier abord moins intéressant. On est donc amené à supposer $\mathcal{F}_1$ semi-positif au sens de Nakano, ce qui est assez restrictif. Cette extension fera l'objet d'une publication ultérieure.

1/ Estimations L^2 pour l'opérateur d" sur une variété faiblement pseudoconvexe.

Dans [20], Nakano a démontré que si X est kählérienne et faiblement pseudoconvexe, on peut munir X d'une métrique kählérienne, complète, et que les $H^{p,q}(X,E)$ sont nuls pour tout fibré positif de rang 1 sur X et pour $p + q \geqslant n + 1$. Ce paragraphe ne contient donc pas de résultat géométriquement nouveau, mais seulement une extension des estimations L^2 de Hörmander [15] à une telle variété, muni d'une métrique non nécessairement complète. De plus la forme de courbure de E n'est pas nécessairement supposée définie positive en tout point.

Nous adoptons les conventions d'Hörmander : $(dz_j|dz_j) = 1$ dans une base orthonormée de l'espace tangent, de sorte que la forme de Kähler s'écrit $i \sum_{j=1}^{n} dz_j \wedge d\bar z_j$ et l'élément de volume $d\tau = i^n \bigwedge_{j=1}^{n} (dz_j \wedge d\bar z_j)$ dans une telle base, ce qui fait apparaître des différences jouant sur un facteur éventuel 2^k avec les formules de [7] ou [25].

On désigne par $*$, L et Λ les opérateurs habituels de la géométrie hermitienne , on a donc (par définition) :

$$\alpha \wedge \overline{*\beta} = (\alpha \mid \beta) d\tau$$

$$L\alpha = \omega \wedge \alpha$$

$$(L\alpha \mid \beta) = (\alpha \mid \Lambda\beta),$$

pour toutes formes α et β .

On considère un fibré linéaire, <u>holomorphe</u>, <u>hermitien</u> E sur X. On construit alors de manière canonique (cf. par exemple [1] ou [7]) un produit scalaire hermitien sur l'espace $\mathcal{D}^{\circ}_{p,q}(X,E)$ des (p,q) formes à valeurs dans E, de classe C°, à support compact, de sorte que si $f_j = s_j \alpha_j$, $j = 1,2$, avec $s_j \in \mathcal{C}^{\circ}(X,E)$ et $\alpha_j \in \mathcal{D}^{\circ}_{p,q}(X,\mathbb{C})$, on ait :

$$(f_1 \mid f_2) = \int_X (s_1 \mid s_2)_E (\alpha_1 \mid \alpha_2) d\tau$$

$$(f_1 \mid f_2) = \int_X (s_1 \mid s_2)_E \; \alpha_1 \wedge \overline{*\alpha_2}$$

$L^2_{p,q}(X,E)$ désigne l'espace de Hilbert complété de $\mathcal{D}^{\circ}_{p,q}(X,E)$ pour cette norme hilbertienne.

Si φ est une fonction réelle de classe C^2 sur X, on désigne par $L^2_{p,q}(X, \varphi, E)$ l'espace obtenu en multipliant la métrique initiale de E par le poids $e^{-\varphi}$, c'est-à-dire :

$$(f_1 \mid f_2)_{\varphi} = \int_X (s_1 \mid s_2)(\alpha_1 \mid \alpha_2) e^{-\varphi} \, d\tau .$$

Les opérateurs $*$, L et Λ définis pour des formes à valeurs scalaires se prolongent aux formes à valeurs vectorielles par la formule :

$*(s\alpha) = s(*\alpha)$, si $s \in \mathcal{C}^{\circ}(X,E)$ et $\alpha \in \mathcal{D}^{\circ}_{p,q}(X,\mathbb{C})$.

Soit δ'' resp. δ''_{φ} l'adjoint de d" pour le produit sclaire de $L^2_{p,q}(X,E)$, resp. de $L^2_{p,q}(X, \varphi, E)$.

D'après [1] ou [7] exposé III, théorème 3, on a alors l'inégalité fondamentale :

LEMME 1.1 - <u>Pour toute forme</u> $f \in \mathcal{D}^{\infty}_{n,q}(X,E)$, <u>on a :</u>

$$\|\delta'' f\|^2 + \|d'' f\|^2 \geqslant q(ic_E \wedge f \mid f) ,$$

$$\|\delta''_{\varphi} f\|^2_{\varphi} + \|d'' f\|^2_{\varphi} \geqslant q((ic_E + id'd''\varphi) \wedge f \mid f)_{\varphi} .$$

c_E désigne ici l'opérateur de multiplication extérieure par la forme de courbure $c(E)$ de E. La deuxième ligne se déduit de la première en multipliant la métrique de E par le poids $e^{-\varphi}$.

On considère maintenant comme L.Hörmander dans [15], les opérateurs non bornés, à domaine dense T et S, associés à l'opérateur d'' et à trois poids φ_1, φ_2, φ_3 de classe C^2, qui seront précisés ultérieurement :

$$L^2_{p,q-1}(X,\varphi_1,E) \xrightarrow{T = d''} L^2_{p,q}(X,\varphi_2,E) \xrightarrow{S = d''} L^2_{p,q+1}(X,\varphi_3,E).$$

Soit K_ν une suite exhaustive de compacts de X $(\nu \geqslant 1)$, soit $\eta_\nu \in \mathcal{C}^{\infty}(X)$ une suite de fonctions à support compact dans X telles que :

$0 \leqslant \eta_\nu \leqslant 1$, sur X

(1,1) $$\eta_\nu = 1 ,$$

sur un voisinage de K_ν. Soit ψ une fonction dans $\mathcal{C}^2(X)$, $\psi \geqslant 0$, telle que :

(1,2) $$|d''\eta_\nu|^2 \leqslant e^{\psi} ,$$

pour tout $\nu \geqslant 1$. Si on choisit φ_1, φ_2 et φ_3 du type

(1,3) $\varphi_1 = \varphi - 2\psi$, $\varphi_2 = \varphi - \psi$, $\varphi_3 = \varphi$,

où φ sera précisé ultérieurement, alors d'après L.Hörmander [15] lemme 1.1.3., on a le :

LEMME 1.2. - $\mathcal{D}^{\infty}_{p,q}(X)$ <u>est dense dans</u> Dom $T^* \cap$ Dom S <u>pour la norme du graphe de</u> T^* <u>et du graphe de</u> S (Dom T^* <u>désignant le domaine de l'opérateur non borné</u> T^*).

On va maintenant calculer l'opérateur différentiel T^* en fonction de δ''_{φ}. Rappelons d'abord que le produit intérieur $\alpha \lrcorner \beta$ de deux formes à valeurs scalaires est défini en tout point z de X par dualité :

$$(\alpha \lrcorner \beta \mid \gamma) = (\beta \mid \bar{\alpha} \wedge \gamma) ,$$

pour tout γ, le produit scalaire étant celui défini au point z par la forme hermitienne ω. Si α est à valeur scalaire et f à valeur vectorielle, on définit $\alpha \lrcorner f$ par :

$$\alpha \lrcorner (s\beta) = s(\alpha \lrcorner \beta),$$

où $s \in \mathcal{C}^{\circ}(X,E)$ et $\beta \in \mathcal{C}^{\infty}_{p,q}(X,\mathbb{C})$. On a alors aussitôt par dualité la formule

(1,4) $$\delta''(gf) = g\delta''f - d'g \lrcorner f ,$$

où $g \in \mathcal{C}^{1}(X,\mathbb{C})$ et $f \in \mathcal{C}^{1}_{p,q}(X,E)$.

En utilisant la définition de δ'' et T^*, on a aussitôt :

(1,5) $$T^* f = e^{\varphi_1} \delta''(f e^{-\varphi_2}) ,$$

pour $f \in \mathcal{C}^{\infty}_{p,q}(X, E)$.

D'autre part en utilisant (1,4), on a également :

$$\delta''(f) = e^{\varphi}\delta''(fe^{-\varphi}) = e^{\psi} e^{\varphi_1}\delta''(fe^{-\varphi_2}) + d'\psi \lrcorner f ,$$

(1,6) $$\delta''(f) = e^{\psi} T^* f + d'\psi \lrcorner f .$$

On en déduit pour tout $\varepsilon > 0$, l'inégalité :

$$\|\delta''_{\varphi}(f)\|^2_{\varphi} \leqslant (1 + \varepsilon) \|e^{\psi} T^* f\|^2_{\varphi} + (1 + \tfrac{1}{\varepsilon})\|d'\psi \lrcorner f\|^2_{\varphi} ,$$

soit encore :

(1,7) $$\|\delta''(f)\|^2_{\varphi} \leqslant (1 + \varepsilon) \|T^* f\|^2_{\varphi_1} + (1 + \tfrac{1}{\varepsilon})\|d'\psi \lrcorner f\|^2_{\varphi} .$$

D'après le lemme 1.1. et 1.2., et l'inégalité (1,7), on a :

LEMME 1.3. - <u>Si $\varphi \in \mathcal{C}^2(X)$ est choisi de sorte que pour un</u> $\varepsilon > 0$, <u>on ait en tout point de</u> X :

(8) $$q(id'd''\varphi \wedge f | f) - (1 + \tfrac{1}{\varepsilon}) \, |d'\psi \lrcorner f|^2 \geqslant 0 ,$$ <u>pour toute</u> $f \in \mathcal{C}^{\infty}_{n,q}(X,E)$,

<u>et si</u> ic_E <u>est</u> $\geqslant 0$, <u>alors pour toute</u> $f \in \mathrm{Dom}\, T^* \cap \mathrm{Dom}\, S$.

<u>On a l'inégalité a priori :</u>

(1,9) $$(1 + \varepsilon) \|T^* f\|^2_{\varphi_1} + \|Sf\|^2_{\varphi_2} \geqslant (ic_E \wedge f \,|\, f)_{\varphi} .$$

Soit λ la plus petite valeur propre de la forme $\geqslant 0$, ic_E relativement à ω, d'après [7] exposé III, proposition 9, on a :

$$(ic_E \wedge f \,|\, f) \geqslant q\lambda |f|^2 ,$$

en tout point, si f est de type (n,q).

'inégalité (9) entraîne donc l'estimation :

1,10) $$(1+\varepsilon)\;\|T^{*}f\|^{2}_{\varphi_1} + \|Sf\|^{2}_{\varphi_2} \geqslant q\int_X \lambda\,|f|^{2}\,d\tau .$$

n reprend le raisonnement d'Hörmander [15], lemme 4.4.1.

i $g \in L^{2}_{p,q}(X,\mathrm{loc},E)$ est d"-fermée et telle que :

1,11) $$\left\{\begin{array}{l} \|g\|_{\varphi_2} < +\infty \\ \int_X \lambda^{-1}|g|^{2}\,e^{-\varphi_1}\,d\tau < +\infty , \end{array}\right.$$

n a par l'inégalité de Cauchy-Schwartz, et d'après (10) :

1,12) $$\left|(g|f)_{\varphi_2}\right|^{2} \leqslant \left(\frac{1}{q}\int_X \lambda^{-1}|g|^{2}\,e^{-\varphi_1}\,d\tau\right)(1+\varepsilon)\,\|T^{+}f\|^{2}_{\varphi_1} \quad , \text{ pour}$$

$\in \mathrm{Dom}\, T^{*} \cap \mathrm{Ker}\, S$.

ar décomposition orthogonale de $f \in \mathrm{Dom}\, T^{*}$ en $f = f_1 + f_2$ où $f_1 \in \mathrm{Ker}\, S$ t $f_2 \in \mathrm{Ker}\, S^{\perp}$, on en déduit comme dans [15] , que l'inégalité (1,12) st vraie pour toute $f \in \mathrm{Dom}\, T^{*}$.

ar Hahn-Banach, il existe donc $u \in L^{2}_{p,q-1}(X,\mathrm{loc},E)$ tel que :

$$d''u = g ,$$

1,13) $$\int_X |u|^{2}\,e^{-\varphi_1}\,d\tau \leqslant \frac{1+\varepsilon}{q}\int_X \lambda^{-1}\,|g|^{2}\,e^{-\varphi_1}\,d\tau ,$$ g étant assujet-ie à (1,11) et φ vérifiant les hypothèses du lemme 1.1.

n va maintenant montrer qu'on peut trouver φ vérifiant ces hypothèses n a besoin du lemme suivant :

LEMME 1.4. - <u>Si</u> α <u>est une</u> (1,0)-<u>forme à valeurs scalaires et</u> f <u>une</u> n,q)-<u>forme à valeur dans</u> E, <u>on a :</u>

$$\alpha\wedge(\Lambda f) = i\,\alpha \lrcorner f ,$$

$$(i\alpha\wedge\bar{\alpha}\wedge(\Lambda f)\,|\,f) = |\alpha \lrcorner f|^{2} ,$$

<u>n tout point de</u> X.

l suffit de le vérifier lorsque f est à valeurs scalaires. Par duali-é, on a alors pour toute forme β :

$$(\alpha\Lambda f\,|\,\beta) = (f\,|\,\omega\wedge(\bar{\alpha}\lrcorner\beta)) .$$

a multiplication intérieure est une antidérivation et β est de type ,q-1) de sorte que :

$$(\alpha\Lambda f\,|\,\beta) = (f\,|\,-(\bar{\alpha}\lrcorner\omega)\wedge\beta).$$

Or :

$$\bar{\alpha} \lrcorner \omega = i\bar{\alpha} .$$

Il suffit en effet de vérifier cette formule dans une base orthonormée dans laquelle $\omega = i \sum_{k=1}^{n} dz_k \wedge d\bar{z}_k$ et lorsque $\alpha = dz_1$; et dans ce cas, elle est évidente puisque $d\bar{z}_j \lrcorner dz_k = (dz_k | dz_j)$ et que $d\bar{z}_j \lrcorner d\bar{z}_k = 0$.

On en déduit :

$(\alpha \wedge f \mid \beta) = (f \mid -i\bar{\alpha} \wedge \beta) = (i\alpha \lrcorner f \mid \beta)$, pour tout β, c'est-à-dire la première formule du lemme 1.4. .

La seconde en résulte trivialement par adjonction.

Compte-tenu du lemme 1.4., la condition (1,8) du lemme 3 s'écrit :

(1,14) $\quad q\, id'd''\varphi - (1 + \frac{1}{\varepsilon}) id'\psi \wedge d''\psi \geqslant 0.$

Soit alors ρ une fonction d'exhaustion, plurisousharmonique de classe C^2 sur X, qu'on peut supposer $\geqslant 0$.

Désignons par X_t le compact $X_t = \{ z \in X \mid \rho(z) \leqslant t \}$, pour $t \geqslant 0$ assez grand

Soit d'autre part a un nombre > 0 fixé , et fixons également $\varepsilon > 0$.
On peut choisir la suite exhaustive de compacts K_ν de (1,1) de sorte que $K_1 = X_a$. η_ν est alors égale à 1 et $d''\eta_\nu$ nulle sur un voisinage fixe du compact X_a, pour tout ν .

Choisissons ψ égale à $\chi_1 \circ \rho$ où $\chi_1 : \mathbb{R}^+ \longrightarrow \mathbb{R}^+$, est de classe C^∞, croissante, et est choisie de manière à assurer la condition (1,2) soit :

$$\exp\left[\chi_1 \circ \rho\right] \geqslant \sup_\nu \left| d''\eta_\nu \right|^2 ,$$
$$\exp\left[\chi_1(t)\right] \geqslant \sup_{X_t} \sup_\nu \left| d''\eta_\nu \right|^2 ,$$

pour tout $t \in \mathbb{R}^+$. Comme $d''\eta_\nu = 0$ au voisinage de X_a, on peut de plus choisir χ_1 identiquement nulle sur un voisinage de $[0,a]$.

Choisissons maintenant φ égale à $\chi_2 \circ \rho$, où χ_2 est une fonction <u>convexe</u>, <u>croissante</u> de $\mathbb{R}^+$ dans $\mathbb{R}^+$, on a classiquement :

$$id'd''\varphi = \chi_2' \circ \rho \;\; id'd''\rho + \chi_2'' \circ \rho \;\; id'\rho \wedge d''\rho .$$

Comme ρ est plurisousharmonique et que :

$$i d'\psi \wedge d''\psi = (\chi_1' \circ \rho)^2 \, i d'\rho \wedge d''\rho ,$$

la condition (1,14) est réalisée pourvu que :

(1,15) $$q\chi_2'' \geqslant \left(1 + \frac{1}{\varepsilon}\right) \chi_1'^2 .$$

Il est clair qu'on peut choisir χ_2 convexe, croissante, de manière à réaliser (1,15) et telle que de plus χ_2 soit nulle sur $[0,a]$, de sorte que φ est <u>nulle sur</u> X_a

Soit maintenant $g \in L^2_{n,q}(X,\text{loc},E)$ une forme d"-fermée, telle que :

(1,16) $$\int_X \lambda^{-1} |g|^2 \, d\tau < +\infty .$$

Quitte à ajouter à φ une fonction $\chi_3 \circ \rho$, où χ_3 est $\geqslant 0$, convexe, croissante, à croissance assez rapide, on peut toujours réaliser la condition (1,11), ainsi que la condition :

(1,17) $$\varphi \geqslant 2\psi ,$$

de sorte que de plus φ soit nulle sur X_a (puisque ψ est nulle au voisinage de X_a et que (1,11) est une condition à l'infini sur χ_3).

D'après (1,13), il existe $u \in L^2_{n,q-1}(X,\text{loc},E)$ telle que :

$$d''u = g,$$

$$\int_X |u|^2 e^{-\varphi_1} \, d\tau \leqslant \frac{1+\varepsilon}{q} \int_X \lambda^{-1} |g|^2 e^{-\varphi_1} \, d\tau .$$

Comme $\varphi_1 = \varphi - 2\psi$ est nulle sur K_a et que $\varphi \geqslant 2\psi$ d'après (1,17), on obtient en particulier l'estimation :

(1,18) $$\int_{X_a} |u|^2 \, d\tau \leqslant \frac{(1+\varepsilon)}{q} \int_X \lambda^{-1} |g|^2 \, d\tau .$$

En définitive pour tout $a > 0$ assez grand, il existe une solution $u_a \in L^2_{p,q-1}(\Omega, \text{loc}, E)$ de $d''u_a = g$, vérifiant l'estimation :

$$\int_{X_a} |u_a|^2 \, d\tau \leqslant \frac{(1+\varepsilon)}{q} \int_X \lambda^{-1} |g|^2 \, d\tau .$$

On considère en particulier la suite exhaustive X_n $(a = n)$.

La famille u_n étant bornée en norme L^2 sur tout compact, on peut en extraire une suite u_{n_k} faiblement convergente dans $L^2(K,E)$ pour tout compact K de E, vers une limite u vérifiant :

$$d''u = f$$

$$\int_X |u|^2 \, d\tau \leqslant \frac{(1+\varepsilon)}{q} \int_X \lambda^{-1} |g|^2 \, d\tau .$$

Il est immédiat de se débarasser de $\varepsilon > 0$ par un passage à la limite. Il est d'autre part usuel dans les applications de multiplier la métrique de E par un poids $e^{-\varphi}$ où φ est généralement plurisusharmonique. On a donc en définitive le résultat suivant qui généralise [15].

THÉORÈME 2. - Soit X une variété kählérienne, faiblement pseudoconvexe, E un fibré hermitien, holomorphe, de rang 1 sur X et φ une fonction de classe C^2 sur X. Soit λ la plus petite valeur propre de la forme hermitienne $ic(E) + id'd''\varphi$, supposée $\geqslant 0$, (i.e. $ic(E) + id'd''\varphi \geqslant \lambda\omega$). Alors pour toute forme f de type (n,q), ($q \geqslant 1$), dans $L^2_{n,q}(X,\mathrm{loc},E)$, d''-fermée, telle que :

$$\int_X \lambda^{-1} |f|^2 \, e^{-\varphi} \, d\tau < +\infty$$

il existe u $L^2_{n,q-1}(X,\mathrm{loc},E)$ telle que :

$$d''u = f ,$$

$$\int_X |u|^2 \, e^{-\varphi} \, d\tau \leqslant \frac{1}{q} \int_X \lambda^{-1} |f|^2 \, e^{-\varphi} \, d\tau .$$

Il est immédiat par exhaustion et extraction de sous-suite faiblement convergente, de généraliser le résultat où X est réunion croissante d'une suite d'ouverts faiblement pseudoconvexes (X étant kählérienne), mais nous ignorons si une telle généralisation présente beaucoup d'intérêt (cf. toutefois, le contre-exemple de Fornaess [10]).

On ne suppose pas dans le théorème que $\lambda > 0$ en tout point du support de f, ce qui autorise l'usage éventuel d'une fonction φ non strictement plurisousharmonique. On peut également obtenir une version un peu plus précise du théorème : en tout point de X, où la forme $id'd''\varphi + ic_E$ est > 0, l'opérateur $(id'd''\varphi + ic_E) \wedge \Lambda$ opérant sur les (n,q) formes, définit un opérateur hermitien > 0 (d'après [7] , exposé III, théorème 1 et proposition 9), soit A la racine carré de cet opérateur, de sorte ue :

$$((id'd''\varphi + ic_E)\Lambda f \mid f) = (Af \mid Af) ,$$

n ce point. Comme $|(g|f)| = |(A^{-1} g \mid Af)| \leqslant |A^{-1}g| \times |Af|$, des modifica-
ions évidentes dans (1,12) montrent qu'on peut obtenir dans le théorè
e 2 l'estimation plus précise :

$$\int_X |u|^2 \quad e^{-\varphi} d\tau \leqslant \frac{1}{q} \int_X |A^{-1} f|^2 \quad e^{-\varphi} d\tau ,$$

ous réserve que l'intégrale de droite soit finie et en adoptant la
onvention que $|A^{-1}f|^2 = +\infty$ en tout point où $id'd''\varphi + ic_E$ n'est pas
éfinie positive.

nfin si λ désigne seulement la plus petite valeur propre de ic_E suppo-
ée $\geqslant 0$, le théorème se généralise comme dans [15] , théorème 4.4.2.,
u cas où φ est une limite d'une suite décroissante de fonctions plu-
isousharmoniques de classe C^2 sur X, φ n'étant plus alors nécessaire-
ent de classe C^2 .

2/ Estimation de G^* et démonstration du théorème principal.

M et N désignent comme dans l'introduction deux fibrés linéaires,
ermitiens, holomorphes. $M^{\oplus p}$ désigne le fibré obtenu en faisant
a somme directe de p fibrés M, il est isomorphe au fibré $M \otimes \mathbb{C}^p$. On
onsidère l'application G :

2,1) $$H^o(X, K \otimes M^{\oplus p}) \longrightarrow H^o(X, K \otimes M \otimes N)$$

$$h = (h_1, \ldots, h_p) \longmapsto g.h. = \sum_{j=1}^{p} g_j h_j .$$

$\otimes L \otimes M$ étant muni de la métrique produit, l'inégalité de Cauchy-
chwartz montre que :

2,2) $$|gh| \leqslant |g| \, |h| .$$

n suppose pour l'instant que les g_j n'ont pas de zéro commun. On
onsidère sur $M \otimes N$ la nouvelle métrique définie par :

2,3) $$\|f\|^2 = \frac{|f|^2}{|g|^2} ,$$

où f est une section de M, de sorte que d'après (2,2) :

(2,4) $$\|g.h\| \leqslant |h| \quad .$$

On supposera désormais $M\otimes N$ <u>muni de cette métrique</u> hermitienne (sauf dans l'énoncé des théorèmes) qui est également la métrique quotient du fibré $X \times \mathbb{C}^p$ / Ker G.

Les résultats du paragraphe 1 s'appliquent également trivialement au fibré $M^{\oplus p}$. On considère donc le diagramme commutatif suivant :

(2,5)
$$\begin{array}{ccccc}
L^2_{n,o}(X,\ \varphi_1,\ M^{\oplus p}) & \xrightarrow{T=d''} & L^2_{n,1}(X,\ \varphi_2, M^{\oplus p}) & \xrightarrow{S=d''} & L^2_{n,2}(X,\varphi_3,\ M^{\oplus p}) \\
\downarrow G & & \downarrow G & & \downarrow G \\
L^2_{n,o}(X,\ \varphi_1,\ M\otimes N) & \xrightarrow{T=d''} & L^2_{n,1}(X,\ \varphi_2,\ (M\otimes N)) & \xrightarrow{S} & L^2_{n,2}(X,\ \varphi_3, M\otimes N)
\end{array}$$

où G est défini comme dans (2,1) et est continu d'après (2,4).

Soit F_1 et F_2 les sous-espaces de $L^2_{n,o}(X,\ \varphi_1,\ M^{\oplus p})$ et $L^2_{n,o}(X,\varphi_1,\ M\otimes$ formés de formes holomorphes et

$\Gamma : F_1 \to F_2$, la restriction de G à F_1.

Γ est surjectif, si et seulement si il existe $C > 0$ telle que pour tou $u \in F_2$ on ait :

(2,6) $$\|\Gamma^* u\|^2_{\varphi_1} \geqslant C \|u\|^2_{\varphi_1} \quad ,$$

où Γ^* va de F_2 dans F_1. Γ^* u n'est autre que la projection de $G^* u \in L^2_{n,o}(X,\ \varphi_1,\ M^{\oplus p})$ sur le sous-espace F_1 noyau de T , de sorte qu

$$\|\Gamma^* u\| = \inf_{v \in \mathrm{Dom}\, T^*} \|G^* u + T^* v\| \ ,$$

et que (2,6) équivaut à :

(2,7) $$\| G^* u + T^* v \|^2_{\varphi_1} \geqslant C \|u\|^2_{\varphi_1} \quad ,$$

pour tout u holomorphe dans $L^2_{n,o}(X,\ \varphi_1, M\otimes N)$ et $v \in \mathrm{Dom}\ T^*$.

On cherche maintenant à démontrer l'estimation (2,7).

Soit $(U_\ell)_{\ell \in \mathbb{N}}$ un recouvrement ouvert, localement , fini de X tels que les U_ℓ soient des ouverts trivialisants pour M et N.

Soit $h_{j,\ell}$, u_ℓ les (n,o) formes et $g_{j,\ell}$ les fonctions qui représentent respectivement les sections h_j, u, et g_j dans U_ℓ. Soit d'autre part μ_ℓ et $\nu_\ell \in \mathcal{C}^\infty(U_\ell)$ les fonctions qui représentent le métrique de M et N dans U, de sorte que dans U_ℓ, on a :

$$|h_j|^2 = \frac{|h_{j,\ell}|^2}{\mu_\ell} ,$$

(2,8)

$$|g_j|^2 = \frac{|g_{j,\ell}|^2}{\nu_\ell} ,$$

$$\|u\|^2 = \frac{|u_\ell|^2}{\nu_\ell \mu_\ell |g|^2} = \frac{|u_\ell|^2}{c^p \mu_\ell |g_{.\ell}|^2} ,$$

où $\bar g_. = (\bar g_{1,\ell}, \dots, \bar g_{p,\ell})$ est à valeurs dans C^p.

En tout point de U_ℓ, on a :

$$(g.h \mid u)_{M \otimes N} = i^n (-1)^{\frac{n(n-1)}{2}} \sum_{j=1}^{p} \frac{g_{j,\ell} h_{j,\ell} \wedge \bar u_\ell}{\nu_\ell \mu_\ell |g|^2}$$

de sorte que $G^* u$ est représenté au-dessus de U_ℓ par :

$$(G^* u)_\ell = \frac{\bar g_{.\ell}\, u_\ell}{|g|^2 \nu_\ell} = \frac{\bar g_{.\ell}}{|g_{.\ell}|^2}\, u_\ell ,$$

$\frac{\bar g_{.\ell}}{|g_{.\ell}|^2}$ définit une section du fibré $(N^{-1})^{\oplus p}$ qu'on notera simplement $\frac{\bar g}{|g|^2}$, de sorte qu'on a :

(2,9) $$G^* u = \frac{\bar g}{|g|^2}\, u .$$

On en déduit aussitôt :

$$|G^* u|^2 = \frac{|u|^2}{|g|^2} = \|u\|^2 ,$$

(2,10) $$\|G^* u\|^2_{\varphi_1} = \|u\|^2_{\varphi_1} .$$

Calculons maintenant $\|G^* u + T^* v\|_{\varphi_1}$:

(2,11) $$\|G^* u + T^* v\|^2_{\varphi_1} = \|G^* u\|^2_{\varphi_1} + 2\mathrm{Re}(G^* u \mid T^* v)_{\varphi_1} + \|T^* v\|^2_{\varphi_1} .$$

Soit d'après (2,10) :

(2,12) $$\|G^* u + T^* v\|^2_{\varphi_1} = \|u\|^2_{\varphi_1} + 2\mathrm{Re}(G^* u | T^* v)_{\varphi_1} + \|T^* v\|^2_{\varphi_1}$$

On a d'autre part :

$$(2,13)\qquad (G^*u \mid T^*v)_{\varphi_1} = (T\,G^*u \mid v)_{\varphi_2} = (d''G^*u \mid v)_{\varphi_2},$$

sous réserve que G^*u soit dans le domaine de T.

Or d'après (2,9), on a :

$$(2,14)\qquad d''G^*u = d''\left(\frac{\bar{g}}{|g|^2}\right)\wedge u .$$

On suppose désormais que la (0,1)-forme sur X à valeurs dans N^{-1}, $d''\left(\frac{\bar{g}}{|g|^2}\right)$ est bornée de sorte que $d''G^*u$ appartient bien à $L^2_{n,1}(X, \varphi_2, M)$ (puisque $\varphi_1 = \varphi_2 - \psi$ et que $\psi \geqslant 0$).

On a alors en désignant par $(v_1, v_2, \ldots, v_p)$ les composantes de $v \in L^2(X, \varphi_2, M^{\oplus p})$, et en travaillant au-dessus de U_ℓ :

$$(d''G^*u \mid v) = \sum_{j=1}^{p} \mu_\ell^{-1}\left(u_\ell \,\Big|\, d'\left(\frac{g_{j,\ell}}{|g_\ell|^2}\right) \lrcorner\, v_{j,\ell}\right),$$

où le produit scalaire de droite est celui des (n,0)-formes.

Désignons par $D'g_j$ la (1,0)-forme à valeur dans N définie au-dessus de U_ℓ par

$$(2,15)\qquad (D'g_j)_\ell = |g_\ell|^2\, d'\left(\frac{g_{j,\ell}}{|g_\ell|^2}\right).$$

On a plus simplement :

$$(2,16)\qquad (d''G^*u \mid v) = \left(u \,\Big|\, \sum_{j=1}^{p} D'g_j \lrcorner\, v_j\right)_{L\otimes M}.$$

Soit par l'inégalité de Cauchy-Schwartz :

$$(2,17)\qquad 2\left|(d''G^*u \mid v)_{\varphi_2}\right| \leqslant \frac{1}{\alpha}\|u\|^2_{\varphi_1} + \alpha\left\|\sum_{j=1}^{p} D'g_j \lrcorner\, v_j\right\|^2_{\varphi}$$

(on a $\varphi_1 = \varphi - 2\psi$, $\varphi_2 = \varphi - \psi$) avec $\alpha > 1$.

Posons pour simplifier : $D'g \lrcorner\, v = \sum_{j=1}^{p} D'g_j \lrcorner\, v_j$.

D'après (2,12), (2,13), (2,17), on obtient :

$$(2,18)\qquad \|G^*u + T^*v\|^2_{\varphi_1} \geqslant \left(1 - \frac{1}{\alpha}\right)\|u\|^2_{\varphi_1} + \|T^*v\|^2_{\varphi_1} - \alpha\|D'g \lrcorner\, v\|^2_{\varphi}.$$

Supposons que φ satisfait à la condition (1,8) du lemme (1,3), on a alors l'estimation suivante :

$$(1 + \varepsilon)\|T^*v\|^2_{\varphi_1} + \|Sv\|^2_{\varphi_2} \geqslant$$

(2,19) $$\int_X \Big[\sum_{j=1}^{p} \big((ic_M + id'd''\varphi)\wedge v_j \,|\, v_j\big) - (1 + \tfrac{1}{\varepsilon})\,|d'\psi\lrcorner v_j|^2\big)\Big] e^{-\varphi}\, d\tau .$$

D'après (2,18) et (2,19), on obtient donc l'estimation (2,10) :

$$(1 + \varepsilon)\|G^*u + T^*v\|^2_{\varphi_1} + \|Sv\|^2_{\varphi_2} \geqslant (1 + \varepsilon)(1 - \tfrac{1}{\alpha})\ \|u\|^2_{\varphi_1} +$$

$$+ \int\Big[\big((ic_M + id'd''\varphi)\wedge v\,|\,v\big) - (1 + \tfrac{1}{\varepsilon})\,|d'\psi\lrcorner v|^2 - \alpha(1 + \varepsilon)\|D'g\lrcorner v\|^2\Big] e^{-\varphi} d\tau ,$$

avec des conventions évidentes pour condenser l'écriture, par exemple $ic_M + id'd''\varphi$ au lieu de $(ic_M + id'd''\varphi)\otimes \mathrm{Id}_{\mathbb{C}^p}$.

Supposons démontré le lemme suivant :

LEMME 2.1. - <u>En tout point de</u> X <u>et pour toute</u> $v \in \mathcal{E}^{o}_{n,1}(X, M^{\oplus p})$ <u>on a</u> <u>(avec</u> q = Inf(n,p-1)) :

$$q\big((ic_N + id'd''\log|g|^2)\wedge\Lambda v \,|\, v\big)_M - \|D'g\lrcorner v\|^2_{M\otimes N} \geqslant 0 .$$

Remplaçons alors φ par $\varphi + \alpha q(1 + \varepsilon)\log|g|^2$ dans l'estimation (2,10), on obtient d'après le lemme 2,1 :

(2,20) $$(1 + \varepsilon)\|G^*u + T^*v\|^2_{\varphi_1} + \|Sv\|^2_{\varphi_2} \geqslant (1 - \tfrac{1}{\alpha})(1 + \varepsilon)\|u\|^2_{\varphi_1} + \int\big((ic_M - i\alpha q(1+\varepsilon)c_N)\wedge\Lambda f\,|\,f\big)\, e^{-\varphi_3} d\tau ,$$

avec désormais :

(2,21)
$$\begin{aligned}\varphi_1 &= \varphi + \alpha q(1 + \varepsilon)\log|g|^2 - 2\psi,\\ \varphi_2 &= \varphi + \alpha q(1 + \varepsilon)\log|g|^2 - \psi,\\ \varphi_3 &= \varphi + \alpha q(1 + \varepsilon)\log|g|^2,\end{aligned}$$

et la fonction φ vérifiant toujours la condition (1,8).

Si $ic_M - \alpha(1 + \varepsilon)q\, ic_N$ est $\geqslant 0$, on a donc :

(2,22) $$(1 + \varepsilon)\|G^*u + T^*v\|^2_{\varphi_{1_2}} + \|Sv\|^2_{\varphi_3} \geqslant (1 - \tfrac{1}{\alpha})(1 + \varepsilon)\|u\|^2_{\varphi_1} ,$$

pour toute u holomorphe dans $L^2_{n,o}(X, \varphi_1, M\otimes N)$ et $v \in \mathrm{Dom}\, T^* \cap \mathrm{Dom}\, S$.

Toute $v \in \mathrm{Dom}\, T^* \cap \mathrm{Dom}\, S$, se décompose en $v = v' + v''$ où $v' \in \mathrm{Ker}\, S$ et

$v'' \in \operatorname{Ker} S^{\perp}$, comme $\operatorname{Im} T \subset \operatorname{Ker} S$, on a $T^* v'' = 0$ et par suite $T^* v = T^* v'$; appliquant (2,13) à v', on obtient :

(2,23) $\quad \|G^* u + T^* v\|^2_{\varphi_1} \geqslant (1 - \frac{1}{\alpha}) \|u\|^2_{\varphi_1}$, pour toute $u \in F_2$ et $v \in \operatorname{Dom} T^*$.

Soit alors $f \in F_2$ (i.e. holomorphe et dans $L^2_{n,o}(X, \varphi_1, M \otimes N)$).

D'après (2,23) on a :

$$\left|(f|u)_{\varphi_1}\right|^2 \leqslant \frac{\alpha}{\alpha - 1} \|f\|^2_{\varphi_1} \|G^* u + T^* v\|^2_{\varphi_1} ,$$

pour toute $u \in F_2$ et $v \in \operatorname{Dom} T^*$. Par application du théorème de Hahn-Banach, il existe $h \in L^2(X, \varphi_1, M)$ telle que :

(2,24) $\quad (f|u)_{\varphi_1} = (h \mid G^* u + T^* v)_{\varphi_1}$

pour toute $u \in F_2$ et $v \in \operatorname{Dom} T^*$, et :

(2,25) $\quad \|h\|^2_{\varphi_1} \leqslant \frac{\alpha}{\alpha - 1} \|f\|^2_{\varphi_1}$.

Lorsque $u = 0$, (2,24) montre déjà que h est <u>holomorphe</u>. Lorsque $v = 0$ on obtient :

$$(Gh \mid u)_{\varphi_1} = (f|u)_{\varphi_1}$$

pour tout $u \in F_2$, soit :

$$(Gh - f \mid u)_{\varphi_1} = 0 .$$

Pour $u = Gh - f$, on obtient :

$$Gh = f ,$$

avec l'estimation :

(2,26) $\quad \int_X |h|^2 |g|^{-2\beta q} e^{-\varphi + 2\psi} d\tau \; \frac{\alpha}{\alpha - 1} \int_X \|f\|^2 |g|^{-2\beta q} e^{-\varphi + 2\psi} d\tau$,

où on a posé $\beta = \alpha(1 + \varepsilon)$, φ vérifiant (1,8), les formes de courbure vérifiant $ic_M - i \beta q \, c_N \geqslant 0$, et la forme $d''(\frac{\bar{g}}{|g|^2})$ étant supposée bornée.

Supposons maintenant que f vérifie l'estimation :

(2,27) $\quad \int_X \|f\|^2 |g|^{-2\beta q} d\tau < +\infty .$

On a vu dans le paragraphe 1, que pour tout compact K de X, on peut choisir ψ et φ de sorte que (1,8) soit vérifiée de sorte que ψ et φ soient nulles au voisinage de K et de sorte que $\varphi \geqslant 2\psi$ sur X. Il résulte alors de (2,26) et (2,27) qu'il existe h_K telle que :

$$gh_K = f \;,$$

$$\int_K |h_K|^2 \; |g|^{-2\beta q} \, d\tau \leqslant \frac{\alpha}{\alpha-1} \int_X \|f\|^2 \; |g|^{-2\beta q} \, d\tau \;.$$

Considérant une suite exhaustive de compact K_n de X, on peut de la suite h_{K_n} extraire une suite convergeant uniformément sur tout compact de X vers une limite h, vérifiant :

$$(2,28) \quad \int_X |h|^2 \; |g|^{-2\beta q} \, d\tau \leqslant \frac{\alpha}{\alpha-1} \int_X \|f\|^2 \; |g|^{-2\beta q} \, d\tau.$$

X étant faiblement pseudoconvexe, X est réunion d'une suite croissante d'ouverts X_n faiblement pseudoconvexes et relativement compacts. Sur chaque X_n la forme $d''(\frac{\bar{g}}{|g|^2})$ est bornée, on peut donc appliquer le résultat antérieur à X_n et obtenir h_n holomorphe sur X_n telle que :

$$gh_{.n} = f \text{ sur } X_n \;,$$

$$\int_{X_n} |h_{.n}|^2 \; |g|^{-2\beta q} \, d\tau \leqslant \frac{\alpha}{\alpha-1} \int_{X_n} \|f\|^2 \, |g|^{-2\beta q} \, d\tau.$$

Quitte à extraire une sous-suite, la suite h_n converge vers une limite h uniformément sur tout compact de X, vérifiant également (2,28).

Enfin β étant fixé > 1, on peut choisir ε arbitraire $0 < \varepsilon < \beta - 1$, α étant déterminé par $\alpha(1+\varepsilon) = \beta$; pour tout ε, on a une solution h_ε vérifiant (2,28), par passage à la limite quand $\varepsilon \to 0$, on en déduit l'existence d'une solution h vérifiant

(2,28) avec $\alpha = \beta$.

Ce qui achève de démontrer le théorème 1 lorsque les g_j n'ont pas de zéros communs, sous réserve de démontrer le lemme 2.1. Rappelons l'énoncé du théorème pour la commodité du lecteur.

THÉORÈME 1. - Soit X une variété kählérienne, faiblement pseudoconvexe. Soit $g_1, g_2, \ldots, g_p$ des sections d'un fibré linéaire holomorphe hermitien N, Z l'ensemble des zéros communs aux g_j. On suppose Z vide ou X-négligeable. Soit M un autre fibré linéaire hermitien. Soit $\alpha > 1$ et q l'entier Inf(n,p-1) .

Si les formes de courbures vérifient $ic(M) - i\alpha q C(N) \geqslant 0$, alors pour toute (n,o)-forme holomorphe f à valeurs dans $L \otimes M$, telle que

$$\int_X |f|^2 \, |g|^{-2\alpha q - 2} d\tau < +\infty ,$$

il existe des (n,o)-formes holomorphes $h_1, h_2, \dots, h_p$ à valeurs dans M telles que :

$$f = \sum_{j=1}^{p} g_j \, h_j \; ,$$

$$\int_X |h|^2 \, |g|^{-2\alpha q} \, d\tau \leqslant \frac{\alpha}{\alpha - 1} \int_X |f|^2 \, |g|^{-2\alpha q - 2} \, d\tau \, .$$

Lorsque Z est non vide, on considère l'ensemble fermé $Y \supset Z$ de la définition 1. $X \setminus Y$ est faiblement pseudoconvexe, on applique le théorème 1 dans $X \setminus Y$. Il existe une solution h au problème holomorphe dans $X \setminus Y$, vérifiant :

$$\int_{X \setminus Y} |h|^2 \, |g|^{-2\alpha q} \, d\tau \leqslant \frac{\alpha}{\alpha - 1} \int_X |f|^2 \, |g|^{-2\alpha q - 2} \, d\tau \, .$$

h est donc localement de carré intégrable au voisinage de Y, h se prolonge donc holomorphiquement à X. C.Q.F.D.

Démontrons maintenant le lemme 2.1., à savoir l'inégalité :

$$(2,29) \quad q\big((ic_N + id'd'' \log |g|^2) \wedge \Lambda v \,|\, v\big)_M - \| D'g \,\lrcorner\, v \|^2_{M \otimes N} \geqslant 0 \, .$$

Dans un ouvert trivialisant U_ℓ , on a :

$$|g|^2 = \left| \frac{g_{.\ell}}{\nu_\ell} \right|^2 .$$

Comme par définition $c_N = id'd'' \log \nu_\ell$ dans U_ℓ , on a :

$$(2,30) \qquad ic_N + id'd'' \log |g|^2 = id'd'' \log |g_{.\ell}|^2 \, .$$

(2,10) équivaut donc au-dessus de U_ℓ , à :

$$q \sum_{j-1}^{p} \frac{1}{\mu_\ell} \left(id'd'' \log |g_{.\ell}|^2 \wedge \Lambda v_{j,\ell} \,|\, v_{j,\ell} \right) - \frac{1}{|g_{.\ell}|^2 \mu_\ell} \left| \sum_{j=1}^{p} |g_{.\ell}|^2 d'\Big(\frac{g_{j,\ell}}{|g_{.\ell}|^2}\Big) \lrcorner\, v_{j,\ell} \right|^2 \geqslant 0.$$

On est donc ramené au cas où L et M sont triviaux.

n choisissant une base orthonormée de l'espace tangent, on est rame-é au cas de $\mathbb{C}^n$ et en utilisant le lemme (1.4) on est ramené à l'iné-alité :

$$\sum_{j,i,k} \frac{\partial^2}{\partial z_i \partial \bar{z}_k} (\log |g|^2) v_{ji} \bar{v}_{jk} - \frac{1}{|g|^2} \left| \sum_{j,k} |g|^2 \frac{\partial}{\partial z_k} \left(\frac{g_j}{|g|^2} \right) v_{jk} \right|^2 \geqslant 0 ,$$

ù $1 \leqslant j \leqslant p$, $1 \leqslant i , k \leqslant n$, où les g_j sont des fonctions holomorphes et les v_{jk} des ombres complexes, à savoir :

$$v_j = \sum_{k=1}^{n} v_{jk} \, dz_1 \wedge \ldots \wedge dz_n \wedge d\bar{z}_k .$$

ar des calculs élémentaires, dont on trouvera le détail dans [21] , . 552, on est ramené à l'inégalité entre nombres complexes :

$$\sum_{i,m<j} \left| \sum_k \left(g_m \frac{\partial g_j}{\partial z_k} - g_j \frac{\partial g_m}{\partial z_k} \right) v_{ik} \right|^2 \geqslant \frac{1}{|g|^2} \left| \sum_{i,j,k} \bar{g}_j \left(g_j \frac{\partial g_i}{\partial z_k} - g_i \frac{\partial g_j}{\partial z_k} \right) v_{ik} \right|^2 ,$$

ù $1 \leqslant k \leqslant n$, $1 \leqslant i , j,m \leqslant p$.

ette inégalité pour $q = p-1$ résulte immédiatement de l'inégalité e Cauchy-Schwartz. Pour $q = n$, elle est démontrée dans [21] , p. 553

3/ Compléments relatifs au cas $\alpha = 1$: un autre théorème 'existence.

Lorsque l'ensemble Z est non vide, il y a intérêt à prendre α petit ans l'application du théorème 1 . Le cas $\alpha = 1$ présente donc un ntérêt certain (cf. [21] ,corollaire 7) .

n se propose de démontrer le résultat suivant qui est un théorème 'existence pour l'opérateur d", à valeurs dans Ker G, analogue au héorème 2. La démonstration suit la même démarche que celle du aragraphe 4 de [21] .

THÉORÈME 3. - Sous les hypothèses générale du théorème 1, soit λ ne fonction mesurable $\geqslant 0$ telle que $c(M) - qc(N) \geqslant \lambda\omega$, ($c(M) - qc(N)$ tant supposée $\geqslant 0$).

lors pour toute $w \in L^2_{n,1}(X, \mathrm{loc}, M \otimes P)$ telle que : $d''w = 0$, $g.w = 0$,

$$\int_X \lambda^{-1} |w|^2 \ |g|^{-2q} \ d\tau < +\infty ,$$

<u>il existe</u> $h \in L^2_{n,1}(X, \mathrm{loc}, M^{\oplus p})$ <u>telle que :</u>

$$d''h = w ,$$

$$g.h = 0 ,$$

$$\int_X |h|^2 \ |g|^{-2q} \ d\tau \leqslant \int_X \lambda^{-1} |w|^2 |g|^{-2q} \ d\tau .$$

Ce théorème généralise très précisément la proposition 4 de [21] .

Le théorème est valable plus généralement pour une forme h de type (n,r) avec $r \geqslant 1$, mais seul le cas r = 1 nous intéresse ici.

On en déduit aisément le résultat suivant, dans lequel le symbole Tr désigne la trace d'une forme hermitienne relativement au produit scalaire hermitien ω sur l'espace tangent.

THÉORÈME 4. - <u>Sous les hypothèses générales du théorème 1, on suppose</u> $c(M) - qc(N) > 0$. <u>Soit</u> λ <u>une fonction mesurable</u> > 0 <u>telle que</u> : $c(M) - qc(N) \geqslant \lambda\omega$.

<u>Alors pour toute</u> (n,o)-<u>forme holomorphe à valeurs dans</u> $M \otimes N$ <u>telle que</u> : $\int_{X \setminus Z} |f|^2 |g|^{-2q-2} \left[1 + 2\mathrm{Tr}(id'd''\log |g|^2 + ic_N)\right] d\tau < +\infty$

<u>il existe des</u> (n,o)-<u>formes holomorphes</u> $h_1, h_2, \ldots, h_p$ <u>telles que</u> :

$$f = g.h,$$

$$\int_X |h|^2 |g|^{-2q} \ d\tau \leqslant \int_{X \setminus Z} |f|^2 |g|^{-2q-2}\left[1 + 2\lambda^{-1} \ \mathrm{Tr}(id'd''\log |g|^2 + ic_N)\right] d\tau$$

<u>où</u> $\mathrm{Tr}(id'd''\log |g|^2 + ic_N)$ <u>désigne la trace de la forme hermitienne positive</u> $id'd'' \log |g|^2 + ic_N$, <u>relativement à</u> ω.

<u>Remarque 3.1.</u> En multipliant la métrique de M par le poids $e^{-\varphi}$, on obtient sous l'hypothèse $id'd''\varphi + ic(M) - iqc(N) > \lambda\omega$, le théorème 4, avec l'estimation à poids :

$$\int_X |h|^2 |g|^{-2q} \ e^{-\varphi} d\tau \leqslant 2 \int_{X \setminus Z} |f|^2 |g|^{-2q-2} \left[1 + 2\lambda^{-1} \ \mathrm{Tr}(id'd'' \ \log|g|^2 + ic_N)\right] e^{-\varphi} d\tau .$$

<u>Remarque 3.2.</u> Comme la fonction $\log |g|^2$ ne diffère localement d'une fonction plurisousharmonique que par l'addition d'une fonction de

classe C^∞, les coefficients de $id'd''\log|g|^2$ sont localement intégrables au voisinage de Z. Il en résulte que si $|f|\,|g|^{-q-1}$ est localement bornée au voisinage de Z, l'intégrale de droite de la remarque 3.1. est convergente pour un choix convenable de φ (sous réserve que $ic(M) - qc(N) > 0$).

<u>Remarque 3.3.</u> Comme dans le théorème 1, on peut dans les théorèmes 3 et 4 remplacer les n-formes holomorphes, par des fonctions holomorphes à condition de remplacer c(M) par c(M) + Ricci ω, dans les hypothèses.

<u>Démonstration.</u> du th. 3 $\Longrightarrow$ th. 4.

D'après la définition 1, on peut toujours supposer $Z = \emptyset$.

$\frac{\bar{g}}{|g|^2}$ définit un élément de $\mathcal{C}^\infty(X,(N^{-1})^{\oplus p})$. Soit $h' \in \mathcal{C}^\infty(X, M^{\oplus p})$ la solution C^∞ du problème défini par :

$$(3,1) \qquad h' = f\,\frac{\bar{g}}{|g|^2}\ ,$$

de sorte que :

$$(3,2) \qquad gh' = f\ .$$

Posons :

$$(3,3) \qquad w = d''h' = f\wedge d''\left(\frac{\bar{g}}{|g|^2}\right)\ .$$

On a d'après (3,2) et (3,3) :

$$g.w = gd''h' = d''(g.h') = d''(f) = 0\ ,\quad d''w = d''^2.h' = 0.$$

D'après le théorème 1, il existe donc h" tel que :

$$(3,4) \qquad \begin{cases} d''h'' = w \\ g.h'' = 0 \end{cases}$$

$$(3,5) \qquad \int_X |h''|^2\,|g|^{-2q}\,d\tau \leqslant \int_X \lambda^{-1}\,|w|^2\,|g|^{-2q}\,d\tau\ .$$

D'après (3,3) et (3,4), $h = h' - h''$ répond au problème, et vérifie l'estimation :

$$(3,6) \qquad \int_X |h|^2\,|g|^{-2q}\,d\tau \leqslant \int_X |f|^2\,|g|^{-2q-2}\left(1 + \lambda^{-1}\,|g|^2\left|d''\left(\frac{\bar{g}}{|g|^2}\right)\right|^2\right)d\tau\ ,$$

d'après (3,1), h' et h" sont orthogonaux puisque g.h" = 0).

Il suffit de vérifier l'estimation :

$$(3,7)\quad |g|_N^2 \left|d''\left(\frac{\bar g}{|g|^2}\right)\right|^2_{N^{-1}} \leq 2\mathrm{Tr}(id'd''\log|g|^2 + ic(N)) \ .$$

En considérant une trivialisation locale de N et une base orthonormée pour w, il suffit de vérifier (3,7) lorsque $N = \mathbb{C}$ et lorsque $X = \mathbb{C}^n$.

Dans ce cas (3,7) s'écrit par un calcul immédiat :

$$(3,8)\quad |g|^{-6} \sum_{i,k} \left| \sum_j g_j \overline{\left(g_j \frac{\partial g_i}{\partial z_k} - g_i \frac{\partial g_j}{\partial z_k}\right)} \right|^2 \leq 2 \sum_{k=1}^{n} \frac{\partial^2}{\partial z_k \partial \bar z_k} (\log|g|^2).$$

Comme :

$$2 \sum_{k=1}^{n} \frac{\partial^2}{\partial z_k \partial \bar z_k} (\log|g|^2) = |g|^{-4} \sum_{i,j,k} \left| g_j \frac{\partial g_i}{\partial z_k} - g_i \frac{\partial g_j}{\partial z_k}\right|^2 ,$$

(3,8) résulte simplement de l'inégalité de Cauchy-Schwarz.

Démonstration du théorème 3.

Comme pour les théorème 1 et 2, il suffit de démontrer le théorème lorsque Z est vide et en remplaçant X par un ouvert faiblement pseudoconvexe, relativement compact dans X.

Pour ne pas avoir à supposer $ic(M) - (1 + \varepsilon)qc(N) \geq 0$ pour certains $\varepsilon > 0$, ni $\lambda > 0$ dans le théorème 3, on est amené à modifier légèrement l'inégalité (2, 20) et à résoudre , dans une première étape, l'équation $d''h = w$ avec h "presque dans Ker G, à ε près".

D'après (2,8) et (2,9) avec $\alpha = 1$, on obtient :

$$(3,8)\quad \|G^*u + T^*v\|^2_{\varphi_1} + \varepsilon\|T^*v\|^2_{\varphi_1} + \|Sv\|^2_{\varphi_3} \geq$$

$$\int_X \left[((ic_M + id'd''\varphi)\Lambda v|v) - (1 + \tfrac{1}{\varepsilon})|d'\psi \lrcorner v|^2 - \|D'g \lrcorner v\|^2\right] e^{-\varphi} d\tau \ .$$

Soit d'après le lemme 2,1, en utilisant le fait que $ic_M - qc_N \geq \lambda w$:

$$(3,9)\quad \|G^*u + T^*v\|^2_{\varphi_1} + \|\sqrt{\varepsilon}T^*v\|^2_{\varphi_1} + \|Sv\|^2_{\varphi_3} \geq \int_X \lambda|v|^2 e^{-\varphi_3} d\tau ,$$

avec : $\varphi_1 = \varphi + q \log|g|^2 - 2\psi$

$\varphi_2 = \varphi + q \log|g|^2 - \psi$

$\varphi_3 = \varphi + q \log|g|^2$,

φ étant assujetti à vérifier (1,8) .

On reprend les raisonnements du théorème 2 (inégalité (1,10)).

On a par l'inégalité de Cauchy-Schwartz :

(3,10) $|(w|v)|^2_{\varphi_2} \leq (\int_X \lambda^{-1} |w|^2 e^{-\varphi_1} d\tau)(\| G^* u + T^* v\|^2_{\varphi_1} + \|\sqrt{\varepsilon} T^* v\|^2_{\varphi_1})$

pour tout $v \in \text{Dom } T^* \cap \text{Ker } S$ et tout $u \in F_2$; sous réserve que soit choisi de sorte que en plus de (1,8) on ait :

(3,11)
$$\begin{cases} \|w\|_{\varphi_2} < +\infty \\ \int_X \lambda^{-1} |w|^2 e^{-\varphi_1} d\tau < +\infty . \end{cases}$$

Par l'argument de décomposition orthogonale sur Ker S et Ker $S^{\perp}$ déjà employé en (1,12), (3,10)' est vraie pour tout $v \in \text{Dom } T^*$ (car $\in$ Ker S). Appliquant le théorème de Hahn-Banach dans $[L^2_{n,o}(X,\varphi_1,M^{\oplus p})]^2$ on en déduit l'existence d'un couple $(h,h') \in [L^2_{n,o}(X, \varphi_1, M^{\oplus p})]^2$ tel que:

(3,12) $(h|G^* u + T^* v)_{\varphi_1} + (h', \varepsilon^{1/2} T^* v)_{\varphi_1} = (w|v)_{\varphi_2}$,

pour tout $v \in \text{Dom } T^*$ et $u \in F_2$, et tel que :

(3,13) $\int_X (|h|^2 + |h'|^2) e^{-\varphi_1} d\tau \leq \int \lambda^{-1} |w|^2 e^{-\varphi_1} d\tau$.

(3,12) équivaut encore à :

(3,14)
$$\begin{cases} d''(h + \varepsilon^{1/2} h') = w \\ (Gh|u)_{\varphi_1} = 0 \quad \text{pour tout } u \in F_2 . \end{cases}$$

De $g.w = 0$ et de (3,14), on va déduire une estimation de Gh en fonction de h' et ε, montrant que Gh est petit.

Rappelons que F_2 = Ker T, lorsque T opère sur les formes à valeurs dans $M \otimes N$. Soit $u \in L^2_{n,o}(X, \varphi_2, M \otimes N)$, on peut décomposer u en :

(3,15) $$u = u_1 + u_2 ,$$

où $u_1 \in F_2$ = Ker T et $u_2 \in (\text{Ker } T)^{\perp} = \overline{\text{Im } T^*}$.

D'après (3,14) on a donc :

(3,16) $$(Gh|u)_{\varphi_1} = (Gh|u_2) .$$

Lorsque $u_2 \in \operatorname{Im} T^*$, il existe $v_2 \in \operatorname{Dom} T^*$ tq $u_2 = T^* v_2$; on en déduit d'après (3,16):

(3,17) $$(Gh|u) = (Gh|T^* v_2).$$

Comme g est holomorphe, G et T commuttent, donc aussi G^* et T^* et G est continu .

D'après (3,14), on a donc :

$$(h + \varepsilon^{1/2} h' | T^* G^* v_2) = (w|T^* G^* v_2) = (Gw|T^* v_2) = 0$$

(car $g.w = 0$), soit encore :

(3,18) $$(Gh|T^* v_2) = - \varepsilon^{1/2}(Gh'|T^* v_2) .$$

Tenant compte de (3,17), on obtient :

$$(Gh|u) = - \varepsilon^{1/2}(Gh'|T^* v_2) = -\varepsilon^{1/2}(Gh'|u_2),$$

lorsque $u_2 \in \operatorname{Im} T^*$; par continuité, on en déduit :

$$(Gh|u) = - \varepsilon^{1/2}(Gh'|u_2),$$

lorsque $u_2 \in \overline{\operatorname{Im} T^*}$. Par suite :

$$|(Gh|u)| \leqslant \varepsilon^{1/2} |Gh'| |u_2| \leqslant \varepsilon^{1/2} |Gh'| |u| ,$$

pour tout $u \in L^2_{n,o}(X, \varphi_1, M \otimes N)$. Soit encore :

(3,19) $$\|Gh\|_{\varphi_1} \leqslant \varepsilon^{1/2} \|Gh'\|_{\varphi_1} ,$$

$$\|Gh\|_{\varphi_1} \leqslant \varepsilon^{1/2} \|h'\|_{\varphi_1} ,$$

avec le choix de la norme $\| \ \|$ sur $M \otimes N$.

Soit d'après (3,&") :

(3,20) $$\|Gh\|^2_{\varphi_1} \leqslant \varepsilon^{1/2} \int_X \lambda^{-1} |w|^2 e^{-\varphi_1} d\tau .$$

Il suffit maintenant pour ε fixé, de reprendre le passage à la limite sur φ du paragraphe 1.

On peut choisir ψ et φ de sorte que sur un compact donné K de X, ψ et φ soient nulles, de sorte que $\varphi \geqslant 2\psi$, et de sorte que (1,8), (3,11) soient réalisées.

D'après (3,13) et (3,20), on obtient alors :

$$(3,21)\begin{cases} \int_K (|h|^2 + |h'|^2)\, |g|^{-2q}\, d\tau \leqslant \int_X \lambda^{-1} |w|^2 |g|^{-2q}\, d\tau \\ \int_K \|g.h\|^2 |g|^{-2q}\, d\tau \leqslant \varepsilon^{1/2} \int_X \lambda^{-1} |w|^2 |g|^{-2q}\, d\tau \\ d''(h + \varepsilon^{1/2} h') = w . \end{cases}$$

h et h' dépendent du choix de K et de ε .

Par extraction de sous-suites convergentes (faiblement sur tout compact), et passage à la limite, il est aisé à partir de (3,21) d'en déduire le théorème 3 (cf. la fin des démonstrations des théorèmes 1 et 2).

Nous laissons le détail au soin du lecteur afin d'éviter de fastidieuses répétitions.

Précisons néanmoins comment on traite le cas où Z est non vide.
Si Y est l'ensemble contenant Z dans la définition 1, on applique le théorème 3 dans $X \setminus Y$. Il existe une solution h dans $X \setminus Y$ du système : $d''h = w$, $g.h = 0$. L'estimation L^2 vérifiée par h montre que pour tout $y \in Y$ et tout U voisinage ouvert relativement compact de y, h est de carré intégrable dans U. Soit h_o une solution dans U de l'équation $d''h_o = w$ (quitte à rétrécir U), $h - h_o$ est holomorphe dans $U \setminus Y$ et de carré intégrable, donc se prolonge holomorphiquement à U. Ce qui montre que $d''h = w$ dans X (puisque $y \in Y$ est arbitraire).

B I B L I O G R A P H I E

[1] ANDREOTTI (A.) and VESENTINI (E.). - Carleman estimates for the Laplace-Beltrami equations on complex manifolds, Publ. Math. Inst. Hautes Etudes Sci., 25, p. 81-130, 1965.

[2] BOCHNER-YANO (S.). - Curvature and Betti numbers, Princeton, 1951.

[3] BRIANCON (J.). - Sur la clôture intégrale d'un idéal de germes de fonctions holomorphes en un point de C^n, Préprint Université de Nice, Février 1974.

[4] BRIANCON (J.) et SKODA (H.). - Sur la cloture intégrale d'un idéal de germes de fonctions holomorphes en un point de C^n, C.R.Acad. Sc. Paris, 278, a-949-951, 1974.

[5] CARTAN (H.). - Idéaux et modules de fonctions analytiques de variables complexes. Bull. Soc. Math. France, 78, p. 28-64, 1950.

[6] CARTAN (H.). - Séminaire E.N.S., 1951-1952, Ecole Normale Supérieure Paris.

[7] DEMAILLY (J.-P.). - Sur la théorie des idéaux des algèbres de fonctions holomorphes avec poids. Diplôme d'Etudes Approfondie, Université de Paris VI, 1977, non publié.

[8] DOUADY (A.) et VERDIER (J.-L.). - Séminaire de Géométrie analytique, E.N.S., 1972-1973, Différents aspects de la positivité, Astérisque 17, 1974, Société Mathématique de France.

[9] FOLLAND (G.B.) and KOHN (J.J.). - The Neumann Problem for the Cauchy Riemann complex, Annals of Mathematic Studies, 75, Princeton University Press, 1972.

[10] FORNAESS (J.E.). - 2 dimensionalcounterexamples to generalizations of the Levi problem (préprint Univ.de Princeton,1977).

[11] GRAUERT (H.) et RIEMENSCHNEIDER (O.). - Verschwindungssatz für analytische Kohomologie-gruppen auf Komplexen Raümen. Inv. Math. 11, 1970, p. 263-292.

[12] GRIFFITHS (P.A.). - Hermitian differential geometry, Chern classes and positive vector bundles, Global analysis, Princeton University Press, 1969, p. 185-251.

[13] HIRSCHOWITZ (A.). - Le problème de Lévi pour les espaces homogènes, préprint Université de Nice, 1974.

[14] HÖRMANDER (L.). - L^2-estimates and existence theorem for the $\bar{\partial}$ -operator, Acta Math., 113, 1965, p. 89-152.

[15] HÖRMANDER (L.). - An introduction to complex analysis in several variables, Princeton, Van Nostrand Company, 1966, 2e édition, 1973.

[16] KODAÏRA (K.). - On a differential-geometric method in the theory of analytic stacks, Proc. Mat. Acad. Sci. U.S.A., 39, 1953, p. 1268,1273.

[17] KODAÏRA (K.). - On cohomology groups of compact analytic varieties with coefficients in some analytic faisceaux,Proc.Nat.Sci., U.S.A., 39, 1953, p. 66-74.

[18] KODAÏRA (K.). - On Kähler varieties of restricted type. Ann. of Math., 60, 1954, 28-48.

[19] LE POTIER (J.). - Annulation de la cohomologie à valeurs dans un fibré vectoriel holomorphe positif de rang quelconque. Math. Ann., 218, 1975, p. 35-53.

[20] NAKANO. - Vanishing theorems for weakly 1-complete manifolds II, Publ. RIMS, Kyoto University, vol. 10, 1974, p. 101.

[21] SKODA (H.). - Application des techniques L^2 à la théorie des idéaux d'une algèbre de fonctions holomorphes avec poids, Annales scientifiques de l'Ecole Normale Supérieure, 5, 1972, p. 545-579.

[22] SKODA (H.). - Formulation hilbertienne du Nullstellensatz dans les algèbres de fonctions holomorphes paru dans "L'Analyse harmonique dans le domaine complexe". Lecture Notes in Mathematics, n° 336, Springer, Berlin-Heidelberg-New-York, 1973.

[23] SKODA (H.). - Estimations L^2 pour l'opérateur et applications arithmétiques. Sém. P.LELONG, Analyse, 1975/76, Lecture-Notes in Math., n° 578, Springer, Berlin.

[24] VAN DE VEN (A.).- On the Enriques classification of algebraic surfaces, Séminaire Bourbaki, 1976/77, exposé n° 506.

[25] WEIL (A.). - Variétés kählériennes, Hermann, Paris, 1958.

[26] MALLIAVIN (P.). - Formules de la moyenne, calcul de perturbations et théorèmes d'annulation pour les formes harmoniques,Jour.Funct. Anal., t. 17, 1974, p. 274-291.

[27] VAUTHIER (J.). - Thèse de Doctorat d'Etat,Université P.et M.Curie, Paris, 1977.

éminaire P.LELONG, H.SKODA
Analyse)
7e année, 1976/77

17 Mai 1977

FONCTIONS ENTIÈRES PARABOLIQUES DANS $\mathbb{C}^2$

par Hiroshi YAMAGUCHI

. Il y a beaucoup de recherches sur les fonctions entières d'une varia-
le complexe. Parmi elles la théorie de Nevanlinna est un des résultats
rès intéressants. KNESER et STOLL [7] , par exemple, ont montré qu'une
artie de sa théorie peut s'étendre au cas de plusieurs variables com-
lexes. Ils ont obtenus des résultats concernant les fonctions entières
ans $\mathbb{C}^n$ qui sont d'ordre fini. Le cas où $n \geq 2$, l'ordre de fonctions
ans $\mathbb{C}^n$ n'est pas nécessairement invariant par tout automorphisme anatique de $\mathbb{C}^n$.

Or, récemment NISHINO [4] a donné une classification de l'espace
toutes les fonctions entières dans $\mathbb{C}^n$, qui est invariante par tout
utmorphisme analytique de $\mathbb{C}^2$. Pour définir cette classification, rap-
lons une notion dans la théorie des fonctions d'une variable complexe.

Surfaces de Riemann de type parabolique.

Soit R une surface de Riemann ouverte d'une variable complexe.
it P_o un point de R et soit $\{|w| < \rho\}$ un paramètre local d'un voisinage
P_o tel que P_o corresponde à l'origine O. Prenons une suite de domai-
s $\{R_\nu\}_{\nu=1,2,\ldots}$ relativement compacts de R telle que $R_\nu \subset R_{\nu+1}$,
$\lim_{\nu\to\infty} R_\nu = R$ et R_1 contienne le point P_o .
ur tout ν fixé, considérons la fonction de Green, qu'on désigne par
$g_\nu(w)$, dans R_ν avec pôle logarithmique à P_o : au voisinage de P_o, en
ilisant le paramètre local $\{|w| < \rho\}$, elle se développe comme suit :

$$g_\nu(w) = \log \frac{1}{|w|} + \lambda_\nu + \mathrm{Re}\left\{\sum_{n=1}^{\infty} a_{\nu,n}\, w^\nu\right\} .$$

Evidemment, $\lambda_{\nu+1} \geq \lambda_{\nu}$ $(\nu = 1,2,\ldots)$. Donc $\lim_{\nu\to\infty} \lambda_{\nu}$ existe, qui est un nombre réel fini, ou bien $+\infty$. On pose $\lambda = \lim_{\nu\to\infty} \lambda_{\nu}$. λ est dite la constante de Robin par rapport au point P_0 et au paramètre local $\{|w|<\rho\}$.

"Si λ est fini ou $+\infty$? " ne dépend pas du choix du point P_0 ou du paramètre $\{|w|<\rho\}$. Quand $\lambda = +\infty$ (ou $\lambda < \infty$), on appelle R de type parabolique (ou de type hyperbolique). En un mot, la surface de Riemann de type parabolique a la frontière idéale très petite au sens de la théorie des fonctions. Dans une semblable surface il arrive beaucoup de phénomènes intéressants (voir , par exemple, NAKAI-SARIO [3]).

3. Classification de l'espace des fonctions entières dans $\mathbb{C}^2$ par NISHINO

Soit $f(x,y)$ une fonction entière de deux variables complexes x et y et soit z un nombre complexe quelconque. Une composante irréductible de la surface analytique de dim. 1 dans l'espace (x,y), définie par l'équation $f(x,y) = z$, est dite une surface première de f avec valeur z. Elle se regarde comme une surface de Riemann ouverte d'une variable . Elle est donc ou bien de type parabolique, ou bien de type hyperbolique. En outre, au point de vue de la topologie, elle est déterminée par son genre g et par le nombre n de ses composantes frontières idéales. Une surface première dans laquelle g et n sont finies, est dite de type fini.

Ecrivons (E) l'espace de toutes les fonctions entières dans $\mathbb{C}^2$. NISHINO [4] a donné la classification suivante de (E) :

$$(P) \underset{\text{déf.}}{=} \{f \in (E) : \text{toutes les surfaces premières de f avec valeur z quelconque sont de type parabolique}\},$$

$$(A) \underset{\text{déf.}}{=} \{f \in (P) : \text{toutes les surfaces premières de f avec valeur z quelconque sont de type fini}\}.$$

Il est évident que cette classification est invariante par tout automorphisme de $\mathbb{C}^2$ et que $(E) \supsetneqq (P) \supsetneqq (A)$.

. Le résultat concernant les fonctions de la classe (A).

HÉORÈME (NISHINO [4] et [5]) . - Supposons $f \in (P)$ et soit $_f = \{z \in \mathbb{C}$: l'ensemble analytique dans l'espace (x,y) défini par $(x,y) = z$ contient au moins une surface première de type fini$\}$. Si a capacité logarithmique de K_f dans le plan z n'est pas nulle, alors $\in (A)$. D'ailleurs, elle peut toujours réduire à un polynôme dans $\mathbb{C}^2$, 'est-à-dire qu'elle est décomposée dans la forme suivante :

$$f(x,y) = F[P(\xi(x,y), \eta(x,y)]$$

ù $P(x,y)$ est un polynôme de $\mathbb{C}^2$, $(\xi(x,y), \eta(x,y))$ est un automorphisme nalytique de $\mathbb{C}^2$ et F est une fonction entière d'une variable complexe.

Il me semble que ce résultat est définitif pour les fonctions de A). J'ai donc recherché les fonctions de (P).

. Propriétés concernant les fonctions de la classe (P).

J'ai démontré les propriétés suivantes concernant les fonctions de ?) sur lesquelles NISHINO avait fait des conjectures.

① (Uniformité). Soit $f \in (E)$ et soit $e_f = \{z \in \mathbb{C}$: l'ensemble alytique défini par $f(x,y) = z$ contient au moins une surface première type parabolique$\}$. Si la capacité logarithmique de e_f dans le plan n'est pas nulle alors $f \in (P)$.

② (Uniformité). Soit $f \in (P)$ et soit $e_f^* = \{z \in \mathbb{C}$: l'ensemble anatique défini par $f(x,y) = z$ contient au moins une surface première type fini$\}$. Si la capacité logarithmique de e_f^* n'est pas nulle, ors pour tout $z \in \mathbb{C}$ sauf celles avec valeur z appartenant à un ensemble rmé dans le plan z de la capacité logarithmique nulle, le genre de ute surface première de f avec valeur z est le même nombre fini g de plus le genre de surface première exceptionnelle quelconque est ins de g.

③ (L'existence de fonction la plus fine). Quel que soit $f \in (P)$,

il existe $f^* \in (P)$ qui satisfait à la condition suivante : soit g une fonction entière quelconque de la forme $f(x,y) = G(g(x,y))$ où G est une fonction entière d'une variable complexe. Alors il existe une fonction entière F d'une variable complexe dépendant de g telle que
$g(x,y) = F(f^*(x,y))$.

④ (Existence). Si, pour z fixé arbitrairement dans $\mathbb{C}$, il existe une transformation holomorphe $(X = \xi_z(x,y),\ Y = \eta_z(x,y))$ de $\{f = z\}$ sur $\{g = z\}$. Alors, elle est aussi holomorphe par rapport à z, c'est-à-dire $(x,y) \longrightarrow (\xi_z(x,y),\ \eta_z(x,y))$ définit un automorphisme analytique de $\mathbb{C}^2$ tel que $f(x,y) = g(\xi(z,y),\ \eta(x,y))$ où $(\xi(x,y),\ \eta(x,y)) = (\xi_z(x,y), \eta_z(z,y))$ sur $f(x,y) = z$.

Pour démontrer les propriétés , il faut établir un lemme fondamental concernant les familles holomorphes de surfaces de Riemann ouvertes dont l'espace est de Stein. En l'utilisant, ① et ③ sont prouvés dans mon mémoire [9] , ② est montré dans [10] et ④ sera montré dans [11]. Dès maintenant je vais énoncer et démontrer ce lemme fondamental.

6. Lemme fondamental. Soit $\mathcal{D}$ un espace complexe de dimension 2 et soit $\pi: \mathcal{D} \to \Delta$ une application analytique complexe et propre de $\mathcal{D}$ sur un disque $\Delta = \{|z| < \rho\}$. Pour $z \in \Delta$, l'image inverse $\pi^{-1}(z)$ de π définit un ensemble analytique de dimension 1 dans $\mathcal{D}$, dont toute composante irréductible se considère comme une surface de Riemann. Soit P_0 un point de $\mathcal{D}$ tel que $\pi(P_0) = z_0$ et supposons qu'on puisse prendre comme le paramètre local de voisinage de P_0 celui de la forme suivante :

$$(|z - z_0| < \rho_0) \times (|w - w_0| < \eta_0)$$

où P_0 correspond à $(z_0,\ w_0)$. Ensuite considérons un ensemble analytique de dim. 1 quelconque passant par P_0 tel qu'on puisse l'écrire au voisinage de P_0, en utilisant le paramètre local ci-dessus, $w = \alpha(z)$, où $\alpha(z)$ est une fonction holomorphe et uniforme dans $\Delta_0 = (|z_0 - z_0| < \rho_0)$.

Pour $\forall z \in \Delta_o$,

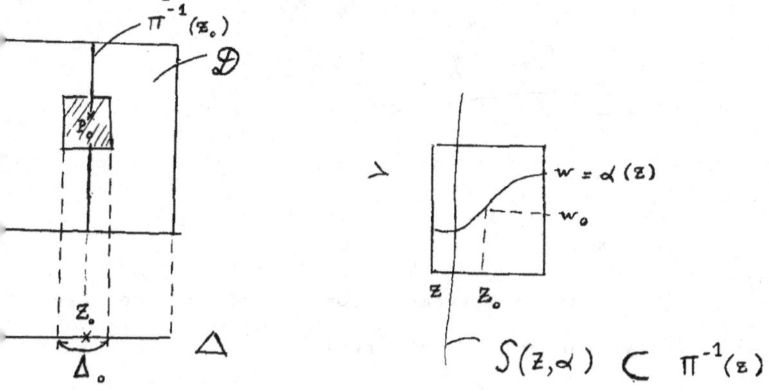

onsidérons la composante irréductible de $\pi^{-1}(z)$ contenant le point $(z,\alpha(z))$, qu'on désigne par $S(z,\alpha)$. Ensuite considérons la constante le Robin $\lambda(z)$ de la surface $S(z,\alpha)$ par rapport au $(z, \alpha(z))$ et au paramètre local $\{|w - \alpha(z)| < \eta_0\}$. Voici le

Lemme fondamental . Si $\mathscr{D}$ est un espace de Stein, alors $\lambda(z)$ est une fonction surharmonique de z dans Δ_o .

Je pense qu'il aura beaucoup d'applications car la constante de Robin joue un rôle important dans la théorie des fonctions et dans la théorie des potentiels. On trouve quelques applications dans SUZUKI [8] et YAMAGUCHI [9] , [10]).

. Démonstration du Lemme. Je vais prouver le lemme fondamental au cas seulement très simple mais il est la partie essentielle de cette démonstration complète dans [8] .

Soit $\mathscr{D}$ un domaine univalent dans le dit-cylindre dans $\mathbb{C}^2$ de la forme suivante : $\Delta \times C$ où $\Delta = \{|z| < \rho\}$ et $C = \{|w| < \infty\}$. Pour $c \in \Delta$, désignons par $\mathscr{D}(c)$ la section située au-dessus de la droite z = c. On peut donc oser $\mathscr{D} = \bigcup_{z\in\Delta} (z, \mathscr{D}(z))$. Supposons que

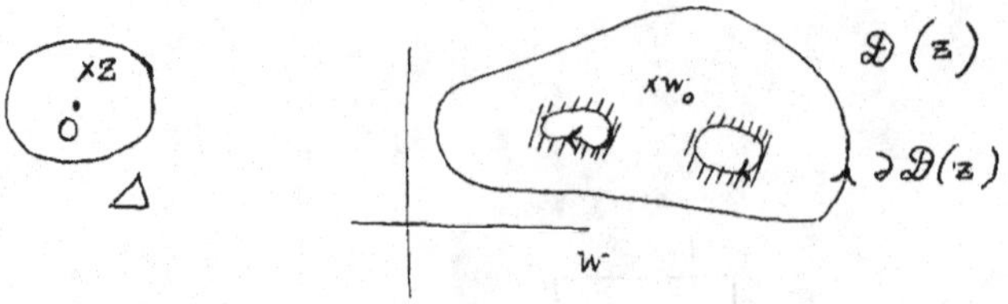

$\mathcal{D}$ satisfasse aux conditions suivantes :

ⓐ $\mathcal{D}$est pseudo-convexe,

ⓑ Pour $\forall_{z\in\Delta}$, $\mathcal{D}(z)$ est relativement compact et la frontière $\partial\mathcal{D}(z)$ de $\mathcal{D}(z)$ varie analytiquement au sens réel.

ⓒ Il existe un point $w_o \in C$ tel que $\mathcal{D}(z)$ contienne w_o pour $\forall_{z\in\mathcal{D}}$.

Celà posé considérons la fonction de Green $g(z,w)$ de $\mathcal{D}(z)$ avec pole logarithmique au point w_o . Elle se développe au voisinage de w_o comme suit :

$$(1)\ g(z,w) = \log \frac{1}{|w-f|} + \lambda(z) + \mathrm{Re}\left\{\sum_{n=f}^{\infty} a_n(z)(w-w_o)^n\right\} .$$

Alors je veux montrer que $\lambda(z)$ est surharmonique de z dans Δ. Notre but est donc de justifier l'inégalité suivante :

$$\frac{\partial^2\lambda(z)}{\partial z\,\partial\bar z} \leqq 0 \text{ pour } \forall_{z\in\Delta}.$$

Il suffit pour cela de voir $\left[\frac{\partial^2\lambda}{\partial z\,\partial\bar z}\right]_{z=o} \leqq 0$. D'après la condition ② , si z est suffisamment voisin de 0, $g(z,w)$ peut s'étendre harmoniquement à $\mathcal{D}(0)$. Grâce à la formule

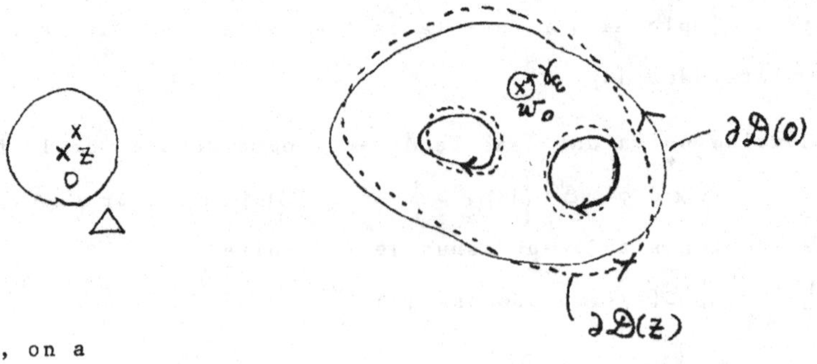

de Stokes, on a

$$\int_{\partial\mathcal{D}(0)-\gamma_\varepsilon} g(z,\zeta)\,\frac{\partial g(0,\zeta)}{\partial\eta_\zeta}\,ds \;=\; \int_{\partial\mathcal{D}(0)-\gamma_\varepsilon} g(0,\zeta)\,\frac{g(z,\zeta)}{\partial\eta_\zeta}\,ds_\zeta$$

où γ_ε est le cercle très petit au centre w_o avec rayon ε.

En faisant $\varepsilon \longrightarrow 0$, d'après l'expression (1), on a

$$\lambda(z) - \lambda(0) = -\frac{1}{2\pi}\int_{\partial\mathcal{D}(0)} g(z,\zeta)\,\frac{\partial g(0,\zeta)}{\partial\eta_\zeta}\,ds_\zeta .$$

Cette formule est dite la formule de variation d'Hadamard (voir SCHIFFER-SPENCER [6]). On a donc

$$(2)\qquad \left[\frac{\partial^2\lambda}{\partial z\partial\bar z}\right]_{z=o} = -\frac{1}{2\pi}\int_{\partial\mathcal{D}(0)}\left[\frac{\partial^2 g(z,\zeta)}{\partial z\,\partial\bar z}\right]_{z=o}\frac{\partial g(0,\zeta)}{\partial\eta_\zeta}\,ds_\zeta .$$

D'un autre côté d'après la condition a et d'après ce que

$$\mathcal{D} = \left\{(z,w)\ :\ g(z,w) > 0\right\}$$

$$\partial\mathcal{D}\cap\{z\in\Delta\} = \left\{(z,w)\ :\ g(z,w) = 0\right\}$$

$$\mathcal{D}\cap V = \left\{(z,w)\ :\ g(z,w) < 0\right\},$$

où V est un voisinage de $\bigcup_{z\in\Delta}(z,\partial\mathcal{D}(z))$, la fonction g(z,w) s'exprime

u de Levi [1] . Donc on a, en particulier, sur

$(0,\partial\mathcal{D}(0))$

$$L(g) = \frac{\partial^2 g}{\partial z\partial\bar z}\left|\frac{\partial g}{\partial w}\right|^2 - 2\mathrm{Re}\left\{\frac{\partial^2 g}{\partial\bar z\,\partial w}\,\frac{\partial g}{\partial\bar w}\,\frac{\partial g}{\partial z}\right\} + \frac{\partial^2 g}{\partial w\partial\bar w}\left|\frac{\partial g}{\partial z}\right|^2 \leqq 0 .$$

Puisque g est harmonique par rapport à w, on a pour tout ζ sur $\partial\mathcal{D}(0)$ l'inégalité suivante :

$$(3)\qquad \left[\frac{\partial^2 g}{\partial z\,\partial\bar z}\right]_{(0,\zeta)} \leqq 2\mathrm{Re}\left\{\frac{\partial^2 g}{\partial\bar z\,\partial w}\,\frac{\partial g}{\partial z}\Big/\frac{\partial g}{\partial w}\right\}_{(0,\zeta)} .$$

En outre, puisque $g(0,w) > 0$ dans $\mathcal{D}(0)$ et $\equiv 0$ sur $\partial\mathcal{D}(0)$, on a évidemment

$$\frac{\partial g(0,w)}{\partial\eta_w}\,ds_w < 0$$

et
$$\frac{\partial g(0,w)}{\partial w}\,dw + \frac{\partial g(0,w)}{\partial\bar w}\,d\bar w = 0$$

le long de $\partial\mathcal{D}(0)$. En utilisant la dérivées complexe, on a donc

$$\frac{\partial g(0,w)}{\partial \eta_w}\, ds_w = \frac{-2}{i}\;\frac{\partial g(0,w)}{\partial \bar w}\, d\bar w = \frac{2}{i}\;\frac{\partial g(0,w)}{\partial w}\, dw < 0$$

le long de $\partial\mathcal{D}(0)$. Cette inégalité se combine avec (3) et on a par calcul simple

$$(4)\quad -\frac{1}{2\pi}\int_{\partial\mathcal{D}(0)}\left[\frac{\partial^2 g}{\partial z\partial\bar z}\right]_{z=0}\frac{\partial g(0,w)}{\partial\eta_w}\, ds_w \leqq -\frac{2}{\pi}\; I_m\left\{\int_{\partial\mathcal{D}(0)}\left[\frac{\partial^2 g}{\partial\bar z\partial z}\;\frac{\partial g}{\partial z}\right]_{z=0} dw\right\}.$$

La fonction $g(z,w)$ a la singularité logarithmique au point w_0 mais d'après l'expression (1), on sait que $\left[\frac{\partial^2 g}{\partial\bar z\,\partial w}\right]_{(0,w)}$ et $\left[\frac{\partial g}{\partial z}\right]_{(0,w)}$ n'a pas de singularité dans tout le domaine $\mathcal{D}(0)$. Grâce à la formule de Stokes, on a donc

$$\int_{\partial\mathcal{D}(0)}\left[\frac{\partial^2 g}{\partial\bar z\,\partial w}\;\frac{\partial g}{\partial z}\right]_{(0,w)} dw$$

$$=\iint_{\mathcal{D}(0)}\frac{\partial}{\partial\bar w}\left\{\left[\frac{\partial^2 g}{\partial\bar z\,\partial w}\;\frac{\partial g}{\partial z}\right]_{(0,w)}\right\} d\bar w\wedge dw\quad .$$

Puisque $\partial^3 g/\partial\bar w\,\partial\bar z\,\partial w \equiv 0$, $\frac{\partial^2 g}{\partial\bar w\,\partial z} = \left(\overline{\frac{\partial^2 g}{\partial\bar z\,\partial w}}\right)$ et $d\bar w\wedge dw = 2i\,du\,dv$ où $w = u + iv$, il vient

$$= 2i\iint_{\mathcal{D}(0)}\left|\left[\frac{\partial^2 g}{\partial\bar z\,\partial w}\right]_{(0,w)}\right|^2 du\,dv\ .$$

D'après (2) et (4), on a enfin

$$\left[\frac{\partial^2\lambda}{\partial z\,\partial\bar z}\right]_{z=0} \leqq -\frac{4}{\pi}\iint_{\mathcal{D}(0)}\left|\left[\frac{\partial^2 g}{\partial\bar z\,\partial w}\right]_{z=0}\right|^2 du\,dv \leqq 0$$

C.Q.F.D.

8. Remarque. Soit $\mathcal{D}$ un espace de Stein et soit $\pi:\mathcal{D}\to\Delta$ une application analytique et propre de $\mathcal{D}$ sur un disque $\Delta=\{|z|<\rho\}$. On pose $e_f=\{z\in\Delta:$ $\pi^{-1}(z)$ est de type parabolique comme surface de Riemann$\}$.

Grâce au lemme fondamental, si la capacité logarithmique de e_f n'est pas nulle, alors pour $\forall z\in\Delta$, $\pi^{-1}(z)$ est aussi de type parabolique.

M. OIKAWA m'a dit qu'un pareil phénomène n'est pas vrai pour les surfaces de Riemann ouvertes de type O_{AB} où $O_{AB} \overset{\equiv}{\text{déf.}} \{$Toutes les surfaces de Riemann ouvertes dans lesquelles il n'existe aucune fonction holomorphe bornée et non-constante$\}$. Il a construit un example contraire par des surfaces remarquables de Myrberg [2] . Considérons la surface

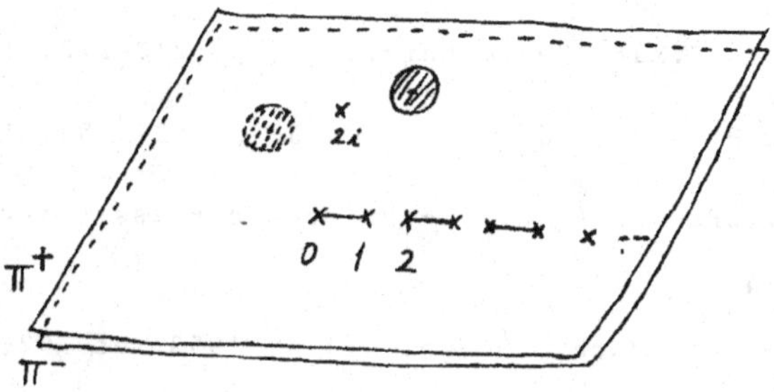

de Riemann S qui s'étale doublement au-dessus du plan w et dont les points de ramification sont $\{1, 2, \ldots, n, \ldots\}$.

Pour $\forall z \in \Delta = \{|z| < 1\}$, considérons le sous-domaine de S :

$$\mathcal{D}(z) = S - \{\pi^+ \cap |w - (2i+z)| < \tfrac{1}{4}\} - \{\pi^- \cap |w - (2i-z)| < \tfrac{1}{4}\}$$

et posons $\mathcal{D} = \bigcup_{z \in \Delta}(z, \mathcal{D}(z))$. Evidemment $\mathcal{D}$ est pseudo-convexe. D'après Myrberg, pour $\forall z \in \{\frac{1}{2} < |z| < 1\}$, on sait que $\mathcal{D}(z) \in O_{AB}$. D'un autre côté pour $\forall z \in \{|z| < \frac{1}{8}\}$, en considérant la fonction $\frac{1}{w - 2i}$, on sait que $\mathcal{D}(z) \notin O_{AB}$.

RÉFÉRENCES

[1] LEVI (E.E.). - Ann. di Mat., 17, p. 61-87, 1909.

[2] MYRBERG (P.J.). - Ann. Acad. Sci.Fenn. Ser., A.45, n° 58, 7 pp. 1949.

[3] NAKAI (M.),SARIO (L.). - Springer-Verlag, Bd 164, 446 pp., 1970.

[4] NISHINO (T.). - J.Math.Kyoto Univ., 13, p. 217-272, 1973.

[5] NISHINO (T.). - Ibd. 15, p. 527-553, 1975.

[6] SCHIFFER (M.),SPENCER (D.C.). - Princeton Press (libre), 451 pp., 1954.

[7] STOLL (W.). - Acta Math., 90, p. 1-115, 1953 et 92, p. 55-169, 1954.

[8] SUZUKI (M.). - Séminaire Fr.Norguet, p. 31-57, 1975-1976.

[9] YAMAGUCHI (H.). - J.Math.Kyoto Univ. 16, p. 71-92, 1976.

[10] YAMAGUCHI (H.). - Ibd. 497-530

[11] YAMAGUCHI (H.). - à paraître.

ɔl. 521: G. Cherlin, Model Theoretic Algebra – Selected Topics. , 234 pages. 1976.

ɔl. 522: C. O. Bloom and N. D. Kazarinoff, Short Wave Radiation oblems in Inhomogeneous Media: Asymptotic Solutions. V. 104 ges. 1976.

ɔl. 523: S. A. Albeverio and R. J. Høegh-Krohn, Mathematical eory of Feynman Path Integrals. IV, 139 pages. 1976.

ɔl. 524: Séminaire Pierre Lelong (Analyse) Année 1974/75. Edité r P. Lelong. V, 222 pages. 1976.

ɔl. 525: Structural Stability, the Theory of Catastrophes, and plications in the Sciences. Proceedings 1975. Edited by P. Hilton. , 408 pages. 1976.

ɔl. 526: Probability in Banach Spaces. Proceedings 1975. Edited A. Beck. VI, 290 pages. 1976.

ɔl. 527: M. Denker, Ch. Grillenberger, and K. Sigmund, Ergodic eory on Compact Spaces. IV, 360 pages. 1976.

ɔl. 528: J. E. Humphreys, Ordinary and Modular Representations Chevalley Groups. III, 127 pages. 1976.

ɔl. 529: J. Grandell, Doubly Stochastic Poisson Processes. X, 34 pages. 1976.

ɔl. 530: S. S. Gelbart, Weil's Representation and the Spectrum the Metaplectic Group. VII, 140 pages. 1976.

ɔl. 531: Y.-C. Wong, The Topology of Uniform Convergence on rder-Bounded Sets. VI, 163 pages. 1976.

ɔl. 532: Théorie Ergodique. Proceedings 1973/1974. Edité par P. Conze and M. S. Keane. VIII, 227 pages. 1976.

ɔl. 533: F. R. Cohen, T. J. Lada, and J. P. May, The Homology of rated Loop Spaces. IX, 490 pages. 1976.

ɔl. 534: C. Preston, Random Fields. V, 200 pages. 1976.

ɔl. 535: Singularités d'Applications Differentiables. Plans-sur-Bex. 75. Edité par O. Burlet et F. Ronga. V, 253 pages. 1976.

ɔl. 536: W. M. Schmidt, Equations over Finite Fields. An Elementary proach. IX, 267 pages. 1976.

ɔl. 537: Set Theory and Hierarchy Theory. Bierutowice, Poland 75. A Memorial Tribute to Andrzej Mostowski. Edited by W. Marek, Srebrny and A. Zarach. XIII, 345 pages. 1976.

ɔl. 538: G. Fischer, Complex Analytic Geometry. VII, 201 pages. 76.

ɔl. 539: A. Badrikian, J. F. C. Kingman et J. Kuelbs, Ecole d'Eté de obabilités de Saint Flour V-1975. Edité par P.-L. Hennequin. IX, 4 pages. 1976.

ɔl. 540: Categorical Topology, Proceedings 1975. Edited by E. Binz d H. Herrlich. XV, 719 pages. 1976.

ɔl. 541: Measure Theory, Oberwolfach 1975. Proceedings. Edited A. Bellow and D. Kölzow. XIV, 430 pages. 1976.

l. 542: D. A. Edwards and H. M. Hastings, Čech and Steenrod motopy Theories with Applications to Geometric Topology. VII, 6 pages. 1976.

l. 543: Nonlinear Operators and the Calculus of Variations, uxelles 1975. Edited by J. P. Gossez, E. J. Lami Dozo, J. Mawhin, d L. Waelbroeck, VII, 237 pages. 1976.

l. 544: Robert P. Langlands, On the Functional Equations Satis- d by Eisenstein Series. VII, 337 pages. 1976.

l. 545: Noncommutative Ring Theory. Kent State 1975. Edited by l. Cozzens and F. L. Sandomierski. V, 212 pages. 1976.

l. 546: K. Mahler, Lectures on Transcendental Numbers. Edited d Completed by B. Diviš and W. J. Le Veque. XXI, 254 pages. 76.

l. 547: A. Mukherjea and N. A. Tserpes, Measures on Topological migroups: Convolution Products and Random Walks. V, 197 ges. 1976.

l. 548: D. A. Hejhal, The Selberg Trace Formula for PSL (2, ℝ). ume I. VI, 516 pages. 1976.

l. 549: Brauer Groups, Evanston 1975. Proceedings. Edited by Zelinsky. V, 187 pages. 1976.

l. 550: Proceedings of the Third Japan – USSR Symposium on obability Theory. Edited by G. Maruyama and J. V. Prokhorov. VI, 2 pages. 1976.

Vol. 551: Algebraic K-Theory, Evanston 1976. Proceedings. Edited by M. R. Stein. XI, 409 pages. 1976.

Vol. 552: C. G. Gibson, K. Wirthmüller, A. A. du Plessis and E. J. N. Looijenga. Topological Stability of Smooth Mappings. V, 155 pages. 1976.

Vol. 553: M. Petrich, Categories of Algebraic Systems. Vector and Projective Spaces, Semigroups, Rings and Lattices. VIII, 217 pages. 1976.

Vol. 554: J. D. H. Smith, Mal'cev Varieties. VIII, 158 pages. 1976.

Vol. 555: M. Ishida, The Genus Fields of Algebraic Number Fields. VII, 116 pages. 1976.

Vol. 556: Approximation Theory. Bonn 1976. Proceedings. Edited by R. Schaback and K. Scherer. VII, 466 pages. 1976.

Vol. 557: W. Iberkleid and T. Petrie, Smooth S^1 Manifolds. III, 163 pages. 1976.

Vol. 558: B. Weisfeiler, On Construction and Identification of Graphs. XIV, 237 pages. 1976.

Vol. 559: J.-P. Caubet, Le Mouvement Brownien Relativiste. IX, 212 pages. 1976.

Vol. 560: Combinatorial Mathematics, IV, Proceedings 1975. Edited by L. R. A. Casse and W. D. Wallis. VII, 249 pages. 1976.

Vol. 561: Function Theoretic Methods for Partial Differential Equations. Darmstadt 1976. Proceedings. Edited by V. E. Meister, N. Weck and W. L. Wendland. XVIII, 520 pages. 1976.

Vol. 562: R. W. Goodman, Nilpotent Lie Groups: Structure and Applications to Analysis. X, 210 pages. 1976.

Vol. 563: Séminaire de Théorie du Potentiel. Paris, No. 2. Proceedings 1975–1976. Edited by F. Hirsch and G. Mokobodzki. VI, 292 pages. 1976.

Vol. 564: Ordinary and Partial Differential Equations, Dundee 1976. Proceedings. Edited by W. N. Everitt and B. D. Sleeman. XVIII, 551 pages. 1976.

Vol. 565: Turbulence and Navier Stokes Equations. Proceedings 1975. Edited by R. Temam. IX, 194 pages. 1976.

Vol. 566: Empirical Distributions and Processes. Oberwolfach 1976. Proceedings. Edited by P. Gaenssler and P. Révész. VII, 146 pages. 1976.

Vol. 567: Séminaire Bourbaki vol. 1975/76. Exposés 471–488. IV, 303 pages. 1977.

Vol. 568: R. E. Gaines and J. L. Mawhin, Coincidence Degree, and Nonlinear Differential Equations. V, 262 pages. 1977.

Vol. 569: Cohomologie Etale SGA 4½. Séminaire de Géométrie Algébrique du Bois-Marie. Edité par P. Deligne. V, 312 pages. 1977.

Vol. 570: Differential Geometrical Methods in Mathematical Physics, Bonn 1975. Proceedings. Edited by K. Bleuler and A. Reetz. VIII, 576 pages. 1977.

Vol. 571: Constructive Theory of Functions of Several Variables, Oberwolfach 1976. Proceedings. Edited by W. Schempp and K. Zeller. VI. 290 pages. 1977

Vol. 572: Sparse Matrix Techniques, Copenhagen 1976. Edited by V. A. Barker. V, 184 pages. 1977.

Vol. 573: Group Theory, Canberra 1975. Proceedings. Edited by R. A. Bryce, J. Cossey and M. F. Newman. VII, 146 pages. 1977.

Vol. 574: J. Moldestad, Computations in Higher Types. IV, 203 pages. 1977.

Vol. 575: K-Theory and Operator Algebras, Athens, Georgia 1975. Edited by B. B. Morrel and I. M. Singer. VI, 191 pages. 1977.

Vol. 576: V. S. Varadarajan, Harmonic Analysis on Real Reductive Groups. VI, 521 pages. 1977.

Vol. 577: J. P. May, E_∞ Ring Spaces and E_∞ Ring Spectra. IV, 268 pages. 1977.

Vol. 578: Séminaire Pierre Lelong (Analyse) Année 1975/76. Edité par P. Lelong. VI, 327 pages. 1977.

Vol. 579: Combinatoire et Représentation du Groupe Symétrique, Strasbourg 1976. Proceedings 1976. Edité par D. Foata. IV, 339 pages. 1977.

Vol. 580: C. Castaing and M. Valadier, Convex Analysis and Measurable Multifunctions. VIII, 278 pages. 1977.

Vol. 581: Séminaire de Probabilités XI, Université de Strasbourg. Proceedings 1975/1976. Edité par C. Dellacherie, P. A. Meyer et M. Weil. VI, 574 pages. 1977.

Vol. 582: J. M. G. Fell, Induced Representations and Banach *-Algebraic Bundles. IV, 349 pages. 1977.

Vol. 583: W. Hirsch, C. C. Pugh and M. Shub, Invariant Manifolds. IV, 149 pages. 1977.

Vol. 584: C. Brezinski, Accélération de la Convergence en Analyse Numérique. IV, 313 pages. 1977.

Vol. 585: T. A. Springer, Invariant Theory. VI, 112 pages. 1977.

Vol. 586: Séminaire d'Algèbre Paul Dubreil, Paris 1975–1976 (29ème Année). Edited by M. P. Malliavin. VI, 188 pages. 1977.

Vol. 587: Non-Commutative Harmonic Analysis. Proceedings 1976. Edited by J. Carmona and M. Vergne. IV, 240 pages. 1977.

Vol. 588: P. Molino, Théorie des G-Structures: Le Problème d'Equivalence. VI, 163 pages. 1977.

Vol. 589: Cohomologie l-adique et Fonctions L. Séminaire de Géométrie Algébrique du Bois-Marie 1965–66, SGA 5. Edité par L. Illusie. XII, 484 pages. 1977.

Vol. 590: H. Matsumoto, Analyse Harmonique dans les Systèmes de Tits Bornologiques de Type Affine. IV, 219 pages. 1977.

Vol. 591: G. A. Anderson, Surgery with Coefficients. VIII, 157 pages. 1977.

Vol. 592: D. Voigt, Induzierte Darstellungen in der Theorie der endlichen, algebraischen Gruppen. V, 413 Seiten. 1977.

Vol. 593: K. Barbey and H. König, Abstract Analytic Function Theory and Hardy Algebras. VIII, 260 pages. 1977.

Vol. 594: Singular Perturbations and Boundary Layer Theory, Lyon 1976. Edited by C. M. Brauner, B. Gay, and J. Mathieu. VIII, 539 pages. 1977.

Vol. 595: W. Hazod, Stetige Faltungshalbgruppen von Wahrscheinlichkeitsmaßen und erzeugende Distributionen. XIII, 157 Seiten. 1977.

Vol. 596: K. Deimling, Ordinary Differential Equations in Banach Spaces. VI, 137 pages. 1977.

Vol. 597: Geometry and Topology, Rio de Janeiro, July 1976. Proceedings. Edited by J. Palis and M. do Carmo. VI, 866 pages. 1977.

Vol. 598: J. Hoffmann-Jørgensen, T. M. Liggett et J. Neveu, Ecole d'Eté de Probabilités de Saint-Flour VI – 1976. Edité par P.-L. Hennequin. XII, 447 pages. 1977.

Vol. 599: Complex Analysis, Kentucky 1976. Proceedings. Edited by J. D. Buckholtz and T. J. Suffridge. X, 159 pages. 1977.

Vol. 600: W. Stoll, Value Distribution on Parabolic Spaces. VIII, 216 pages. 1977.

Vol. 601: Modular Functions of one Variable V, Bonn 1976. Proceedings. Edited by J.-P. Serre and D. B. Zagier. VI, 294 pages. 1977.

Vol. 602: J. P. Brezin, Harmonic Analysis on Compact Solvmanifolds. VIII, 179 pages. 1977.

Vol. 603: B. Moishezon, Complex Surfaces and Connected Sums of Complex Projective Planes. IV, 234 pages. 1977.

Vol. 604: Banach Spaces of Analytic Functions, Kent, Ohio 1976. Proceedings. Edited by J. Baker, C. Cleaver and Joseph Diestel. VI, 141 pages. 1977.

Vol. 605: Sario et al., Classification Theory of Riemannian Manifolds. XX, 498 pages. 1977.

Vol. 606: Mathematical Aspects of Finite Element Methods. Proceedings 1975. Edited by I. Galligani and E. Magenes. VI, 362 pages. 1977.

Vol. 607: M. Métivier, Reelle und Vektorwertige Quasimartingale und die Theorie der Stochastischen Integration. X, 310 Seiten. 1977.

Vol. 608: Bigard et al., Groupes et Anneaux Réticulés. XIV, 334 pages. 1977.

Vol. 609: General Topology and Its Relations to Modern Analysis and Algebra IV. Proceedings 1976. Edited by J. Novák. XVIII, 225 pages. 1977.

Vol. 610: G. Jensen, Higher Order Contact of Submanifolds of Homogeneous Spaces. XII, 154 pages. 1977.

Vol. 611: M. Makkai and G. E. Reyes, First Order Categorical Logic. VIII, 301 pages. 1977.

Vol. 612: E. M. Kleinberg, Infinitary Combinatorics and the Axiom of Determinateness. VIII, 150 pages. 1977.

Vol. 613: E. Behrends et al., L^p-Structure in Real Banach Spaces. X, 108 pages. 1977.

Vol. 614: H. Yanagihara, Theory of Hopf Algebras Attached to Group Schemes. VIII, 308 pages. 1977.

Vol. 615: Turbulence Seminar, Proceedings 1976/77. Edited by P. Bernard and T. Ratiu. VI, 155 pages. 1977.

Vol. 616: Abelian Group Theory, 2nd New Mexico State University Conference, 1976. Proceedings. Edited by D. Arnold, R. Hunter and E. Walker. X, 423 pages. 1977.

Vol. 617: K. J. Devlin, The Axiom of Constructibility: A Guide for the Mathematician. VIII, 96 pages. 1977.

Vol. 618: I. I. Hirschman, Jr. and D. E. Hughes, Extreme Eigen Values of Toeplitz Operators. VI, 145 pages. 1977.

Vol. 619: Set Theory and Hierarchy Theory V, Bierutowice 1976. Edited by A. Lachlan, M. Srebrny, and A. Zarach. VIII, 358 pages. 1977.

Vol. 620: H. Popp, Moduli Theory and Classification Theory of Algebraic Varieties. VIII, 189 pages. 1977.

Vol. 621: Kauffman et al., The Deficiency Index Problem. VI, 112 pages. 1977.

Vol. 622: Combinatorial Mathematics V, Melbourne 1976. Proceedings. Edited by C. Little. VIII, 213 pages. 1977.

Vol. 623: I. Erdelyi and R. Lange, Spectral Decompositions on Banach Spaces. VIII, 122 pages. 1977.

Vol. 624: Y. Guivarc'h et al., Marches Aléatoires sur les Groupes de Lie. VIII, 292 pages. 1977.

Vol. 625: J. P. Alexander et al., Odd Order Group Actions and Witt Classification of Innerproducts. IV, 202 pages. 1977.

Vol. 626: Number Theory Day, New York 1976. Proceedings. Edited by M. B. Nathanson. VI, 241 pages. 1977.

Vol. 627: Modular Functions of One Variable VI, Bonn 1976. Proceedings. Edited by J.-P. Serre and D. B. Zagier. VI, 339 pages. 1977.

Vol. 628: H. J. Baues, Obstruction Theory on the Homotopy Classification of Maps. XII, 387 pages. 1977.

Vol. 629: W. A. Coppel, Dichotomies in Stability Theory. VI, 98 pages. 1978.

Vol. 630: Numerical Analysis, Proceedings, Biennial Conference, Dundee 1977. Edited by G. A. Watson. XII, 199 pages. 1978.

Vol. 631: Numerical Treatment of Differential Equations. Proceedings 1976. Edited by R. Bulirsch, R. D. Grigorieff, and J. Schröder. X, 219 pages. 1978.

Vol. 632: J.-F. Boutot, Schéma de Picard Local. X, 165 pages. 1978.

Vol. 633: N. R. Coleff and M. E. Herrera, Les Courants Résiduels Associés à une Forme Méromorphe. X, 211 pages. 1978.

Vol. 634: H. Kurke et al., Die Approximationseigenschaft lokaler Ringe. IV, 204 Seiten. 1978.

Vol. 635: T. Y. Lam, Serre's Conjecture. XVI, 227 pages. 1978.

Vol. 636: Journées de Statistique des Processus Stochastiques, Grenoble 1977, Proceedings. Edité par Didier Dacunha-Castelle et Bernard Van Cutsem. VII, 202 pages. 1978.

Vol. 637: W. B. Jurkat, Meromorphe Differentialgleichungen. VII, 194 Seiten. 1978.

Vol. 638: P. Shanahan, The Atiyah-Singer Index Theorem, An Introduction. V, 224 pages. 1978.

Vol. 639: N. Adasch et al., Topological Vector Spaces. V, 125 pages. 1978.